Schneider

Lean Factory Design

Markus Schneider

Lean Factory Design

Gestaltungsprinzipien für die perfekte
Produktion und Logistik

2., überarbeitete Auflage

HANSER

Der Autor:

Professor Dr. Markus Schneider, Landshut

MIX
Papier aus verantwortungs-
vollen Quellen
FSC® C083411

Bibliografische Information der Deutschen Nationalbibliothek:

Die Deutsche Nationalbibliothek verzeichnet diese Publikation in der Deutschen Nationalbibliografie; detaillierte bibliografische Daten sind im Internet über <http://dnb.ddb.de> abrufbar.

Print-ISBN 978-3-446-46729-3
E-Book-ISBN 978-3-446-46816-0

© 2021 Carl Hanser Verlag, München
www.hanser-fachbuch.de
Lektorat: Dipl.-Ing. Volker Herzberg
Herstellung: Cornelia Speckmaier
Satz: Eberl & Kœsel Studio GmbH, Altusried-Krugzell
Coverrealisierung: Max Kostopoulos
Druck und Bindung: CPI books GmbH, Leck
Printed in Germany

Vorwort

„Die perfekte Produktion" – diese Vision bewegt und motiviert mich seit fast 15 Jahren bei der Suche nach organisatorischen und technischen Lösungen für eine optimale Produktion und Logistik. Mein Fokus liegt hierbei auf der Produktionslogistik. Um dieser Vision näher zu kommen, habe ich 2008 das Kompetenzzentrum PuLL (Produktion und Logistik) an der Hochschule Landshut gegründet. 2010 habe ich dort eine Musterfabrik zum Thema Lean auf ca. $200\,m^2$ errichtet. Aus dieser Keimzelle ist inzwischen das Technologiezentrum Produktions- und Logistiksysteme hervorgegangen. Im April 2016 konnten wir ein Gebäude mit $2700\,m^2$ einweihen, in dem alle Aktivitäten der Hochschule Landshut rund um die Produktionslogistik zusammengefasst werden. Die Stadt Dingolfing hat hierfür 11,5 Mio. Euro zur Verfügung gestellt. Unsere über 20 Partnerunternehmen steuerten nochmals über 1 Mio. Euro in Form von Fabrikausrüstung bei. Es stehen Seminarräume für 200 Personen, Büroräume für 33 Mitarbeiter und Professoren und sechs Labore zur Verfügung. Den Kern bildet die Muster- und Lernfabrik mit $900\,m^2$. Diese Musterfabrik dient der Erforschung neuer Prozesse und Technologien in der Produktionslogistik und bildet die Basis für die Aus- und Weiterbildung der Studierenden und Unternehmensvertreter. Mit der vorhandenen Ausrüstung, der Größe und dem Fokus auf Produktionslogistik ist diese Anlage einzigartig.

Unsere Mission am TZ PULS ist, mit unserem Wissen rund um die Produktionslogistik, einen Beitrag zur Wettbewerbsfähigkeit der Unternehmen der Region zu leisten und so Wertschöfpung und damit Arbeitsplätze in einem Hochlohnstandort zu sichern. Dieses Wissen habe ich mithilfe des „Landshuter Produktionssystems" strukturiert. In diesem Buch möchte ich die Prinzipien zur Gestaltung eines Lean orientierten Produktionssystems ausarbeiten und darstellen. Diese bilden eine wichtige Basis zur Orientierung beim Aufbau und täglichen Betrieb eines Lean-Produktionssystems für Planer und Manager. Neben den mittlerweile weithin bekannten Methoden (Wertstromanalyse, 5S, SMED usw.) sind diese Prinzipien unerlässlich, um ständige und immer wiederkehrende Diskussionen innerhalb der Organisationen zu vermeiden, welche nun die richtige Entscheidung sei.

Aus meiner Sicht können derartige Entscheidungen nicht alleine kostenorientiert begründet werden. Dies mag zwei Ursachen haben: Zum einen erfassen Kosten bei weitem nicht die gesamte relevante Realität. Beispielsweise fließen Faktoren, wie die Durchlaufzeit, in kostenorientierte Entscheidungen kaum bis gar nicht ein. Zum Zweiten neigen wir dazu, „Zwischenstände", die zur Erreichung eines Endzustands notwendig sind, immer und immer wieder zu hinterfragen und kostenrechnerisch begründen zu wollen. Als Beispiel mag hier der Umgang mit Rüstzeitreduzierungen genannt sein, der in Kapitel 9.3 ausführlich diskutiert wird. Soll die Zeiteinsparung wirklich für öfteres Rüsten genutzt werden? Dann ist ja nur eine marginale Kosteneinsparung für eine Bestandsreduzierung ausweisbar. Wenn wir aber noch ein Produkt in der frei gewordenen Zeit auf die Anlage legen, dann kann ich etwas ausweisen. Leider ist die Erhöhung der Anzahl der Rüstvorgänge aber essenziell, wenn man jemals die „Rüstzeit Null" und damit den One-Piece-Flow erreichen will, völlig egal, was die Kostenrechnung zum jetzigen Zeitpunkt ausweist.

An der Erstellung dieses Buchs haben wir fast zweieinhalb Jahre gearbeitet. Es flossen die Erfahrungen aus acht Jahren, Lean-Schulungen für über 2500 Personen, Praxisprojekten bei über 30 Unternehmen und aus fünf Dissertationen rund um das Thema Lean ein. Für die Unterstützung bei den Recherchen, der Erstellung der Abbildungen und als Sparringspartner zur Diskussion der Inhalte, möchte ich mich bei den Herren *Mathias Michalicki*, *Alexander Schubel*, *Severin Schmitt* und *Josef Ebermayer* bedanken. Für die vielen Aufnahmen aus meiner Muster- und Lernfabrik gilt mein Dank den Fotografen von Filling Frames. Ich wünsche viel Spaß bei der Lektüre. „Das große Ziel der Bildung ist nicht Wissen, sondern Handeln" (*Aldous Huxley*).

Markus Schneider, Juli 2016

Vorwort zur 2. Auflage

Wir haben über ein Jahr an der Überarbeitung und Erweiterung der 2. Auflage von „Lean Factory Design" gearbeitet. Während dieser Zeit, hat die Corona-Pandemie unser Leben weitgehend bestimmt und viele Bereiche unseres Lebens beeinflusst. Dies gilt auch für unsere Projekte. Wer hätte vor einem Jahr für möglich gehalten, dass komplette Fabrikplanungsprojekte und die Erstellung von Fließfertigungen für neue Produkte komplett online, ohne einen einzigen Termin vor Ort, aufgebaut werden können. Sogar die Umsetzungsbegleitung haben wir weitgehend online betreut.

Gerade in der jetzigen Situation ist die Lean-Philosophie wichtiger denn je, um unsere Produktions- und Versorgungsprozesse robust und autark gestalten zu können. Wir haben beispielsweise ein Projekt bei einem mittelständischen Kunden für medizintechnische Produkte im Bereich der Elektronik begleiten dürfen.

Die bisher zentrale Produktion an einem europäischen Standort mit weltweitem Sourcing, führte in der Corona-Pandemie zu erheblichen Versorgungsschwierigkeiten und ist für die neuen Kundenansprüche schlichtweg zu langsam. Das Projektziel war der Aufbau eines weltweiten, robusten Supply Chain-Konzepts mit einem Alleinstellungsmerkmal in der Elektronikbranche. Dem „local value chain"-Ansatz folgend, haben wir für Europa, Asien und die USA jeweils komplett unabhängige Wertschöpfungsnetzwerke konzipiert, die autark, auslieferbare Produkte innerhalb von 24 Stunden nach Bestellung liefern können. Die Anfälligkeit der jeweiligen Netzwerke wurde damit drastisch reduziert. Sollte eines der Netzwerke dennoch ausfallen, so sind immer noch die anderen beiden Netzwerke produktionsfähig. Wie dieses Beispiel zeigt, kann uns Lean helfen, auch in Deutschland und Europa wettbewerbsfähig zu produzieren. Ein wichtiger Beitrag, wenn wir wieder in der Lage sein wollen, uns selbst mit den wichtigsten Dingen zu versorgen und unsere Abhängigkeit von China zu reduzieren.

Auch in der Erforschung und Entwicklung neuer Lean-Methoden haben wir seit der ersten Auflage weitreichende Beiträge liefern können. Hier erwähnen möchte ich die Entwicklung des „Obeya", ein hybrides Produktionsplanungs- und -steuerungskonzept, das im Kapitel 22.8 näher erläutert wird. Dieses Konzept verbindet zentrale und dezentrale Steuerungsansätze und analoge und digitale Tools miteinander, zu einer Lean-kompatiblen Produktionsplanung und -steuerung.

Des Weiteren haben wir in den letzten beiden Jahren ein revolutionäres „Montage- und Logistiksystem 2030" (ein Patent und vier Patentanträge) entwickelt. Das Ziel ist die durchgängige Automatisierung der Materialbereitstellung vom Wareneingang bis an den Arbeitsplatz. Die Kernpunkte sind eine wesentlich vereinfachte Automatisierbarkeit und eine Flächeneinsparung > 50 % gegenüber der klassischen Lean-Layoutgestaltung. Das Konzept wird im Kapitel 18 beschrieben. Beide Prototypen können in meiner 900 m² großen Lern- und Musterfabrik am „Technologiezentrum Produktions- und Logistiksysteme" in Dingolfing besichtigt werden.

Für die Unterstützung bei der Erstellung dieser zweiten Auflage möchte ich mich bei Dr. Mathias Michalicki, Patrick Rannertshauser und Manuel Kögel bedanken.

Bleiben Sie gesund! Ich hoffe, dass wir alle diese Pandemie bald überstanden haben und unsere Lehren daraus ziehen.

Markus Schneider, April 2021

Inhaltsverzeichnis

Über den Autor

Prof. Dr. Markus Schneider

Derzeitige Tätigkeiten:

- Professur für Logistik, Material- und Fertigungswirtschaft an der Hochschule Landshut, *www.haw-landshut.de*,
- Wissenschaftlicher Leiter Technologiezentrum PULS (Produktions- und Logistiksysteme), *www.tz-puls.de*,
- Studiengangsleiter Master „Prozessmanagement & Ressourceneffizienz", *www.master-pmr.de*,
- Geschäftsführender Gesellschafter PuLL Beratung GmbH, *www.pull-beratung.de*,
- Prokurist und Gesellschafter der Technologiezentrum Dingolfing GmbH (An-Institut der Hochschule Landshut), *www.tz-ding.de*.

Aufgabengebiete:

- Materialflussoptimierung,
- Produktionsoptimierung,
- Fertigungsoptimierung,
- Prozessoptimierung,
- Lean Factory Design und Fabrikplanung,
- Industrie 4.0, IIoT, Machine Learning und Digitale Fabrik.

Berufserfahrung:

- Umfangreiche Beratungserfahrung in zahlreichen Unternehmen und verschiedenen Branchen und Schulung mehrerer Tausend Teilnehmer mit den Themen Einführung von Lean in Produktion und Logistik, Aufbau und Einführung von Produktionssystemen und Fabrik- und Materialflussplanung (siehe *www.pullberatung.de*).

- Leitung mehrerer Forschungsprojekte (Umfang > 6 Mio. € Forschungsgelder) zu den Themen Lean (Aufbau eines Referenzproduktionssystems für den Mittelstand/Controlling for Lean usw.) und Industrie 4.0 (Einsatz eines Real Time Location-Systems zur Digitalisierung von Bewegungsdaten und ortungsbasierten Produktionssteuerung) als Professor für Logistik, Fertigungs- und Materialwirtschaft. Die aktuellen Forschungsprojekte zielen auf Prozessinnovation, die durchgängige Automatisierung der gesamten Logistikkette vom Wareneingang bis an den Arbeitsplatz und die Unterstützung der Produktionsplanung und -steuerung mit Künstlicher Intelligenz ab.

- Berufsbegleitende Promotion zum Thema „Logistikplanung in der Automobilindustrie". Entwicklung einer Planungsmethodik für die Logistik im Rahmen der Digitalen Fabrik und Konzeptionierung als Software. Die Arbeit bildet heute die Basis für die Logistiklösung im Rahmen der „Siemens PLM Software".

- Mehrjährige Tätigkeit als Logistikplaner für die Fahrzeugmodellreihe A3 bei der AUDI AG an der Schnittstelle zwischen Technischer Entwicklung, Montageplanung und Logistikplanung, Logistikvertreter im SE-Team.

- Ausbildung zum Speditionskaufmann.

Teil I

Einleitung

Als Teil des TZ PULS (Technologiezentrum Produktions- und Logistiksysteme) der Hochschule Landshut haben wir uns zur Aufgabe gemacht, das Lean-Wissen zu sammeln, zu strukturieren und an Studierende und Unternehmen zu vermitteln. Bereits zu Beginn des Aufbaus der Vorlesungen und Weiterbildungen wurde sehr schnell klar, dass das entsprechende Lean-Wissen zwar in Form vieler Bücher und Seminare bereits vermittelt wird, die vorgefundenen Konzepte aber jeweils für sich sehr lückenhaft und untereinander inkonsistent waren. Die meisten Bücher haben entweder den Charakter von Fallstudien oder behandeln relativ losgelöst voneinander die verschiedenen Methoden und Werkzeuge des Lean-Werkzeugkastens, also KVP, 5S, Wertstromanalyse usw. Ein weiterer Kritikpunkt ist, dass wir kein Konzept finden konnten, das sich mit dem Produktions- und dem Logistiksystem als Ganzes befasst. Jeder hat sich sozusagen „seinen Teil" aus dem Gesamtsystem herausgeschnitten. Gründe hierfür mögen sein, dass die Wissensvermittlung bei Toyota sehr stark implizit durch jahrelanges Training und „Sozialisierung" in der Toyota-Unternehmenskultur stattfindet. Es existieren nur sehr wenige zugängliche formalisierte Dokumente. Dies erschwert die übersichtliche Sammlung und Darstellung des Wissens und den Wissenstransfer enorm. Schließlich war das Toyota-Produktionssystem (TPS) ja nie für andere Unternehmen gedacht.

Des Weiteren muss festgestellt werden, dass das TPS in den letzten Jahren bereits zahlreiche Anpassungen erfahren hat. Viele Unternehmen entwickelten ihre eigenen Produktionssysteme, Berater bauten ihre eigenen „Lean-Systeme" auf. Bei näherer Betrachtung sind diese jedoch meist unvollständig und/oder nicht ganz korrekt. Es werden unterschiedliche Dinge wie Methoden und Prinzipien durcheinandergeworfen oder nicht Lean kompatible Methoden und Kennzahlen kombiniert.

Jedenfalls fand sich kein Ordnungsrahmen, der für den konsistenten Aufbau dreier Vorlesungen vom sechsten bis zum achten Semester als Struktur verwendbar gewesen wäre. Daher wurde im Verlauf von fast sieben Jahren das Landshuter Produktionssystem (LPS) als Ordnungsrahmen zur Systematisierung und Vervollständigung des Lean-Know-hows entwickelt. Das LPS stellt ein umfangreiches Konzept zum ganzheitlichen, Lebenszyklusphasen übergreifenden Planen und Gestalten von Produktions- und Logistiksystemen dar.

Im Rahmen dieses Buches werden verschiedene Ziele verfolgt. Zunächst möchten wir im Teil II ein grundlegendes Verständnis für Lean vermitteln. Im Teil III geben wir dem Leser mit dem LPS einen Ordnungsrahmen an die Hand, um das Lean-Wissen einordnen und strukturieren zu können. Im Teil IV fokussieren wir dann auf die Vermittlung der Gestaltungsprinzipien für ein komplettes Produktionssystem, von der Gestaltung des Arbeitsplatzes über die Mehrmaschinenbedienung, die interne Logistik bis hin zur externen Logistik und der Lieferanteneinbindung. Im Teil V werden die Gestaltungsprinzipien noch um Handlungsprinzipien für die Bereiche Führung und Planung ergänzt. Den Abschluss bildet eine Übersicht über die wichtigsten Methoden und Werkzeuge für die Führung und Planung im Teil VI.

Im Teil II geht es zunächst noch gar nicht darum, zu verstehen, was Kanban oder KVP ist. Wir haben uns immer die Frage gestellt, was es bringen soll, wenn die Seminarteilnehmer aus dem ersten „Lean Basic Workshop" herauskommen und dann Kanban-Kreisläufe berechnen und auslegen können. Wir wollen hier zunächst einmal ein grundlegendes Verständnis für Lean, für das Warum, für die Notwendigkeit einer neuen Denkweise schaffen. Daher arbeiten wir die Schwachpunkte des seit über 100 Jahren eingesetzten Massenproduktionssystems heraus und leiten systematisch die Effekte her, die in vielen Unternehmen heute zu beobachten sind, nämlich hohe Bestände, lange Durchlaufzeiten und nicht zufriedenstellende Termintreue trotz ausufernder Planungs- und Steuerungsaufwände. Dem aufgebauten Argumentationsstrang folgend, wird dann im Weiteren gezeigt, an welchen Stellen sich Lean von der Massenproduktionsdenkweise unterscheidet und wie dann genau die erwähnten negativen Effekte in den Griff zu bekommen sind. Hierfür haben wir über Jahre hinweg das Wissen aus vielen Quellen zusammengetragen und *einfache Modelle und Analogien* erdacht, um dieses Wissen auch wirklich verständlich herüberzubringen. Wir haben mit den hier vorgestellten Inhalten bereits über 4500 Teilnehmer im Rahmen von Weiterbildungen und Vorlesungen geschult und die Erfahrung gemacht, dass sich dann bei der Einführung von Lean viele Diskussionen erübrigen. Die Teilnehmer haben das *Warum* verstanden. Das Womit, also z. B. Kanban einzusetzen, ist dann kein Problem mehr.

Im Teil III des Buches wird dann der bereits erwähnte Ordnungsrahmen aufgebaut, um das Lean-Wissen strukturieren und einordnen zu können. Zunächst stellen wir dem Leser eine Übersicht über das Original, das Toyota-Produktionssystem zur Verfügung. Unserer Meinung nach ist es wichtig, sich mit den ursprünglichen Ideen auseinanderzusetzen, um die vielen verschiedenen Abwandlungen identifizieren zu können. Das Landshuter Produktionssystem (LPS) ist folgendermaßen aufgebaut: Eine *Werteebene* mit den Unternehmenswerten und Handlungsrichtlinien und eine *Ordnungsebene* mit einer Reihe von Prinzipien. Um die Produktions- und Logistikprozesse effizient betreiben zu können, müssen sie zuvor nach *bestimmten Prinzipien gestaltet* werden. Aufgabe der Methoden und Werkzeuge ist es, die Prinzipien in die Strukturen und Prozesse des operativen Systems zu überführen. Ein Auditsystem ermöglicht es, immer wieder zu überprüfen, inwieweit der aktuelle Zustand des Unternehmens den gemeinsam gesetzten Werten und Prinzipien entspricht.

Im Teil IV des Buches fokussieren wir genau auf diese *Gestaltungsprinzipien*, auf das Wie. Was häufig fehlt, ist eine strukturierte und weitgehend formalisierte Beschreibung der Gestaltungsvorgaben. Wie soll ein „gutes" Produktions- und Logistiksystem aussehen? Nur die Methode zu kennen, ist bedingt hilfreich, wenn man das Ziel, wofür diese Methode eingesetzt werden soll, nicht kennt. Um Lean Production zu verstehen, muss man die dahinterliegenden Prinzipien verstehen. Ein Prinzip ist eine verdichtete Handlungsweise zur Gestaltung von Entscheidungsprozessen. Die Wissensvermittlung in Form von Prinzipien, einfachen Faustregeln und Heuristiken ist im Lean Management stark verankert. Mithilfe der Gestaltungsprinzipien zeigen wir Ihnen, wie ein komplettes Lean-System vom Arbeitsplatz, über die internen Logistikprozesse bis hin zum Lieferanten aufgebaut werden sollte.

Der Teil V wurde in der 2. Auflage ergänzt. Da Führung der wichtigste Erfolgsfaktor für den Erfolg eines Unternehmens oder auch Projektes ist, haben wir ein eigenes, zum LPS kompatibles Führungsmodell namens „DATE" entwickelt. Dies hilft die Rolle der Führung und die verschiedenen Führungsmethoden im Teil VI zu strukturieren.

Wir sind in erster Linie erfahrene Prozessplaner. Diese Erfahrung aus zwei Jahrzehnten haben wir in einem Planungsmodell zusammengefasst, das wir CoMIC nennen. Es dient als Referenzvorgehensmodell für Planer und gibt einen Rahmen für den Einsatz der Planungsmethoden, die ebenfalls im Teil VI des Buches dargelegt werden.

Teil II

Lean verstehen

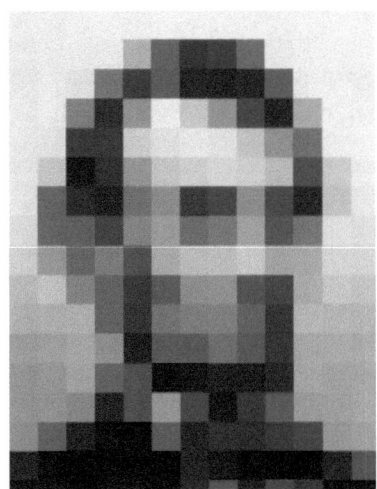

Bild II-1
Computerbild von *Abraham Lincoln* (selbst erstellt, nach dem Vorbild von Harmon 1973)

Wer oder was ist in Bild 1 dargestellt?

Je näher man auf dieses Bild zutritt, desto unkenntlicher wird es. Von Nahem ist kaum erkennbar, dass es sich hier um einen menschlichen Kopf handelt. Man kann zwar Anzahl und Größe der Quadrate messen, die unterschiedlichen Grauwerte bestimmen und in irgendeine Ordnung bringen, doch der Lösung des Problems, nämlich die abgebildete Person als *Abraham Lincoln* zu erkennen, werden Sie mit dieser Vorgehensweise nicht näherkommen – eher im Gegenteil. Erst das Zulassen von Unschärfe, das Bild aus einer größeren Entfernung zu betrachten, stark zu blinzeln oder die Brille abzunehmen, führt zum gewünschten Erfolg, ermöglicht die Mustererkennung. Eine Zerlegung des Problems in Einzelteile und eine noch so detaillierte Betrachtung dieser Einzelteile, egal wie akribisch diese durchgeführt wird, ist hier die falsche wissenschaftliche Methode. Die Funktion der Systemkomponenten – ihre Rolle als Auge, Teil der Gesichtszüge usw. – wird auf diese Weise nicht erkannt (in Anlehnung an Vester 1999, S. 54). Um nun im übertragenen Sinne die Wirklichkeit, z. B. eine Fabrik oder eine Produktion, als Ganzes zu erfassen, genügt es eben genausowenig, nur die Details zu betrachten.

Die analytische Vorgehensweise, die Fabrik in Teile zu zerlegen und zu versuchen, die Teile durch die Erfassung noch so vieler Detaildaten zu verstehen, wird zwangsläufig scheitern. *Vester* zufolge gehören zur Mustererkennung in der planerischen Praxis zwei Dinge: „[…] Datenreduktion auf die wesentlichen Schlüsselkomponenten und die Vernetzung dieser Komponenten" (Vester 1999, S. 55). Sobald man die Teile eines Systems verbindet, ist nur noch ein Bruchteil der Daten notwendig, um es mit wenigen Ordnungsparametern zu charakterisieren.

Genau dieses Grundverständnis findet sich in der *Denkweise von Lean* wieder. Eine wichtige Methode, die diese Mustererkennung durch Datenreduktion ermöglicht, ist die Wertstrommethode (vgl. Kapitel 22.1). Mit dieser Methode wird ein Prozess gesamtheitlich von Rampe zu Rampe betrachtet und dabei sowohl auf den Produktionsprozess, den Materialfluss, aber auch auf die Steuerung und die Informationsflüsse eingegangen. Um bei Bild 1 zu bleiben, ist die Wertstromanalyse die Methode, mit der wir „die Augen zusammenkneifen, um den gesamten Lincoln zu erkennen".

In unserer mehr als 100 Jahre alten *Denkweise der Massenproduktion* machen wir so ziemlich genau das Gegenteil dieser Datenreduktion und der gesamtheitlichen Betrachtung. Wir sind gewohnt, unsere Unternehmen und Produktionssysteme in kleine Scheiben zu zerteilen, und es werden jeweils einzelne Scheiben (Produktion, Logistik, Einkauf usw.) „optimiert". Typische Auswirkungen dieser Vorgehensweise finden sich in der folgenden Fallstudie.

1 Fallstudie: Massenproduktion vs. Prozessorientierung

Diese Fallstudie soll dazu dienen, einige Denkanstöße zu geben und auf die Ideen im Weiteren vorzubereiten. Es geht nicht darum, ein möglichst exaktes und vollständiges Abbild der Produktion o. Ä. zu zeigen. Auch sind manche Aussagen bewusst provokativ oder überspitzt, um auf bestimmte Probleme und Zielkonflikte hinzuweisen.

■ 1.1 Fallstudie Teil 1

Quelle: Helfrich 2002, S. 179 ff.

Problem:

Die Designer-Leuchtenfirma mit 30 Mitarbeitern produziert ca. 5000 Leuchten pro Jahr. Die Durchlaufzeit der Leuchten von der Bestellung bis zur Auslieferung beträgt ca. *8 Wochen*, stark *schwankend*.

Die *Termintreue* ist sehr schlecht, mit der Folge einer hohen Unzufriedenheit der Kunden. Die Reklamationsquote steigt, auch wegen der niemals eingehaltenen Termine. Das macht sich insbesondere im Weihnachtsgeschäft bemerkbar und führt zu Mindererlösen sowie zu einer starken Ergebnisschmälerung.

Der *Chef bestimmt alles*: Die Reihenfolge der Aufträge, die Zukäufe, den Personaleinsatz, usw. – jede einzelne Tätigkeit wird von ihm fallweise selbst ausgeübt und zwar immer besser als von jedem seiner Mitarbeiter. Der Führungsstil ist extrem patriarchalisch, das Mitdenken der Mannschaft ist nicht gefragt. Auch Organisation ist kein Thema: „Wenn alle nur ihre Arbeit richtigmachen würden, dann stünden wir viel besser da …“

Die Kalkulation (nur auszugsweise) zeigt die folgenden Schwerpunkte:

- *40 % Materialkosten,*
- *12 % Lohnkosten.*

Etwa 10 % der Kosten werden als Reklamationskosten zusätzlich zu den Kosten der Reklamationsbearbeitung ausgewiesen (durch zu späte oder unvollständige Lieferung, Beschädigung beim Transport, Qualitätsmängel ...).

Der Anteil der *Fremdvergaben* ist hoch (Oberflächenbehandlung, Holzbearbeitung, Galvanik). Deswegen müssen die Firmen, die Fremdvergaben ausführen, oft angemahnt und angefahren werden. Ca. 10 % der Arbeitszeit ist eigentlich Fahrzeit.

Von einem Prozessmanagement kann eigentlich keine Rede sein. Im Gegenteil: Der Chef sitzt oft stundenlang an einer Maschine und optimiert (d. h. maximiert) dort auch die jeweilige *Losgröße*, wenn er nicht gerade selbst zu den Unterlieferanten unterwegs ist.

Ziel:

Die Firmenleitung ist gewarnt durch die stetig sinkenden Margen und beschließt eine Re-Organisation. Die Erträge sollen wieder steigen und zwar auf 20 % Gewinn auf den Umsatz. Ein Turn-Around wird eingeleitet.

Charakteristika der Lösung:

Zuerst werden die konventionellen Lösungen diskutiert:

1. Senken der Löhne (üblicher Versuch und stete Klage, aber dennoch falsch und Ausdruck der Inkompetenz bei einem Anteil von nur 12 % der Gesamtkosten).

2. Billiger Einkaufen: Das ist in der Tat ein noch nicht genutztes Potenzial. Günstige Einkaufsquellen gäbe es z. B. in Italien. Wer jedoch kann italienisch? Wie terminsicher liefern die Italiener?

3. EDV einführen: Zum Beispiel SAP als Maximallösung (dann kann mir als Geschäftsführer nichts passieren ...). Das würde erst einmal Kosten für die Einführung verursachen. Die Rationalisierung ist ein Versprechen ohne Verbindlichkeit. Für die Systempflege fehlt die Kapazität und das Know-how.

4. Erhöhen der Verkaufspreise: Das wird diskutiert, aus Gründen der Wettbewerbsfähigkeit aber verworfen.

5. Anziehen der Zeitwirtschaft: Reduzieren der groben Zeitvorgaben.

6. Ausbauen der „optimalen Losgrößen": Dazu hätte man jedoch bis zu einem Jahresbedarf auf Lager legen müssen.

■ 1.2 Analyse der Fallstudie

Beginnen wir unsere Analyse mit der *Durchlaufzeit*. Was ist wohl schlimmer? Die acht Wochen Durchlaufzeit oder die starken Schwankungen in der Durchlaufzeit?

Die starken Schwankungen sind das weitaus größere Problem. Die acht Wochen sind zwar sehr lange, aber man kann diese Zeit einplanen. Die Untersuchung der Durchlaufzeiten der einzelnen Produktionsaufträge bei einem realen Beratungsprojekt über einen Zeitraum von zwei Jahren hat ergeben, dass der schnellste Auftrag im Betrachtungszeitraum fünf Tage und der längste > 300 Tage benötigt hat. 80 % der Aufträge waren weniger als 37 Tage und 50 % der Aufträge weniger als 24 Tage im System. Angenommen, Sie sollen als Vertriebsmitarbeiter dem Kunden ein Lieferdatum nennen, welche Lieferzeit geben Sie mit dem beschriebenen Produktionssystem an?

Fünf Tage ist sehr mutig. Wenn Sie 24 Tage angeben, haben Sie eine Termintreue von 50 %. Sie könnten 37 Tage angeben. Dann wartet Ihr Kunde fast acht Wochen und Sie haben immer noch erst eine Termintreue von 80 %. Was wollen Sie für eine Lieferzeit nennen? 100 Tage vielleicht?

Sie sehen, dass die Schwankungen in der Durchlaufzeit, das größte Problem für die Stabilität in Unternehmen ist. Es macht Unternehmen unsteuerbar.

Wichtig ist weiterhin der Zusammenhang zwischen der Durchlaufzeit und der *Termintreue*. Sie können Termintreue mit dem Versuch, mit einem Stab (Durchlaufzeit) ein kleines Loch (schmales Terminfenster) zu treffen, vergleichen. Mit einem kurzen Stab (also einer kurzen Durchlaufzeit) ist das kein Problem. Aber wenn Sie diese Aufgabe mit einem 8 m langen, schwankenden Stab (acht Wochen Durchlaufzeit, stark schwankend) erfüllen sollen, wird dieses Unterfangen zunehmend schwierig.

Auch, dass der *Chef* alles selbst bestimmen will, stellt ein Problem dar. Zum einen ist es, selbst bei einer geringen Aufgaben- und Führungsspanne, schon nicht mehr möglich, selbst alles besser als die anderen zu können. Zum Zweiten hat dieses Verhalten verheerende Auswirkungen auf die Motivation der Mitarbeiter. Spätestens nach dem zweiten, nicht beachteten Vorschlag werden die Mitarbeiter „innerlich kündigen".

Was halten Sie von den 40 % *Materialkostenanteil*? Ist das im bundesdeutschen Vergleich viel oder wenig? Die Erfahrung aus einer Umfrage und über hundert Schulungen zeigt, dass der Materialkostenanteil systematisch unterschätzt wird. Die Meisten schätzen 30 bis 40 % und den Lohnkostenanteil in etwa ebenso hoch. Interessanterweise liegt der Materialkostenanteil im Durchschnitt über alle Industrien aber tatsächlich bei knapp 60 %, der Lohnkostenanteil je nach Branche aber nur bei 12 bis 24 % (Deutsche Bundesbank, Monatsbericht Dezember 2012, S. 48 f.).

Eine wichtige Ursache für diese Entwicklung ist das Thema Outsourcing und Konzentration auf die Kernkompetenzen. Seit Jahrzehnten steigt der Materialkostenanteil enorm. Allerdings handeln die meisten Manager so, als ob immer noch der Lohnkostenanteil der größte Kostenblock wäre. Schließlich wurden die meisten älteren Manager in hohen Führungspositionen ja auch in einer Zeit ausgebildet, als diese Annahme durchaus noch zutraf.

Auch die meisten ERP-Systeme optimieren die Auslastung des Personals und der Maschinen. Das Material wird häufig nicht einmal erfasst. Überspitzt formuliert: Wir lassen 60 % der Kosten warten, um 12 bis 24 % der Kosten voll auszulasten!

Unser Umfeld ändert sich kontinuierlich. Wir sollten uns die Frage stellen, ob wir eigentlich noch die richtigen Größen mit den richtigen Werkzeugen optimieren.

Sind aus Ihrer Sicht *Fremdvergaben* generell gut oder schlecht? Vermutlich kann man die Frage so nicht beantworten. Es gibt sicherlich viele Gründe für ein Outsourcing, z. B. fehlende technische Kompetenz oder zu geringe Auslastung teurer Anlagen. Dennoch wird heutzutage viel zu häufig auf Basis einer zu einfachen Kostenbetrachtung outgesourct. Es werden lediglich direkt die Lohnkosten pro Teil verglichen. Besonders herausragend war in einem Beratungsprojekt ein Bauteil, das für 15 Sekunden Fertigungszeit nach Bulgarien gefahren wurde. Laut Controlling rechnete sich das. Allerdings erhöhten der Transport und der Durchlauf im Werk in Bulgarien die Durchlaufzeit um (sage und schreibe) neun Wochen. Was aber kosten nun neun Wochen Durchlaufzeit? Der Controller konnte das nicht in Euro fassen, damit war es nicht entscheidungsrelevant. Kann das richtig sein?

Fremdvergaben führen in den meisten Fällen durch die Transporte und die notwendigen zusätzlichen Schnittstellen zu längeren Durchlaufzeiten und machen den Prozess langsamer. Fragen Sie sich, ob Sie das bei Ihren Entscheidungen einbeziehen. Die Erfahrung aus vielen Beratungsprojekten zeigt, dass dieser Aspekt meist nicht berücksichtigt wird.

Ein weiteres Phänomen sind die *Losgrößen*. Der Chef in unserem Beispiel „optimiert" in stundenlanger Arbeit die Losgrößen an einzelnen Maschinen. Machen wir folgendes Gedankenexperiment: Sie sind mit Ihrem Unternehmen hoffnungslos im Lieferrückstand. Die Telefone laufen heiß, weil sich alle Kunden beschweren. Welche Anweisung geben Sie dem Werker an der Maschine in dieser Situation bezüglich der Losgröße: Hoch oder runter setzen?

Hier zeigt die Erfahrung aus Hunderten Schulungen, dass die Leute, je näher Sie dem Management und einer kostenorientierten Denkweise sind, antworten, dass die Losgröße hoch gesetzt werden muss. Ihr Gedanke: Die Zeit ist eh schon zu knapp, und wenn wir jetzt noch öfter rüsten, steht die Maschine ja noch mehr Zeit.

Je näher die Leute dem Kunden oder der „Maschine in der Fertigung" sind, umso eher kommt die Antwort: Runter mit der Losgröße. Ihr Gedanke: Was helfen mir

1000 Stück rechnerisch kostengünstig hergestellte Stücke A, für die die Maschine eine ganze Schicht läuft, wenn der Kunde B will?

Wir treffen auf einen klassischen Zielkonflikt. Was ist nun richtig? Viele Unternehmen erleben diesen Zwiespalt regelmäßig im Monatsrhythmus. Am Monatsanfang wird streng auf die Einhaltung der „optimalen Losgröße" geachtet, weil ja kostengünstig produziert werden soll. Gegen Monatsende, wenn die Termine drücken oder noch „vorher fakturiert werden soll", dann spielt die Losgröße plötzlich keine Rolle mehr. Am nächsten Monatsersten wird dann aber wieder streng nach Losgröße produziert. Woher kommt dieser scheinbar unlösbare Zielkonflikt?

Das Losgrößendenken entstammt der *kostenorientierten Denkwelt*. Die kleinen Losgrößen entstammen der *durchsatzorientierten Denkwelt*.

Die kostenorientierte Vorgehensweise versucht auf Basis weniger Parameter ein „optimales Ergebnis" zu erreichen. Dabei gibt es zwei gravierende Probleme: Erstens muss man sich ernsthaft die Frage stellen, ob überhaupt alle entscheidungsrelevanten Parameter kostenmäßig erfassbar sind. Man denke nur an die Frage, was mögen wohl 9 Wochen Durchlaufzeit in Euro bewertet kosten? Das zweite Problem ist, dass auf Basis kostenrechnerischer Ansätze versucht wird, ein eigentlich dynamisches System statisch zu optimieren.

Lean optimiert die Losgröße NICHT auf Basis von Kosten, sondern nur auf Basis von Zeiten und Kapazitäten mithilfe des EPEI (mehr zu dieser Maßzahl zur Bestimmung der Losgröße in Kapitel 22.1).

Werfen wir noch einen kurzen Blick auf die „üblichen" Lösungsvorschläge:

Häufig wird tatsächlich an der Lohnkostenschraube gedreht. Natürlich bringt das Effekte. Aber drehen wir hier nicht ein viel zu „kleines Rad" bei nur 12 bis 24 % Lohnkostenanteil? Das „große Rad", die 60 % Materialkostenanteil, sollten wir angehen, aber das ist wesentlich schwieriger.

Dass der Einkauf noch viele Potenziale beinhaltet, ist sicherlich bei vielen Unternehmen richtig. Aber hier findet sich auch wieder ein ideales Feld für lokale Suboptima. Der Einkäufer optimiert sich auf Kosten anderer Abteilungen, beispielsweise der Frachtkosten oder der Nacharbeit in der Produktion. Die Einkäufer machen dies aber natürlich nicht, weil sie „dumm" sind, sondern weil sie durch unsere Systeme mit Kennzahlen und Zielvorgaben dazu getrieben werden. In einem Beratungsprojekt fand sich hierfür ein typisches Beispiel. Nach monatelanger Optimierung, Schulungen und Vor-Ort-Besuchen, war ein problematischer Lieferant von Gussteilen endlich so weit, dass er mit passablen Ausschussquoten geliefert hat. In einer der Teambesprechungen kommt ein freudestrahlender Einkäufer hinzu und verkündet, er habe einen Lieferanten gefunden, der das Bauteil NOCH billiger liefern würde. Hurra! Dann fahren wir eben wieder sechs Monate lang zum Lieferanten, nur diesmal 1000 km statt 400 km. Aber diese vielen hundert Ingenieurstunden sind ja nicht im Budget des Einkäufers enthalten. Er hat alle seine Zielvorgaben erreicht.

Der nächste Lösungsvorschlag: EDV einführen. Löst EDV irgendein Problem? EDV schafft sicherlich Transparenz, aber EDV kann kein Problem lösen, das in den Prozessen und der Organisation zu suchen ist. Zunächst sind immer erst die Prozesse „gerade zu ziehen", erst dann kann EDV helfen, nicht andersherum. In einem Beratungsprojekt zur Organisationsstruktur kam der Vorschlag, doch der SAP-Abteilung die Führung bei der Umorganisation zu überlassen. Die Idee: Dann passt die Organisationsstruktur perfekt zu SAP. „Wackelt da nicht der Schwanz mit dem Hund?!?"

■ 1.3 Fallstudie Teil 2: Lösungsvorschläge

Quelle: Helfrich 2002, S. 179 ff.

Jeder sieht ein, dass die herkömmlichen *Suboptima* und auch eine EDV-Einführung keine durchgreifende Sanierung ermöglichen würden. Jetzt kommt der Gedanke der *Prozess-Orientierung*, der Auftragsdurchsteuerung in die Diskussion. Profitcenter ist der einzelne Kundenauftrag. Damit ergeben sich ganz neue Lösungsansätze.

Die neuen Lösungen sind die folgenden:

1. *Prozessglättung*: Jeder Auftrag wird zu Ende bearbeitet, und die zahlreichen Zwischenlagerungen durch die Auftragszusammenfassungen entfallen. Die Rüstzeiten steigen allerdings von ca. 5 auf ca. 9 % der Gesamtkapazität an.

2. *Neukonstruktion* im Hinblick auf die Materialkosten (besonders wirkungsvoll, da am Anfang der Prozesskette).

3. Die *Engpässe* werden rechtzeitig geplant. Das sind die Oberfläche und die Montage.

4. Es wird eine einfache Grobplanung (MS-Access) eingerichtet, mit deren Hilfe die Materialien umgelegt werden. Es entsteht eine Art Frühwarnsystem für die wirklich wichtigen Fälle. Alles Übrige wird NICHT zentral gesteuert, sondern von den Ausführenden vor Ort selbst.

5. Der Chef zieht sich aus der operativen Feinplanung zurück (das ist der schwierigste Teil).

6. Einrichten einer Funktion Logistik (oder Prozesssteuerung). Die Logistik bedient das Frühwarnsystem und verhandelt mit den Unterlieferanten über die künftigen Just-in-time-Lieferungen in Verbindung mit einer drastischen Erhöhung der Termintreue.

7. Einführen von regelmäßigen Organisationsbesprechungen der Belegschaft mit der Firmenleitung.

Ergebnis:

- Partnerschaftliche Problemlösung.
- Einfache Organisation: Keine komplizierte EDV-Einführung.
- *Frühwarnung*: Nur mit genügend großer Vorwarnzeit kann man agieren und Problemlösungen organisieren.
- Die *ganzheitliche Betrachtung* des Prozesses (= Kundenauftrag) bringt den Erfolg, nicht eine Optimierung der Losgröße, Einzelfahrt, des Arbeitsganges u. a.!

■ 1.4 Analyse der Lösungsvorschläge

Auch auf die „prozessorientierten" Lösungsvorschläge wollen wir einen gemeinsamen Blick werfen.

Was versteht man unter *Prozessglättung*? Betrachten wir einen üblichen Prozessablauf in einem Unternehmen: Gussteile kommen in einer Gitterbox in den Wareneingang, werden bearbeitet und eingelagert – Teile werden ausgelagert, gewaschen und wieder eingelagert, natürlich mit einer neuen Teilenummer „Teil gewaschen" – Teil wird ausgelagert, lackiert und wieder eingelagert mit der Teilenummer „Teil lackiert" – Teil wird ausgelagert, und es wird höchst effizient ein anderes Teil montiert. Die Baugruppe wird eingelagert mit der Teilenummer „Baugruppe montiert" – nun wird das Teil ausgelagert, verpackt und vielleicht gleich versendet oder als „Baugruppe verpackt" nochmals eingelagert.

Das Beispiel soll zeigen, dass wir unsere Prozesse endlos zerstückeln und nur die „Scheibchen" optimieren. Dazwischen, zwischen den perfekt optimierten Einzelscheiben, verlieren wir die Zeit. Prozessglättung bedeutet, den Auftrag bis zum Ende fertigzumachen. Das Ziel der Optimierung muss der Kundenauftrag sein, nicht die optimale Einzelscheibe.

Welchen Einfluss hat Ihrer Meinung nach die *Konstruktion* auf die Kosten des Endprodukts (in %)? Man sagt, dass ca. 70 bis 80 % der Kosten in ein Produkt „hineinkonstruiert" sind. Auch dieser Einfluss wird systematisch unterschätzt, wie die Erfahrung aus Hunderten Schulungen zeigt. Im Umkehrschluss können wir im laufenden Seriengeschäft der Produktion mit all unseren Optimierungs-Workshops usw. nur noch max. 20 bis 30 % der Kosten beeinflussen. Im Rahmen eines derartigen Optimierungs-Workshops wurde nach Möglichkeiten gesucht, die Montagezeiten in der Automobilindustrie zu verkürzen. Im vorliegenden Fall wurde eine Innenverkleidung viermal geschraubt. Bei einem Konkurrenzprodukt aus Asien wurde dieses Bauteil geclipst, was eine Zeiteinsparung von ca. 90 % erbracht hätte.

Leider konnte diese Einsparung aber mehrere Jahre lang nicht umgesetzt werden, da die notwendige Änderung auch eine Anpassung des Seitenwandrahmens nach sich gezogen hätte – eine in der laufenden Serie praktisch ausgeschlossene Änderung. An diesem Beispiel wird klar, dass diese 90 % Mehrkosten für die Montage der Innenverkleidung in das Fahrzeug „hineinkonstruiert" sind.

Die wichtigste Erkenntnis, die Sie aus dieser Fallstudie mitnehmen sollten, ist der letzte Satz bei Helfrich: „Die ganzheitliche Betrachtung des Prozesses bringt den Erfolg, nicht die noch so optimal gestaltete Einzelscheibe." Häufig wird die Frage gestellt: Was soll ich nun optimieren? Die Personalkosten oder die Maschinenkosten? Weder noch: Den Kundenauftrag sollten Sie optimieren. Der Kunde bezahlt Sie schließlich für Ihre Tätigkeiten.

2 Massenproduktion: Einzeloptimierung der Systemteile

Nach diesen vorbereitenden Gedanken, sollen die Unterschiede in der Denkweise zwischen der klassischen Massenproduktion und Lean Production herausgearbeitet werden. Hierzu ist es hilfreich, zunächst einen genaueren Blick auf die Massenproduktion, das übliche Produktionssystem seit etwa 100 Jahren zu werfen.

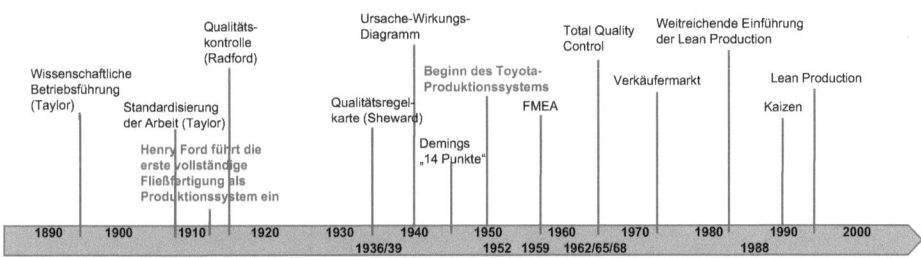

Bild 2.1 Zeitleiste zur Entwicklung der Produktionssysteme

Ausgehend von der handwerklichen Produktion vor dem ersten Weltkrieg führte *Henry Ford* die industrielle Massenproduktion ein. Die Basis der Massenproduktion war die Fließfertigung. Einer der zentralen Grundsätze dieses Produktionssystems lautete: Große Lose eines Teils herstellen, um Kosten durch Werkzeugrüstung zu sparen. Die fertiggestellten Produkte wurden dann bis zu ihrem Verkauf gelagert (vgl. Ohno 1993, S. 132 f.). Diese Form der Produktion breitete sich nach 1913 in den westlichen Industrienationen rasch aus und wurde zur vorherrschenden Methode der modernen Herstellung von Gütern.

Während *Ford* der Praktiker war, war *Frederick Winslow Taylor* eher der Theoretiker. Er wird häufig als *Vater der wissenschaftlichen Betriebsführung* bezeichnet. Prägend für diesen Begriff ist die präzise Erfassung aller betrieblichen Tätigkeiten und Abläufe. Das revolutionierend Neue an dem Ansatz war die *Vorherbestimmung der zur Arbeit gebrauchten Zeit*. Um dies zu erreichen und die menschliche Arbeitskraft effizient einsetzen zu können, führten er und *Frank B. Gilbreth* umfangreiche Zeitstudien durch.

Zur Optimierung der Abläufe setzte *Taylor Planungs- und Kontrollabteilungen* ein – der Beginn der funktionalen Organisationsunterteilung.

Die bedeutendste Idee zur Rationalisierung der Arbeit war aber wohl die *Arbeitsteilung*. Bis heute liegt das Prinzip der Arbeitsteilung, wenn auch in variierender Intensität, jeglicher Form der industriellen Arbeit zugrunde und wird nicht hinterfragt (vgl. Pfeiffer/Weiß 1992, S. 20 f.).

Toyota begann nach dem Zweiten Weltkrieg mit dem Aufbau eines eigenen Produktionssystems, dem sogenannten Lean Production-System. Die westliche Welt nahm von dieser Entwicklung allerdings erst Anfang der 1990er-Jahre entsprechende Notiz.

■ 2.1 Zentrale Methode – das REFA-Verfahren

Auf die Ideen von *Taylor* und die Zeitstudien von *Gilbreth* baut MTM (Methods Time Measurement) auf, eine heute in der industriellen Fertigung weitverbreitete Methode zur Analyse von Arbeitsabläufen. Im deutschen Sprachraum wurden diese Ideen und Methoden durch *REFA* aufgenommen und weiter ausgebaut.

Sehr bekannt ist beispielsweise die *REFA-Formel* zur Ermittlung der Auftragszeit:

$$Auftragszeit\ t_a = Rüstzeit\ t_r + Stückzahl \times Einzelarbeitszeit\ t_e$$

Diese Formel bildet die Grundlage vieler Kalkulationsverfahren und wird in den meisten ERP-Systemen verwendet. Die Parameter werden anhand des REFA-Schemas detailliert (Bild 2.2 in Anlehnung an REFA 1984, S. 42). Die Rüstzeit setzt sich aus einer Rüstgrundzeit, einer Rüsterholzeit und einer Rüstverteilzeit zusammen. Ebenso kann die Ausführungszeit in eine Grundzeit unterteilt werden, die sich wiederum in beeinflussbare und nicht beeinflussbare Elemente aufsplitten lässt usw. Der Punkt ist, dass die Formel zwar äußerst detailliert ausgearbeitet und begründet ist, jedoch ein ganz entscheidender Bestandteil komplett fehlt. Welcher?

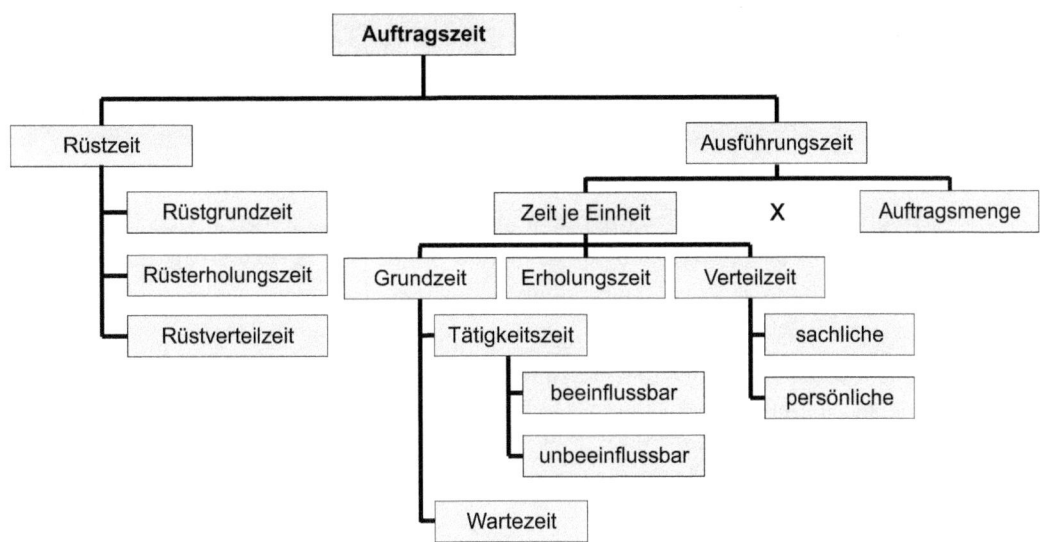

Bild 2.2 Das REFA-Schema (in Anlehnung an REFA 1984, S. 42)

Die *Übergangszeiten* fehlen. Es werden ausschließlich die Rüst- und die Bearbeitungszeiten betrachtet. Die kompletten Zeiten für das „Liegen nach der Bearbeitung", inklusive der Kontrolle, dem Transport zur nächsten Bearbeitungsstation und das „Liegen vor der Bearbeitung", werden nicht berücksichtigt (vgl. Wiendahl 1997, S. 36). Daher hat REFA in der Vergangenheit für die Probleme der Durchlaufzeitverkürzung und der Terminsicherheit keine wirksamen Methoden entwickelt (vgl. Helfrich 2002, S. 11).

Auf das eingangs gezeigte Computerbild von *Abraham Lincoln* übertragen, bedeutet das, dass die REFA-Formel äußerst exakt die einzelnen Quadrate betrachtet, aber eben nicht die Verbindung zwischen den Quadraten.

Interessanterweise machen aber genau diese Übergangszeiten, im Speziellen die Liegezeiten, bis zu 90 % der Durchlaufzeit aus (vgl. Stommel/Kunz 1973; zitiert aus Kiener, Maier-Scheubeck, Obermaier, Weiß 2006, S. 219). Anders ausgedrückt, wir planen mit hohem Detailaufwand ca. 10 % der Durchlaufzeit exakt und schätzen ca. 90 % nur grob. Folglich werden 90 % der Durchlaufzeit weder systematisch gemanaged noch kontinuierlich verbessert.

■ 2.2 Leitidee: Einzeloptimierung der Systemteile

Die zentrale *Leitidee* seit *Taylor* ist:

„Wenn man jede einzelne Funktion optimiert, dann ist automatisch das Gesamtsystem optimiert und erreicht den maximalen Erfolg." (vgl. Helfrich 2002, S. 212).

Leider ist diese Leitidee falsch. Auch wenn Teile des Systems einzeln betrachtet, für sich optimal erscheinen mögen, bedeutet dies noch lange kein optimales Gesamtsystem. Man denke beispielsweise nur an einen Einkäufer, der seinen Teil des Systems optimiert und äußerst günstig einkauft, dabei aber die Mehraufwände in der Logistik oder in der Produktion für minderwertige Qualität vernachlässigt. Genauer wird hierauf im Weiteren noch an zahlreichen Stellen eingegangen.

Anders ausgedrückt, bedeutet diese Leitidee: *Jede Ressource muss zu 100 % ausgelastet sein*. Somit lässt sich erahnen, woher die beim Management stark im Vordergrund stehende *Fixierung auf eine hohe Auslastung* stammt. Leider ist aber auch dies falsch, wie in Kapitel 2.4.1 noch ausführlich gezeigt wird.

Woher kommt das *Denken in großen Losgrößen*? Stellen Sie sich einfach die Frage: Welcher Parameter in der REFA-Formel ist am einfachsten zu beeinflussen?

Vermutlich die Stückzahl, oder nicht? Rüstzeiten und Einzelbearbeitungszeiten zu reduzieren, ist mit viel Arbeit verbunden. Die Stückzahl zu erhöhen, also die Losgröße anzupassen, ist nur ein „Federstrich" – und schon passt das Ergebnis. Dies mag uns den Blick auf die eigentliche Problemursache, die hohen Rüstzeiten, vernebeln. Das Problem ist, dass all die Losgrößenformeln, die in der Literatur zu finden sind, am eigentlichen Problem „vorbeioptimieren". Die Wurzel des Übels ist die Rüstzeit, somit kann die Lösung also nicht die noch so geschickte Ermittlung der Stückzahlen sein.

■ 2.3 Weltbild der Massenproduktion: Die Welt ist eine Maschine

Die Wurzeln der Massenproduktion stammen aus einer Zeit der absoluten Technikgläubigkeit. Die Denkweise, komplexe Systeme im Detail beherrschen zu wollen, entspricht dem *konstruktivistisch-technomorphen Paradigma*. Das Grundmodell des technomorphen Paradigmas ist die *Maschine*. Diese steht stellvertretend für eine Vorgehensweise, bei der die Gesamtheit in kleinste Teile bzw. Aufgaben zerlegt wird, die daraufhin alle im Detail geplant und gesteuert werden können.

Sehr gut zum Ausdruck kommt die Kritik an diesem Weltbild bereits in *Charlie Chaplins* Meisterwerk „Modern Times" aus dem Jahr 1936. Ein Unternehmen wird in einer Szene als Maschine dargestellt, die mit ein paar Hebeln und Einstellungen sogar einfach rückwärtslaufen kann.

Trotz beachtlicher Erfolge dieser Vorgehensweise, gerade im Maschinenbau, darf dies nicht darüber hinwegtäuschen, dass im jeweiligen Anwendungsfall die nötigen Anforderungen erfüllt sein müssen. Die konstruktivistisch-technomorphe Denkweise wird nur dort zu positiven Ergebnissen führen, wo die *Gesamtaufgabe* bereits vorab *bis ins kleinste Detail* zerlegt und geplant werden kann. „Sie muss aber zwangsläufig dort scheitern, wo die Umstände dafür nicht geeignet sind, also im Bereich sehr großer Komplexität. Dies bedeutet nichts anderes, als dass wir den zukünftigen Verlauf eines komplexen Prozesses sowie die Verhaltensweisen eines komplexen Systems nicht prognostizieren können [...]." (Malik 2009, S. 35–37).

Dies ist nun ein zentraler Punkt, um Lean zu verstehen: Wenn man an dieser Stelle zum Schluss kommt, dass das Weltbild der Maschine falsch ist, muss man konsequenterweise auch alle auf diesem Weltbild aufbauenden Ideen, Vorgehensweisen, Formeln, Optimierungsalgorithmen usw. als falsch ansehen. Zumindest sollten die mit derartigen Methoden ermittelten Ergebnisse mit größter Vorsicht behandelt und keinesfalls als die „absolute Wahrheit, weil rechnerisch ermittelt" angesehen werden. Dies trifft wohl auf sehr viele Ideen der BWL und der Operation Research usw. zu.

Interessant daran ist, dass dies eine Lösungsmöglichkeit für die scheinbaren Zielkonflikte aus der Designerleuchten-Fallstudie bietet. Nehmen wir das Beispiel der Losgröße. Rein rechnerisch betrachtet ist nichts gegen die Logik großer Losgrößen einzuwenden. Der Zielkonflikt ist eigentlich nicht lösbar. Führt man sich aber vor Augen, dass die klassische Losgrößenformel von *Andler* aus dem Jahr 1929 auf dem Weltbild der Maschine basiert, zeigt sich hier ein Ausweg aus diesem Dilemma. Das Problem, das auch viele andere Optimierungsalgorithmen haben, ist, dass ein eigentlich dynamisches System statisch betrachtet und optimiert wird. Das Ergebnis ist somit nur die „halbe Wahrheit". Dummerweise ist es den meisten Methoden und Werkzeugen nicht anzusehen, welches Weltbild der Erfinder der Methode in diesem Moment im Hintergrund hatte. Niemand schreibt unter seine Methode: „ACHTUNG! Basiert auf dem Weltbild der Maschine". Sie müssen selbst kritisch überprüfen, ob auch rechnerisch logisch klingende Lösungen wahr sein können.

■ 2.4 Die Auswirkungen dieser Leitidee

Im Folgenden werden anhand verschiedener Modelle die Auswirkungen und Probleme erläutert, die durch die Leitidee der Einzeloptimierung der Systemteile und das Maschinenweltbild verursacht werden.

2.4.1 Auslastung 100 % – eine falsche Religion

Wie dargestellt, ist die Leitidee der Massenproduktion jede einzelne Ressource zu 100 % auszulasten. Es gibt jedoch einen nicht-linearen Zusammenhang zwischen der Auslastung eines Systems und der Durchlaufzeit. Über ca. 85 % Auslastung nimmt die Durchlaufzeit durch Variation der Prozess- und Ankunftszeiten exponentiell zu.

Kingman führt die Entstehung von Warteschlangen vor allem auf den sogenannten Dehnungseffekt in der Produktion zurück.

Das Problem ist, dass die Systemdynamik, also die Wechselwirkungen innerhalb des Produktionssystems (Bicheno/Gerke-Cantow 2019, S. 8), bei den Berechnungen und Auswertungen nicht berücksichtigt werden (Suri 2017, S.166 ff.). Die gängigen Systeme verwenden nur statische Werte. Beispielsweise werden die Durchlaufzeit und die Verfügbarkeit manuell in das System eingetragen und sind nicht Teil des Planungsprozesses, sondern fixes Eingangsdatum! Dadurch treten in einer Produktion Warteschlangen auf.

Die Reaktion der Disponenten auf all diese Probleme ist, dass diese als „Terminjäger" agieren damit wichtige Aufträge doch noch innerhalb des zugesagten Zeitfensters fertiggestellt werden können (Suri 2017, S. 36 f.). Dies geschieht jedoch auf Kosten der restlichen Aufträge im WIP, deren Wartezeit und Durchlaufzeit weiter steigt - auch hier ein Teufelskreis. Das Ergebnis einer Umsortierung der Auftragsreihenfolge führt zu schwankenden und unvorsehbaren Durchlaufzeiten. Aufträge sind nicht mehr planbar und eine akzeptable Termintreue ist nur bedingt und mit einem sehr hohen Steuerungsaufwand erreichbar.

Da in jedem System ein gewisses Maß an Variation auftritt, ist die maximale Auslastung eine weit verbreitete Fehlannahme.

2.4.2 Hohe Bestände verursachen lange Durchlaufzeiten

Lassen Sie uns das Problem der Durchlaufzeiten noch etwas näher betrachten. Werfen wir einen Blick auf den *Zusammenhang* zwischen dem *Bestand* in der Fertigung (WIP - Work in Process) und der *Durchlaufzeit*.

Ein Produktionssystem kann durch ein System von Trichtern dargestellt werden, wie dies in Bild 2.3 zu erkennen ist.

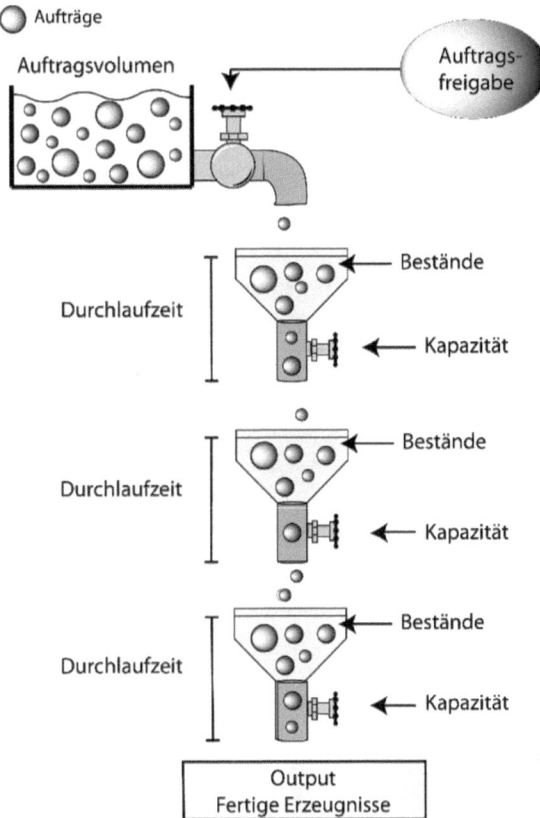

Bild 2.3 Das Trichtermodell zeigt den Zusammenhang zwischen Bestand und Durchlaufzeit in einem Produktionssystem (in Anlehnung an Wiendahl 1997)

Das *Trichtermodell* ist ein Planungshilfsmittel, um die Konsequenzen einer bestimmten Auftragsfreigabe unter Berücksichtigung der zur Verfügung stehenden Kapazität auf die Entwicklung der Bestände und der mittleren Durchlaufzeiten für den Planungszeitraum sichtbar zu machen. Der „Wasserstand" im Trichter symbolisiert dabei den Bestand (gemessen in Arbeitszeit), die Höhe des Pegels bis zum unteren Ende des Trichters symbolisiert die Durchlaufzeit (in Anlehnung an Wiendahl 1997). Werden nun bei gleichbleibender Kapazität zusätzliche Aufträge für die Produktion freigegeben, führt dies zwangsläufig zu einer steigenden mittleren Durchlaufzeit.

Da dieser Effekt von der aktuellen Kapazitätsauslastung abhängt, fällt es den Unternehmen schwer, diesen Zusammenhang zu erkennen. Bei geringer Kapazitätsauslastung kann der zusätzliche Bestand abgearbeitet werden, die Durchlaufzeit steigt nicht. Der Effekt tritt erst nahe der Kapazitätsgrenze auf. Da aber, wie wir zuvor gesehen haben, eine Kapazitätsauslastung von 100 % das seit *Taylor* angestrebte Ziel der meisten Unternehmen ist, ist davon auszugehen, dass der Effekt der steigenden Durchlaufzeiten in den meisten Produktionssystemen auftreten wird.

2.4.3 Das Durchlaufzeitsyndrom – ein Teufelskreis aus Einzeloptimierungen

Um die Zusammenhänge in einem Unternehmen zu verstehen, benötigen wir noch ein weiteres Modell: das sogenannte *Durchlaufzeitsyndrom* (Bild 2.4) (in Anlehnung an Wiendahl 1997, S. 8).

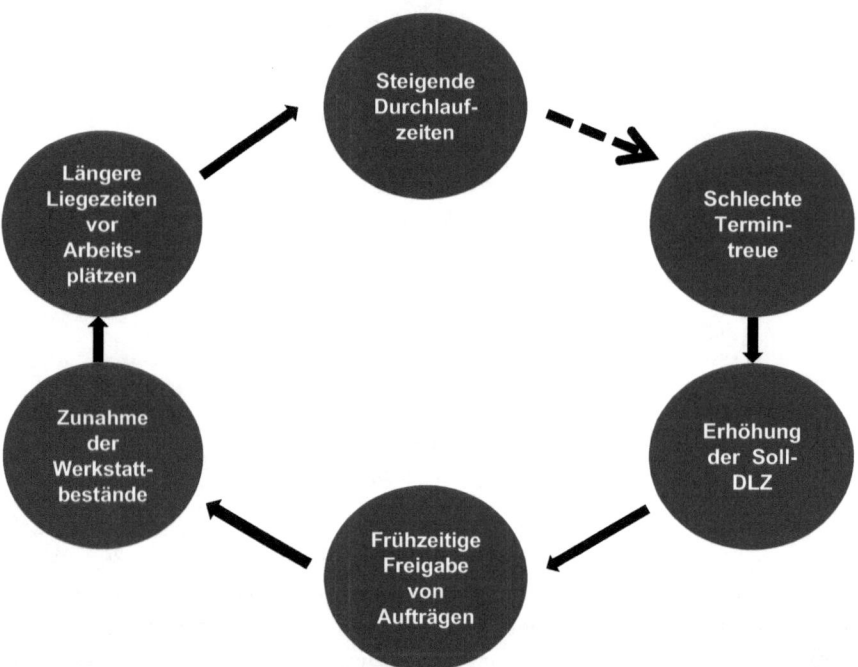

Bild 2.4 Das Durchlaufzeitsyndrom verdeutlicht den Zusammenhang zwischen Bestand, Durchlaufzeit und Termintreue (in Anlehnung an Wiendahl 1997, S. 8 ff.)

Dies soll anhand eines Beispiels erläutert werden: Der Vertrieb stellt fest, dass der Kunde nicht innerhalb der bisher versprochenen Lieferzeit von vier Wochen beliefert werden kann und verspricht dem Kunden künftig fünf Wochen Lieferzeit. Der Produktionsplaner will diese für eine termintreue Lieferung nun mehr zur Verfügung stehende Zeit nutzen, er erhöht die Soll-Durchlaufzeit des Auftrags und gibt den Auftrag früher frei. Nun greift der Zusammenhang, der im Trichtermodell beschrieben wird: Wenn nahe der Kapazitätsgrenze operiert wird, steigt der WIP und damit zwangsläufig auch die Durchlaufzeit. In der Folge wird die Termintreue noch schlechter. Das Unternehmen ist in einem Teufelskreis gefangen.

Warum erkennt das Unternehmen diesen Zusammenhang nicht? Zum einen sind die jeweiligen (Teil-)Entscheidungen auf mehrere Abteilungen verteilt, die für sich, in ihrem kleinen „Quadrat" (in unserem Lincoln-Bild), durchaus eine nachvollziehbare Einzelentscheidung treffen. Was bleibt beispielsweise dem Vertriebsmitarbeiter anderes übrig, als eine längere Lieferzeit zu nennen?

Zweitens tritt der Effekt nicht immer, sondern, wie vorher beschrieben, nur in Verbindung mit einer hohen Auslastung auf.

Und drittens wird der Effekt durch viele andere Effekte im Unternehmen überlagert und damit verdeckt.

Das Durchlaufzeitsyndrom tritt auch auf anderen Ebenen im Unternehmen auf. Nehmen wir an, eine Produktionsabteilung hat ein Problem mit der Termintreue der internen Logistik. Eine Lieferung wurde zu spät gebracht, es konnte nicht produziert werden. Die äußerst wichtige Kennzahl der Produktivität war an diesem Tag somit schlechter als geplant. Der zuständige Gruppenleiter will verhindern, dass ihm das noch einmal passiert und ruft die nächste Lieferung einfach eine Schicht vorher ab. Er erhöht somit die Soll-Durchlaufzeit und gibt den Anlieferungsauftrag an die interne Logistik frühzeitig frei. Damit steigen der Auftragsbestand in der Logistik und die mittlere Durchlaufzeit der einzelnen Aufträge, die Termintreue der Logistik nimmt noch weiter ab. Als Reaktion ruft die Produktion die Teile zwei Schichten früher ab ...

Auch die Qualitätssicherung trägt ihren Teil zum Problem bei. Eine schlechte Qualität führt dazu, dass ein Prüfschritt eingeführt wird. Die Qualitätssicherung benötigt Zeit, um diese Prüfung durchzuführen. Nehmen wir beispielsweise eine Schicht an. Somit muss die Soll-Durchlaufzeit um eine Schicht erhöht werden, es wird früher freigegeben, der Bestand im System und die Durchlaufzeit steigen. Wir sehen, auch die Qualitätssicherung ist Teil des Teufelskreises.

Das Durchlaufzeitsyndrom zeigt, dass für den Einzelnen durchaus sinnvoll erscheinende Entscheidungen, ganzheitlich betrachtet, absolut kontraproduktiv sein können. Mit Bezug auf das Eingangsbild von *Abraham Lincoln* bedeutet dies, dass man einige Schritte zurücktreten, die „Augen zusammenkneifen" und das gesamte System betrachten sollte, um derartige Zusammenhänge zu erkennen.

2.4.4 Schlechte Termintreue durch stark schwankende Durchlaufzeiten

Das Trichtermodell hat uns den Zusammenhang zwischen dem Bestand in einer Produktion und der mittleren Durchlaufzeit gezeigt. Der für die Termintreue wohl wichtigste Faktor ist eine stabile Durchlaufzeit. Viele Unternehmen kämpfen in der Praxis nicht nur mit langen, sondern vor allem mit *stark schwankenden Durchlaufzeiten*. Die Untersuchung der Durchlaufzeiten der einzelnen Produktionsaufträge bei einem realen Beratungsprojekt über einen Zeitraum von zwei Jahren hat ergeben, dass der schnellste Auftrag im Betrachtungszeitraum fünf Tage und der längste > 300 Tage benötigt hat (vgl. Kapitel 1.2). 80 % der Aufträge waren weniger als 37 Tage und 50 % der Aufträge weniger als 24 Tage im System. Angenommen, Sie sollen als Vertriebsmitarbeiter dem Kunden ein Lieferdatum nennen. Welche Lieferzeit geben Sie mit dem beschriebenen Produktionssystem an?

24 Tage? Dann haben Sie eine Termintreue von 50 %. 37 Tage? Ihr Kunde wartet fast zwei Monate und Sie haben trotzdem nur eine Termintreue von 80 %. Wie viele Tage wollen Sie also versprechen, damit Sie sicher liefern können? 60 Tage? 100 Tage?

Das Beispiel zeigt sehr deutlich, dass die stark schwankenden Durchlaufzeiten das System *unsteuerbar* machen und für die Termintreue das größte Problem im Unternehmen darstellen.

Um die Schwankungen der Durchlaufzeit zu erklären, benötigen wir ein weiteres Modell. Hierfür wurde vom Autor das sogenannte „Wursthautmodell" entwickelt (Bild 2.5).[1]

Die Kugeln in Bild 2.5 symbolisieren Aufträge. Diese sind, gemessen in Arbeitsstunden, unterschiedlich groß. In der Produktion warten, beginnend von links in der Vormontage, viele Aufträge auf die Bearbeitung. Die erste Ausstülpung der „Wursthaut" mag eine Dreherei, die zweite eine Lackiererei darstellen, also Vorstufen, in denen jeweils Unterbaugruppen für die Endmontage gefertigt werden. Weiter nach rechts fließen die Einzelteile und Baugruppen dann in die Endmontage und über den Versand schließlich aus unserem Modell heraus.

Das Bild einer „Wursthaut" soll zum einen verdeutlichen, dass ein Push-System immer vom Beginn des Wertschöpfungsprozesses her „gepusht" wird. Soll hinten am System mehr herauskommen, wird vorne mehr ins System „hineingepresst". Viele Unternehmen haben dies während der Wirtschaftskrise bemerkt. Wenn vorne im System „beschleunigt" wird, muss auch vorne „gebremst" werden, d. h., wenn der Kunde am Ende des Systems nichts mehr abnimmt, wird aufgehört, vorne mehr hineinzupressen. Aber siehe da – das System hält wochenlang nicht

---

[1] Die Inspiration zur Darstellung des Problems geht auf Erlach 2007, S. 96 zurück. Die Aussagen und Erläuterungen anhand des Modells wurden eigenständig entwickelt.

an, sondern produziert einfach weiter. Der Grund dafür ist, dass in einem System mit langen Durchlaufzeiten noch Bestand für viele Wochen, manchmal gar Monate, vorhanden ist. Das System hat einen sehr langen „Bremsweg".

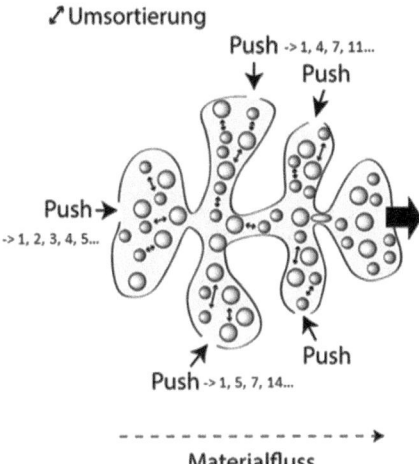

Bild 2.5 Das „Wursthautmodell" erläutert, warum die Durchlaufzeiten in derartigen Systemen stark schwanken

Zum Zweiten spiegelt das Bild einer „Wursthaut" wider, dass der Bestand in einem Massenproduktionssystem in Wellen durch das System wandert. Die Kapazitäten werden ständig durch die Meister, z.B. durch Personalverschiebungen zwischen den Abteilungen, angepasst. Bildlich gesprochen, wird der Bestand in Wellen durch das System „gepresst", dies erinnert an eine Wursthaut, die gefüllt wird.

Ein weiteres Problem klassischer Produktionssysteme lässt sich an dem Modell sehr gut erläutern – die *massive Planungskomplexität*, die wir größtenteils selbst erzeugen. Im Bestreben, alle Abläufe zu „optimieren", wird die Reihenfolge der Aufträge im System mehrfach umsortiert. Dies symbolisieren die Pfeile zwischen den Aufträgen in Bild 2.5. Diese Umsortierungen zerstören systematisch den *Kundenauftragsbezug* der Fertigungsaufträge für die einzelnen Abteilungen.

Ein Beispiel: Die Vormontage am linken Bildrand soll die Aufträge in der Reihenfolge 1, 2, 3, 4, 5 ..., wie in der Endmontage benötigt, aufbauen. Die vorher genannte Dreherei soll entsprechend Unterbaugruppen für diese Aufträge zuliefern. Da wir aber natürlich „rüstzeitoptimiert" fertigen, kalkuliert unser Planungssystem die Aufträge in die Zukunft und fasst die Auftragsreihenfolge für die Dreherei anders zusammen, beispielsweise: Fertige Auftrag 1, 4, 7, 11 ...; rüste und fertige Auftrag 2, 6, 13 ... usw.

Für besagte Lackiererei wird natürlich auch ein eigenes „optimales Produktions-programm" zusammengestellt, beispielsweise: Lackiere alle blauen Teile 1, 5, 7, 14 ...; rüste auf Gelb und lackiere 2, 4, 8 ... usw.

Das machen wir für Produktionssysteme mit Dutzenden Fertigungsstufen, hohen Ausschussquoten und schwankenden Kapazitätsverfügbarkeiten, Planungshori-zonten mit Durchlaufzeiten von zehn oder vielleicht sogar 20 Wochen und für Pro-duktpaletten mit Dutzenden oder gar Hunderten Varianten. Und dann wundern wir uns, dass nach 15 Wochen zum geplanten Produktionsstart für den Kunden Mayer am Dienstag um 10:07 Uhr nicht alle benötigten 270 Bauteile rechtzeitig in der Endmontage verfügbar sind! Kann man ein System komplexer aufbauen?

Man könnte vielleicht noch Losgrößen einführen. Der Einkäufer könnte vielleicht noch am anderen Ende der Welt sourcen und eine Wiederbeschaffungszeit von > 85 Tagen vereinbaren. Halten Sie für einen Moment inne und stellen Sie sich nochmals bei aller Gläubigkeit an Technik, EDV, Optimierungsalgorithmen und Planungskompetenz die Frage: Könnten wir unsere Produktionssysteme noch etwas komplexer aufbauen?

Der „planerische Overkill" ist dann der sogenannte *Chefauftrag*. Ein bestimmter Auftrag aus dem WIP soll vorgezogen und im Eiltempo gefertigt werden. Für die Vormontage mag das „Vorziehen", beispielsweise des Auftrags 13 in obigem Bei-spiel, kein Problem sein. Bei der Dreherei ist dieser Auftrag aber im Bearbeitungs-los 2 dabei. Die Dreherei müsste Los 1 unterbrechen, rüsten, Auftrag 13 fertigen und dann vermutlich wieder zurückrüsten, um den Rest von Los 1 zu fertigen. Bei der Lackiererei wäre der Auftrag 13 in unserem Beispiel gar erst im Los 3. Es müsste eine ähnliche „Feuerwehraktion" stattfinden.

Wenn in diesem System ein Auftrag vorgezogen wird, wandern alle anderen nach hinten – die Durchlaufzeiten beginnen zu schwanken. Da die eine „Feuerwehr-aktion" mit einiger Sicherheit weitere „Feuerwehraktionen" nötig macht, schaukelt sich ein auf diese Weise gestaltetes System immer weiter hoch.

Irgendwann hat ein derartiges Produktionssystem dann Durchlaufzeiten, die zwi-schen fünf und 300 Tagen schwanken. Wie wollen Sie so eine Termintreue von ge-wünschten 100 % erreichen? Das ist praktisch unmöglich.

Wir erkennen folgenden Zusammenhang: *Wenn es in einem System keine definier-ten (Maximal-)Bestände gibt und FIFO (First-in-first-out) nicht eingehalten wird (also Umsortierungen der Auftragsreihenfolge zulässig sind), werden die Durchlaufzeiten schwanken. Das macht ein System unsteuerbar und verhindert eine hohe Termintreue.*

Der Bestand (WIP) ist also nicht Teil der Lösung, sondern Teil des Problems! Im Denken der Massenproduktion ist der hohe WIP aber zwingend erforderlich, um die ja so wichtige hohe Auslastung aller Ressourcen sicherzustellen. Ein klassi-scher Zielkonflikt!

■ 2.5 Häufiger Lösungsansatz: EDV – Just push harder

Als Lösungsansatz zur Verbesserung der Termintreue wird häufig der Einsatz von *EDV-gestützten Planungssystemen* empfohlen. Dieser Lösungsansatz kann auch als *Just push harder* oder „Mehr vom Gleichen" bezeichnet werden. Wenn das nicht die gewünschten Effekte erzielt, wird u. a. eine intensivere Erfassung von Bewegungsdaten, beispielsweise mithilfe der Verfeinerung von Rückmelderastern, als Lösungsvorschlag angeführt (vgl. Schuh et al. 2006). Auch die Ressourcenerhöhung zur Stammdatenpflege wird häufig vorgeschlagen.

Jedoch ist der Aufwand für eine vollständige Stammdatenpflege in der Praxis zu hoch. Es ist nahezu unmöglich, vollständige, laufend aktualisierte Informationen zur Beschreibung eines komplexen Systems zu erhalten. Laut einer Erhebung in einem Unternehmen mit 300 Mitarbeitern sind bereits in einem so kleinen Unternehmen ca. 5 Mio. Datenfelder zu pflegen. Ein enormes Fehlerpotenzial. Es werden ca. 300 000 Bedarfstermine errechnet, von denen ca. 70 % monatlich erneuert werden. Eine manuelle Kontrolle ist praktisch ausgeschlossen (vgl. Dickmann 2009, S. 384 f.).

Die Basisdaten bleiben somit prinzipiell immer fehlerbehaftet. Durch eine Verkettung der Berechnung über mehrere Stücklistenebenen multiplizieren sich die Fehler auf jeder Stufe. Bei einer weiteren Verarbeitung der Daten, wie beispielsweise der Nettobedarfsberechnung, potenzieren sich die Fehler.

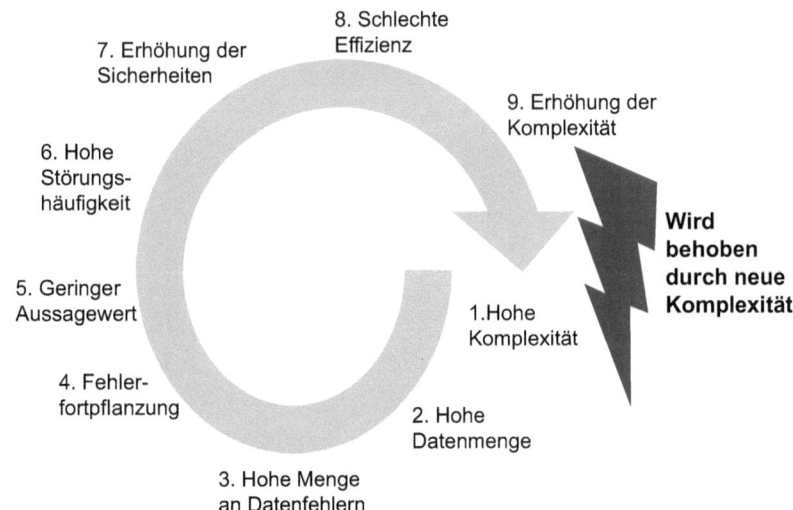

Bild 2.6 Reale Zwänge und Vorgehensmuster führen zu immer komplexeren IT-Lösungen, die zu einer Komplexitätsspirale führen (in Anlehnung an Dickmann 2009, S. 388)

Diese *Fehlerfortpflanzung* führt dazu, dass die Ergebnisse der Planungssysteme häufig einen geringen Aussagewert haben. Das System vermittelt dem Nutzer nur ein sehr verschwommenes Bild der Realität. Als Reaktion werden die Sicherheiten erhöht, es wird tendenziell mehr und früher abgerufen als prognostiziert. Das Durchlaufzeitsyndrom wird noch beschleunigt. Die Technik, die ursprünglich zur Lösung des Problems gedacht war, trägt häufig sogar zu einer weiteren Verschlimmerung der Situation bei.

Letztlich laufen die meisten Vorschläge auf die *Beherrschung der Komplexität* durch Lenkung und Steuerung des Gesamtsystems im Detail hinaus. Auf ein Versagen der Technik wird reflexartig mit dem Einsatz von noch mehr Technik reagiert, anstatt zu überlegen, ob und wie die Komplexität im System reduziert werden könnte.

Das zentrale Problem ist, dass die Leitidee der Massenproduktion bis heute häufig nicht infrage gestellt wird. Wir müssen der Tatsache endlich ins Auge sehen, dass in komplexen Systemen eine Prognose und damit eine Steuerung schlichtweg nicht möglich ist. Derartige Lösungsansätze können folglich kaum zu beherrschbaren Systemen und einer hohen Termintreue führen.

3 Warum die Konzepte der Massenproduktion nicht mehr funktionieren

Lösungsmethoden und Werkzeuge sind meist an bestimmte Voraussetzungen geknüpft, damit diese funktionieren. Ändern sich nun diese Voraussetzungen, ist es durchaus möglich, dass Lösungsmethoden, die jahre- oder gar jahrzehntelang funktioniert haben, plötzlich nicht oder zumindest nicht mehr so gut funktionieren. Besonders schwierig, dies zu erkennen und die notwendigen, aber meist schmerzhaften, mit Widerständen und Kosten verbundenen Änderungen vorzunehmen, ist es, wenn diese Veränderungen auch noch „schleichend" über sehr lange Zeiträume hinweg stattfinden.

Das Massenproduktionssystem ist mittlerweile über 100 Jahre alt. Seither haben sich eine ganze Menge Veränderungen des Umfelds und somit der Voraussetzungen für ein Produktionssystem ergeben. Im Folgenden sollen einige für ein Produktionssystem entscheidende Aspekte beleuchtet werden.[1]

■ 3.1 Individualisierungstrend – Anzahl der Varianten steigt

Wir beobachten seit vielen Jahrzehnten einen massiven Individualisierungstrend der Nachfrage. Eine erste große Differenzierungswelle brachte in den 1920er-Jahren General Motors in eine Führungsposition gegenüber Ford. Eine zweite Differenzierungswelle fand in den 1950er-Jahren statt. Während sich die amerikanischen und europäischen Hersteller massiv gegen diesen Trend stemmten und die unflexiblen Strukturen der Massenproduktion mit aller Macht zu verteidigen suchten, reagierten die Japaner gezielt darauf. Der für ein Produktionssystem entscheidende Wandel besteht im massiven Anstieg der Variantenzahl und einer damit einhergehenden Abnahme der Stückzahl pro Normproduktreihe. Vermutlich wird

---

[1] Im Rahmen der gebotenen Kürze in diesem Beitrag erhebt die Aufzählung keinen Anspruch auf Vollständigkeit.

dieser Trend zur Individualisierung noch lange nicht zu Ende sein (vgl. Pfeiffer/ Weiß 1992, S. 52 f.).

Für das Produktionssystem bedeutet dies, dass immer häufiger gerüstet werden muss, um den Kunden mit den entsprechenden Teilen zu versorgen. Ein Denken in großen Losgrößen, die auf Basis von Kosten ermittelt werden, ist kaum noch zielführend.

■ 3.2 Entwicklung einer qualifizierten Zulieferindustrie – Materialkostenanteil steigt

Zu Zeiten von *Henry Ford* existierte praktisch keine Zulieferindustrie. Die meisten benötigten Teile für das Modell T mussten selbst gefertigt werden. Das führte zu einer sehr hohen Fertigungstiefe. Dies hat sich bis heute natürlich grundlegend geändert. Gerade auch im Rahmen einer ersten Lean Production-Welle wurden häufig Fertigungstiefen reduzierende Aktivitäten durchgeführt, und es fand eine damit verbundene Konzentration der Unternehmen auf sogenannte „Kernkompetenzen" statt.

Dies ist sicher eine der Ursachen dafür, dass die Personalkosten heute in produzierenden Unternehmen nur noch etwa ein Fünftel des Umsatzes ausmachen. Der *Hauptkostenanteil* liegt bei *Material- und Energiekosten*, die, abhängig von der Branche, zwischen 50 und teilweise über 70 % des Umsatzes ausmachen können (vgl. Deutsche Bundesbank, Monatsbericht Dezember 2012, S. 48 f.).

Für das Produktionssystem bedeutet dies, dass die enormen Materialbestände, die im Massenproduktionssystem zum einen durch die Losgrößenbildung kaum vermeidbar, zum anderen zur Sicherstellung der hohen Auslastung aller Ressourcen erforderlich sind, durch die hohen Materialkostenanteile immer schmerzhafter werden. Der Fokus auf die Auslastung des Personals ist heute weniger wichtig als noch vor einigen Jahrzehnten. Überspitzt formuliert: Wir lassen 70 % der Kosten warten, um 20 % der Kosten voll auszulasten!

■ 3.3 Höhere Mitarbeiterqualifikation – Arbeitsteilung reduzierbar?

Der Massenproduktionsansatz geht von der grundlegenden Annahme aus, dass die Arbeiter über geringe Fähigkeiten und eine schlechte Ausbildung verfügen. Zu Zeiten von *Ford* und *Taylor* zu Beginn des 20. Jahrhunderts mag das auch absolut zutreffend gewesen sein. Wie wollen Sie mit so gering qualifizierten Mitarbeitern, vermutlich viele davon Analphabeten, ein so komplexes Produkt wie ein Automobil bauen? Die Antwort heißt: *Arbeitsteilung* – Zerlege die Aufgaben in kleinste Scheiben von 60 oder 90 Sekunden und lasse dies die Arbeiter immer wieder wiederholen (vgl. Hammer/Champy 2001, S. 53 ff.).

Das bedeutet also zwangsläufig, dass die Aufgaben für derartige Arbeiter sehr einfach gehalten werden müssen. Bereits *Adam Smith* argumentierte, dass die Arbeiter am effizientesten sind, wenn sie nur EINE einfach zu verstehende Aufgabe haben. Das Problem ist aber, dass *einfache Aufgaben* sehr *komplexe Prozesse* erfordern, um diese miteinander zu verknüpfen – ein typischer Trade-off. Das haben die Unternehmen auch 200 Jahre lang akzeptiert, zum einen, da die Arbeiter aufgrund der Qualifikationsmängel tatsächlich nicht in der Lage gewesen wären, die Koordinationsaufgaben zu erfüllen, und zum anderen, da das Umfeld noch lange nicht so komplex und die Anforderungen an die Reaktions- und Veränderungsgeschwindigkeiten lange nicht so hoch waren wie heute (vgl. Hammer/Champy 2001, S. 53 ff.).

Für das Produktionssystem bedeutet dies, dass unter heutigen Voraussetzungen diese Art der Organisation von Abläufen in den meisten Umfeldern an die Grenze der Beherrschbarkeit stößt. *Eine hohe Arbeitsteilung und eine hohe Umfeld-Komplexität passen nicht zusammen!*

Um die gegenwärtigen Anforderungen an Flexibilität, geringe Kosten und Reaktionsgeschwindigkeit zu erfüllen, müssen die *Prozesse einfach* gehalten werden. Dies bedeutet, dass die einzelne Aufgabe an Komplexität und Umfang zunehmen muss. Sollten wir das unseren heute sehr gut ausgebildeten Mitarbeitern nicht zutrauen? Sollten wir nicht das 100 Jahre alte Prinzip der Arbeitsteilung (überspitzt, das erfunden wurde, um Analphabeten zur Arbeit anzuleiten) heutzutage infrage stellen?

■ 3.4 Steigende Volatilität – hohe Reaktionsfähigkeit erforderlich

„Die seit Beginn der 90er-Jahre bereits eingetretenen Veränderungen haben weltweit die Komplexität von Steuerungs-, Lenkungs- und Gestaltungsproblemen, d. h. des Managements gesellschaftlicher Institutionen und Organisationen, sprunghaft erhöht." (Malik 2009, S. 21). Auch die steigende Volatilität der Märkte wird beklagt, Prognosen, beispielsweise von Absatzzahlen, werden immer schwieriger. Voraussetzungen für das Funktionieren des Massenproduktionssystems waren aber ein stabiler, wachsender Absatzmarkt und ein begrenzter Wettbewerb.

Für das Produktionssystem bedeutet dies zweierlei:

- Das System muss mit Komplexität umgehen können. Komplexität lässt sich niemals komplett beherrschen, sondern nur reduzieren. Eine wichtige Idee zur Reduzierung von Komplexität ist die Selbstregulierung (vgl. Malik 2009, S. 32). Ein zentrales, push-gesteuertes Massenproduktionssystem ist so ziemlich genau das Gegenteil davon, wie uns das „Wursthautmodell" recht deutlich zeigt. Das Produktionssystem sollte durch einen Hauptstrang und mehrere, über sich selbst steuernde Regelkreise (z. B. mit Kanban) und angebundene Nebenstränge organisiert werden. Die Steuerungskomplexität ließe sich somit auf einen Bruchteil verringern.

- Eine zweite Anforderung an ein Produktionssystem unter diesen Umständen ist eine hohe Reaktionsgeschwindigkeit. Wenn man schon die Zukunft nicht vorhersehen kann, sollte man doch zumindest schnell reagieren können, oder? Dazu sind kurze Durchlauf- und Wiederbeschaffungszeiten notwendig. Diese spielen im Massenproduktionssystem, geprägt durch große Lose, aber eine untergeordnete Rolle. Das System ist träge und langsam. Nehmen wir als Beispiel rein kostenorientierte Make-or-buy-Entscheidungen: Wird der Effekt einer Fremdvergabe auf die Durchlaufzeit in der Bewertung berücksichtigt? Fremdvergaben erhöhen durch die zusätzlich notwendigen Versand-, Transport-, Wareneingangs-, Qualitätssicherungs- und Steuerungsaufgaben tendenziell (meist stark) die Durchlaufzeiten.

In Analogie zu einem Auto bedeutet dies, dass wir an einem Fahrzeug bauen, das auf Lenk-, Brems- und Beschleunigungsbefehle erst mit einer Verzögerung von mehreren Sekunden reagiert. Durch Entscheidungen, die die Durchlaufzeit erhöhen, verlängern wir diese Verzögerungen noch. Dies führt zu Übersteuerungen durch den Fahrer, also zum klassischen Bull-Whip-Effekt. Dazu fahren wir mit diesem Fahrzeug mit Höchstgeschwindigkeit (hohe Auslastung) und haben den Blick dabei fest auf den Rückspiegel (Kennzahlen sind immer vergangenheitsorientiert) gerichtet – wir können Vollgas geben, hinter uns ist ja alles in Ordnung ...

Und nun sollen wir heute mit diesem Fahrzeug nicht mehr nur auf der Autobahn (stabiles Umfeld), sondern eine kurvige Bergstraße (komplexe, volatile Märkte) entlangfahren.

3.5 Zusammenfassung

1. Grundlage des „alten" Denkens in der Massenproduktion, das vor über 100 Jahren für ein völlig anderes Unternehmensumfeld erdacht wurde, bildet das Weltbild der Maschine.

2. Die zentrale Leitidee ist: Wenn man jede einzelne Funktion optimiert, dann ist automatisch das Gesamtsystem optimal. Dies entstammt dem konstruktivistisch-technomorphen Weltbild und ist unter Anerkennung der Komplexität im Unternehmensumfeld zu verwerfen.

3. Das Objekt der Optimierung bildet in der Massenproduktion die direkte Arbeit. Der Anteil der Personalkosten macht heute nur noch ca. 12 bis 24 % der Gesamtkosten aus. Die Zielsysteme des Massenproduktionssystems müssen daher an vielen Stellen neu justiert werden.

4. Das Ziel, jede Ressource zu 100 % auszulasten, ist kontraproduktiv für die Ziele der kurzen Durchlaufzeit, der geringen Bestände und der hohen Termintreue. Es führt dazu, dass der größte Kostenposten, das Material und damit auch der Kundenauftrag, warten müssen.

5. Die Übergangszeiten, die bis zu 90 % der Durchlaufzeit ausmachen, werden im Massenproduktionssystem nicht gemessen und systematisch reduziert. Kurze Durchlaufzeiten sind für eine hohe Reaktionsfähigkeit des Produktionssystems auf volatile Märkte aber Voraussetzung.

6. Massenproduktionssysteme reagieren auf die durch den Individualisierungstrend steigende Varianz mit wachsenden Beständen. Dies ist eine Verschwendung, die mit den steigenden Materialkostenanteilen, die heute bereits bis zu 70 % der Gesamtkosten ausmachen können, immer schlimmer wird.

7. Hohe Bestände (WIP) verursachen lange Durchlaufzeiten. Diese führen zu Verzögerungen bei der Lenkung des Systems. Vor allem die schwankenden Durchlaufzeiten durch die Umsortierungen der Auftragsreihenfolge machen das System sehr schwer steuerbar, die Termintreue leidet.

8. In dieser Denkwelt versucht man, Komplexität durch Unterteilung in immer mehr Funktionsbereiche und Hierarchieebenen oder alternativ durch immer mehr Technik/EDV zu beherrschen. In komplexen Umfeldern muss dieser Ansatz aber zwangsläufig scheitern.

9. Aus diesen Wirkzusammenhängen lässt sich zusammenfassend ableiten, dass die Massenproduktionssysteme nicht mehr die richtige Antwort auf die Herausforderungen der heutigen Produktionswelt sind.

4 Lean Production: Prozessorientierung

Nachdem wir uns nun ausführlich mit den negativen Aspekten der Massenproduktion befasst haben, wollen wir uns mit der Frage beschäftigen, was eigentlich „Lean" bedeutet. Lean Production stellt das direkte Gegenkonzept zu dem auf *Ford* und *Taylor* zurückgehenden, hoch arbeitsteiligen Massenproduktionskonzept dar (vgl. Pfeiffer/Weiß 1992, S. 43).

Laut *Taiichi Ohno*, steht Lean „[…] symbolisch für Effizienz der Prozesse, weitgehende Fehlerfreiheit der Produkte und Präzision bei der Planung und Synchronisation parallel auszuführender Aufgaben […]" (Ohno 1993, S. 13).

Um Lean Production zu verstehen, muss man die dahinterliegenden *Prinzipien* verstehen. Ein Prinzip ist eine verdichtete Handlungsweise zur Gestaltung von Entscheidungsprozessen. Die Wissensvermittlung in Form von Prinzipien, einfachen Faustregeln und Heuristiken ist im Lean-Denken stark verankert. Es existieren in der Literatur einige wenige, jedoch weitgehend unvollständige Sammlungen von Lean-Prinzipien. Auch die Systematisierung dieser Prinzipien fehlt weitestgehend. Daher wird im Rahmen dieses Buches im Weiteren in systemische Grundprinzipien, Gestaltungs- und Handlungsprinzipien unterschieden.

■ 4.1 Die acht systemischen Grundprinzipien: Skigebietanalogie

Um zunächst die acht systemischen Grundprinzipien Fluss, Takt, Standard, Pull, Integration, Synchronisation, Perfektion und Robustheit[1] zu verdeutlichen, soll auf eine Analogie zurückgegriffen werden. Stellen wir uns die zu vergleichenden Produktionssysteme – Lean Production und die klassische Massenproduktion – als zwei Skigebiete vor. Zunächst ist der Zielzustand zu klären. Was erwartet unser

---

[1] Die acht Prinzipien wurden in Anlehnung an eine empirischen Studie des Zentrums für Automobillogistik in der deutschen Automobilindustrie weiterentwickelt (Klug 2010, S. 254–285).

Kunde? Er möchte im Skigebiet möglichst ungestört und häufig die Piste hinunterfahren und nicht an den Liften warten oder an Engstellen von anderen Skifahrern ausgebremst werden.

Beide Skigebiete haben die gleiche Kapazität. Es sollen 1000 Personen pro Stunde nach oben transportiert werden können. Das eine Skigebiet verfügt über eine Seilbahn mit einer 100-Personen-Gondel, die alle sechs Minuten fährt, das andere Skigebiet über einen Acht-Personen-Sessellift, der ca. alle 30 Sekunden fährt. Für welches Skigebiet entscheiden Sie sich?

Vermutlich für das Skigebiet mit der Acht-Personen-Gondel, wie die meisten anderen auch. Warum?

Zum einen hat man in der Warteschlange das Gefühl, dass es „schneller" vorangeht. Zum anderen kommen oben im Skigebiet kontinuierlich alle 30 Sekunden acht Personen an, die sich recht schnell auf der Piste verteilen.

Bei der 100-Personen-Gondel kann es passieren, dass man sechs Minuten in der Gondel warten muss, bis man losfährt, oder es geht gleich los, wenn man zufällig als einer der Letzten einsteigt. Ein weiteres Problem ist, dass dann oben auf der Piste 100 Personen gleichzeitig aussteigen und es wesentlich länger dauert, bis sich alle auf der Piste verteilt haben.

Wenn *man selbst der Kundenauftrag ist,* entscheidet man sich für das Prinzip *Fluss.* Interessanterweise führt uns eine kostenorientierte Betrachtungsweise eher zur Entscheidung für die 100-Personen-Gondel, also die seltenere Fahrt, die die Kosten auf mehr transportierte Objekte verteilt.

Auf die Gestaltung von Unternehmen übertragen, bedeutet Fluss u. a. eine möglichst geringe Transportlosgröße und kleine Behälter mit geringen Inhaltsmengen, die häufig transportiert werden, um das Material im Fluss zu halten.

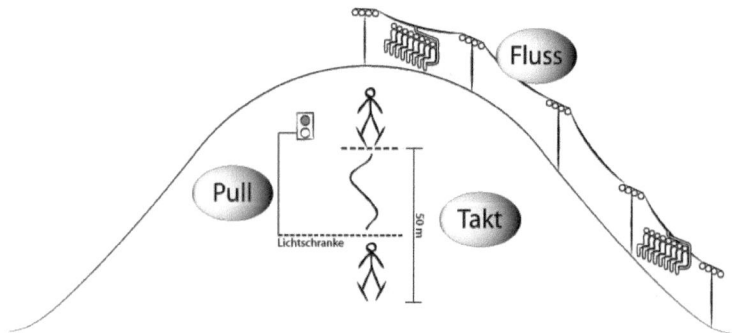

Bild 4.1 Erläuterung der acht systemischen Prinzipien anhand der Skigebietanalogie

Kommen wir zur Abfahrt. Unser Skifahrer hätte am liebsten die gesamte Piste für sich alleine, sodass er ohne Unterbrechung bis ganz ins Tal hinabfahren könnte. Da es eher unwahrscheinlich ist, dass dieser Fall eintritt, da noch einige andere Skifahrer das Skigebiet nutzen, wird ein weiteres Grundprinzip angewendet, nämlich der *Takt*. Wir lassen die Skifahrer mithilfe einer Ampel im Abstand von 50 m starten und hintereinander herfahren (Bild 4.1). Somit ist es für jeden einzelnen Skifahrer, als ob er die Piste komplett für sich alleine haben würde. Gleiches gilt für die Produkte in einer getakteten Linie. Jedes Produkt wird ohne Unterbrechung bis zum Ende fertig bearbeitet und hat für sich die kürzestmögliche Durchlaufzeit.

Damit dies funktioniert, müssen die Skifahrer allerdings zumindest ungefähr gleich schnell fahren. Dieses Prinzip wird als *Standard* bezeichnet. Den Skifahrern werden unterschiedliche Pisten des Skigebiets zugewiesen, je eines für die Anfänger, die Fortgeschrittenen und eventuell für die Snowboarder. Im Unternehmen bedeutet dies, eine Produkt- und Produktionssegmentierung und darauf basierend eine Ressourcentrennung durchzuführen. Jede Produktgruppe sollte eigene Ressourcen nutzen, um ein einfach zu steuerndes System mit kurzen Durchlaufzeiten zu bekommen. Wenn die Unternehmen beispielsweise Prototypen über die gleichen Prozesse und Ressourcen aufbauen lassen wie die Serienprodukte, ist es kein Wunder, dass die Serienproduktion ständig gestört wird und die Termintreue zu wünschen übriglässt. Gleiches gilt, wenn sich ein Anfänger „im Pflug" die Schwarze Piste herunterquält. Er hält den Verkehr für geraume Zeit auf.

Eine weitere Frage ist, was bei Störungen im System passiert. Hierfür wird das Prinzip *Pull* genutzt. In der Skigebietanalogie kann man sich den Pull-Mechanismus wie eine Lichtschranke vorstellen, die mit der Ampel zur Taktung verbunden wird. Der nächste Takt kann nur ausgelöst werden, wenn die Lichtschranke meldet, dass der vorherige Fahrer die Piste passiert hat und diese frei ist. Ist der Fahrer z. B. gestürzt, darf der nächste Fahrer oben gar nicht erst auf die Piste fahren, die Ampel bleibt rot. Ein Einfahren, trotz blockierter Piste, würde zu Stauungen und Gefahrensituationen führen, und ins Tal hinabfahren könnte man ohnehin nicht. Im Unternehmen wird dies als „Jidoka", die „Kultur des Anhaltens", bezeichnet. Treten Störungen auf, muss das System so lange angehalten werden, bis die Fehlerursache behoben ist. Damit wird zum einen die Produktion von Ausschuss verhindert und zum anderen, dass sich im System ein Bestand aufbaut. Bestand verlängert die Durchlaufzeit und macht Systeme unsteuerbar. Für die Skifahrer würde das bedeuten, dass sie nicht mehr die kürzestmögliche Durchlaufzeit für die Abfahrt haben, sondern dass sich diese durch die Wartezeiten und die Stauung in unkalkulierbarer Höhe steigern würde.

Ein weiteres Grundprinzip für ein Lean-System ist die *Integration*. In einem gut „integrierten" Skigebiet liegen die Einstiege für die weiteren Lifte immer unterhalb des Ausstiegs des unteren Lifts, damit die Skifahrer ohne Kraftanstrengung und schnell zum nächsten Lift gelangen können und nicht lange Laufwege haben. Im Unternehmen bedeutet dies u. a. kurze Wege, materialflussorientierte Strukturen und eine weitgehende Vermeidung bzw. gute Gestaltung von Schnittstellen.

Als weiteres Prinzip ist die *Synchronisation* anzuwenden. Im Skigebiet bedeutet dies: Wenn von unten ein moderner Acht-Personen-Skilift viele Skifahrer nach oben bringen kann, wird es zu Stauungen kommen, wenn oben nur ein langsamer Zwei-Personen-Skilift den Weitertransport übernimmt. Es sollten dann vielleicht zwei Vier-Personen-Skilifte vorgesehen werden. Dies bedeutet für ein Unternehmen vor allem aufeinander abgestimmte Ressourcen, Kapazitäten und Schichtmodelle (z. B. ähnliche Geschwindigkeiten aufeinanderfolgender Maschinen, gleiche Schichtmodelle über aufeinanderfolgende Produktionsbereiche usw.). Nicht synchronisierte Abläufe führen immer zu Stauungen und Beständen.

Das siebte systemische Grundprinzip ist die *Perfektion*. Dies lässt sich schwer auf die Skigebietanalogie übertragen. Im Kern bedeutet Perfektion die „sofortige Fehlerbehebung am Ort der Entstehung". Es darf kein fehlerbehaftetes (Teil-)Produkt an den nächsten Schritt weitergegeben werden. Nur so wird ein Feedback und ein Lernen innerhalb der Organsiation erreicht.

Sind alle diese Prinzipien erfüllt, erreicht man das achte Grundprinzip *Robustheit*. In einer Welt, die immer volatiler und damit schwerer vorhersagbar wird, ist es wichtig, Systeme zu gestalten, die wenig anfällig sind und nicht auf Volatilität reagieren. Für ein robustes System spielt Unordnung oder Volatilität keine Rolle. Dies gilt sowohl für das Skigebiet als auch für Unternehmen.

■ 4.2 Von der Wursthaut zum Stahlrohr

Durch die Anwendung der verschiedenen Lean-Prinzipien wird aus der „Wursthaut" (wie in Kapitel 2.4.4 beschrieben) ein „Stahlrohr" (Bild 4.2). Den Rahmen bildet eine auf den *Engpass* ausgerichtete Kapazitätsgestaltung. Die Komplexität soll nicht, wie im Massenproduktionssystem üblich, durch ständiges Verschieben von Personal beherrscht, sondern durch eine bewusste Systemgestaltung reduziert werden. Die Aufträge fließen im *One-Piece-Flow* durch das System. Es gibt nur einen Ort im System, an dem ein nach oben begrenzter Bestand erwünscht ist, und der ist direkt vor dem Engpass. Der Engpass ist die langsamste Ressource im System und sollte niemals wegen Materialmangels anhalten müssen. Die Regel heißt: *Schütze den Engpass!*[2]

---

[2] Hier sei auf die „Theory of Constraints" verwiesen.

Der gleiche Abstand der Kugeln symbolisiert den *Takt*. Man beachte außerdem, dass die Kugeln im rechten System alle in etwa gleich groß sind. Dies wird durch den sogenannten *Pitch* erreicht. Die Kundenaufträge sollten möglichst in gleich große Arbeitspakete (gemessen anhand der Anzahl der Arbeitsstunden) zerlegt werden. Besteht ein Kundenauftrag z. B. aus 500 Stück, und der Pitch ist mit 100 Stück pro Schicht festgelegt, sollte der betreffende Kundenauftrag in fünf Teilaufträge zerlegt und entsprechend versetzt freigegeben werden. Dies ist eine Voraussetzung für die Produktionsnivellierung. Um ein „Volllaufen" der Produktion mit Bestand zu verhindern (man beachte, dass die Kapazitäten in Teilen des Systems höher sind als in anderen), wird das *Pull-Prinzip* eingesetzt. Die Produktionsstartzeitpunkte werden nicht mehr zentral gesteuert, sondern der vorgelagerte Arbeitsgang produziert erst, wenn etwas entnommen wurde. Im Umkehrschluss wird nicht produziert, wenn nichts entnommen wird.

Durch all diese Maßnahmen wird erreicht, dass das zuvor beschriebene *Durchlaufzeitsyndrom* „durchbrochen" wird. Es wird nicht mehr früher freigegeben, damit wird auch der *Bestand* (WIP) im System begrenzt. Der *niedrige Bestand* führt zu einer *kurzen Durchlaufzeit*.

Um das Schwanken der Durchlaufzeiten weitestgehend zu vermeiden, ist noch eine Regel zur Reihenfolgebildung notwendig, nämlich *First-in-first-out (FIFO)*. Dadurch wird ein „Überholen" der Aufträge verhindert, die *Durchlaufzeiten werden stabil und kalkulierbar*.

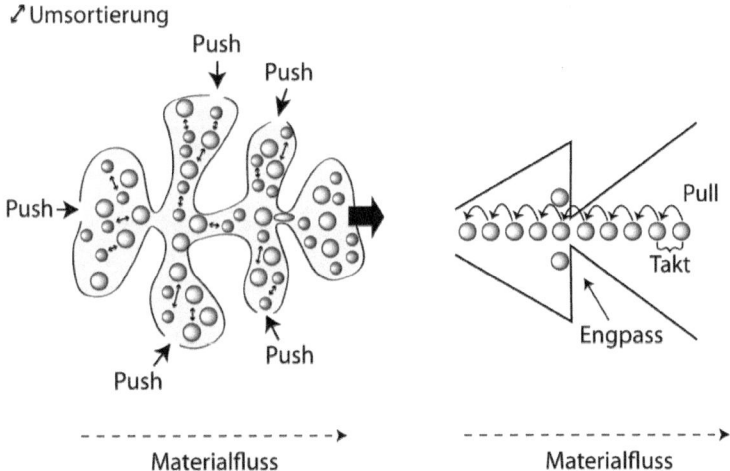

Bild 4.2 Von der „Wursthaut" zum „Stahlrohr"

■ 4.3 Vom Trichtersystem zum Rohrsystem

Um die Betrachtung der in Kapitel 2.4 zur Darstellung der negativen Effekte des Massenproduktionssystems genutzten Modelle abzuschließen, soll noch kurz ein Blick auf das Trichtermodell geworfen werden. Im Rahmen dieses Modells lässt sich zunächst noch einmal ein Teil der Produktionsnivellierung erläutern: Die Kugeln (Kundenaufträge) im „Sammelbecken", vor dem Einfluss in die Produktion, sind natürlich unterschiedlich groß. Durch die Pitch-Bildung sollten diese aber annähernd gleich großgemacht werden. Aus dem „Trichtersystem" wird durch Anwendung der Lean-Prinzipien ein „Rohrsystem". Bildlich gesprochen, werden die Trichter abgeschnitten und nur die eigentlich für die Bearbeitung wichtigen Rohre (siehe gestrichelte Linie in Bild 4.3) übernommen. Auch hier lässt sich erkennen, dass die Durchlaufzeiten erheblich verkürzt und die Möglichkeiten für eine Umsortierung in jedem Trichter stark reduziert werden.

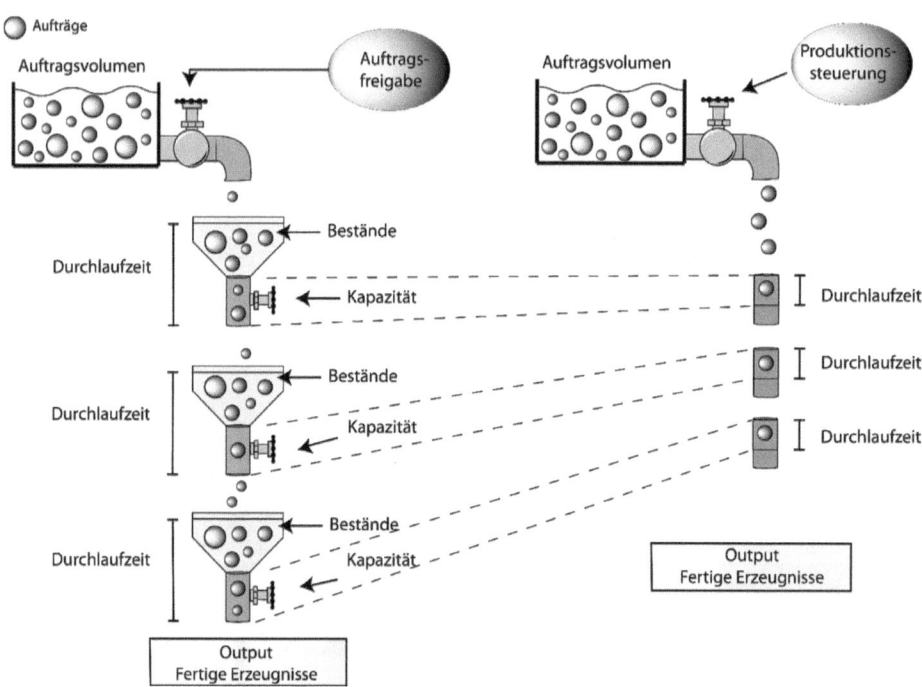

Bild 4.3 Vom „Trichtersystem" zum „Rohrsystem"

■ 4.4 Zusammenfassung

1. Grundlage des „neuen" Denkens bilden die Prozessorientierung (z. B. durch Lean Management) und ein ganzheitliches Systemverständnis. Mithilfe des Wertstroms werden Prozesse ganzheitlich „von Rampe zu Rampe" abgebildet. Die Wertstrombetrachtung ermöglicht die Formulierung von auf das Gesamtoptimum bezogenen Anforderungen an die Einzelprozessgestaltung.

2. Die zentrale Leitidee ist: Wenn die Summe der Kundenaufträge gut durchgesteuert wird, dann geht es auch der Firma gut. Hinter dieser Annahme steht die Beobachtung, dass Kosten und Zeit in hohem Maße korrelieren.

   Wenn also ein Kundenauftrag in kurzer Zeit abgearbeitet wird, sind wohl auch die Kosten im Rahmen. Zeiten sind wesentlich einfacher und sicherer zu erfassen als Kosten.

3. Das Objekt der Optimierung ist der Kundenauftrag, nicht die einzelne Maschine, die Losgröße oder der einzelne Arbeitsschritt. Die Durchlaufzeit des Kundenauftrags durch das Produktionssystem wird durch die Beseitigung von Verschwendung immer weiter verkürzt.

4. Das Ziel ist, jeden Kundenauftrag termingetreu in der geforderten Qualität fertigzustellen. Nur die Engpass-Ressource muss zu 100 % ausgelastet sein. Dies führt natürlich zu erheblichen Konflikten mit der üblicherweise als äußerst wichtig erachteten Kapazitätsauslastung.

5. Einer der wichtigsten Punkte, um dies zu erreichen, ist die Begrenzung des Bestands im System. Ein geringer Bestand (WIP) führt zu einer kurzen Durchlaufzeit, ein z. B. durch den Pull-Mechanismus begrenzter Bestand ohne Umsortierungen der Auftragsreihenfolgen führt zu einer stabilen Durchlaufzeit.

6. Komplexität wird in dieser „neuen" Denkwelt durch Prozessglättung und Ressourcentrennung reduziert und durch Unterteilung in Subsysteme (Produktionssegmentierung) aufgeteilt, nicht versucht, mit immer noch mehr Technik zu beherrschen.

5 Warum sind dann nicht längst alle Unternehmen Lean?

Wenn nun Lean Production für alle im Vorstehenden aufgezeigten Probleme eine Lösung bieten soll, muss man sich die Frage stellen, warum das nicht alle Unternehmen erkannt haben und schon längst „Lean" sind. Auf diese Frage gibt es eine ganze Reihe von Antworten.

■ 5.1 Effekte werden nicht erkannt

Betrachten wir zunächst den Fall, dass Effekte in Unternehmen überhaupt nicht erkannt werden. Somit können auch keine geeigneten Maßnahmen ergriffen werden. Man spricht hier auch häufig von einem *Wahrnehmungsdefekt*.

5.1.1 „Schleichende" Veränderungen

Ausgehend von der handwerklichen Produktion vor dem ersten Weltkrieg (geringe Stückzahlen, große Anzahl an Normproduktreihen), sank die Anzahl der produzierten Normproduktreihen, während die Stückzahlen pro Normproduktreihe stark stiegen. Dies kulminierte in der industriellen Massenproduktion von *Henry Ford*. Ihm wird der Ausspruch zugeschrieben: „Sie können das Modell T in jeder Farbe haben, solange sie schwarz ist" (zitiert nach Erlach 2007, S. 13).

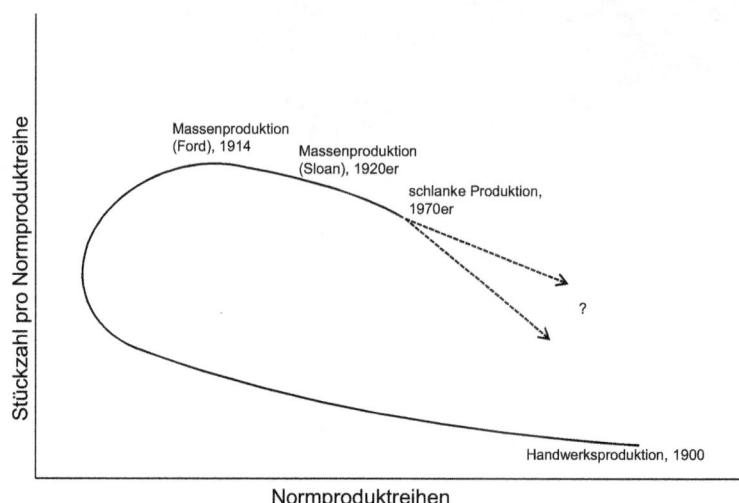

Bild 5.1 Produktionskonzepte und Individualisierungstrend (in Anlehnung an Pfeiffer/Weiss 1992, S. 53)

Das Modell T wurde 15 Mio. Mal gebaut, war technisch äußerst einfach und verfügte nur über sehr wenige Varianten. Genau für ein derartiges Produkt hatte *Ford* sein Produktionssystem erfunden. Die Basis der Massenproduktion war die Fließfertigung. Einer der zentralen Grundsätze dieses Produktionssystems lautete: Große Lose eines Teils herstellen, um Kosten durch Werkzeugrüstung zu sparen. Die fertiggestellten Produkte wurden dann bis zu ihrem Verkauf gelagert (vgl. Ohno 1993, S. 132 f.). Eine typische Massenproduktion findet sich in Bild 5.2 auf der linken Seite. Mit Gabelstaplern werden große Behälter mit vielen Teilen Inhalt (beispielsweise 500 Bauteilen) an eine lange Montagelinie gefahren. Solange nur eine Variante gefertigt wird, ist dieses System äußerst effizient. Aber stellen Sie sich vor, dass beispielsweise 20 Farbvarianten vom Kunden verlangt werden (Es will nicht jeder das Modell T in Schwarz!). Das bedeutet, dass wir in diesem System 20 Gitterboxen mit jeweils 500 Teilen Inhalt an die Montagelinie stellen müssen. Das benötigt zum einen viel Fläche. Der Werker hat somit extrem lange und schwankende Laufwege (je nachdem, zu welchem Behälter er gerade gehen muss). Weiterhin haben wir massive Bestände im System geschaffen. Da üblicherweise ein Zwei-Behälter-System angewendet wird, stehen in unserem Beispiel alleine an der Montagelinie 20 Farben mit je uwei Behältern à 500 Teilen. Das ergibt einen Bestand von 20 000 Teilen an der Montagelinie. Wir stellen fest: Das Massenproduktionssystem wird mit steigender Anzahl Varianten zu einem Verschwendungssystem (Fläche und Bestand).

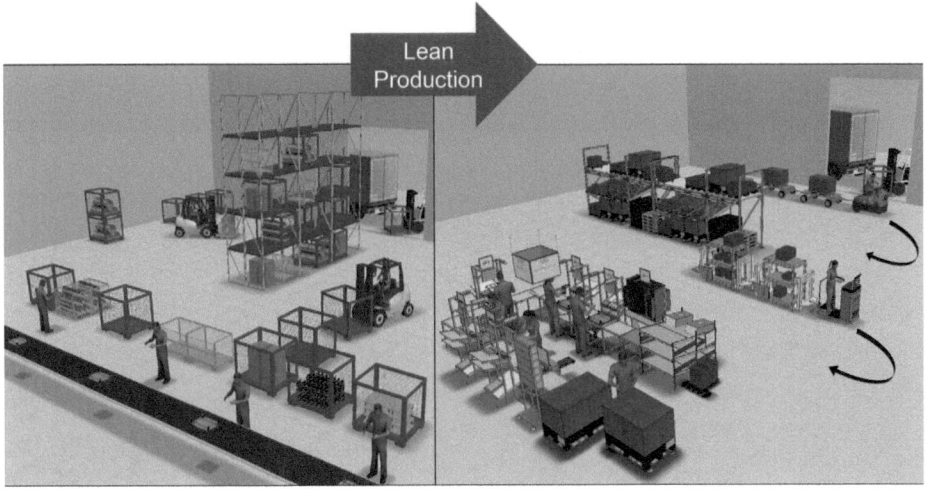

Bild 5.2 Ein Vergleich einer typischen Massenproduktion (links) und einer typischen Lean Production (rechts)

Das Lean Production-System ist wesentlich besser für den Umgang mit Varianten geeignet (Bild 5.2, rechts). Zunächst wird die Produktion wesentlich kompakter gestaltet, um die Laufwege zu reduzieren und somit die Wertschöpfung zu erhöhen. Die Behälter müssen für jede Variante im direkten Zugriff des Werkers sein. Dies erfordert eine Materialverdichtung. Das geht aber nur mit wesentlich kleineren, regalfähigen Behältern. Spätestens jetzt, kann den Lean-Ideen der klassisch ausgebildete Logistiker, der in dem Weltbild auf der linken Seite (Bild 5.2) lebt, nicht mehr folgen. Natürlich muss auch die Logistik und das gesamte System an die neue Produktionsphilosophie angepasst werden. Der Routenzug in der rechten Bildhälfte bringt auch 500 Teile mit einem Transport an die Montagelinie, aber eben zu je 25 Stück in 20 Kleinladungsträgern. Damit kann wesentlich besser auf die vielen Varianten reagiert werden.

Kommen wir zurück zu Bild 5.1: Die Kehre begann für *Ford* mit einer ersten *Differenzierungswelle*, die er nicht erkennen konnte oder wollte. Langsam, aber stetig stieg die Zahl der Normproduktreihen wieder an. Das verlieh dem Unternehmen General Motors, das diesen Individualisierungstrend besser erkannte, einen Vorsprung gegenüber *Ford* (vgl. Pfeiffer/Weiß 1992, S. 52).

Um diese vielen erforderlichen Modelle zu fertigen, passte General Motors das Ford-Produktionssystem jedoch kaum an. *Taiichi Ohno*, der Vater des Toyota-Produktionssystems, ist der Meinung, dass das Ford-Produktionssystem außerdem noch nicht fertig und klar bis zum Ende durchdacht war. Durch den Wechsel von der Massenfertigung des Modells T zur „Full-Line"-Politik von General Motors wurde die Produktion immer komplizierter (vgl. Ohno, 1993, S. 132 ff.).

Man könnte, zugegebenermaßen etwas überspitzt, formulieren: Wir kopieren seit über 100 Jahren ein nicht fertiggestelltes Produktionssystem, das von *Henry Ford* erfunden wurde, um EINE Variante in Massen zu bauen, und bauen damit heute viele Varianten. Dafür war das Massenproduktionssystem nie gedacht! Hier mag der zentrale Fehler im System liegen.

Das Lean Production-System ist wesentlich besser für den Umgang mit vielen Varianten und kleinen Stückzahlen geeignet (Bild 5.2, rechts). Es stellt sich aber die *Frage des Übergangs*: Wann ist der Punkt erreicht, ab dem das Lean-System besser geeignet ist als das Massenproduktionssystem? Bei zehn Varianten? Bei 20 Varianten? Diese Frage lässt sich leider nicht eindeutig beantworten.

Hinzu kommt, dass die Anzahl der Varianten meist nach und nach wächst, es sich also um einen *schleichenden Prozess* handelt.

Dies lässt sich anhand eines Beispiels veranschaulichen: Nehmen wir an, wir hätten zwei Kochtöpfe und zwei Frösche. Das Wasser in dem einen Kochtopf kocht, und wir werfen den Frosch hinein.[1] Der Frosch wird versuchen, aus dem Topf herauszuspringen, weil er merkt, dass es heiß ist. Den zweiten Frosch werfen wir in den Topf mit kaltem Wasser und drehen die Herdplatte voll auf. Der Frosch wird im Wasser sitzen bleiben, bis das Wasser kocht. Er hat keine Rezeptoren, die ihn die langsam steigende Temperatur erkennen lassen.

Es mag nun Ähnliches für unsere Unternehmen gelten. Stellen Sie sich die Frage, ob die Controlling- und Managementsysteme in Ihrem Unternehmen nicht auch eher dazu gemacht sind, Sprünge und kurzfristige Änderungen zu bemerken? Sind Sie in der Lage, schleichende, über viele Jahre oder gar Jahrzehnte stattfindende Veränderungen zu erkennen, geschweige denn zu bewerten? Die meisten Controllingsysteme vergleichen zum Vorjahr. Damit beeinflusst eine Veränderung, die sich über 100 Jahre hinzieht, maximal irgendeine Nachkommastelle.

Um beim Bild der Frösche zu bleiben. Stellen Sie sich die Frage: Wie heiß ist das Wasser in dem Topf, in dem Sie mit Ihrem Unternehmen als Frosch sitzen!? Die Wassertemperatur wird maßgeblich durch die Anzahl *der Produktvarianten*, den *Materialkostenanteil* und die *Komplexität* des Umfelds bestimmt.

5.1.2 Überlagerung von Effekten

Warum erkennen Unternehmen einen so offensichtlichen und evidenten Effekt, wie das Durchlaufzeitsyndrom, nicht?

Viele Effekte werden durch andere Effekte überlagert. Der im Durchlaufzeitsyndrom beschriebene Effekt (vgl. Kapitel 2.4.3), der mit dem WIP steigenden Durch-

---

[1] Hier ist vielleicht der Hinweis angebracht, dass explizit von der Nachahmung dieses Experiments abgeraten wird und dies auch nie so vom Autor durchgeführt wurde. Es handelt sich um ein reines Gedankenexperiment.

laufzeiten, hängt auch von der Kapazitätsauslastung ab. Ist die Auslastung geringer, steigt auch die Durchlaufzeit weniger stark. Weiterhin ist die Durchlaufzeit nur schwer messbar und wird durch jede Menge anderer Parameter ebenfalls beeinflusst, seien es Fehlteile, Qualitätsprobleme, nicht anwesende Mitarbeiter, Reihenfolgeumsortierungen usw.

Viele Zusammenhänge sind somit nur sehr schwer erkennbar und messbar.

5.1.3 Verteilung der Verantwortung

Die Verantwortung ist in unseren funktional aufgebauten, stark in Hierarchiestufen zergliederten Unternehmen meist auf viele Personen verteilt. Jeder sieht nur seinen eigenen Bereich. Darüber hinaus fehlen meist die Informationen. Bleiben wir beim Durchlaufzeitsyndrom: Der Vertrieb setzt die Soll-Durchlaufzeit nach oben, die Auftragsfreigabe gibt den Produktionsauftrag zu früh frei, und eine Produktion, bestehend aus vielen Unterabteilungen, hat damit umzugehen. Keiner sieht das ganze Bild!

Und selbst wenn jemand die Zusammenhänge erkennt, sind die notwendigen Änderungen, die fast immer mehrere Bereiche betreffen (z. B. Fertigung, Vormontage, Endmontage und Logistik), nur sehr schwierig umsetzbar. Häufig gibt es Abteilungsegoismen und „Königreiche" nach dem Motto: „Das ist mein Bereich. Hier entscheide ich!"

■ 5.2 Effekte werden erkannt, aber nichts wird geändert

Betrachten wir einen weiteren Fall. Die Effekte werden zwar erkannt, aber es geschieht trotzdem nichts in den Unternehmen.

5.2.1 Existenz von Realzwängen

Nehmen wir wieder das Durchlaufzeitsyndrom: Im aktuellen System tut jeder der Beteiligten das für seine „Scheibe" einzig Mögliche, das aus seiner jeweiligen Sicht auch durchaus logisch erscheint. Was bleibt dem Vertriebsmitarbeiter bei einer geringen Termintreue der Produktion anderes übrig, als sich durch Pufferzeiten zu schützen? Genauso handelt der Mitarbeiter in der Auftragsfreigabe: Wenn ich den Auftrag freigebe, kann mir nichts passieren.

5.2.2 Sicherheitsdenken

Eine Umstellung auf Lean ähnelt in einer gewissen Weise einer „Wanderung durchs Gebirge".

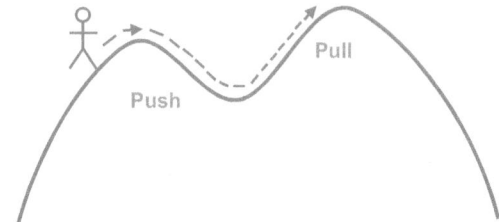

Bild 5.3 Vom „Push-Gipfel" zum „Pull-Gipfel"

Ihre Firma wandert vielleicht seit vielen Jahren mit viel Elan auf den „Push-Gipfel" und versucht, die Spitze zu erreichen. Es werden alle möglichen Optimierungen durchgeführt, Kosten eingespart, EDV eingeführt usw. Nun zeigt Ihnen jemand den „Pull-Gipfel". Da so viele Unternehmen dorthin wollen, muss der „Pull-Gipfel" wohl noch etwas höher sein.

Das Problem: Zwischen zwei Gipfeln liegt per Definition ein Tal. Und dieses Tal müssen Sie leider durchwandern. Die Lean-Umstellung erfordert Investitionen in Ressourcen und natürlich auch Schulungen. Die Kennzahlen werden üblicherweise zunächst etwas schlechter. Sie haben mit Widerstand zu kämpfen, und keiner kann vorhersagen, wann die erhofften Verbesserungen genau eintreten werden.

Viele Unternehmen hält dieses, stellenweise sicherlich übertriebene, Sicherheitsdenken von einem Umstieg ab. Es erfordert eine ganze Portion Mut, zu entscheiden, auf ein neues Produktionssystem umzusteigen. Kann man sich hier einen Fehler leisten? Wie lange dauert es, bis man positive Effekte bemerkt? Ist das vielleicht schädlich für meine Karriere?

5.2.3 Fixierung auf kostenorientierte Entscheidungsfindung

Wenn schon entscheiden, dann aber bitte auf Basis harter Daten und Fakten:

„Wie viel sparen wir uns, wenn wir auf Lean Production umsteigen?"

„Um diese Entscheidung zu treffen, brauche ich eine in Euro und Cent bewertbare Basis."

Das sind häufige Aussagen von Mitgliedern des Managements, wenn es um die Entscheidung geht, ob Lean eingeführt werden soll oder nicht. Wie in Kapitel 5.2.2

bereits angedeutet: Man will eine „sichere Entscheidungsbasis" haben. Wenn etwas in Zahlen, Daten und Fakten hinterlegt ist, kann man jederzeit im Nachgang noch seine Entscheidung rechtfertigen.

Leider kann diese eingangs gestellten Fragen aber wohl niemand seriös beantworten. Der Grund hierfür ist aber nicht darin zu suchen, dass Lean nicht die besseren Ergebnisse liefern würde, sondern darin, dass die Werkzeuge, mit denen wir die Bewertung vornehmen wollen, dies gar nicht können. Lassen Sie uns hierzu nochmals einen Blick auf die Zeitleiste zur Entwicklung der Produktionssysteme werfen (Bild 5.4).

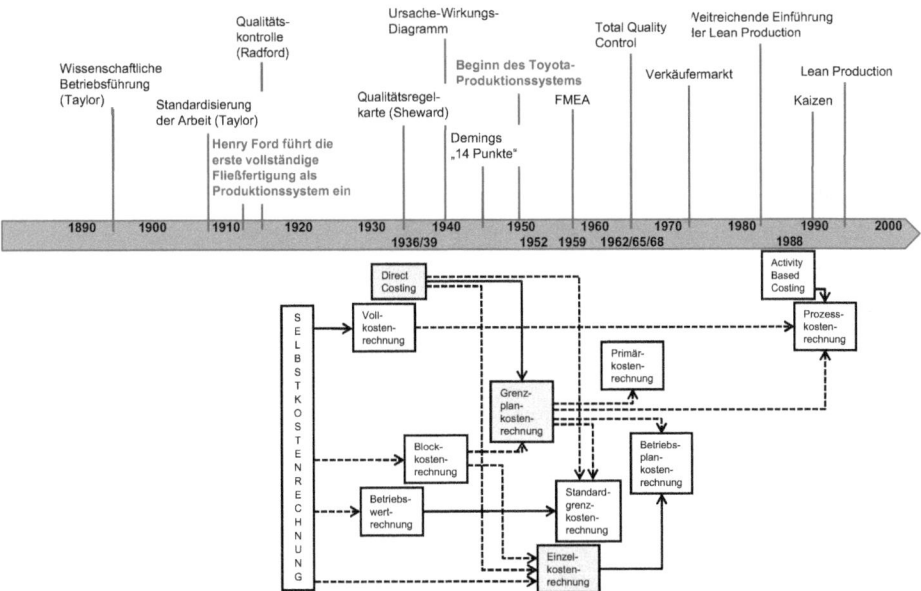

Bild 5.4 Zeitleiste zur Entwicklung der Produktionssysteme und der Kostenrechnungsinstrumente (in Anlehnung an Becker 1998, S. 55)

Das Massenproduktionssystem breitete sich nach 1913 in den westlichen Industrienationen rasch aus und wurde zur vorherrschenden Methode der modernen Herstellung von Gütern. Die wichtigsten, heute genutzten Kostenrechnungsinstrumente wurden folglich vermutlich deshalb erfunden, um diesen Typ von Produktionssystem zu steuern und zu kontrollieren. Die Vollkostenrechnung entstand Ende der 1920er-Jahre, die Grenzplankostenrechnung Ende der 1940er- und die Einzelkostenrechnung in den 1950er-Jahren. Die erste Entwicklung des Toyota-Produktionssystems begann Mitte der 1950er-Jahre. Erst zu Beginn der 1990er kann von einem fertigen Produktionssystem gesprochen werden, und erst in dieser Zeit wurden wir in der westlichen Welt wirklich auf dieses Produktionssystem aufmerksam.

Könnte es (wieder etwas überspitzt formuliert) also möglich sein, dass erwartet wird, mit einem Instrument, das vor 70 Jahren für ein 100 Jahre altes Produktionssystem erfunden wurde, zu bewerten, ob ein weit später entstandenes Produktionssystem besser ist?

Wäre es möglich, dass die alten Kostenrechnungsinstrumente schlicht nicht in der Lage sind, die Aspekte, auf die es ankommt, zu messen, geschweige denn zu bewerten?

Was ist der Wert in Euro von vier Wochen eingesparter Durchlaufzeit? Was kostet es, wenn die Termintreue um zwei Prozentpunkte abstürzt?

Bewerten existierende Verfahren nicht auch immer nur kleine Ausschnitte des Gesamtsystems (also einzelne Quadrate des Lincoln-Bilds)? Genau aus diesem Grund haben wir in fast fünfjähriger Arbeit im Rahmen einer Promotion ein eigenes Kostenrechnungsverfahren auf Basis des Wertstroms erarbeitet, das dabei hilft, dass das Controlling und die Produktion wieder eine Sprache sprechen und an einem Ziel arbeiten: der kontinuierlichen Reduzierung von Verschwendung und Steigerung der Wertschöpfung im Unternehmen (vgl. Michalicki/Schneider 2020).

„Okay, dann zeigen Sie mir eine Statistik, wie viel Unternehmen sparen, die auf Lean umgestiegen sind."

Leider ist auch so etwas kaum zu bekommen.

1. Erstens würde eine derartige Statistik voraussetzen, dass man messen könnte, „wie Lean" ein Unternehmen ist. Wie soll man die Lean-Unternehmen zuverlässig von den Nicht-Lean-Unternehmen trennen?

2. Selbst wenn dies möglich wäre, wie sollen dann die Effekte, die auf die Lean-Einführung zurückzuführen sind, isoliert werden? Diese werden durch viele andere Effekte, wie Auftragslage, Lohn- oder Rohstoffkostenschwankungen überlagert.

3. Sollte auch dieses Problem lösbar sein, bleibt die Frage, was für ein Interesse ein Unternehmen, das erfolgreich Lean eingeführt hat, haben sollte, der Allgemeinheit und den eigenen Konkurrenten die Gründe dafür zu offenbaren. Könnte hier im Erfolgsfall nicht der Gedanke des Know-how-Schutzes zählen? Wie hat es ein Vorstand so treffend formuliert: „Es ist nicht unsere Aufgabe die Welt schlau zu machen."

Es sind noch längst nicht alle Unternehmen Lean, da viele Manager nur auf Basis „harter Fakten", wie Kosten und Einsparungen, entscheiden. Diese harten Fakten im Vorfeld zu liefern, ist aber mit den existierenden Instrumenten und der verfügbaren Datenbasis praktisch nicht möglich.

5.2.4 Investitionsscheu und Kostenstellengerangel

Wenn Sie nochmals einen Blick auf Bild 5.2 (vgl. Kapitel 5.1.1) werfen, wird klar, dass ein Umstieg von einem Massenproduktionssystem auf ein Lean-Produktionssystem zwangsläufig Investitionen erfordert. Es müssen neue (kleinere) Behälter und Regale beschafft werden. Die Logistik muss auf die Routenzüge mit Anhängern umgestellt werden usw. Dabei stellt sich auch die Frage: Was passiert beispielsweise mit den vielen bisher genutzten Gabelstaplern und vor allem den vielen Gabelstaplerfahrern?

Ebenso ist eine wichtige Frage: Aus welchem Budget oder von welcher Kostenstelle werden die neuen Anschaffungen bezahlt?

Auch hier fällt uns unser häufig zu rigides Kostenmanagement „auf die Füße". Größere Kostenblöcke können häufig nicht im laufenden Seriengeschäft untergebracht werden, sondern nur in Projekten für neue Produkte. Es gilt das Kostenträgerprinzip. Warum aber sollte der Produktmanager eines (neuen) Serienprodukts in seinen Kosten die Umstellung auf ein Lean-Produktionssystem akzeptieren? Besonders spannend wird die Diskussion, wenn mehrere Produkte eine Ressource, z. B. eine Produktionslinie, nutzen? Wie sollen die Kosten für die Lean-Umstellung auf die beiden Kostenträger verteilt werden?

Das Problem: Die Lean-Umstellung „versumpft" in endlosen (und völlig fruchtlosen) Diskussionen zur Kostenübernahme zwischen den beteiligten Abteilungen.

■ 5.3 Effekte wollen nicht erkannt werden

Ein weiterer Punkt ist, dass Effekte zwar gesehen, aber einfach ignoriert werden, um beispielsweise die eigene Kompetenz oder Machtbasis zu schützen.

5.3.1 Selektive Wahrnehmung und Kontrollillusion

Auch hierfür gibt es wieder unzählige Gründe. Es sollen nur einige aufgeführt werden, um dem geneigten Leser einige Denkanstöße zu geben:

Beginnen wir bei uns persönlich. Jeder hat sein Weltbild, mit bestimmten Annahmen und Ideen. Wir neigen dazu, hier sehr *selektiv wahrzunehmen*. Dinge, die unser Weltbild unterstützen, nehmen wir wahr. Dinge, die unserem Weltbild widersprechen, werden ausgeblendet. Es ist in den Beratungsprojekten immer wieder erstaunlich, mit welchen „Scheuklappen" so mancher Entscheider im Management durchs Leben geht.

Des Weiteren spielt die sogenannte Kontrollillusion eine Rolle. Wenn wir bei Entscheidungen möglichst exakt rechnen können, am besten auf die zweite Nachkommastelle genau, dann fühlen wir uns bei der Entscheidung sicher. Dass dabei auf Basis von Eingangsparametern gearbeitet wird, die mit erheblicher Unsicherheit behaftet sind, oder auf Daten aufgebaut wird, die teilweise viele Jahre alt sind (z. B. Daten des Vorgängerprodukts), spielt keine Rolle. Ein typischer Fall der *Kontrollillusion*.

5.3.2 Gruppeninteressen und Machtverlust

Es gibt in einem Unternehmen eine Reihe verschiedener *Interessensgruppen*, die einer Einführung von Lean generell kritisch gegenüberstehen.

Nehmen wir beispielsweise die Gabelstaplerfahrer aus Kapitel 5.2.4. Wenn diese Gruppe, die in großen Unternehmen über drei Schichten durchaus mehrere Hundert Personen umfassen kann, plötzlich von den hochkomplizierten Staplern mit Leitsystem usw. auf einfache Steh-Routenzüge umsteigen sollen, können Sie sich vermutlich selbst die Begeisterung vorstellen. Es werden unzählige Gründe aufgeführt, warum dieser Umstieg überhaupt keinen Sinn macht.

Zu den äußerst kritischen Gruppen zählen erfahrungsgemäß auch häufig die Produktionssteuerer und Disponenten. Bisher sind sie die einzigen mit der Macht, Termine vorherzusagen. Nur mit viel Erfahrung, persönlichem Netzwerk und komplizierter EDV können wenige Personen in etwa vorhersagen, wann welcher Auftrag wo sein wird. Das ist Macht. Ersetzt man dieses System durch ein transparentes, einfach zu steuerndes Pull-System, das jeder durchblicken kann, dann wird dieser Gruppe ihre *Machtbasis* entzogen. Ergo wird die Lean-Umstellung fallweise auf erbitterten Widerstand stoßen.

5.3.3 Die Triade – Unternehmen, Hochschulen und Softwareanbieter

Verlassen wir den Bereich der persönlichen und unternehmensinternen Ebene auf der Suche nach Gründen, die einen Umstieg auf Lean blockieren können, und blicken auf eine höhere Ebene. Das Zusammenspiel aus Unternehmen, Hochschulen und der Softwareindustrie mag hier eine Rolle spielen. Hierzu einige Gedanken:

In den Unternehmen spielt der Investitionsschutz eine wichtige Rolle. Es wurden teure Optimierungsprogramme mit hohen Beraterbudgets durchgeführt. Softwaresysteme für viele Millionen Euro wurden beschafft und werden mit enormem Aufwand betrieben. All das muss doch richtig sein. Wenn hier plötzlich jemand mit einfachen, sich selbststeuernden Kanban-Regelkreisen ein ähnlich gutes, meist sogar besseres, Ergebnis erreicht, dann könnte doch der eine oder andere Entscheidungsträger der Vergangenheit „kalte Füße" bekommen, oder? Und wo sitzen diese Entscheidungsträger der Vergangenheit heute? Meist in noch höheren Positionen! Wer also hat den Mut, oder auch nur das Interesse, hier Fehlentscheidungen aufzudecken und tiefgreifende Änderungen durchzuführen?

Die nächsten im Bunde sind die Hochschulen. Hier wird seit Jahrzehnten und an allen Universitäten und Hochschulen im Großen und Ganzen das Gleiche gelehrt (vgl. Taleb 2012). Ein Kern ist hier die Mathematisierbarkeit – was sich nicht messen lässt, ist wertlos. Alles muss „sich rechnen lassen". Alles muss möglichst kompliziert aussehen. Oder denken Sie, dass man mit etwas „Einfachem" einen Doktortitel bekommen kann?

Diese Grundideen entstammen der Physik und wurden auch auf die Wirtschaft übertragen. Dummerweise haben wir es bei dieser Art von Systemen, nämlich Unternehmen, aber immer mit Menschen zu tun. Das Systemdenken erkennt eindeutig an, dass es auch nicht messbare, qualitative Einflüsse gibt, die bei Entscheidungen Berücksichtigung finden müssen. Aber wer hat den Mut, die Lehrinhalte nachhaltig zu „entrümpeln"? Die Wissenschaft bestätigt also weiterhin die Entscheidungen der Vergangenheit in den Unternehmen.

Weitere Spieler, mit einem massiven Interesse am Erhalt des Status quo, sind die Softwarefirmen. Hier werden Milliardengeschäfte mit Lizenzen und Schulungen gemacht. Wenn etwas nicht funktioniert oder die Ergebnisse nicht passen, findet sich immer eine gute Erklärung, beispielsweise eine zu ungenaue Erfassung von Bewegungsdaten, zu grobe Rückmelderaster oder gerne auch die zu geringe Stammdatenpflege (vgl. Schuh et al. 2006). Nun das ist bei oberflächlicher Betrachtung sicherlich zunächst richtig. Aber wie in Kapitel 2.5 ausgeführt wurde, muss dieser Ansatz zwangsläufig in komplexen Umfeldern scheitern. Nur, welches Interesse soll die Softwareindustrie an einer derartigen Erkenntnis haben? Sie würde sich ja „selbst das Wasser abgraben".

Ein Schelm, wer hier Böses vermutet.

Teil III

Produktionssysteme

Nachdem wir nun im Teil I den grundlegenden Unterschied zwischen dem Massenproduktionssystem und Lean Production herausgearbeitet haben, wollen wir uns weiter in das Thema Lean vertiefen. Das Wissen über eine Produktion wird häufig in Form eines sogenannten Produktionssystems erfasst und systematisiert.

Ein Produktionssystem ist eine Grundordnung für den Fabrikbetrieb und legt fest, *wie* zu produzieren ist.

- Es enthält die Beschreibung der *Gestaltungsprinzipien* sowie der *Methoden* und *baut diese ganzheitlich, systematisch und logisch aufeinander auf.*
- Es ist ein *Handlungssystem* für die Mitarbeiter.
- Es legt die *Zieldimensionen* und die geeigneten *Kennzahlen* zur Messung der Zielerreichung fest (in Anlehnung an Erlach 2008, S. 246).

In der Regel lehnen sich die allermeisten in den Unternehmen realisierten Lean-Produktionssysteme bezüglich Aufbau und Inhalt an das *Toyota-Produktionssystem (TPS)* an, das im Folgenden beschrieben wird (vgl. Reinhard et al. 2007, S. 7).

6 Das Toyota-Produktionssystem (TPS) – das Original

Das Toyota-Produktionssystem ist ein *Konzept,* also eine Sammlung und Systematisierung von Leitsätzen und Prinzipien. Das TPS ist nicht theoretisch entwickelt worden, sondern der *Alltagspraxis* des Automobilherstellers entsprungen. Durch ständiges Hinterfragen aller Prozesse und Vorgänge werden die nicht wertschöpfenden Prozesse, die sogenannten Verschwendungen, identifiziert.

Die Grundsätze des TPS werden meist in *Form eines Hauses* dargestellt (siehe Bild 6.1). Die Form eines Hauses wurde gewählt, da die Konstruktion, ähnlich eines Bauwerks, nur dann stabil ist, wenn das Dach, die Wände und das Fundament stark sind. Ein schwaches Teil könnte zum Einsturz des gesamten Gebäudes führen. Im Folgenden werden die einzelnen Elemente des TPS-Hauses ausführlich erläutert.

■ 6.1 Die Grundsätze der Lean Production – das TPS-Haus

Das Dach des TPS-Hauses besteht aus den Zielen des Produktionssystems – QCDSM (quality, cost, delivery, safety, moral) –, die die Kundenorientierung Toyotas widerspiegeln. Die Anforderungen der Kunden sind: höchste Qualität, niedrige Kosten und kurze Durchlaufzeit, als Voraussetzung für kurze Lieferzeiten.

■ 6.2 Der Kern des TPS – die Beseitigung von Verschwendungen

Im Mittelpunkt des TPS steht die Vermeidung von Verschwendungen. Das TPS beinhaltet zur Beseitigung dieser Verschwendungen selbst entwickelte Grundsätze und Methoden (vgl. Womack et al. 1991, S. 20).

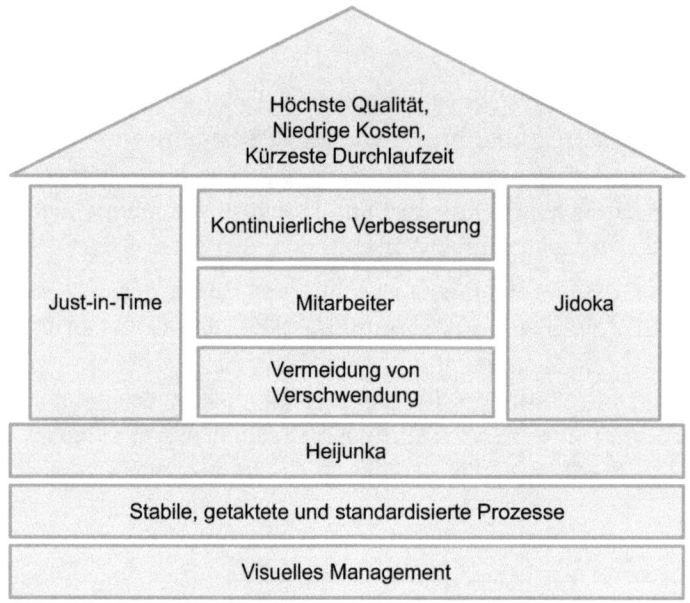

Bild 6.1 Das TPS-Haus (in Anlehnung an Liker 2006, S. 65)

Durch das Verringern der Verschwendungen kann die Durchlaufzeit der Produktion gesenkt werden, wodurch die Produkte kürzere Zeit durch die Prozesskette fließen. Die Produktionskosten sinken, während sowohl die Flexibilität als auch die Qualität steigen, da das System auf alle Produktvarianten gleichzeitig ausgelegt ist.

6.2.1 Die drei Verlustarten

Lean unterscheidet zunächst *drei Verlustarten*. Dies sind die drei „Mu's": *Mura, Muri* und *Muda* (vgl. Imai 2011, S. 71 f.).

Mura bedeutet nicht ausgeglichen, nicht standardisiert. Beispielsweise ist häufig die Belastung des Wareneingangs in Unternehmen nicht ausgeglichen, es kommt zu Spitzen. Am Montagmorgen kommen z. B. häufig wesentlich mehr LKW an, als für den Rest der Woche.

Muri bedeutet, dass ein Prozessschritt zeitweise überlastet ist. Genau das gilt für unsere Arbeiter im Wareneingang in vorigem Beispiel. Sie können ihre Arbeit unter Druck nicht ordentlich erledigen, dadurch passieren Fehler, es entsteht *Muda* (Verschwendung). Die Mitarbeiter stellen die Ware mitten im Wareneingang ab, um die vielen LKW schnell zu be- und entladen, anstatt die Ware gleich einzulagern. Dies führt dazu, dass die Paletten und Packstücke nach dem Abebben der Spitze nochmals anhand der Frachtpapiere identifiziert werden müssen und ein doppeltes Handling zur Einlagerung erforderlich ist. Weiterhin wurde vielleicht eine Beschädigung der angelieferten Ware in der Hektik übersehen, die erst jetzt auffällt, nachdem die Ware bereits angenommen wurde.

Die drei Verlustarten sind sehr eng miteinander verbunden. Besonders nützlich ist es, auf der Suche nach Verschwendungen im Unternehmen, nach Spitzen im System und überlasteten Prozessschritten zu fahnden.

6.2.2 Wertschöpfung und Verschwendung

Um sich dem Begriff der Verschwendung (Muda) zu nähern, wird im Lean-Denken sehr fein zwischen *Wertschöpfung, Verschwendung* und *im Moment noch notwendiger Verschwendung* unterschieden (vgl. Klevers 2007, S. 21 und Ohno 1993, S. 46 f.).

Betrachten wir eine sehr pragmatische Definition von Wertschöpfung: Stellen Sie sich einfach vor, der Kunde steht bei Ihrer täglichen Arbeit neben Ihnen und sagt bei jeder einzelnen Ihrer Tätigkeiten, ob er bereit ist, dafür zu bezahlen. Wenn ja, ist diese Tätigkeit Wertschöpfung, wenn nein, zumindest im Moment noch, notwendige Verschwendung. Wenn Sie etwa ein Teil suchen müssen, ist das Verschwendung. Wenn Sie einen Datensatz doppelt erfassen, den bereits eine andere Abteilung in einem anderen System erfasst hat, ist das im Moment noch notwendige Verschwendung, bis beispielsweise eine automatisierte Schnittstelle das Problem löst.

Ob ein (Teil-)Prozess als wertschöpfend oder als Verschwendung angesehen wird, hat nichts mit der *Wertschätzung* der Tätigkeit des Mitarbeiters zu tun. Nehmen Sie dies als wichtigen Tipp aus der jahrelangen Erfahrung des Autors bei der Durchführung von Lean-Projekten mit. Erklären Sie Ihren Mitarbeitern, dass mit „Verschwendung" bei einer Tätigkeitsanalyse nicht gemeint ist, dass der Mitarbeiter etwas falsch macht o. Ä. Ganz im Gegenteil, es müssen sich eher die Manager, Abteilungsleiter und Arbeitsplaner die Frage stellen, warum sie die Mitarbeiter so unnütze (Teil-)Tätigkeiten verrichten lassen.

Man muss die Tätigkeit des Mitarbeiters infrage stellen dürfen, ohne dass er sich persönlich angegriffen fühlt. Wertschöpfung und Wertschätzung müssen streng getrennt werden! Erklären Sie dies ausführlich (Sag, was du sagen willst, sag es, und sag, was du gesagt hast!).

Diese sehr feine Unterscheidung zwischen Wertschöpfung und Verschwendung dient im Lean-Denken dazu, bestehende Prozesse infrage stellen zu dürfen. Wird beispielsweise die Tätigkeit des Schraubens mit dieser Denkweise in Teilschritte zerlegt, wird man feststellen, dass nur der letzte Bruchteil einer Sekunde, wenn das Drehmoment aufgebracht wird, Wertschöpfung darstellt. Alle vorhergehenden Schritte sind, zumindest im Moment noch, notwendige Verschwendung. Der Kunde will nur, dass das Bauteil hält. Würde man die Tätigkeit des Schraubens als wertschöpfend ansehen, käme man nie auf die Idee, das Bauteil z. B. durch Klipsen oder Kleben zu befestigen, man würde den bestehenden Prozess nicht infrage stellen.

6.2.3 Die sieben Arten der Verschwendung

Lean unterscheidet üblicherweise sieben Arten der Verschwendung (in Anlehnung an Klevers 2007, S. 15–21):

1. Überproduktion,

2. unnötige Bewegungen,

3. Nacharbeit/Ausschuss,

4. überflüssiger Transport,

5. ungenügende Prozessgestaltung,

6. Wartezeit,

7. Bestände.

Die erste Verschwendungsart ist *Überproduktion* – es wird mehr produziert, als der Kunde eigentlich will. Hinter diesem Denken steckt die Idee, dass große Losgrößen wirtschaftlich zu fertigen seien. Nehmen wir an, unser Kunde hat 70 Produkte bestellt, wir fertigen aber die in der Losgrößenberechnung als optimal ermittelte Anzahl von 100 Stück. Die verbleibenden 30 Stück legen wir auf Lager, in der Hoffnung, dass das Produkt später verkauft wird. Nun bestellt der nächste Kunde vielleicht 50 Stück. Wir fertigen wieder 100 Stück, entnehmen die 30 Stück aus dem Lager, um FIFO einzuhalten, und legen die restlichen 70 Stück auf Lager. Der Administrationsaufwand ist enorm. Außerdem muten wir unserem Kunden zu, dass er warten muss, bis 100 Stück durch die Produktion gegangen sind (Durchlaufzeit!), nicht nur die fehlenden 20 Stück. Darüber hinaus kommt es sehr häufig vor, dass sich die Hoffnung, die Überproduktion anderweitig verkaufen zu können, nicht erfüllt. Die Folge sind Lagerabverkäufe zu reduzierten Preisen oder Verschrottungsaktionen, um wieder Platz im Lager zu schaffen. Bezieht man all diese Kosten in die Betrachtung ein, ist äußerst fraglich, ob von der angeblichen Wirtschaftlichkeit der Losgröße 100 Stück noch viel übrig bleibt.

Eine weitere Verschwendungsart stellen wiederholte Handling-Vorgänge dar. Produkte werden im Produktionsprozess häufig mehrfach sortiert und verpackt. *Unnötige Bewegungen* des Werkers sind auch vorhanden, wenn Produkte während der Bearbeitung wiederholt gedreht werden müssen, um z. B. von einer anderen Seite zu schrauben. All das sind kleine Verschwendungen, die sich über viele Prozessstufen aber zu erheblichen Einsparpotenzialen summieren.

Auch die oft als notwendig erachtete *Nacharbeit* sowie die Qualitätssicherung sind Verschwendung. Bauteile müssen ausgeschleust werden. Dies erfordert erheblichen Organisationsaufwand, da Auftragsreihenfolgen geändert, Verzögerungen aufgefangen oder eventuell nicht vollständige Lieferungen bearbeitet werden müssen.

In gewachsenen Strukturen in Werken sind häufig zahlreiche *Teiletransporte* erforderlich, da die Maschinen und Ressourcen nicht in der Bearbeitungsreihenfolge positioniert sind. Unser kostenorientiertes Denken verleitet uns dazu, Teilprozesse isoliert zu optimieren und somit möglichst große Behälter mit viel Inhalt als ideal zu betrachten. Da immer nur transportiert wird, wenn ein Behälter voll ist, erhöhen diese beiden Faktoren in Kombination die Durchlaufzeiten enorm. Werden die Transporte dann noch zentral organisiert und geplant und nicht selbststeuernd aufgebaut, ist die Verschwendung beachtlich.

Auch die *ungenügende Gestaltung von Prozessen*, z. B. von Arbeitsplätzen, ist eine Form der Verschwendung. Ergonomisch ungünstige Arbeitsplätze führen beispielsweise zur Ermüdung der Arbeiter oder zu hohen Fehlerquoten. Die optimale Gestaltung der Arbeitsumgebung ist deshalb zentraler Bestandteil der Lean Production.

Wartezeiten können häufig durch eine geeignetere Gestaltung von technischen Prozessen vermieden werden, indem die Teile besser im Fluss gehalten werden. Beispielsweise könnten mehrere kleine, flexiblere und schnell zu rüstende Maschinen die große Maschine, die noch allein unter dem Aspekt der Ausbringungsmenge und der Stückkosten als ideal betrachtet wurde, ersetzen.

Die augenfälligste Art der Verschwendung sind *Bestände aller Art*. Bestand ist immer ein Symptom für nicht abgestimmte Ressourcen und Prozesse, egal ob das Material in der Produktion steht oder in einem mehr oder weniger organisierten Lager liegt. Das in Beständen gebundene Kapital ist dabei noch der kleinste Teil der Verschwendung. Viel wichtiger sind der in der Produktion verbrauchte Platz und vor allem der Aufwand für die Verwaltung, Steuerung und Kontrolle der wartenden Teile (in Anlehnung an Klevers 2007, S. 15–21).

6.2.4 Kontinuierliche Verbesserung (KVP) und die Mitarbeiter

Ebenfalls im Kern des TPS-Hauses steht die Methode des *Kaizen*. Im Deutschen wird dies mit *kontinuierlicher Verbesserungsprozess (KVP)* übersetzt. Die wichtigste Basis für KVP bildet das Erfahrungswissen der Produktionsmitarbeiter und ihre Einbindung. Durch KVP-Workshops, in denen Produktionsmitarbeiter und Verantwortliche zusammenarbeiten, werden die Prozesse standardisiert und optimiert. Dabei werden die Mitarbeiter darin geschult, Verschwendungen zu erkennen und können bei der Gestaltung ihrer Arbeitsplätze aktiv mitwirken (vgl. Fitsch 2007, S. 115).

Hierfür wird häufig die *5S-Methode* angewandt. Die „5S" stehen für (vgl. Liker/ Meier 2006, S. 64 f.):

1. Sortieren: Aussortieren der nicht benötigten Teile,

2. Setzen/Organisieren: Ordnen und Kennzeichnen der zur Produktion notwendigen Teile und Werkzeuge,

3. Säubern: Reinigen der Arbeitsplätze,

4. Standardisieren: Einführung von Kontrollprozeduren zur Standardisierung der ersten drei S,

5. Selbstdisziplin: Ständige Wiederholung der vorherigen vier S, um die Methode zu verinnerlichen.

Einerseits sollen durch die 5S Verschwendungen durch Unordnung am Arbeitsplatz eliminiert werden. Andererseits ist eine ordentliche und saubere Erscheinung der Produktionseinrichtungen für leistungsorientierte Unternehmen eine Selbstverständlichkeit und wird durch die Anwendung der 5S-Methode sichergestellt (vgl. Takeda 2006, S. 29–40).

Ziel aller KVP-Methoden und Werkzeuge ist die strikte Ausrichtung und Überprüfung aller Aktivitäten und Einrichtungen in der Fabrik am Kundennutzen. Dies schützt vor unproduktiven, nicht wertschöpfenden Aktivitäten innerhalb der Produktion (vgl. Wildemann 1993, S. 4). Durch den kontinuierlichen Verbesserungsprozess werden die definierten Standards immer weiter optimiert (vgl. Shingo 1989, S. 76–82).

■ 6.3 Das Fundament des TPS-Hauses

6.3.1 Heijunka

Heijunka ist der japanische Begriff für „Produktionsnivellierung". Durch eine Nivellierung wird die Gesamtstückzahl jeder Variante und jedes Produkts in Tagesmengen unterteilt, um die Produktionsstückzahlen eines bestimmten Zeitraums (eines Monats oder einer Woche) zu „glätten". Ziel des Heijunka-Grundsatzes ist, dass an der Montagelinie verschiedene Produktvarianten abwechselnd in möglichst kleinen Losen hergestellt werden können.

Eine zusätzliche Glättung der Produktion wird erreicht, wenn man diese Tageslose in weitere Teilmengen zerlegt. So kann jede Variante jeden Tag gefertigt und flexibel auch auf unter Tags eintretende Bestellungen reagiert werden (vgl. Sanz et al. 2007, S. 306).

Ist dies der Fall, so lässt sich die vom Kunden gewünschte Produktvielfalt mit minimalstem Einsatz an Material, Personal und Kapital realisieren (vgl. Takeda 2006, S. 51). Die ideale Losgröße ist hierbei 1. Sie würde eine maximal mögliche Flexibilität der Produktion und minimale Lagerbestände bedeuten.

6.3.2 Stabile und standardisierte Prozesse

Um eine Fließfertigung einführen zu können, sind aus Lean-Sicht drei Grundvoraussetzungen zu erfüllen:

1. Produktion in Taktzeit,

2. Standardisierung der Arbeit,

3. stabile Prozesse.

Produktion in Taktzeit bedeutet, dass die Produktion eines Teils, in dem vom nachgelagerten Prozess (dem Kunden) vorgegebenen Zeitrahmen stattfindet. Die Taktzeit hilft dabei, das Tempo der Montage mit dem Tempo der Nachfrage zu synchronisieren. Der Wert der Taktzeit bildet sich aus dem Quotienten der Kundenanforderung und der verfügbaren Arbeitszeit und wird auch *Kundentakt* genannt. Den Wert, der mit der Taktzeit zu vergleichen ist, stellt die Zykluszeit dar. Diese gibt an, mit welcher Frequenz am Ende eines Prozesses eine fertige Einheit ausgestoßen wird (vgl. Rother/Harris 2006, S. 13 ff.). Jeder Prozess hat somit eine Zykluszeit. Ist die Zykluszeit eines Prozesses kleiner als die Taktzeit, wird an der betroffenen Arbeitsstation überproduziert. Ist die Zykluszeit größer als die Taktzeit, kann die Montage die Kundennachfrage nicht befriedigen.

Das Ziel der Produktionsprozessplanung ist es, die Zykluszeiten jeder Arbeitsstation, die aufgrund der standardisierten Arbeiten bei jedem Zyklus nahezu identisch sein müssen, knapp unter dem Wert der Taktzeit zu planen. Somit wird weder überproduziert noch werden dem Kunden lange Wartezeiten zugemutet (vgl. Rother/Harris 2006, S. 15). In der Praxis schwankt die Kundennachfrage. Deshalb wird in der Produktionsplanung der Kundentakt als „Anhaltspunkt" ermittelt (vgl. Liker/Meier 2006, S. 136 f.). Um eventuelle Schwankungen ausgleichen zu können, müssen sowohl die Prozesse als auch der Personaleinsatz so flexibel gestaltet werden, dass die Zykluszeiten in den Arbeitsstationen an die Taktzeit angepasst werden können (vgl. Takeda 2006, S. 109).

Standardisierung der Arbeit bedeutet, dass die Arbeitsabläufe mittels Arbeitsanweisungen in Form von Standardarbeitsblättern vereinheitlicht werden. Das Besondere ist, dass diese Ablaufbeschreibungen nicht von zentralen Planungsabteilungen, sondern von den Mitarbeitern selbst erstellt werden (vgl. Ohno 1993, S. 47 f.). Dabei ist das Ziel keineswegs die ständige, sekundengenaue Überwachung der Arbeitsausführungen der Mitarbeiter. Vielmehr bildet die immer gleiche Ausführungsweise der Arbeitsschritte die Grundlage für den kontinuierlichen Verbesserungsprozess (vgl. Liker/Meier 2006, S. 111). Denn nur Prozesse, die personen- und werksübergreifend identisch ausgeführt werden, können im nächsten Schritt auch im selben Ausmaß verbessert werden. Deshalb ist eine Standardisierung in der Produktion der Dreh- und Angelpunkt einer „schlanken Produktion" (vgl. Takeda 2006, S. 137).

Die Bedeutung der Standardisierung lässt sich besonders gut durch eine Anekdote vermitteln. Die New Yorker U-Bahn in den 1980er-Jahren war alles andere als ein sicherer Ort. Die U-Bahnen waren verwahrlost und die Verbrechens- und Mordrate extrem hoch. Ein erster Ansatz hätte sein können, die Polizeipräsenz massiv zu erhöhen, um von Verbrechen abzuschrecken. Es ist aber unmöglich, das weitläufige Streckennetz von New York 24 Stunden am Tag, an sieben Tagen in der Woche, zu überwachen und mit Polizei zu besetzen. Der Ansatz zur Lösung war ein ganz anderer. Es wurde darauf geachtet, dass die U-Bahnen in einem hervorragenden Zustand waren. Graffities wurden täglich entfernt, Sitze repariert usw. Eine weitere Maßnahme war das massive Vorgehen gegen Schwarzfahrer. Durch diese beiden, zunächst angesichts der massiven Verbrechen, absurd anmutenden Maßnahmen, konnte die Verbrechensrate in kurzer Zeit dramatisch gesenkt werden. Warum?

Die Antwort ist wohl irgendwo in der Psychologie der Menschen zu suchen. „Wenn alles sauber ist und sogar ein Kavaliersdelikt wie Schwarzfahren so konsequent geahndet wird, dann wird man hier wohl auch niemanden umbringen dürfen." Unser Umfeld beeinflusst massiv unsere Grundeinstellung und unser Handeln.

Auf einer ganz ähnlichen Idee fußen viele der Lean-Gedanken wie 5S (Ordnung und Sauberkeit) und die Visualisierung. Eine saubere und aufgeräumte Arbeitsumgebung hat erheblichen Einfluss auf die Produktqualität. Ein weiterer Schluss aus der Anekdote ist, dass man Standards dort setzen soll, wo man die Umsetzung kontrollieren kann. Es ist unmöglich, jeden Zug der New Yorker U-Bahn zu kontrollieren, aber die Sauberkeit beim Verlassen der Depots und punktuelle Schwarzfahrerkontrollen sind möglich. Ähnlich ist es in der Produktion. Es ist unmöglich, alle Prozesse zu überwachen, ob diese eingehalten werden. Aber Ordnung und Sauberkeit mit punktuellen Durchgängen sicherzustellen, ist möglich.

Die Entwicklung *stabiler Prozesse* ist eine weitere Grundvoraussetzung für die Implementierung einer kontinuierlichen Fließfertigung mit Einzelstückfluss in der Produktion. „Stabilität" bedeutet die Fähigkeit eines Prozesses, konstant die geforderte Ausbringungsmenge zu produzieren. Die Instabilität eines Prozesses ist zumeist auf eine der folgenden Ursachen zurückzuführen:

- Die Betriebsmittel sind nicht konstant auf dem erforderlichen Leistungsniveau einsatzbereit oder verursachen Fehler.
- Es werden regelmäßig Fehler produziert, die zu Nacharbeit führen.
- Die Prozesse sind nicht standardisiert und weisen je nach Mitarbeiter unterschiedliche Verrichtungsweisen und Prozesszeiten auf.

Die Lean-Methoden schaffen stabile Prozesse, hauptsächlich durch die Eliminierung der Verschwendung (vgl. Takeda 2006, S. 56–79).

6.3.3 Visuelles Management

Die Methoden des visuellen Managements sind Werkzeuge, um Transparenz in der Produktion zu schaffen. Durch das Aufzeigen von Differenzen zwischen Ist- und Sollniveau von Kennzahlen bzw. von Problemen und Störungen in der Produktion sollen Kaizen-Maßnahmen schnell und dezentral entwickelt und umgesetzt werden (vgl. Takeda 2006, S. 58–61). Um allen Mitarbeitern der Produktion und des Managements dieselbe Informationsbasis zur Verfügung zu stellen, ist ein Kennzahlensystem wichtig. Dieses gibt ständig Auskunft über den aktuellen Status der Produktivität sowie über aufgetretene Störungen oder Probleme.

■ 6.4 Die Säulen des TPS-Hauses

6.4.1 Just-in-time (JIT)

JIT bedeutet, dass in einem Fließverfahren die Teile, die zur Montage benötigt werden, zur rechten Zeit und nur in der benötigten Menge am Arbeitsplatz ankommen (vgl. Ohno 1993, S. 30).

Um diesen Grundsatz erfüllen zu können, verwendet Toyota zwei Instrumente:

1. Einzelstückfluss in einer kontinuierlichen Fließfertigung,

2. Kanban-Bestandssteuerung.

Der *Einzelstückfluss* ist nach *Takeda* der Ausgangspunkt eines „schlanken" Produktionssystems. Da der Kunde am Produktionsausgang in der Regel nur ein Stück mit bestimmten Spezifikationen kauft, muss der Einzelstückfluss (häufig auch One-Piece-Flow) integriert werden. Voraussetzung für den Einzelstückfluss ist eine Standardisierung der Arbeitsabläufe und die Austaktung der Zykluszeiten an allen Arbeitsstationen. Im Idealzustand wird jedes Produkt einzeln gefertigt, transportiert und weitergegeben. Realisiert wird der Einzelstückfluss durch den Aufbau einer kontinuierlichen Fließfertigung, d. h., die Montagestationen werden in der Reihenfolge der Arbeitsabläufe angeordnet (vgl. Takeda 2006, S. 55 f.).

Die *Kanban-Bestandssteuerung* ist ein aus dem Toyota-Produktionssystem entstandenes System zur Materialdisposition, das die in einer Produktion befindliche Bestandsmenge nach oben hin begrenzt. Ziel ist eine Produktion auf Abruf (Just-in-time-Produktion), um den Bestand so gering wie möglich zu halten und trotzdem einen hohen Grad der Liefertreue zu gewährleisten (vgl. Zaepfel 1989, S. 228). Ursprung des Kanban-Systems ist eine Überlegung von *Ohno*, der sich den Materialtransfer in umgekehrter Richtung vorstellte:

> „Ein nachgelagerter Arbeitsgang entnimmt bei einem vorgelagerten nur das gerade benötigte Teil in der benötigten Menge und zum benötigten Zeitpunkt. Wäre es in diesem Fall nicht logisch, wenn der vorgelagerte Arbeitsgang nur die entnommene Menge des Teils herstellen würde? Was die Kommunikation zwischen den zahlreichen Arbeitsgängen betrifft, würde es nicht ausreichen, eindeutig zu bezeichnen, was in welcher Menge benötigt würde? Wir wollen dieses Mittel der Bezeichnung kanban (Schildchen) nennen und es zwischen den einzelnen Arbeitsgängen zirkulieren lassen, um die Produktionsmenge zu kontrollieren – d. h. die benötigte Menge. Dies war der Anfang der Idee." (Ohno 1993, S. 31 f.).

Kanban wird häufig als das Herzstück des TPS bezeichnet. Es ist das Instrument, mit dessen Hilfe das TPS reibungslos funktioniert. Hier liegt der zentrale Unterschied zum zentralen, alles prognostizierenden Planungs- und Steuerungsvorgehen in der Welt der Massenproduktion. Da kein entsprechendes Instrument existiert, muss in der Massenproduktionswelt die fehlende Information durch Bestand ersetzt werden.

Shingo beschreibt *Ohnos* Idee mit dem Bild eines Supermarkts:

Ein Verbraucher entnimmt aus dem Regal eine Ware bestimmter Spezifikation und Menge, die Lücke wird bemerkt und wieder befüllt. Um dieses Supermarktsystem zu realisieren, wird für jedes mit Kanban disponierte Teil ein bestimmter Bestand festgelegt (in der Praxis eine gewisse Anzahl an Behältern). Gleichzeitig wird eine Standardlosgröße definiert, die in der Regel einem Behälterinhalt entspricht (vgl. Zaepfel 1989, S. 228 f.). Jeder Behälter wird mit einem Kanban-Kärtchen als Informationsträger ausgestattet. Wird vom nachgelagerten Prozess (Senke) eine Standardlosgröße an Teilen (z. B. ein Behälter) aus dem definierten Bestand des Pufferlagers (Supermarkt) verbraucht, so wird das Kanban-Kärtchen vom Behälter abgetrennt und an den vorgelagerten Prozess (Quelle) als Produktionsauftrag übergeben. Dieser produziert exakt die Standardlosgröße an Teilen und stattet den vollen Behälter mit der Kanban-Karte aus. Der volle Behälter wird anschließend wieder im Supermarkt eingelagert. Somit wird die Lücke, die durch den Verbrauch der Teile des nachgelagerten Prozesses entstand, ohne eine zentrale Bestandssteuerung wieder gefüllt. Dadurch entsteht ein „Pull"-Kreislauf. „Pull" steht hierbei für „ziehende" Produktion. Jeder Prozess „zieht" aus dem vorgelagerten Arbeitsschritt durch den Verbrauch eines Teils und die Rückführung der Kanban-Karte ein weiteres Teil oder eine Losgröße (vgl. Shingo 1989, S. 178–189).

Eine Produktionssteuerung mit Kanban-Kreisläufen ist somit eine effektive Art, Überproduktion zu verhindern, da die Anzahl an Kanban-Karten im Kreislauf die Bestandsmenge verbrauchsorientiert reguliert (vgl. Takeda 2006, S. 191).

6.4.2 Jidoka

Ein weiterer Vorteil einer Fließfertigung ist „Jidoka" oder zu deutsch – die „Kultur des Anhaltens". Um den Grundgedanken hinter diesem Prinzip zu verstehen, hilft ein Blick in die Historie von Toyota. Zu Beginn der Firmengeschichte hat Toyota Webstühle hergestellt und hier erheblich Fortschritte in der Automatisierung erzielt, die Maschinen wurden immer schneller. Hatte eine Maschine einen Fehler, ist beispielsweise ein Faden gerissen, so hat eine Maschine viele Meter Ausschuss produziert, bis ein Mitarbeiter den Fehler bemerkt und die Maschine gestoppt hat. Dies hat dazu geführt, dass viele Menschen eingesetzt werden mussten, um die Maschinen zu überwachen. Was wiederum einen großen Teil der Effizienzgewinne durch die Automatisierung ad absurdum geführt hat. Die Lösung war Jidoka. Die Maschinen mussten lernen, selbst Fehler zu erkennen und dann anzuhalten, dies wird als Autonomation bezeichnet.

Auch die Fließfertigung leistet hier einen wichtigen Beitrag. Tritt bei einem Prozess ein Problem auf, so ist der betroffene Mitarbeiter gezwungen, dieses Problem sofort zu lösen. Da die dem fehlerhaften Prozess vorgelagerten Arbeitsstationen die montierten Einheiten nicht im Einzelstückfluss weitergeben können, ist der Fluss so lange unterbrochen, bis das Problem gelöst ist. Je nach Schwierigkeit des Problems, müssen die Mitarbeiter zusammenarbeiten, um eine Lösung zu finden (vgl. Liker/Meier 2006, S. 81). Durch diese „Kultur des Anhaltens" wird das wiederholte Auftreten eines Fehlers unterbunden und möglichen Qualitätsmängeln der Endprodukte durch Montagefehler vorgebeugt. Ein großer Vorteil sind die wesentlich kürzeren Qualitätsregelkreise. Fehler werden früher entdeckt, und der Aufwand für die Qualitätssicherung kann reduziert werden.

Gerade der Umstand, dass durch den Einzelstückfluss mehrere Arbeitsstationen vom Produktionsstopp betroffen sind, läuft der Denkweise der Massenproduktion, bei der ja Einzelscheiben zu 100 % ausgelastet werden sollen, diametral entgegen. Entsprechend führt dieser Punkt bei der Einführung von Lean auch mit zu den heftigsten Diskussionen und Widerständen.

■ 6.5 Kritik am TPS

1. Die Wissensvermittlung bei Toyota läuft sehr stark implizit, durch jahrelanges Training und „Sozialisierung" in der Toyota-Unternehmenskultur, ab. Es finden sich nur sehr wenige formalisierte Dokumente. Das beschriebene TPS-Haus umfasst nur einen Bruchteil des Gesamtsystems. Dies erschwert die übersichtliche Sammlung und Darstellung des Wissens und den Wissenstransfer enorm.

2. Lean Production ist aus der Praxis heraus entstanden. Aus wissenschaftstheoretischer Sicht, ist Lean als eine *Phänomenologie* anzusehen. Es wurde bei bestimmten Maßnahmen eine gewisse empirische Regelmäßigkeit beobachtet und weitergeführt, ohne eine erkennbare zugehörige *Theorie*, die das „Warum" erklärt. Eigentlich wäre der Ansatz: „Mach es einfach so, weil es funktioniert", völlig ausreichend. Allerdings zeigt die Erfahrung aus zahlreichen Beratungsprojekten, dass wir uns augenscheinlich schwer damit abfinden können. Wir wollen das „Warum" verstehen, bevor wir etwas im Unternehmen umsetzen.

3. Eine weitere Beobachtung ist, dass das Toyota-Produktionssystem in den letzten Jahren bereits zahlreiche Anpassungen erfahren hat. Viele Unternehmen entwickelten ihre eigenen xxx-Produktionssysteme. Bei näherer Betrachtung sind diese jedoch meist unvollständig und/oder nicht ganz korrekt. Es werden unterschiedliche Dinge, wie Methoden und Prinzipien durcheinandergeworfen oder nicht Lean kompatible Methoden und Kennzahlen kombiniert. Dies treibt häufig

„seltsame Blüten" unter der Formulierung: „Das Beste aus zwei Welten kombinieren". Offenbar besteht ein gewisser Anpassungsbedarf, der nur durch das TPS erschwert ist, da das TPS natürlich von Toyota nie für andere Unternehmen gedacht war. Unseres Wissens existiert kein Lean-Referenzproduktionssystem, das von den Unternehmen als Vorlage oder „Blaupause" genutzt werden könnte.

7 Lean Factory Design und das Landshuter Produktionssystem

Wieso ist ein neues, ganzheitliches Optimierungskonzept für Prozesse, welches das TPS weiterentwickelt notwendig?

Wie eingangs bereits erwähnt, haben wir es uns zur Aufgabe gemacht, Unternehmen dabei zu unterstützen, in einem Hochlohnland wie Deutschland weiterhin wettbewerbsfähig produzieren zu können. Hierzu sind effektive und effiziente Prozesse in der Produktion und Logistikversorgung ein wichtiger Schlüssel.

Lean ist unserer Meinung nach, der aktuell beste Ansatz zur Optimierung einer Produktion. Leider liegt das relevante Lean-Wissen jedoch nur unvollständig und in weitgehend unstrukturierter Form vor. Ein neues Optimierungskonzept sollte folglich einen *Ordnungsrahmen* enthalten, der das TPS-Haus erweitert, damit sämtliche relevanten Wissensbereiche strukturiert und integriert werden können.

Das Optimierungskonzept sollte als *Referenzmodell* dienen. Es soll den Unternehmen helfen, den Aufwand für die Erarbeitung des notwendigen Lean-Wissens zu reduzieren und die Lean-Transformation zu beschleunigen. Natürlich müssen die Bausteine nach wie vor individuell an jedes Unternehmen angepasst werden, aber zumindest muss das „Rad nicht jedes Mal wieder neu erfunden werden".

In dem Referenzmodell sollte möglichst das *gesamte verfügbare Lean-Wissen* in Form von Prinzipien, Modellen, Checklisten, Vorgehensmodellen und Methodensammlungen zusammengeführt und nutzbar gemacht werden.

Der größte Gestaltungsspielraum für die Produktion und Logistik liegt in der *Planungsphase, also vor SOP (Start-of-Production)*. Das meiste vorhandene Wissen in der akademischen Fachwelt bezieht sich jedoch auf den Kundenauftragsabwicklungsprozess (KAP). Da hier aber bereits alle Ressourcen beschafft und positioniert sind und sämtliche Prozesse bereits laufen, ist der Optimierungsspielraum bei erheblichen Umsetzungskosten relativ gering.

Dem trägt das Konzept des Product Life Cycle Managements (PLM) Rechnung. Ca. 70 – 80 % der Produktkosten werden während der Entwicklungsphase festgelegt, entstehen dann aber erst während des KAP. Mit PLM steht den Unternehmen ein umfassendes Konzept zur Optimierung der Produktentwicklung zur Verfügung.

Der Fokus liegt aber auf der Entwicklung des Produkts. Die den Produktentwicklungsprozess begleitende Planung und Gestaltung der notwendigen Ressourcen und Prozesse für Produktion und Logistik wird im PLM nur am Rande betrachtet. Bei besagtem Optimierungskonzept sollte hingegen die *Planung und Gestaltung der Fabrikstrukturen, Ressourcen und der Prozesse vor SOP* in den Mittelpunkt rücken. Analog zur Produktentwicklung, werden auch in der Prozessgestaltungsphase 70 – 80 % der späteren Prozesskosten festgelegt. Dieser Hebel sollte systematisch genutzt werden.

Weiterhin sollte eine Prozessplanung *ganzheitlich und interdisziplinär* nach Lean-Kriterien durchgeführt werden. Die heute in den Unternehmen, wie auch in der akademischen Welt vorhandene weitgehende Trennung in die verschiedenen Disziplinen Produktion, Logistik, Fabrikplanung und IT-Systeme behindert die Gestaltung optimaler Prozesse erheblich. Nur wenn der Material- und der Informationsfluss optimal ineinandergreifen und die Ressourcen und Technologien prozessorientiert ausgewählt und positioniert werden, kann ein optimaler Prozessablauf erreicht werden. Keine der genannten Disziplinen kann alle notwendigen Parameter allein beeinflussen.

Der Planungsprozess selbst läuft in den meisten Unternehmen, insbesondere unter Beteiligung verschiedener Abteilungen, weitgehend unstrukturiert ab. Die Planungen dauern meist sehr lange, da keine Vorgehensmodelle vorhanden sind und nicht auf systematische Vorarbeiten zurückgegriffen werden kann. Ein *Planungssystem* strukturiert einzelne Elemente und Methoden der Planung zu einem Gesamtsystem und erhöht die Qualität der Planungsergebnisse. Durch systematische Vorarbeit wird der Planungsprozess erheblich beschleunigt.

Einen wichtigen Baustein in dem zu erarbeitenden Planungssystem stellt die Fabrikplanung dar, da hier die Werksstrukturen langfristig festgelegt werden und diese erheblichen Einfluss auf die Kostenstrukturen der Prozesse haben. Ein neues Optimierungskonzept sollte ein *Lean-kompatibles Fabrikplanungsmodell* enthalten.

Klassische Fabrikplanungsmodelle fokussieren eher auf die Planung der Gebäude selbst als auf die Prozessabläufe innerhalb der Gebäude. Die Prozessplanungsmethoden, die eingesetzt werden, laufen zumindest teilweise dem Lean-Gedanken entgegen. Als Beispiel sei auf die Phase der Funktionsbestimmung sowie auf die Fokussierung auf die Investitionskosten und den Auslastungsgrad der Ressourcen verwiesen. Diese teilweise hundert Jahre alten Denkstrukturen führen unsere Planer systematisch zu einer Werkstattfertigung.

REFA setzt zur Ableitung eines Produktionsprozesses das „strukturierte Stücklistenprinzip" ein. Dies führt systematisch zu Baugruppenstrukturen. Diese erhöhen die Komplexität des Gesamtsystems, den Steuerungsaufwand und erhöhen die Durchlaufzeit des Endproduktes drastisch. Dies widerspricht dem Ziel einer Lean Production diametral.

Last but not least sei noch auf den Aspekt der Führung verwiesen. Dieses Thema wurde während der ersten Lean-Wellen vollkommen ausgeblendet. *Gute Führung ist jedoch der zentralste Faktor für den Erfolg* eines Unternehmens oder eines großen Projektes, wie beispielsweise einer Lean-Transformation. Der Ausgangspunkt der Überlegungen ist, dass sehr viele Unternehmen im produzierenden Bereich mit sehr ähnlichen Problemen und Herausforderungen zu kämpfen haben. Wenn man mit der 5W-Methode hinter die augenscheinlich auftretenden Symptome blickt, ergibt sich ein gemeinsames Muster.

Auch wenn die Führungskräfte es nicht gern zugeben, es herrscht ein mehr oder weniger großes Chaos in den meisten Unternehmen. Bedingt durch die massiv gestiegene Komplexität und unsere funktionale Abteilungsstruktur überblickt keiner mehr die Zusammenhänge zur Gänze. Kommt es vor, dass Sie ab und an nach dem Prinzip „Try and Error" entscheiden, schlicht, weil Sie nicht wissen, welcher Weg der richtige ist?

Die Komplexität des Umfeldes führt zu einer gewissen *Unsicherheit* in der Entscheidungsfindung. Von einer Führungskraft wird aber verlangt, dass sie – möglichst richtige – Entscheidungen trifft. Erscheint Ihnen aber nicht manchmal sowohl die eine als auch die andere Möglichkeit als durchaus logisch? Es macht Unternehmen häufig zu schaffen, dass sie bei manchen Problemen nicht wissen, wo Sie starten sollen oder dass die Entscheidungsfindung im Team nicht vorankommt. Hatten Sie schon Probleme bei deren Lösung sich ihr Team wochen- oder monatelang „im Kreis gedreht" hat?

Als Konsequenz aus der empfundenen Unsicherheit wird der Fokus oftmals auf Teilbereiche gelegt. Hier fühlt man sich wohler. Wenigstens über diesen Teilbereich glaubt man den Überblick zu haben und entscheiden zu können. Fatalerweise verlangen aber gerade komplexe Systeme eine ganzheitliche Betrachtung, um richtige Entscheidungen zu treffen und an den „richtigen Schrauben" zu drehen.

Es entsteht ein *Teufelskreis aus wachsender Komplexität, die die Unsicherheit* erhöht. Der vermeintliche Ausweg der Fokussierung auf Teilbereiche, führt zu einer schlechten Entscheidungsqualität. Die negativen Erfahrungen erhöhen wiederum die Unsicherheit der Führungskräfte.

Prinzipienbasiert Entscheidungen zu treffen, ist der erfolgversprechendste Weg in einem Umfeld voller Unsicherheit. Um die Unsicherheit zu reduzieren, ist es notwendig die *Komplexität zu reduzieren* und *durch geeignete Systemgestaltung* beherrschbar zu machen. Ein umfassendes Optimierungskonzept sollte also zwingend ein kompatibles *Führungssystem* beinhalten.

Sowohl die Forschung als auch die Praxiserfahrung bei der Planung zeigen somit einen erheblichen Bedarf für ein interdisziplinäres, ganzheitliches, Lean-orientiertes Optimierungskonzept.

Prof. Dr. Markus Schneider hat in den letzten zehn Jahren unter dem Namen „Lean Factory Design" ein derartiges Konzept aufgebaut, das die im vorigen genannten Punkte weitestgehend abdeckt und zu einem konsistenten Gesamtkonzept zusammenführt.

„Lean Factory Design" (LFD)

- Lean: Den Ordnungsrahmen für LFD bildet das „Landshuter Produktionssystem (LPS)". Hier werden ca. *100 Lean-Prinzipien* und die notwendigen Methoden systematisch und in sich schlüssig aufeinander aufgebaut. Dies ist die Basis für ein Wissensmanagement und dient den Planern und Entscheidern als „Leitplanke" bei ihrem Handeln. Lean betont insbesondere die Wichtigkeit *guter Führung* als wichtigstem Erfolgsfaktor für ein Unternehmen.

- Factory: Das Konzept LFD betrachtet immer *eine komplette Fabrik* vom Wareneingang bis Warenausgang mit allen ablaufenden Wertströmen für Kundenprodukte. Diese werden ganzheitlich aus den drei *Dimensionen Mensch, Prozess und Technik* beleuchtet.

  Das Konzept ist bewusst interdisziplinär gestaltet und hilft vielfach vorhandene *Zielkonflikte* zwischen Produktion und Logistik, aber auch Einkauf, technischer Entwicklung, IT und vor allem dem Controlling aufzulösen und die gesamte Fabrik „in eine Richtung" zu entwickeln. Es wird insbesondere Wert auf die Vermittlung eines *Systemverständnisses* gelegt.

- Design: Der Begriff „Design" steht dafür, dass LFD den *gesamten Lebenszyklus* einer Fabrik umfasst und ganz bewusst auf die Phase der Gestaltung und Planung VOR Start-of-Production fokussiert. Hier können 70 – 80 % der späteren Kosten bei vergleichsweise geringem Aufwand beeinflusst werden. „Design" steht auch für ein „bewusstes Gestalten" des Systems. Dies setzt das Wissen um die *richtigen Stellhebel* voraus, die häufig nur indirekt in einem Gesamtsystem wirken. Ein Fokus liegt auf dem Thema der *Komplexitätsreduzierung* durch entsprechende Systemgestaltung.

Den Ausgangspunkt der Optimierungen bildet der *Materialfluss*. Es soll eine integrierte Planung von Produkt, Prozess, Ressource (Fabrikstrukturen) und Lenkung (Informationsfluss) nach Lean-Kriterien erreicht werden. Mit dem zentralen Ziel, eine hohe Termintreue zu erreichen, fokussiert LFD auf die Steuerbarkeit des Produktionssystems. LFD wird als eine Ergänzung zum Product Lifecycle Managements (PLM) gesehen, das den Fokus auf Fabrikstrukturen, Ressourcen und vor allem die Prozesse legt. Diese werden ganzheitlich von der Planungsphase bis zum KAP nach Lean-Kriterien geplant.

LFD stellt die Sammlung der Lean-Erfahrung des Teams um Prof. Dr. Schneider eines Jahrzehnts dar. In das gesammelte Wissen sind neben 170 Praxisprojekten und der Erfahrung aus hunderten von Schulungen mit über 4500 Teilnehmern, auch die Ergebnisse einer Reihe von Dissertationen eingeflossen.

Den Ordnungsrahmen zur Strukturierung dieses Wissens bildet, in Analogie zum Toyota Produktionssystem, das Landshuter Produktionssystem (LPS): CLean Production – Lean & Clean.

■ 7.1 Der Ordnungsrahmen – Das Landshuter Produktionssystem (LPS): CLean Production – Lean & Clean

Das LPS dient als Gerüst für die systematische Wissensvermittlung. Auf dem LPS bauen drei Vorlesungen an der Hochschule Landshut und ein umfangreiches Lean-Weiterbildungs- und Beratungsprogramm auf, das Sie unter *www.pull-beratung.de* abrufen können.

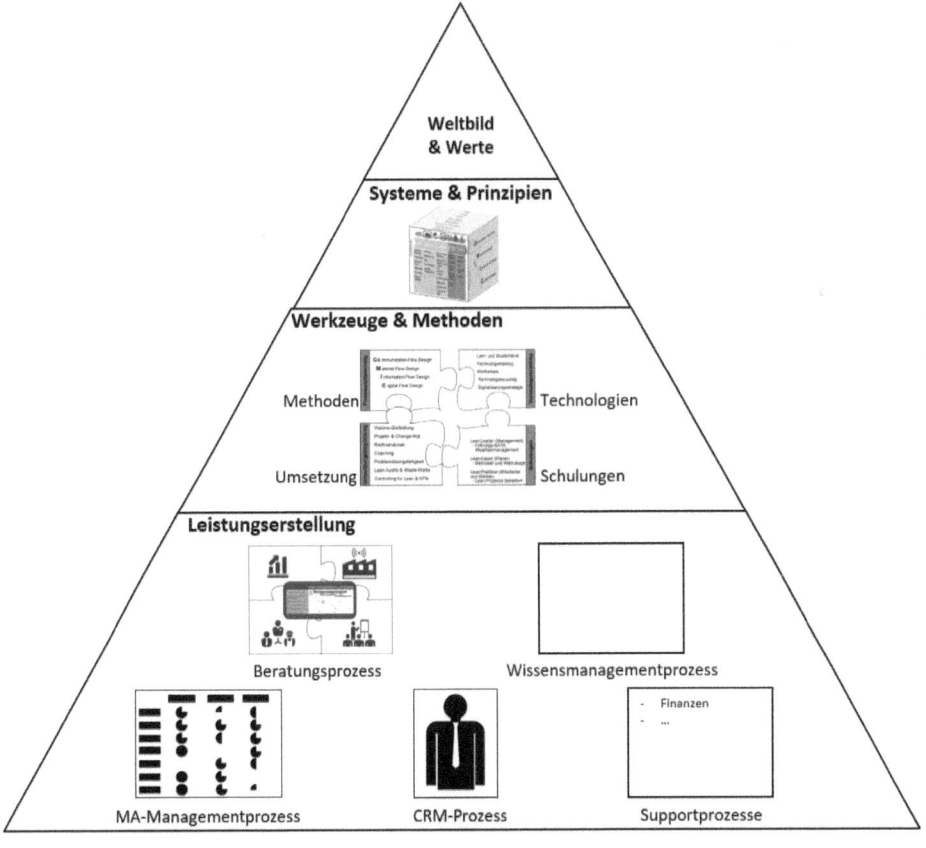

Bild 7.1 Das Landshuter Produktionssystem (LPS): CLean Production – Lean & Clean

Ein Produktionssystem beschreibt, WIE produziert werden soll und baut Prinzipien und Methoden systematisch aufeinander auf, sodass sich diese gegenseitig verstärken. Die Teile des Systems sind so auszugestalten, dass sie eindeutige und widerspruchsfreie Signale in Richtung einer leistungs- und kundenorientierten Produktion aussenden (Spath 2003, S. 13).

Das LPS in Bild 7.1 ist in vier Ebenen gegliedert: Weltbild & Werte, Systeme und Prinzipien, Werkzeuge und Methoden und die Ebene der Leistungserstellung. Ausgangspunkt aller Überlegungen im LPS bildet eine Orientierung an den Grundsätzen des systemischen Denkens, die dem *systemisch-evolutionären Weltbild* entspringen. Diese Ebene ermöglicht immer wieder, das gesamte Produktionssystem, auch die nicht formalisierbaren Bereiche, auf Konsistenz zu überprüfen. Das Denken und Handeln der Mitarbeiter sollen sich auch an *Werten* der Unternehmensführung orientieren. Hiermit sind weniger ethisch-moralische Werte gemeint, sondern eher ein gemeinsames Verständnis als Basis für dezentrale Handlungen und eine Entscheidungsfindung.

Ein weiterer wichtiger Teil eines Produktionssystems sind die *Prinzipien*, die in Form eines *Gestaltungs- und Handlungssystems* strukturiert werden. Prinzipien sind verdichtete Handlungsanweisungen und Leitsätze und dienen als Orientierung bei der Anwendung von Methoden. Die Prinzipien werden innerhalb des LPS ganz bewusst nicht als „Haus" (wie im TPS), sondern als *Prinzipienwürfel* dargestellt. Dies ermöglicht die Betrachtung eines Systems (hier: einer Produktion) aus mehreren Perspektiven. Somit können beispielsweise die Prinzipien aus einer handlungsorientierten und einer gestaltungsorientierten Sicht als unterschiedliche Perspektiven auf ein- und dasselbe Gestaltungsproblem einer Fabrik visualisiert werden. Als übergeordnete Ebene enthält LFD eine Beschreibung eines Lean-Systems in Form von acht systemischen Grundprinzipien (in Bild 7.2 die obere Seite des Würfels).

Ein umfassendes *Gestaltungssystem*, das dem Planer in Form von über 100 Prinzipien auf Praxiserfahrungen basierte Gestaltungsrichtlinien für ein Lean-konformes Gesamtsystem an die Hand gibt, dient als Wissensspeicher (vgl. Bild 7.2). Diese Prinzipiensammlung deckt die komplette interne Wertschöpfungskette vom Arbeitsplatz über den Produktionsbereich, von der internen Logistik bis zum Lieferanten und den gegenläufigen Informationsfluss ab.

Das Handlungssystem wird in die Teilbereiche Führung und Planung unterteilt. Das *„Führungssystem DATE"* schafft mithilfe eines eigens entwickelten Führungsmodells ein gemeinsames Rollenverständnis der Führungskräfte. Die integrierte Lean-Führungsmethode KATA gibt ein wichtiges Führungshilfsmittel an die Hand.

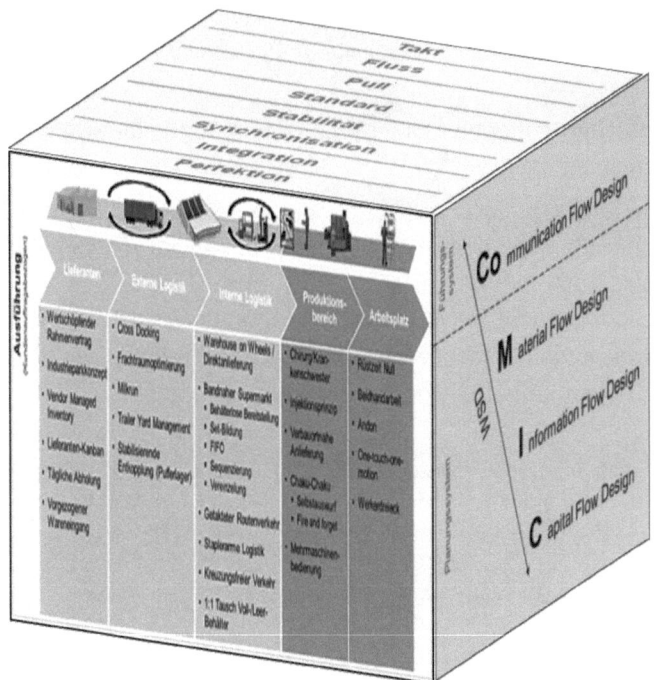

Bild 7.2 Der Prinzipienwürfel visualisiert die Bausteine Lean-Systembeschreibung, Gestaltungs- und Handlungssystem

Das „*Planungssystem CoMIC*" bietet den Planern ein umfassendes und konsistentes Vorgehensmodell für die Planungsphase vor SOP. Es zeigt auf, welche Vorleistungen bereits vor Eintreten eines konkreten Planungsfalls geleistet werden können und somit den Planungszeitraum später erheblich reduzieren. Es werden wichtige Planungsphasen aufgezeigt, um keine wichtigen Hebel einer Systemgestaltung ungenutzt zu lassen. Alle Planungsphasen nutzen als koordinierendes Element das Wertstromdesign. Dies unterscheidet CoMIC von allen anderen uns bekannten Planungssystemen und stellt eine zentrale Neuerung dar.

Die Ebene der Werkzeuge & Methoden wird in die Dimensionen Prozess, Technik, Mensch und Umsetzung untergliedert. In der Dimension Prozess werden über *20 Lean-kompatible Methoden* und Werkzeuge/Softwaresysteme beschrieben. Dies umfasst wichtige Führungsmethoden, wie KATA oder Kennzahlensysteme. Das Kernelement der Planungsmethoden bildet neben dem Wertstromdesign ein eigens weiterentwickeltes softwarebasiertes *Fabrikplanungsverfahren*, das Lean-kompatibel ist.

Zur Unterstützung der prozessorientierten Technologieauswahl bietet LFD einen *Technologiekatalog mit über 240 Technologien* rund um die Produktionslogistik (Dimension Technik). Dieser Bereich ist aktuell sehr stark durch die Begriffe Industrie 4.0, IIoT und Digitalisierung geprägt.

In der Dimension Mensch werden zur effizienten Vermittlung des Lean-Wissens *15 Trainingsmodule* und *sieben verschiedene Planspiele* rund um das Thema Lean zur Verfügung gestellt.

Die Dimension Umsetzung beinhaltet ergänzende Methoden wie ein professionelles Projektmanagement.

Auf der Ebene der *Leistungserstellung* werden die Kern- und Supportprozesse des jeweiligen Unternehmens in Form von Prozessmodellen (beispielsweise in Form von EPKs oder BPMN 2.0) beschrieben. Diese sind Unternehmens-spezifisch, lassen sich jedoch allgemein mit Begriffen wie Produktions-, Wissensmanagement-, Mitarbeitermanagement- oder CRM-Prozess umschreiben. Die Leistungserstellungsebene ist nicht mehr Teil von „Lean Factory Design".

Das „Landshuter Produktionssystem (LPS): CLean Production – Lean & Clean" (LPS) ist ein Ordnungsrahmen, der Werte, Prinzipien und Methoden systematisch aufeinander aufbaut. Es ist ein Referenzproduktionssystem, das auf verschiedene Branchen angewendet werden kann und dient als Gerüst für ein systematisches Wissensmanagement.

■ 7.2 Das interdisziplinäre Optimierungskonzept – Lean Factory Design

„Lean Factory Design" (LFD) nutzt das Landshuter Produktionssystem (LPS) als Ordnungsrahmen und befüllt diesen mit Lean-kompatiblen, konsistenten Inhalten (Bild 7.3). Dabei umfasst LFD die weitestgehend allgemeingültigen und übertragbaren Bereiche eines Produktionssystems, welche natürlich immer Unternehmensspezifisch zu ergänzen sind. Somit kann LFD als Referenzsystem für Unternehmen dienen, die sich daran als „Blaupause" für Ihr eigenes Produktionssystem orientieren können. Im Weiteren werden die Inhalte von LFD gegliedert nach den verschiedenen Ebenen des LPS vorgestellt.

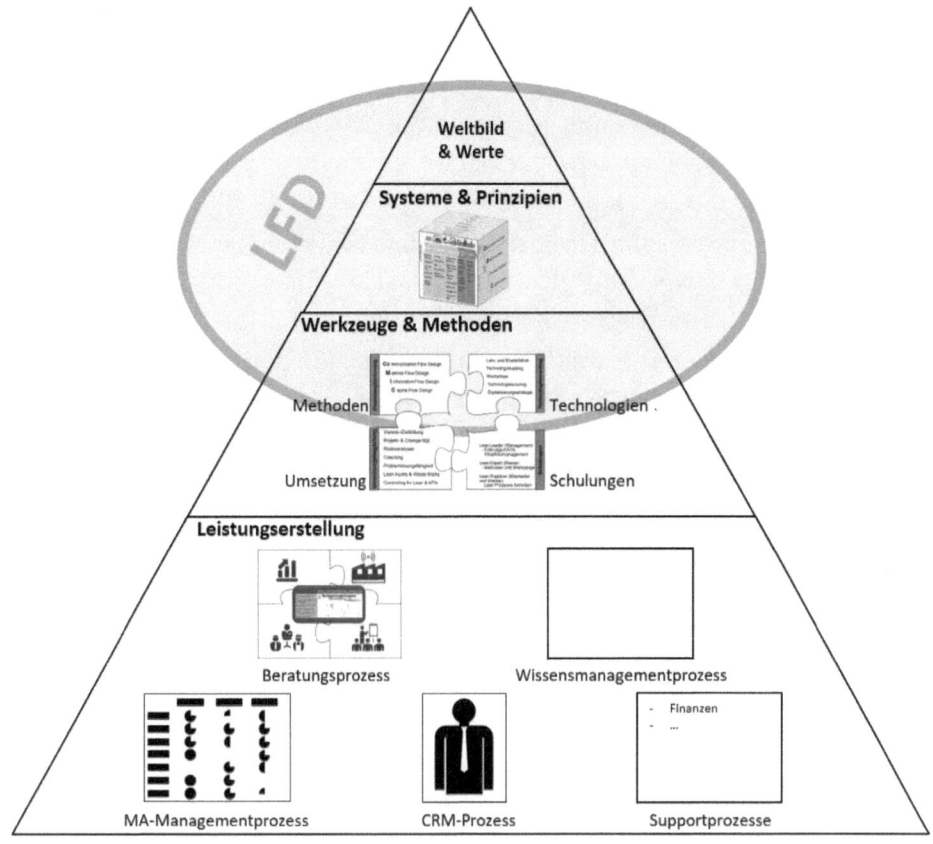

Bild 7.3 Lean Factory Design (LFD) nutzt das LPS als Rahmen und dient als Referenzmodell für die Lean-Produktionssysteme anderer Unternehmen

■ 7.3 Weltbild & Werte – die Basis für gemeinsame Ziele

Im Rahmen von LFD verstehen wir unter einem Unternehmen *ein adaptives System aus Menschen mit einem gemeinsamen Ziel*. Diese Definition ist wichtig, um die Bedeutung der im Folgenden beschriebenen Elemente richtig einordnen zu können.

7.3.1 Das systemisch-evolutionäre Weltbild

Der vermutlich grundlegendste Unterschied des LPS und der Lean-Philosophie zur Massenproduktion ist das dahinterliegende Weltbild. Die Basis für die Denkweise des LPS bildet das systemisch-evolutionäre Weltbild. Das Vorbild ist ein Organismus.

Lean entspricht im Wesentlichen eher den Grundideen des systemisch-evolutionären Managements. Das Weltbild der Massenproduktion ist das konstruktivistisch-technomorphe Weltbild. Das Vorbild ist die *Maschine*.

Das systemisch-evolutionäre Weltbild geht grundsätzlich davon aus, dass eine Regelung im Detail bei komplexen Systemen nicht möglich ist. Somit muss auch ein zentraler, prognoseorientierter Lenkungsansatz in Unternehmen ab einem gewissen Komplexitätsgrad scheitern. Das systemisch-evolutionäre Weltbild erkennt deshalb eine unvollständige Informationsbasis als Regelfall an. Es steht nicht die Beherrschung, sondern die Reduzierung von Komplexität im Vordergrund, wie dies auch bei Lean der Fall ist.

Taleb treibt diesen Gedanken noch weiter. Er ist einer der härtesten Kritiker der Wirtschaftswissenschaften und der entscheidungsorientierten BWL. Komplexe Systeme stecken voller Nicht-Linearitäten und schwer auszumachender Wechselwirkungen, die ihm zufolge eine Prognose unmöglich machen. Die Suche nach dem Optimum setzt eine stabile Umwelt voraus, die es so kaum gibt. Zentral geplante Massenproduktionssysteme sind fragile Systeme und als solche auf Störungsfreiheit angewiesen. Eine Störung, ein Fehler ist für diese Systeme ein Problem.

„Wie können wir in einer Welt leben, die wir offenkundig nicht verstehen und die von Unsicherheit geprägt ist?" (Taleb 2012, S. 26 – 32)

Der Trick ist eben nicht, sich mit der besseren Vorhersage von künftigen Ereignissen zu beschäftigen, sondern damit, wie unsere Systeme auf Volatilität reagieren (Taleb 2012, S. 34). Man sollte sich mit dem Studium der Anfälligkeit von Systemen gegenüber Ereignissen beschäftigen, um diese „robust" zu machen. Für ein robustes (oft wird auch der Begriff „resilient" verwendet) System spielt Unordnung oder Volatilität keine Rolle (Taleb 2012, S. 49).

Optionalität ist die einzige Möglichkeit, mit Nicht-Prognostizierbarkeit umzugehen!

Diese grundlegenden Ideen spiegeln sich auch in den vier generellen Konstruktionsprinzipien des System-Engineerings für den Aufbau von Systemen wider. Der Optionalität entspricht hier das „Prinzip der minimalen Präjudizierung". Dies besagt, dass im Zweifelsfall jene Lösung gewählt werden sollte, die die meisten Freiräume für weitere Entwicklungen offenhält, also am wenigsten präjudiziert ist (Haberfellner et al. 2002, S. 22 f.). Die weiteren Konstruktionsprinzipien sind die „Minimierung der Schnittstellen", der „modulare Aufbau" und das sogenannte

„Piecemeal Engineering". Damit ist gemeint, dass man sich großen Veränderungen in komplexen Systemen trotz eines umfassenden Lösungskonzepts nur in kleinen Schritten nähern sollte, da die Auswirkungen meist nicht abgeschätzt werden können. Außerdem sind kleine Veränderungen leichter revidierbar, sollte sich eine Maßnahme als falsch erweisen (Haberfellner et al. 2002, S. 22 f.).

Im Bereich von Lean entsprechen diesen Konstruktionsprinzipien für Systeme die acht systemischen Grundprinzipien: Fluss, Takt, Standard, Pull, Integration, Synchronisation, Perfektion und Robustheit. Eine Idee in der Lean Production ist beispielsweise, U-Zellen so aufzubauen, dass diese von Schwankungen im Produktionsprogramm zwischen Varianten nicht betroffen sind, also beispielsweise die Taktzeiten nicht angepasst werden müssen. Somit ist es auch nicht erforderlich, sich mit der Prognose der Verteilung des Produktionsprogramms auf die einzelnen Varianten auseinanderzusetzen. Das bedeutet, dass zur Reduzierung der Komplexität des Gesamtsystems auf eine gewisse Detailoptimierung verzichtet wird.

Dies ist natürlich für viele, bei einer Einzelfallbetrachtung, nur schwer zu akzeptieren. Man könnte doch die Variante mit der kürzeren Montagezeit mit sechs und die andere Variante mit sieben Personen montieren? Natürlich setzt dies eine Losbildung voraus, da ansonsten der Wechsel zwischen den beiden Systemen ständig durchgeführt werden muss. Diese Einsparung lässt sich dann recht leicht ausweisen. Nun aber die Frage, ob bei dieser „Optimierung" wirklich alle Kostenfaktoren berücksichtigt wurden?

1. Irgendjemand muss sich mit der Bestimmung der optimalen Losgröße beschäftigen und diese laufend in Abhängigkeit vom Lagerbestand und den Auftragseingängen bestimmen. Was kostet diese Tätigkeit?

2. Jede Regel muss den Mitarbeitern bekannt sein und verstanden werden. Dies setzt eine gewisse Qualifikation und Ausbildung voraus, die mit Kosten verbunden ist.

3. Jede Regel setzt die notwendige Information voraus, damit die Regel angewendet werden kann. Das heißt, die Information muss genau zum richtigen Zeitpunkt vorhanden sein oder mit entsprechendem Aufwand beschafft werden. Dies setzt ein EDV-System oder eine andere Informationsquelle voraus, die wohl kaum kostenlos ist.

4. Die Losbildung setzt in einem weiteren Schritt, meist im Lager, einen Umsortierungsprozess voraus, da der Kunde wohl eher sehr selten genau die Los entsprechenden Liefergrößen akzeptiert. Sind in der Gesamtbetrachtung diese Mehraufwendungen an einer nachgelagerten Stelle des Systems berücksichtigt?

5. Welcher Preis in Form einer Komplexitätssteigerung muss „bezahlt" werden?

Wir tun gut daran, bei jeder vermeintlichen Optimierung, die Auswirkungen auf das Gesamtsystem zu prüfen und dabei auch die Auswirkungen auf die Komplexität des Systems zu berücksichtigen.

Folgende vier Leitsätze des systemischen Denkens (Lindemann 2008, S. 6 ff.) zeigen, was systemisch bedeutet:

1. Bedenke, dass es viele Sichtweisen einer Sache bzw. eines Systems gibt und alle ihre Berechtigung haben.

2. Bedenke, dass es viele Wege gibt, etwas zu bewegen. Der direkte Weg ist nicht immer der beste.

3. Bedenke, dass es keine endgültige Handlungsanleitung gibt, die dir die eigene Entscheidung für dein Handeln abnehmen kann.

4. Bedenke, dass es oft entscheidend ist, dass die Beteiligten ihre Beobachtungen und Ansichten teilen und bei dem Versuch, das System zu beeinflussen, zusammenarbeiten.

Leitsatz 1 spiegelt sich beispielsweise in der beschriebenen Darstellung des Landshuter Produktionssystems (LPS) in Form eines Würfels wider. Der Würfel symbolisiert, dass man von mehreren Seiten, aus mehreren Perspektiven auf ein und dasselbe Problem blicken kann.

Leitsatz 3 entsprechend, erkennen wir an, dass sich nur die allerwenigsten Systeme vorhersagen und im Detail von außen steuern lassen. Eine zentrale, alles steuern wollende Planung, die Zerlegung des Unternehmens in funktionale Scheiben (Produktion, Logistik, Einkauf usw.) und die Steuerung jedes Bereichs über Ziele und „eine Handvoll Kennzahlen" kann in einer komplexen Produktionsumgebung mit volatilem Umfeld nicht funktionieren. Es kann keine endgültige Handlungsanleitung für eine derart komplexe Aufgabe, wie die Planung und Steuerung einer Fabrik geben.

Leitsatz 2 zeigt, dass wir uns bewusst sind, dass in einem System alles miteinander verbunden ist. Dies wird häufig mit einem Spinnennetz verglichen. Egal an welcher Stelle man ein Spinnennetz anstößt, es bewegen sich alle Teile (Lindemann 2008, S. 6 ff.). Daher ist der Systemabgrenzung, besonderes Augenmerk zu widmen.

Wie der Leitsatz 4 verdeutlicht, macht nur die übergreifende Sichtweise, die Betrachtung von Subsystemen, Sinn, um umfassende Auswirkungen des Handelns zu erkennen. Was ist also ein sinnvoll abgegrenztes Subsystem?

Sinnvolle Abgrenzung von (Sub-)Systemen

Ein (Sub-)System besteht aus Elementen (Teilen/Komponenten). Diese können ihrerseits wieder als Systeme betrachtet werden. Die Elemente stehen untereinander in Beziehung. Es kann sich hierbei um Materialfluss-, Informations- oder Energiefluss- und Lagebeziehungen oder Wirkzusammenhänge usw. handeln. Das Problem ist, dass in den meisten Ansätzen die Systemgrenze zur Umgebung mehr oder weniger willkürlich gezogen wird (Haberfellner et al. 2002, S. 6 f.).

Systeme werden häufig auf Basis einer funktionalen Betrachtung in Teilsysteme zerlegt, beispielsweise werden dann eine Montage, eine Vormontage, eine physische Logistik und eine Dispositionsabteilung als Teilsystem betrachtet und separat geplant. Dies erzeugt jede Menge Schnittstellen und ist aus unserer Sicht kontraproduktiv.

Charakteristisch für ein (Teil-)System sollte sein, dass innerhalb der Systemgrenze ein größeres (stärkeres, wichtigeres) Maß an Beziehung besteht, und dies ist keineswegs bei einer funktionalen Aufteilung der Fall. Warum sollte beispielsweise unter den Mitarbeitern der physischen Logistik, die in verschiedenen Produktsegmenten tätig sind, ein intensiveres Maß an Kommunikation und Informationsaustausch nötig sein, als zwischen einem bestimmten Logistikmitarbeiter und den von diesen belieferten Montagemitarbeitern? Wer hat im täglichen Geschäft wohl mehr Kommunikationsbedarf?

7.3.2 Werte und Wertvorstellungen

Neben dem gemeinsamen Weltbild bilden *geteilte Werte* (Wertvorstellungen) eine wichtige Basis für ein erfolgreiches Unternehmen, also die Menschen auf ein gemeinsames Ziel hin zu bewegen. Werte sind allgemein erstrebenswerte, moralisch oder ethisch als gut befundene spezifische Wesensmerkmale einer Person innerhalb einer Wertegemeinschaft. Aus den präferierten Werten und Normen resultieren Denkmuster, Glaubenssätze, Handlungsmuster und Charaktereigenschaften. In Folge entstehen Ergebnisse (Resultate, Erlebnisse, Erfolge), welche die gewünschten werthaltigen Eigenschaften besitzen oder vereinen sollen.

Die Corona-Krise im Jahr 2020 hat uns deutlich vor Augen geführt, wie anfällig unsere heutigen weltweiten Lieferketten sind. Sind wir noch in der Lage uns als Unternehmen, als Land oder zumindest als Europa autonom und autark zu versorgen? Wie anfällig sind wir gegenüber Krisen in anderen Teilen der Welt, Pandemien, Naturkatastrophen oder anderen politischen und militärischen Konflikten?

Unser unternehmerisches und politisches Handeln wird seit Jahrzehnten vornehmlich durch Prinzipien wie Arbeitsteilung, die Konzentration auf Kernkompetenzen, das Outsourcing aller anderen Tätigkeiten und vor allem auf *Gewinnmaximierung* bestimmt. Die Gewinnmaximierung als Handlungsmaxime begünstigt eine kostenorientierte Entscheidungsfindung und eine weltweite Allokation der Teilleistungen. Dies scheint transportintensive, lange, weltweit verteilte und leider auch anfällige Wertschöpfungsketten zu begünstigen.

Ein Indikator für unser Wirtschaften ist die Fertigungstiefe. Diese hat sich im Laufe der letzten Krise in Deutschland von unter 54 % auf knapp 62 % im Jahr 2008 erhöht (Statistisches Bundesamt 2007, 2011 – 2015: Produzierendes Gewerbe: Kostenstruktur der Unternehmen des Verarbeitenden Gewerbes sowie des Bergbaus und der Gewinnung von Steinen und Erden). Hat hier ein grundsätzliches Umdenken in der Gestaltung von Wertschöpfungsketten stattgefunden oder wollte man „nur" kurzfristig die eigenen Leute beschäftigen? Der anschließende Rückgang auf ca. 56 % lässt wohl eher letzteres vermuten.

Wir werden unsere in den letzten Jahrzehnten geprägten Grundsätze und Prinzipien des Wirtschaftens, wie Konzentration auf Kernkompetenzen und weltweites Sourcing auf den Prüfstand stellen müssen.

Die entscheidende Frage bei der Handlungsmaxime Gewinnmaximierung ist der Betrachtungszeitraum. Kurzfristige, in Monaten oder Quartalen gedachte Gewinnmaximierung mag langfristig bedenkliche Ergebnisse produzieren. Eine in Jahren oder Jahrzehnten gedachte Gewinnmaximierung, produziert andere Entscheidungen. Wir vertreten die Meinung, dass das übergeordnete Ziel eines Unternehmens NICHT die „Gewinnmaximierung" sein kann. Aus unserer Sicht muss die *„Überlebensfähigkeit des Unternehmens"* die oberste Handlungsmaxime sein. Wie wir eben ausgeführt haben, sollen Werte Personen bei Ihrem Handeln anleiten. Eine kurzfristige Gewinnmaximierung wäre in vielen denkbaren Fällen zu Lasten der Überlebensfähigkeit des Unternehmens möglich. Sie könnten beispielsweise die Ausgaben und das Personal für Marketing oder die Produktentwicklung kürzen und kurzfristig mehr Gewinn machen. Mittel- und langfristig würden Sie jedoch Ihr Unternehmen damit „aufs Spiel setzen". Außerdem ist die Frage zu stellen, ob Gewinnmaximierung der richtige Unternehmenswert ist, um die Mitarbeiter zu motivieren.

Das „PPRL-Modell (Produkt – Prozess – Ressource – Lenkung)" hilft, „überlebensfähige" Einheiten zu bilden. Aus Sicht der Produkte sollte ein Werk vielleicht nicht Einzelteile oder Komponenten, sondern „verkaufbare und nutzbare Produkte" herstellen. Dies könnte bedeuten, dass wir nicht, wie heute in einem Werk in Deutschland die Fertigung von Komponenten mit komplexen Maschinen betreiben, die Einzelteile zur Vormontage nach Tunesien und dann zur Endmontage nach Rumänien fahren. Das Problem bei diesem Ansatz ist, dass das Produktionsnetzwerk extrem anfällig ist. Wenn ein Werk steht oder eine Transportkette unterbrochen wird, steht sehr bald das komplette Netzwerk. Wäre aber jedes Werk für sich „überlebensfähig" und würde die komplette Produktion, von der Vorfertigung über die Vor- bis zur Endmontage abbilden, würden wir jede Menge Transport einsparen und wenn ein Werk ausfällt, wären die beiden anderen immer noch einsatzfähig.

Das Denkmodell des Fraktals nutzend, könnte dann für die Region, den Staat oder auch den Wirtschaftsraum Europa die Frage gestellt werden, welche Produkte müssen vor Ort produziert werden, um „überlebensfähig" zu sein.

Diese Fragen lassen sich auch für Ressourcen durchspielen. Auf welche Ressourcen müssen wir Zugriff haben? Energie, Rohstoffe, bestimmte Fertigungstechnologien. Die Lenkung beschäftigt sich damit, wie wir einzelne Einheiten entscheidungs- und handlungsfähig halten.

Neben der „Sicherung der Überlebensfähigkeit" seien beispielhaft vier Werte unseres Unternehmens, der PuLL Beratung GmbH, dargestellt. Diese bilden im Allgemeinen die Wertewelt des Unternehmensgründers ab, der die Firma aus einem bestimmten Grund geschaffen hat.

1. Sei begeistert von dem was du tust! (Begeisterung)

   Folge einer Vision – unsere ist die „perfekte Produktion". Liefere dem Kunden durch die Optimierung der Prozesse einen Nutzen. Sei mit Begeisterung und Passion dabei. Nur dann sind Höchstleistungen möglich. Die Kunden und Partner werden diese Begeisterung spüren.

2. Lerne und wachse konstant! (Lernbereitschaft)

   Freude am Lernen. Im neuen Umfeld Probleme erkennen und lösen lernen. Neue Gebiete erkunden und lesen, lesen, lesen. Die Muschel und der Adler, welches Leben wählst du? Das Ziel des Lernens ist nicht Wissen, sondern Handeln. Der Zweck unseres konstanten Lernens ist Wirksamkeit!

3. Übernimm die volle Verantwortung! (Verantwortung)

   Es hat keinen Sinn die Schuld bei anderen zu suchen. Übernimm immer die volle Verantwortung für dein Tun. Verantwortung bedeutet Macht, die Macht etwas zu ändern. Wenn die anderen Schuld sind, gestehst du Machtlosigkeit ein. Du bist nur ein Spielball. Willst du das?

4. Denke anders! (Ganzheitliches Denken)

   Lerne anders zu denken. Stelle alles in Frage. Kombiniere Ansätze neu. Entwickle mehrere Alternativen. Denke in Analogien. Versuche Muster zu entdecken. Darin liegt unsere Stärke und ein zentraler Kundennutzen. Betrachte immer das gesamte System, nicht die Systemteile.

7.3.3 Die sieben wichtigsten Hebel zur Produktionsoptimierung

Nachdem wir nun ein ähnliches Weltbild haben und unsere gemeinsamen Werte auf sehr allgemeiner Ebene vermittelt haben, geht es im Weiteren darum, den Planern bei ihrem Tun noch das Verständnis unseres Optimierungsansatzes zu vermitteln.

Den Führungskräften, also den „Entscheidern", und den Planern, also den „Gestaltern" des Systems, sollen diese sieben Hebel als Orientierung dienen. Sie sollen sich immer wieder bewusstmachen, dass alle Methoden und Werkzeuge mit Blick auf den „großen Hebel" eingesetzt werden sollten. Beispielsweise sind die „kleinen, schrittweisen Verbesserungen" in den Produktionsabläufen selbstverständlich wichtig, aber der Planer sollte sich immer bewusst sein, dass 70 – 80 % der Kosten durch die Konstruktion beeinflusst sind. Bei allen Verbesserungsideen sollte er sich also immer fragen, ob nicht durch grundsätzlichere Änderungen nicht ein noch wesentlich größerer Effekt erreichbar wäre.

Auf Basis unserer langjährigen Erfahrung in Praxis und Forschung haben wir die sieben wichtigsten *Hebel zur Produktionsoptimierung* herausgearbeitet, die am Ende zu einer nachhaltigen Steigerung des Unternehmensgewinns führen.

Interessanterweise ist keiner dieser Hebel direkt in der Produktion zu verorten, sondern alle wirken *nur indirekt auf die Produktion*. Dies ist aus einer systemischen Sicht auch durchaus plausibel, häufig ist eben der direkte Weg nicht der beste.

Die indirekten Wirkmechanismen werden aber in der Praxis sehr oft übersehen oder können beispielsweise wegen hinderlicher Abteilungsegoismen oder *fehlendem interdisziplinärem Know-how* nicht genutzt werden.

Ein erfolgversprechendes Optimierungskonzept muss alle diese Hebel nutzen. Dazu ist ein breites Methoden- und Prozessverständnis aus verschiedenen bisher meist getrennt betriebenen und gelehrten Disziplinen, wie technischer Entwicklung, Produktion, Logistik, Fabrikplanung aber auch softwaregestützter Produktionssteuerung, Führung, Kostenrechnung, Projektmanagement, Training und Coaching erforderlich. Dies leistet bisher kein anderer, uns bekannter Optimierungs- oder Planungsansatz.

Die sieben größten Hebel zur Optimierung von Produktionssystemen:

1. Vision und Zielzustand (Kommunikation Top-down),

2. produktionsgerechte Konstruktion (Produktion i. w. S.),

3. kurze Time-to-market (PEP+KAP),

4. materialflussgerechte Werksstruktur (Logistik i. w. S.),

5. prozessorientierte Technologien/Ressourcen,

6. pullorientierte, einfache Prozesssteuerung (Kanban etc.),

7. motivierte Mitarbeiter die das „Warum" verstehen (Kommunikation Bottom-up).

Zu 1: Viele Optimierungsprojekte scheitern, weil im Management keine Zielvision vorhanden ist. Es wurde nie definiert, was mit dem Projekt eigentlich erreicht werden soll. Damit fehlen den Projektverantwortlichen und den Mitarbeitern die „Leitplanken" und die Anforderungen an ein Projektergebnis. Eine klare Vision und ein klar definierter Projektauftrag sind wichtige Erfolgsvoraussetzungen. Das von uns *entwickelte „DATE-Modell" (Detect-Align-Target-Experiment)* beschreibt, wie eine Vision oder ein Nordstern entwickelt wird und wie diese Vision umgesetzt werden kann. Die erste Phase „Detect" beschäftigt sich damit, wie Unternehmen

Veränderungen in ihrem Umfeld bemerken – „detektieren" – können. Die aktuelle Unternehmensstrategie ist regelmäßig zu überprüfen. Es geht darum Muster und Chancen zu erkennen.

In der zweiten Phase „Align" werden Mittel und Wege gezeigt, wie man erreicht, dass dezentral Entscheidungen im Sinne einer zentral vorgegebenen Strategie getroffen werden. Die Phasen „Target" und „Experiment" basieren weitestgehend auf der KATA als Führungsmethode zur Umsetzung der Maßnahmen.

Zu 2: Viele Unternehmen machen große Anstrengungen, um die Kosten im laufenden Serienbetrieb mit allerlei Maßnahmen und Methoden zu senken. Wichtig ist jedoch die Erkenntnis, dass 70 – 80 % der Kosten „in das Produkt hineinkonstruiert sind". Wesentlich effektiver wäre es daher, bereits im Konstruktionsprozess anzusetzen und auf die *produktionsgerechte Konstruktion* zu achten. In dieser Phase sind jedoch häufig nicht die notwendigen Ressourcen und das entsprechende Know-how vorhanden. *Lean Development* bietet für diese Aufgabenstellung eine Reihe von Prinzipien und Methoden an.

Zu 3: Mit *Time-to-market* ist der Zeitraum von der Ideenentstehung, über den Konstruktionsprozess bis zur Auslieferung des ersten Produkts an den Kunden umschrieben. Durch immer kürzere Innovations- und Produktlebenszyklen wird die Produktneueinführung zu einer wichtigen Kernkompetenz vieler Unternehmen. Gerade an der Schnittstelle zwischen der technischen Entwicklung und der Gestaltung der Produktions- und Logistikabläufe gibt es enorme Verbesserungspotenziale. Hierfür wurde das *„Planungssystem CoMIC"* (das Planungssystem wird im Folgenden noch genauer beschrieben) aufgebaut, welches die den Produktentstehungsprozess begleitenden Planungsschritte für die Produktion, Logistik und das Gebäude synchronisiert und beschleunigt.

Zu 4: Analog zur konstruktiven Kostenbeeinflussung in der frühen Phase des Produktentstehungsprozesses sind ebenso 70 – 80 % der späteren Prozesskosten „in eine Fabrik hineinkonstruiert". Softwaresysteme, wie PPS-Systeme oder Staplerleitsysteme, können nur im Rahmen der gegebenen Strukturen optimieren. Mit der richtigen Gestaltung der Prozesse und Strukturen sollen die hohen Kosten, die beim späteren Betrieb der Fabrik anfallen, bereits in einer frühen Phase positiv beeinflusst werden. Wir setzen hier auf einen beim Kunden startenden, *softwarebasierten Materialflussplanungsansatz* im Rahmen von „CoMIC".

Zu 5: Zwischen der Prozessgestaltung und den eingesetzten Technologien bestehen erhebliche Wechselbeziehungen. Wir sind davon überzeugt, dass Technologie lediglich ein Enabler (Befähiger) ist und die *Technologieauswahl prozessorientiert* erfolgen sollte. Da aber bestimmte, gerade innovative Technologien wiederum ganz neue Möglichkeiten bei der Prozessgestaltung ermöglichen, setzt die Beurteilung und planerische Umsetzung der Technologien erhebliche Erfahrung voraus.

Viele Unternehmen starten die Optimierung mit der Auswahl eines neuen Softwaresystems. Wie bereits erwähnt, kann eine Software nur im Rahmen der gegebenen Strukturen und Prozesse in gewissem Umfang „optimieren". Wenn Sie wirklich an die „Wurzel des Problems wollen", müssen Sie an den vorgenannten Punkten ansetzen.

Zu 6: Erfahrungsgemäß werden viele Probleme, die in der Produktion auftreten, durch Fehler in der Steuerung verursacht. Häufig wird darauf mit noch mehr Planungs- und Steuerungsaufwand, einem feineren Rückmelderaster oder vielleicht Scanner-Systemen reagiert. Man trifft jedenfalls häufig auf den „Just push harder"-Ansatz (Kapitel 2.5). Wichtig ist jedoch die Erkenntnis, dass ein System, das zur Steuerung eines anderen Systems eingesetzt werden soll, mindestens genauso komplex (eher noch komplexer) sein muss als das zu steuernde. Wenn Sie also den Steuerungsaufwand senken wollen, sollten Sie an der *Gestaltung einfacher Prozessabläufe und transparenter Werksstrukturen* ansetzen. Dies vorausgesetzt, kann Software und Industrie 4.0 nochmals erhebliche Produktivitätssteigerungen bringen.

Zu 7: Alle bisher beschriebenen Hebel sind für einen Projekterfolg enorm wichtig. Am Ende des Tages werden aber alle planerischen und produzierenden Prozesse von den Menschen in Ihrem Unternehmen umgesetzt und durchgeführt. Damit diese motiviert dabei sind, müssen Sie das *„Warum"* hinter der Optimierungsaufgabe verstanden haben. Dieser Führungsstil wird als *„Mission Command"* oder „Führen mit Auftrag" bezeichnet. Haben Ihre Mitarbeiter das „Warum", das Ziel hinter dem Auftrag verstanden, können Sie bei kurzfristig notwendigen zwangsläufig dezentralen Entscheidungen im Sinne der zentralen Strategie handeln. Bei der Komplexität und Volatilität des heutigen Geschäftsumfeldes wird diese dezentrale Entscheidungsfindung vor Ort wohl eher die Regel als die Ausnahme bilden. Hier versagt der alte Führungsstil „Command and Control" (Führen mit Befehl) aufgrund zu langer Entscheidungszyklen. Dies alles wird im „Führungssystem DATE" im Teil V des Buches beschrieben.

■ 7.4 Systeme und Prinzipien – die Basis für gemeinsames Handeln

Das LPS ist eine Sammlung von Leitsätzen oder Prinzipien, die sich an bestimmten Werten und Zielen orientiert. Um Lean Production zu verstehen, muss man die dahinterliegenden Prinzipien verstehen. Ein Prinzip ist eine verdichtete Handlungsweise zur lösungsfreien Beschreibung komplexer Systeme und zur Gestaltung von Entscheidungsprozessen. Die Wissensvermittlung in Form von Prinzipien, einfachen Faustregeln und Heuristiken ist im Lean Management stark verankert.

„Heuristiken sind schlichte Faustregeln, welche Dinge vereinfachen. Der Hauptvorteil von Heuristiken besteht allerdings darin, dass der Benutzer weiß, dass diese Regeln nicht perfekt, sondern lediglich ein zweckdienliches Hilfsmittel sind; er ist daher auch weniger in Gefahr, einem Leistungsversprechen auf den Leim zu gehen. Gefährlich werden sie in dem Moment, wenn wir das aus dem Blick verlieren." (Taleb 2012, S. 33)

Die Beschreibung der Anforderungen an die Gestaltung eines Produktionssystems in Form von Prinzipien sichert die Allgemeingültigkeit bei der Anwendung in der Praxis. Allerdings benötigt der Anwender eine klare Struktur, wann er, wo, welche Prinzipien, in welcher Form berücksichtigen muss. Versucht man die Vielzahl an verschiedenen Prinzipien für ein Lean Production-System in der Literatur zu erfassen, wird der genannte Mangel einer klaren Strukturierung deutlich. Die Bandbreite reicht von sehr allgemeingültigen Prinzipien, wie „Dezentralisierung", bis hin zu sehr konkreten Gestaltungsanweisungen, wie beispielsweise dem Prinzip „synchronisierter Behälterinhalt". Manche Prinzipien betreffen die Gestaltung eines Montagearbeitsplatzes, andere wiederum beziehen sich auf die externe Lieferantenanbindung.

Eine übergreifende Prinzipienordnung für ein Lean Production-System ist nicht vorhanden. Das „Haus der Lean-Prinzipien" nach *Klug* ist die aktuell vollständigste Sammlung und Ordnung von Lean Production-Prinzipien (Klug 2008, S. 56 – 61). Jedoch existiert noch eine Vielzahl weiterer Prinzipien. Für eine umfassende Integration des Lean-Konzepts ist deshalb eine neue, gesamtheitliche Systematisierung aller Prinzipien erforderlich.

Wie in Bild 7.2 dargestellt, werden die Prinzipien des LPS bewusst nicht als Haus, sondern als Würfel dargestellt. Dies ermöglicht die Betrachtung eines Systems aus mehreren Perspektiven und wird als systemisch bezeichnet.

Um Lean Production zu verstehen, muss man die dahinterliegenden *Prinzipien* verstehen. Aus verschiedenen Literaturquellen wurde eine Liste von über 100 verschiedenen Prinzipien zusammengetragen. Der vorliegende Beitrag begrenzt die Darstellung auf eine Auswahl.

Die obere Seite des Würfels zeigt die Systemischen Grundprinzipien. Diese sind Takt, Fluss, Pull, Synchronisation, Perfektion, Standard, Stabilität und Integration.[1] Die vordere Seite des Würfels enthält die einzelnen Gestaltungsprinzipien, die rechte Seite beschreibt die Handlungsprinzipien. Sie gelten als funktionsübergreifende Handlungsempfehlungen.

---

[1] Die Auswahl der Prinzipien ist durch eine empirische Ermittlung des Zentrums für Automobillogistik in der deutschen Automobilindustrie inspiriert (Klug 2010, S. 254 – 285).

Der Zusammenhang zwischen den drei Seiten soll an einem Beispiel verdeutlicht werden: Um einen positiven Beitrag zur Verbesserung der Stabilität (systemisches Grundprinzip) eines Produktionssystems zu leisten, sollte die Gestaltung (Systemfunktion) der Werksstrukturen eine Trennung von Ressourcen (Gestaltungsprinzip) anstreben. Die Gestaltung handelt dabei nach dem Prinzip der Komplexitätsreduzierung (Handlungsprinzip). Bildlich gesprochen könnte diese Kombination als ein Stück aus dem Würfel geschnitten werden (Schneider/Ettl 2013, S. 37).

7.4.1 Die acht systemischen Grundprinzipien – Systemverständnis als Basis

Wenn Sie in einem Unternehmen die Mitarbeiter oder die Werker im Rahmen einer ersten Analyse befragen, seien Sie sich bewusst, dass die Werker meist *nur die Symptome beschreiben*. Typische Aussagen sind: es ist jede Menge Material vor Ort, aber nicht das, was gerade gebraucht wird. Ständige Abstimmungen per Zuruf sind notwendig, die Produktionsreihenfolgen werden permanent geändert etc.

Der nächste Schritt im Produktionsumfeld ist meist eine Prozessbeobachtung, eine sogenannte „Kreidekreis-Übung" (auch unter Ohno-Kreis bekannt). Stellen Sie sich min. zwei Stunden an irgendeinen Ort in der Produktion oder im Lager in einen „gedachten Kreidekreis" und notieren Sie alles, was Ihnen in dieser Zeit auffällt. Achten Sie dabei auf Verschwendungen, also nicht wertschöpfende Arbeiten. Lean unterscheidet sieben Arten der Verschwendung, die im Kapitel 3 beschrieben werden. TIMWOOD hilft Ihnen bei der Strukturierung. Beobachten Sie beispielsweise zuerst die Stapler und Personen bei den *Transporten*. Wie hoch ist der Anteil der Leerfahrten der Stapler? Häufig nahe 50 % oder darüber. Aber nicht, weil die Leute gerne „spazieren fahren", sondern schlicht, weil die Information fehlt was auf dem Rückweg mitgenommen werden könnte. Der Anteil an Leerfahrten ist nur das *Symptom*.

Die augenfälligste Art der Verschwendung sind *Bestände (Inventory)* aller Art. Das in Beständen gebundene Kapital ist dabei noch der kleinste Teil der Verschwendung. Viel wichtiger sind der in der Produktion verbrauchte Platz und vor allem der Aufwand für die Verwaltung, Steuerung und Kontrolle der wartenden Teile. Wichtig ist jedoch auch hier, dass Bestand immer nur das *Symptom* ist. Die Ursache sind beispielsweise nicht synchronisierte Ressourcen und Prozesse. Die Problembeschreibung wird für ein Unternehmen in Form einer *Wertstromanalyse* dokumentiert. Verbesserungspotenziale und Probleme werden mit sogenannten „Kaizen-Blitzen" markiert.

Um nun die Symptome interpretieren zu können, brauchen wir einen *Soll-Zustand*. Zur Beschreibung des Sollzustands eines Produktionssystems wird auf die acht *systemischen Grundprinzipien* Fluss, Takt, Standard, Pull, Integration, Synchronisation, Perfektion und Robustheit zurückgegriffen. Diese wurden bereits im Kapitel 4.1 ausführlich anhand der „Skigebietanalogie" erläutert.

Ein Prinzip beschreibt einen Soll-Zustand, der idealerweise erreicht werden sollte. Diese Prinzipien sind nicht als Dogma (unumstößliche Wahrheit) aufzufassen und auf Biegen und Brechen umzusetzen. Ein Prinzip soll helfen für komplexe Umfelder Lösungsansätze zu zeigen, die sich bereits in der Praxis bewährt haben.

Mit diesen beiden Instrumenten, den sieben Verschwendungsarten zur Einordnung der Symptome und den acht systemischen Prinzipien zur Beschreibung des Sollzustands lassen sich Produktions- und Logistiksysteme sehr schnell und mit etwas Übung sehr treffsicher analysieren.

7.4.2 Gestaltungssystem – Systeme richtig gestalten

Das Gestaltungssystem dient als Wissensspeicher und gibt den Planern Leitlinien an die Hand, die sich in der Praxis bereits bewährt haben. Prinzipien sind ein sehr effizienter Weg, Wissen zur Lösung komplexer Probleme in komprimierter Form zu speichern und weiterzugeben. Ein Gestaltungsprinzip beschreibt ergebnisoffen den Lösungsweg für ein komplexes Praxisproblem.

Für das Gestaltungssystem wurde als Ordnungsrahmen der Wertschöpfungsprozess (häufig auch als Leistungserstellungsprozess bezeichnet) eines produzierenden Unternehmens gewählt (Bild 7.4). Entlang dieses Prozesses werden die Gestaltungsprinzipien von innen nach außen, beginnend am Arbeitsplatz, dem „Ort der höchsten Wertschöpfung", aufgebaut und strukturiert.

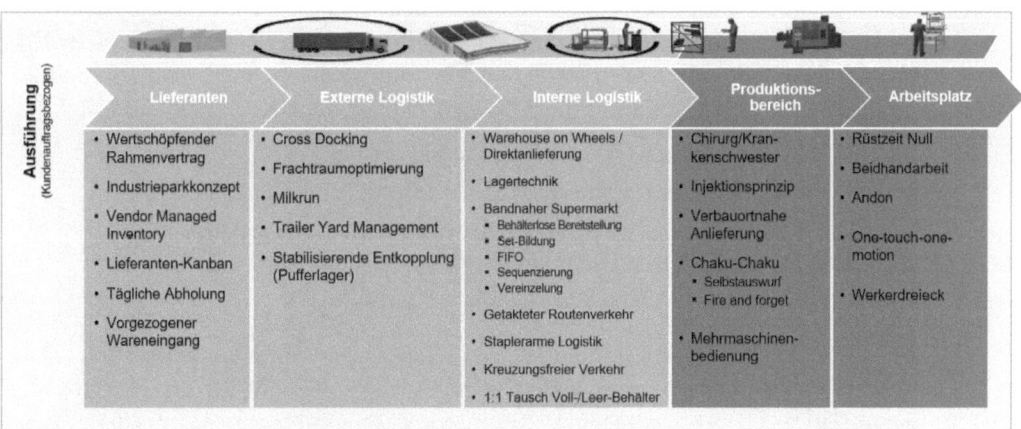

Bild 7.4 Der Wertschöpfungsprozess eines produzierenden Unternehmens als Ordnungsrahmen für die Gestaltungsprinzipien

Beispielhaft sei hier das Gestaltungsprinzip „Chirurg/Krankenschwester" heraus-gegriffen, um die Denkweise zu erläutern. Dieses Prinzip beschreibt, wie die Schnittstelle zwischen der Produktion und der Logistik idealerweise gestaltet sein sollte.

Ein wichtiger Aspekt ist, dass die Prinzipien häufig so gestaltet sind, dass sich der Planer in den „Kundenauftrag" hineinversetzen muss und somit eine andere Pers-pektive einnimmt. Im vorliegenden Fall sollen Sie sich in den Patienten versetzen. Stellen Sie sich vor, Sie liegen (in Teilnarkose) auf dem Operationstisch und der Chirurg verschwindet für zehn Minuten, um sich aus dem Lager noch eine Pinzette zu holen. Vermutlich sind Sie der Meinung, dass der Chirurg doch bitte weiterma-chen möge und jemand anders die Pinzette holen solle, vielleicht eine Kranken-schwester. Genau dieses Bild soll bei der Schnittstellengestaltung auf die Produk-tion übertragen werden. Die Werker sollen sich auf die direkten, wertschöpfenden Tätigkeiten konzentrieren und die Logistik soll das notwendige Material bereitstel-len. Diese Trennung ist sowohl räumlich (z. B. durch entsprechende Regale) als auch personell umzusetzen.

7.4.3 Handlungssystem – Prinzipien für richtiges Handeln

Das Gestaltungssystem beschreibt, wie eine Produktion gestaltet und aufgebaut sein sollte. Das Handlungssystem dagegen zeigt, wie die beteiligten Personen ihr Handeln ausrichten sollten.

Dies lässt sich anhand der Analogie zur Schaffung energieeffizienter Fahrzeuge verdeutlichen. Es gibt eine Reihe von *Gestaltungsprinzipien*, wie geringer Wind-widerstand, rollwiderstandsoptimierte Bereifung, geringes Gewicht usw. Dies allein hilft jedoch wenig, wenn der Fahrer des Fahrzeugs nicht entsprechend handelt (*Handlungsprinzipien*), also beispielsweise vorausschauend fährt, die Segelfunk-tion und Rekuperation nutzt und früh hochschaltet.

Im LFD wird im Handlungssystem zwischen zwei Handlungsebenen, den Aufga-ben der Führung und der Planung einer Produktion unterschieden.

7.4.3.1 Führungssystem DATE

Für den Erfolg eines Unternehmens ist der zentralste Faktor GUTE FÜHRUNG!

Um diesem Aspekt Rechnung zu tragen, haben wir ein Lean-kompatibles Füh-rungsmodell entwickelt, das wir DATE nennen. DATE steht für die Führungsauf-gaben Detect, Align, Target und Experiment. Für jede Aufgabe bekommen die Führungskräfte aus dem Lean-Werkzeugkasten entsprechende Werkzeuge und Methoden an die Hand.

Es soll den Führungskräften auch helfen, sich ein entsprechendes Führungsverständnis anzueignen. Insbesondere die Bedeutung des impliziten Managements, des Führens durch Vorbild und der indirekten Führung über Regelwerke werden in Kapitel 20 betont.

7.4.3.2 Planungssystem CoMIC

Das „Planungssystem CoMIC" bietet den Planern beim täglichen Handeln eine Orientierung. Es schließt die Lücke zwischen der Produktentwicklungsphase (PEP) und dem Kundenauftragsabwicklungsprozess (KAP) nach dem Start-of-Production.

Auch wenn unserer Überzeugung nach der physische Materialfluss nach wie vor das wichtigste Optimierungskriterium ist, müssen ebenfalls der Kommunikations-, Informations- sowie der Kapitalfluss entsprechend gestaltet werden. Um die Wichtigkeit der ganzheitlichen Betrachtung der Planung zu verdeutlichen, wurde das Planungssystem nach diesen vier Flüssen „CoMIC" benannt:

- *Co* mmunication Flow Design,
- *M* aterial Flow Design,
- *I* nformation Flow Design,
- *C* ash Flow Design.

Eine eingehendere Beschreibung finden Sie in Kapitel 20.

■ 7.5 Operative Leistungserstellung – Muster- und Lernfabrik als Best Practice

Die einsetzbaren *Technologien* beeinflussen maßgeblich die Möglichkeiten der Prozessgestaltung. Die Technologie erfüllt keinen Selbstzweck, sondern wird hier als Enabler verstanden. Ein interner Logistikprozess wird (oder kann) jeweils komplett anders aussehen, wenn ein Stapler, ein Routenzug oder ein deckengestützter Schwarmroboter als Transporttechnologie zum Einsatz kommt. Hier ist ein gewisser Marktüberblick notwendig, da beispielsweise durch Industrie 4.0 viele neue Technologien zur Verfügung stehen bzw. eine gewisse Marktreife erreichen. Hierfür wird am TZ PULS kontinuierlich ein umfangreicher Innovations- und Best Practice-Katalog gepflegt, in dem sämtliche für den Bereich der Produktionslogistik relevanten Technologien aufgeführt sind.

Um Technologien wirklich verstehen und testen zu können, bildet die Muster- und Lernfabrik einen zentralen Bestandteil des Technologiezentrum PULS.

Bild 7.5 Technologiezentrum Produktions- und Logistiksysteme in Dingolfing

Auf 900 m² werden modernste Technologien rund um die Produktionslogistik gezeigt und betrieben. Die Systeme live und im vernetzten Betrieb selbst sehen und
erfahren zu können, unterstützt die Wissensvermittlung enorm. Damit gibt es am
TZ PULS die einzigartige Möglichkeit, die Ideen und Vorgehensweisen im LPS am
realen Objekt zu zeigen – die physische Manifestation unserer Lean-Kompetenz.

Bild 7.6 Die Muster- und Lernfabrik des TZ PULS

Die Idee der Musterfabrik ist:

- Technologietreiber, Know-how-Center und Treiber hin zum Produktionsnetzwerk der jeweiligen Kunden,
- Entwicklung neuer Produktions-, Logistik- und Planungsprozesse,
- Ausprobieren neuer Prozesse und Technologien in produktionsnahem Umfeld,
- Schulung und Wissenstransfer der neuen Prozesse und Technologien.

■ 7.6 Zusammenfassung

Lean ist unserer Meinung nach, der aktuell beste Ansatz zur Optimierung einer Produktion. LFD bietet einen gegenüber dem TPS einen erweiterten Ordnungsrahmen und beinhaltet umfangreiches Lean-Wissen in strukturierter und übersichtlicher Form. Es ist als Referenzmodell konzipiert und kann als „Blaupause" die Entwicklung eines unternehmenseigenen Produktionssystems massiv beschleunigen und verbessern.

Den Kern von LFD bildet die Ebene der Systeme & Prinzipien. In Form der systemischen Prinzipien und der Gestaltungs- und Handlungsprinzipien wird über Jahrzehnte aufgebautes Wissen gesammelt und bereitgestellt.

Das „Führungssystem DATE" bindet den lange im Lean-Umfeld vernachlässigten Faktor der Führung mit ein und unterstützt die Entwicklung eines gemeinsamen Führungsverständnisses.

Das „Planungssystem CoMIC" lenkt den Fokus der Unternehmen auf die Gestaltungsphase der Prozesse, Fabrikstrukturen und Ressourcen vor SOP, in der 70 – 80 % der Kosten festgelegt werden. CoMIC bietet eine Methodenauswahl und ein Vorgehensmodell um die wichtigsten Flüsse in einem Unternehmen, den Kommunikations-, Material-, Informations- und Kapitalfluss integriert und konsistent zu planen. Das Alleinstellungsmerkmal von CoMIC ist, dass alle vier Flüsse über EINE Methode, das Wertstromdesign, aufeinander ausgerichtet werden.

Auch die Produktionsmittel werden durch LFD prozess- und materialflussorientiert beschafft und ausgerichtet. Auch dies ist in vielen Unternehmen keineswegs der Fall.

„Lean Factory Design" hilft Unternehmen dabei, Ihre Prozesse, Strukturen und Ressourcen wesentlich besser zu gestalten und somit die Durchlaufzeiten zu reduzieren und erhebliche Kosten einzusparen. Wir sind überzeugt mit dem von uns entwickelten Optimierungskonzept „Lean Factory Design" einen wichtigen Beitrag leisten zu können, damit Unternehmen in einem Hochlohnland wie Deutschland weiterhin wettbewerbsfähig produzieren können.

Kontakt: info@pull-beratung.de

Teil IV

Gestaltungsprinzipien

8 Lean Production-Prinzipien

Auf Basis der Ausführungen in Teil II „Lean verstehen" und Teil III „Produktionssysteme", wird in diesem Teil der Fokus auf die innerbetrieblichen Prozesse einer *Lean Production* gelegt. Dazu wird zunächst der Begriff Lean Production definiert:

> Lean Production repräsentiert ein Bündel von Prinzipien und Maßnahmen zur effektiven und effizienten Planung, Gestaltung und Kontrolle des gesamten Produktionsprozesses industrieller Güter (in Anlehnung an die Definition von Lean Management durch Pfeiffer/Weiß 1992, S. 43).

Dabei steht der Begriff „Lean" für

- Werte ohne Verschwendung,
- Effizienz der Prozesse (do things right),
- weitgehende Fehlerfreiheit der Produkte durch entsprechende Produkt- und Prozessgestaltung und
- Präzision bei der Panung und Synchronisation parallel auszuführender Aufgaben (vgl. Ohno 1993, S. 13).

Wie in Kapitel 7 ausgeführt wird, stellt das Landshuter Produktionssystem (LPS) die Prinzipien als Würfel dar. In diesem Kapitel 8 liegt der Fokus auf der vorderen Seite des Lean-Würfels, auf den Gestaltungsprinzipien für die Lean Production.

Ein Prinzip ist eine verdichtete Handlungsweise zur Gestaltung von Entscheidungsprozessen. An dieser Stelle sollte erwähnt werden, dass ein Prinzip immer eine Anforderung, einen Sollzustand beschreibt, der idealerweise erreicht werden sollte. Im Einzelfall ist immer zu prüfen, inwieweit dieser Idealzustand wirklich unter den gegebenen Umständen (Kostenaufwand für die Umsetzung, noch vorhandener Ausschuss, nicht ausgebildetes Personal, unkooperativer Lieferant usw.) bereits umgesetzt werden kann. Diese Prinzipien sind nicht als Dogma (unumstößliche Wahrheit) aufzufassen und auf „Biegen und Brechen" umzusetzen. Ein Prinzip soll helfen, für komplexe Umfelder Lösungsansätze zu zeigen, die sich bereits in der Praxis bewährt haben. Unser Vorgehen an dieser Stelle in Praxisprojekten ist, zunächst die Erreichung des Idealzustands zu fordern. Erst wenn ein guter Grund gefunden wird, der auch einem mehrmaligen intensiven Nachfragen nach Lösungsalternativen standhält, darf von dem Prinzip abgewichen werden. Fordern Sie den Idealzustand und weichen Sie nur schrittweise davon ab! Wenn Sie es umgekehrt machen und nur kleine Verbesserungen vom Istzustand aus sofort akzeptieren, werden Sie nur einen Bruchteil der möglichen Optimierungen erreichen.

Bild 8.1 gibt einen Überblick über die Gestaltungsprinzipien des Landshuter Produktionssystems (vgl. Kapitel 7).

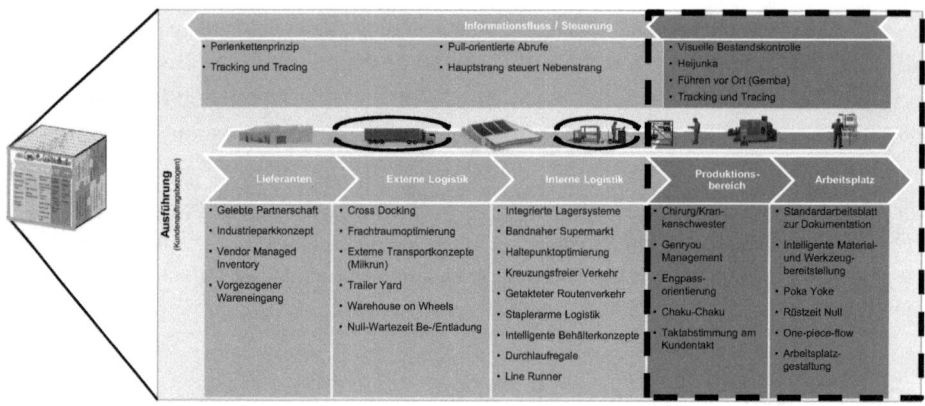

Bild 8.1 Gestaltungsprinzipien des Landshuter Produktionssystems (LPS)

Der gestrichelt umrandete Bereich führt die Prinzipien der Lean Production auf. Dabei wird zwischen Richtlinien zur Gestaltung des *Arbeitsplatzes*, des jeweiligen *Produktionsbereichs* und übergeordnet auch dem *Informationsfluss* bzw. der *Steuerung* unterschieden. Die Gestaltungsprinzipien werden im Folgenden von innen nach außen aufgebaut. Wir beginnen in Kapitel 9 mit dem „Ort der höchsten Wertschöpfung" eines Unternehmens, dem Arbeitsplatz.

9 Arbeitsplatz

Die Prinzipien zur Gestaltung des Arbeitsplatzes bilden die für die operative Leistungserstellung auf Arbeitsebene notwendigen Richtlinien einer Lean Production ab. Es wird zunächst der innerste Greifraum, sodann die Bewegungsabläufe des Werkers mit Beidhandarbeit und One-touch-one-motion betrachtet.

■ 9.1 Arbeitsplatzgestaltung

Wie bereits in Kapitel 6.2.3 angemerkt, tragen ungenügend gestaltete Prozesse, darunter vor allem auch Montage- und Fertigungsprozesse an Arbeitsplätzen, zur Verschwendung im Unternehmen bei. Dies betrifft sowohl die Leistung (Produktivität) der Mitarbeiter, die Fertigungsqualität bei manuellen Tätigkeiten als auch, langfristig gesehen, die Gesundheit durch ergonomisch ungenügende Beschaffenheit des Arbeitsplatzes.

9.1.1 Arbeitsplatzgestaltung mit MTM (Methods Time Measurement)

Für die Gestaltung von Arbeitsplätzen ist neben REFA auch *MTM*, das amerikanische Pendant zu REFA, ein hervorragend geeignetes Werkzeug. Hier liegt die Stärke der beiden Werkzeuge. MTM steht für Methods Time Measurement und ist in seiner Ursprungsform ein System vorbestimmter Zeiten. Manuelle Arbeitsabläufe können mithilfe von MTM „[…] systematisch gegliedert, geordnet und Einflussgrößen sichtbar gemacht [werden]" (MTM 2011, S. 1).

Basis und Ursprung des MTM-Konzepts ist das MTM-Grundsystem (MTM-1), welches „[…] jeden manuellen Prozess mit Hilfe von erforderlichen Grundbewegungen [modelliert]. Jeder Grundbewegung ist in Abhängigkeit von Einflussgrößen ein Normzeitwert zugeordnet." (MTM 2011, S. 31).

MTM-1 ist eine einheitliche Prozesssprache und kann nur vom Menschen voll beeinflussbare Abläufe abbilden. Anhand von gewissen Regeln und Schritten beim Erstellen von Zeitanalysen werden die Grundbewegungen von Fingern, Augen, Armen, Füßen, Beinen oder Körper mit vorbestimmten Zeiten bewertet.

Der MTM-Elementarzyklus, bestehend aus fünf Grundbewegungen des Hand-Arm-Systems, beschreibt dabei den typischen Bewegungsablauf, der auf die meisten Montagevorgänge zutrifft:

1. Hinlangen (zum Gegenstand),

2. Greifen (des Gegenstands),

3. Bringen (des Gegenstands zum Fügeort),

4. Fügen (In- oder Aneinanderfügen von Gegenständen),

5. Loslassen (des Gegenstands).

Mithilfe der MTM-Datenkarte lässt sich anhand der Grundbewegung, der zurückgelegten Entfernung und dem jeweiligen Fall (Schwierigkeitsgrad der jeweiligen Bewegung) ein Zeitwert bestimmen, welcher in der Einheit TMU (Time Measurement Unit) angegeben wird.

Anhand des Beispiels „Greifen eines Schraubendrehers" soll die Vorgehensweise von MTM verdeutlicht werden. Zunächst wird der Schraubendreher einfach auf der Arbeitsfläche abgelegt. Mithilfe einer Datenkarte wird der IST-Ablauf bewertet. Es handelt sich um den Bewegungszyklus Hinlangen (Reach) zu einem alleinstehenden Gegenstand, der sich an einem von Arbeitsgang zu Arbeitsgang veränderten Ort befindet, also Fall B. Weiterhin ist noch die Entfernung von Bedeutung, in unserem Fall 30 cm. Wir können der Datenkarte also im Feld R30B den Wert 12,8 TMU (Time Measurment Units) als Zeitaufwand für den aktuellen Ablauf entnehmen.

Im Grunde schlägt MTM nun zwei Wege zur systematischen Verbesserung der Bewegungsabläufe vor.

Zum einen wird versucht, die Bewegung zu vereinfachen, also einen einfacheren Fall zu erreichen. In unserem Beispiel wird ein Trichter am Arbeitsplatz angebracht. Somit kann der Werker den Schraubendreher nach der Benutzung relativ ungenau in den Trichter einführen und fallen lassen. Der Trichter sorgt dafür, dass der Schraubendreher in die immer gleiche Position rollt. Damit kann der Bewegungsfall A bewertet werden. Der zu greifende Gegenstand befindet sich nun nämlich *immer an einem genau bestimmten Ort*. Somit kann der Ablauf nun mit R30A bewertet werden. Der Datenkarte ist hierfür der Wert 9,5 TMU zu entnehmen. Dies entspricht einer Verbesserung von 25 %.

Der zweite Weg zur systematischen Verbesserung der Bewegungsabläufe ist die Verkürzung der Abstände. Für die optimale Gestaltung der Arbeitsfläche spielt der sogenannte „*Greifraum*" eine entscheidende Rolle. Er stellt den Rauminhalt dar, der sich „[…] durch die Bewegungsbahnen der beiden Arme ergibt." (*Bokranz/ Landau* 2006, S. 280).

Um den physiologisch maximalen Greifraum möglichst effizient für die Ausführung der Arbeitsinhalte zu nutzen, werden nach *Bokranz/Landau* vier Arbeitszonen unterschieden (Bild 9.1):

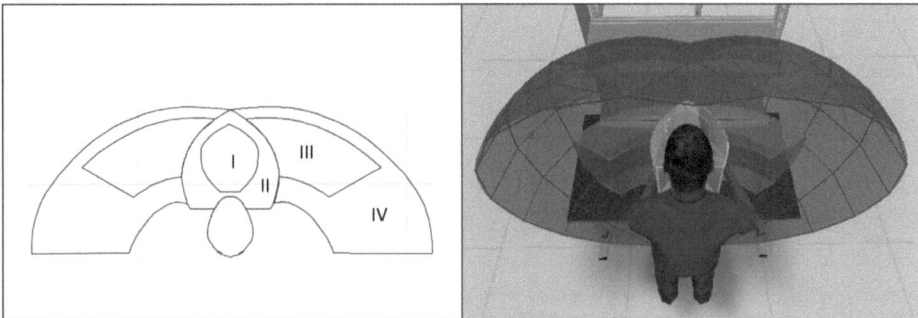

Bild 9.1 Greifraum und Arbeitszonen

Zone I und II stellen das (erweiterte) Arbeitszentrum dar. Dies ist der optimale Bereich für die auszuführenden Tätigkeiten, da die Arbeit im Sichtfeld mit beiden Händen erfolgen kann. Zone III dient idealerweise der Material- bzw. Werkzeugbereitstellung. Dieser Bereich ermöglicht einhändiges Greifen und wegereduziertes Bringen der Teile und Werkzeuge in das Arbeitszentrum. Die erweitere Einhandzone IV sollte nur genutzt werden, falls der Raum in Zone III für Greifbehälter nicht ausreichend ist (vgl. Bokranz/Landau 2006, S. 280).

Für detaillierte Ausführungen zum MTM-Konzept sowie weitere Standards zur Bewegungsvereinfachung sei an dieser Stelle aufgrund des begrenzten Rahmens dieses Buches auf *Bokranz/Landau* 2006 verwiesen.

9.1.1.1 Vorteile von MTM

Zusammenfassend bietet der Einsatz von MTM folgende Vorteile für die Betrachtungsebene des Arbeitsplatzes:

- auch für (noch) nicht existierende Prozesse einsetzbar,
- unabhängig von der Arbeitsgeschwindigkeit,
- präzise Prozessbeschreibungssprache,
- Ergebnisse können direkt im Arbeitsplan verwendet werden,
- bei Neuplanungen können Ursachen für Zeitveränderungen nachvollzogen werden.

Ein großer Vorteil von MTM ist sicherlich, dass die Methode schon in der Planungsphase angewendet werden kann, wenn die Prozesse noch gar nicht umgesetzt oder die Bereiche noch gar nicht aufgebaut sind. Zeiten lassen sich mithilfe der Zeitbausteine bereits vorab ableiten. Gerade bei „gestoppten Zeiten" trifft man immer wieder auf das Problem, dass die Mitarbeiter während des Beobachtungszeitraums die Arbeitsgeschwindigkeit reduzieren. Derartige Einflüsse werden durch MTM ausgeschlossen. Auch die Diskussion mit den Mitarbeitern oder Betriebsräten wird üblicherweise durch den Einsatz von MTM einfacher, da die Zeitbausteine unternehmensübergreifend normiert sind. Ein weiterer Vorteil ist, dass mit MTM Prozesse recht präzise beschrieben werden können, die auch direkt in einem zentralen, digitalisiertern Arbeitsplan übernommen und verarbeitet werden können.

Eine typische Erscheinung der MTM-Anwendung ist die *Rationalisierung ohne Investitionen* (MTM 2011, S. 127), d. h. eine Verbesserung der Leistung und Produktivität mit nur geringen Ausgaben für Arbeitsplatzgestaltung und Automatisierung. Der dahinterliegende Gedanke ist das Pareto-Prinzip, welches besagt, dass man mit verhältnismäßig geringem Aufwand eine hohe Verbesserung erreichen kann. Bild 9.2 zeigt den Zusammenhang zwischen der Zeitersparnis gegenüber reiner Handarbeit und den Investitionen für einen vollautomatisierten Arbeitsplatz bei einer Rationalisierungsinvestition.

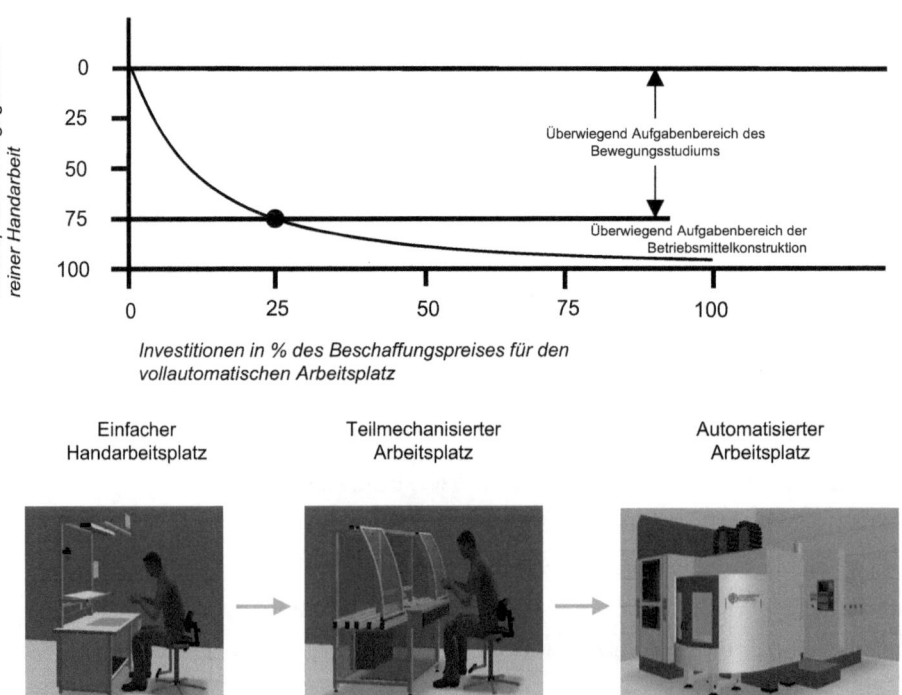

Bild 9.2 Zusammenhang zwischen Rationalisierungsgrad und Zeitersparnis (in Anlehnung an MTM 2011, S. 127)

Hierbei lässt sich klar erkennen, dass in den meisten Fällen mit nur 25 % der Kosten einer Vollautomatisierung bereits eine Zeitersparnis von 75 % gegenüber der Vollautomatisierung erreicht werden kann. Dabei wird die Wichtigkeit der Arbeitsplatzgestaltung dadurch klar, dass der größte Teil der Zeitersparnis gegenüber reiner Handarbeit durch ein Studium der Bewegungsabläufe und anschließender Optimierung und nicht durch alleinige Betriebsmittelkonstruktion erreicht werden kann.

Insbesondere vor dem Hintergrund der steigenden Bedeutung der Flexibilität der operativen Leistungserstellung, aufgrund steigender Variantenanzahl und stark volatiler Märkte, zeigt sich ein *teilautomatisierter Arbeitsplatz* oft als sinnvolle Variante der Rationalisierung. Der vollautomatisierte Arbeitsplatz mag durchaus die wirtschaftlichere Variante sein, wenn die geplante Stückzahl tatsächlich erreicht wird. Aber eben auch nur genau dann. Nehmen wir an, für unseren Beispielfall werden 1 000 000 Stück eines Produkts geplant, und die vollautomatisierte Anlage mit einem zwangsläufig sehr hohen Fixkostenanteil wird beschafft. Nun werden aber über die Laufzeit nur 800 000 Stück verkauft. Haben Sie mit dem hohen Break-even dann schon die Gewinnzone erreicht?

Oder andersherum: Es werden 1 200 000 Stück verkauft. Wie einfach, und zu welchen Kosten ist Ihre vollautomatisierte Anlage skalierbar?

9.1.1.2 Kritik an MTM

Wo Licht ist, ist bekannterweise auch Schatten. Genau diese Prozesssprache macht MTM zu einem Expertentool. Wer die nicht selbsterklärenden, kryptischen Kürzel nicht versteht, die Datenkarten nicht zu interpretieren weiß, kann auch nicht mitarbeiten. Somit wird von der Methodik der überwiegende Teil der Belegschaft ausgeschlossen.

Die Vorgehensweise ist teilweise zu stark formalisiert. Durch den extremen Fokus auf die Details und die kleinsten Bewegungsabläufe, fällt es sehr schwer, das große Ganze im Auge zu behalten. Es bedarf der Ergänzung um weitere Methoden (beispielsweise der Wertstromanalyse). Der Einsatz von MTM dauert an vielen Stellen einfach zu lange, und der Aufwand ist in vielen Bereichen zu groß, bis brauchbare Ergebnisse vorliegen.

Aufbauend hierauf ist der größte Kritikpunkt an MTM, dass zwar der einzelne Arbeitsplatz extrem genau betrachtet und optimiert wird, es aber keine brauchbare Methodik und Unterstützung für die Gestaltung der übergreifenden Prozesse zwischen den Arbeitsplätzen gibt.

9.1.2 Beidhandarbeit

Die Arbeitsplatzgestaltung nach Lean-Kriterien geht wesentlich indirekter vor, als das bei der stark formalisierten Vorgehensweise von MTM der Fall ist. Die im Folgenden beschriebenen Prinzipien beschreiben eher einen Sollzustand, als einen Weg dorthin. Außerdem ergeben sich die Vorteile erst im Zusammenspiel aller oder zumindest eines Großteils der Prinzipien. Es sei an dieser Stelle darauf verwiesen, dass sich die Lean-Prinzipien und die MTM-Vorgehensweisen an vielen Stellen durchaus decken bzw. kompatibel sind.

Die Beidhandarbeit dient als Arbeitsplatzgestaltungsprinzip der Steigerung der Bewegungsökonomie. Die notwendigen Arbeitsschritte erfolgen idealerweise durch entsprechende Gestaltung des Arbeitsplatzes, inklusive Materialbereitstellung, stets mit beiden Händen.

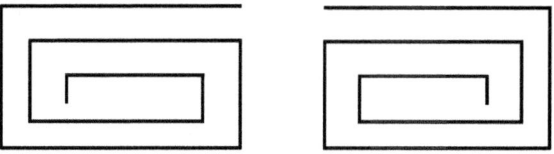

Bild 9.3 Beispiel für einen Bewegungsablauf bei spiegelsymmetrischem Arbeitsplatzaufbau

Die Tätigkeiten werden dabei mit beiden Händen durch gleiche (symmetrische) oder unterschiedliche (nicht symmetrische) Bewegungsabläufe durchgeführt. Das reine „Halten" eines Gegenstands durch eine Hand muss im Sinne einer Verschwendungsreduzierung vermieden werden. So werden sowohl zeitökonomische als auch ergonomische Vorteile geschaffen. Generelle Ziele der Bewegungsökonomie sind:

- kurze Bewegungslängen,
- entgegengesetzte Bewegungsrichtung,
- spiegelsymmetrischer Arbeitsplatzaufbau,
- Beidhandarbeit,
- gleiche Bewegungsformen bei phasengleichem Bewegungsablauf,
- gleichgerichtete Bewegung verschiedener Körpersegmente,
- rhythmische, symmetrische, fließende, harmonische und ermüdungsfreie Arbeitsmethoden (vgl. Ebbe et al. 2008, S. 15 f.).

9.1.3 Andon

Zum Erkennen und Eskalieren von Problemen am Arbeitsplatz dient das Gestaltungsprinzip *Andon*.

Unter Andon versteht man eine Reihe verschiedener Visualisierungstechniken, um den Mitarbeitern laufend logistik- und produktionsrelevante Informationen zu übermitteln (vgl. Klug 2010, S. 267).

Die Visualisierung am Arbeitsplatz ist die Grundlage für das Identifizieren von Abweichungen vom Standard bzw. von Vorgaben und daher der erste Schritt zum Start eines Problemlösungsprozesses durch den Werker selbst (vgl. Liker/Meier 2008, S. 236).

Dabei verfolgt das Andon-System folgende Ziele:

- *Visualisierung des Bestandsniveaus:* Durch sichtbare Minimal- und Maximalbestandsgrenzen an Behältern und Flächen können Überbestände vermieden und Notfallsituationen gesteuert werden. Bei Berücksichtigung des Prinzips *Werkerdreieck* kann durch die verdichtete Materialbereitstellung der Mitarbeiter am Arbeitsplatz als Verbraucher die Bestandsüberwachung für „sein" Material übernehmen.

- *Visualisierung der Mengenleistung:* Mithilfe von sogenannten Andon-Boards (Bild 9.4) kann die Leistung der Produktionslogistik und der Montage/Fertigung auf elektronischen Tafeln am Shopfloor visualisiert werden.

- *Visualisierung von Fehlteilen:* Durch eine standardisierte Kennzeichnung aller Flächen, Stellplätze und Arbeitsplätze können Fehlteile durch Produktions- und Logistikmitarbeiter schnell erkannt werden.

- *Visualisierung von Soll-Ist-Logistikzuständen:* Die Gegenüberstellung von logistikrelevanten Vorgaben und den erreichten Ergebnissen soll erleichtert werden. Hilfreich sind dabei u. a. die Flächenkennzeichnung, Höhenmarkierungen für die Stapelung von Behältern/Ladungsträgern oder auch Signallampen.

- *Information und Motivation von Mitarbeitern:* Andon-Boards, akustische Signale bei Störungen, Signallampen, aber auch arbeitsplatznahe bzw. produktionsbereichsnahe Schautafeln stellen relevante Informationen zur Verfügung und visualisieren die Ziele. So wird die Motivation und Leistung der Mitarbeiter sowohl gefordert als auch gefördert.

- *Grundlage für Verbesserungsaktivitäten im Team:* Nur ein erkanntes Problem kann auch behoben werden. Übersteigt die Anomalie die Kompetenz oder den Handlungsspielraum des Mitarbeiters, wird die Unterstützung des Teams bzw. des Vorgesetzten angefordert und zusammen der Problemlösungsprozess durchgeführt (vgl. Klug 2010, S. 267 f.).

Als Werkzeuge der Visualisierung werden verschiedene Instrumente genutzt:

Bild 9.4 Beispiel für ein Andon-Board (Foto: Musterfabrik TZ PULS)

Andon-Boards dienen der Visualisierung der Leistung von Logistik und/oder Fertigung. Üblicherweise erfolgt dies durch einen Soll-Ist-Vergleich, bezogen auf die Ausbringungsmenge in Stück oder einen Vergleich von Soll-Taktzeit zu Ist-Taktzeit. Zudem können sie dazu genutzt werden, auf Störungen oder Probleme eines Arbeitsplatzes hinzuweisen.

Die *Kennzeichnung von Flächen* spielt eine elementare Rolle bei der Visualisierung am Arbeitsplatz. Je nach Art der Fläche (z. B. Arbeitsplätze Betriebsfertigung, Materialaus- und -eingang, Materialpuffer, Lagerbereich, Fahrstraßen, Abfallentsorgung, Sperrflächen usw.) werden die Bereiche am Boden unterschiedlich gekennzeichnet. Die Differenzierung kann beispielsweise durch unterschiedliche Farben oder unterschiedliche Darstellungsformen (durchgehende oder gebrochene Linien in unterschiedlichen Linienstärken) erfolgen und so bereits optisch auf die Funktion der jeweiligen Fläche hinweisen.

Bild 9.5 Shopfloor-Management-Board oder Prozesstafel (Foto: Musterfabrik TZ PULS)

Eine weitere Form der Visualisierung sind prozessbezogene *Shopfloor-Management-Boards* oder *Prozesstafeln direkt* am Shopfloor. Hier werden insbesondere Ziele, typischerweise in Form von Kennzahlen, ausgehängt und den Mitarbeitern zur Einsicht zur Verfügung gestellt. Dazu zählen Kennwerte bezüglich Prozessleistung, Gesamtanlageneffektivität, interner Fertigungsqualität, externer Anlieferqualität, Daten zum kontinuierlichen Verbesserungsprozess, aktuelle Hinweise (z. B. aufgrund von Produkt- oder Prozessänderungen oder Reklamationen) usw.

Zum Anhalten der Produktionslinie bei Problemen und Störungen, welche sich nicht in der Taktzeit lösen lassen, dient die *Andon-Leine*. Durch das Ziehen an der Leine oder Betätigen eines entsprechenden Schalters, wird ein akustisches und/oder optisches Signal ausgelöst, welches auf den Ort des Problems hinweist. Dies ermöglicht die Unterstützungsfunktion, die Prozessexperten oder Vorarbeiter schnellstmöglich auf das Problem aufmerksam zu machen. Voraussetzung für die Umsetzung in der Praxis ist jedoch eine Kultur des Vertrauens, in der Mitarbeiter ohne negative Konsequenzen auf Probleme hinweisen können (vgl. Liker/Meier 2008, S. 236 f.).

Hinter der Andon-Leine steht die Philosophie „keinen Fehler annehmen, keinen Fehler produzieren, keinen Fehler weitergeben".

■ 9.2 One-Piece-Flow

Das systemische Grundprinzip „Fluss" findet seine idealste Realisierung im soge-nannten *„One-Piece-Flow"*. Das Gestaltungsprinzip One-Piece-Flow, wohl eines der wichtigsten Lean-Prinzipien, bedeutet dabei *kontinuierliche Einzelstückfließfer-tigung*, d. h. die einzelnen Werkstücke werden ohne Einlagerung oder Puffer auf-grund von Fertigungs- oder Montagelosen direkt *Hand-in-Hand* (Klevers 2007, S. 75) zum nächsten Arbeitsplatz transportiert. An jedem Arbeitsplatz der Fließ-fertigung befindet sich nur ein zu bearbeitendes Teil. So werden die Liege- und Transportzeiten auf das absolute Minimum reduziert und somit die Durchlaufzeit verkürzt. Wesentliche Voraussetzung für das Funktionieren des One-Piece-Flow ist ein gleichmäßiger Produktionsrhythmus für alle verketteten Arbeitsplätze.

Bild 9.6 zeigt im Vergleich die deutliche Verkürzung der Durchlaufzeit einer kon-tinuierlichen Fließfertigung gegenüber der Fertigung in Losen.

Im dargestellten Beispiel müssen an den drei Arbeitsplätzen A, B und C Tätig-keiten mit einer Prozesszeit von je einer Minute pro Stück durchgeführt werden.

Losfertigung

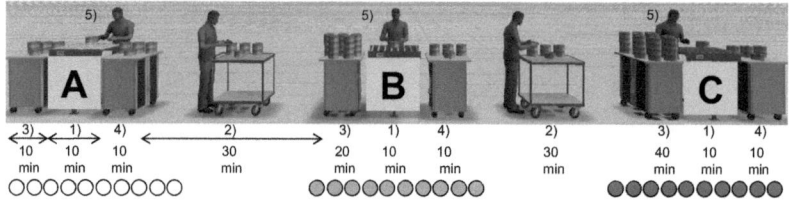

DLZ = 190 min
PZ = 3 min

One-Piece-Flow

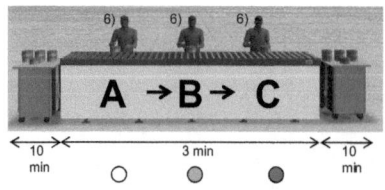

DLZ = 23 min
PZ = 3 min

➡️ Kurze Durchlaufzeit und minimale Bestände durch kontinuierlichen Fluss

Legende:
1) Bearbeitungszeit je Stück = 1 min   2) Transportzeit = 30 min   3) Liegezeit vor Bearbeitung
4) Liegezeit nach Bearbeitung   5) Losgröße = 10   6) Losgröße = 1
DLZ = Durchlaufzeit PZ = Prozesszeit

Bild 9.6 Von der Losfertigung zum One-Piece-Flow (in Anlehnung an Rother/Shook 2011, S. 45)

Bei der klassischen *Losfertigung* wurde sich aufgrund einer kostenorientierten Denkweise für eine vermeintlich optimale Losgröße von zehn Stück für jeden Arbeitsplatz entschieden. Ein Weitertransport zum nächsten Bearbeitungsschritt erfolgt (natürlich im Sinne der Losgrößeneffizienz im klassischen Denken) erst, wenn sich ein gewisser Bestand an abgearbeiteten Teilen angesammelt hat. Somit entstehen zwischen den Arbeitsplätzen zusätzliche, nicht wertschöpfende Zeiten durch Transport sowie durch Liegen vor und nach der Bearbeitung. Die Durchlaufzeit für ein Produkt beträgt letztenendes 190 Minuten bei nur drei Minuten wertschöpfender Prozesszeit. Dies ergibt einen für die Losfertigung typischerweise sehr geringen *Anteil an Wertschöpfungszeit* an der gesamten Produktionsdurchlaufzeit von 3 min/190 min = 1,6 %.

Im Gegensatz dazu sind im unteren Beispiel die Arbeitsplätze direkt miteinander in einer Fließfertigung verkettet. Jeder Mitarbeiter hat genau ein angearbeitetes Produkt an seinem Arbeitsplatz, welches nach Fertigstellung direkt an den nachfolgenden Prozess übergeben wird. Dadurch entfallen die Bestände und Transportzeiten zwischen den Arbeitsplätzen. Liegezeiten fallen nur vor dem ersten und nach dem letzten Arbeitsplatz der Kette an. Die Durchlaufzeit reduziert sich in diesem Beispiel durch Anwendung des Prinzips One-Piece-Flow um den Faktor 8 auf 23 min. Der Anteil wertschöpfender Tätigkeiten steigt somit auf über 13 %.

Bild 9.7 zeigt die Umsetzung des One-Piece-Flow-Prinzips idealtypisch anhand einer Montagezelle in U-Form.

Bild 9.7 Montage-U-Zelle mit One-Piece-Flow-Prinzip (Foto: Musterfabrik TZ PULS)

■ 9.3 Rüstzeit Null

Neben einem gleichmäßigen Produktionsrhythmus sind auch minimalste Rüstzeiten für das Erreichen der maximalen Variabilität eines *One-Piece-Flow-Systems* notwendig. Das Gestaltungsziel heißt dabei *Rüstzeit Null*.

Unter Rüstzeit (RZ) versteht man „[…] die Zeit, während der ein Betriebsmittel aufgrund eines Wechsels der Vorrichtungen, Werkzeuge oder Materialien […] für eine neue Teilevariante nicht für die Bearbeitung zur Verfügung steht […]. Sie wird gemessen vom letzten Gutteil der vorhergehenden bis zum ersten Gutteil der folgenden Variante." (Erlach 2010, S. 62).

In der klassischen kostenorientierten Denkweise reduzieren Rüstvorgänge ausschließlich die verfügbare Anlagenkapazität und erhöhen somit die Ressourcenkosten. Dieser Ansatz führt natürlich zur Bildung von möglichst großen Produktionslosen, um die Anzahl der Rüstvorgänge so gering wie möglich zu halten. Das Resultat ist eine Einzeloptimierung eines einzigen Systemteils (Rüstzeitanteil) ohne aber einen Blick auf die Auswirkungen auf das Gesamtsystem zu werfen (vgl. hierzu Kapitel 2). Ein dem Lean-Gedanken völlig gegenläufiger Ansatz.

Häufig wird daher in der Praxis auf das Zusammenfassen von Aufträgen geachtet, umso Rüstvorgänge zu sparen. So kommt es dazu, dass in einem Wochenprogramm die Kundenaufträge gesammelt werden und jeweils Produktionslose für die einzelnen Produkte, unabhängig von der Zusammensetzung des Kundenauftrags, gebildet werden. Gerüstet wird dann, wenn das gesamte Wochenpaket einer Produktvariante produziert wurde. In der Praxis bedeutet dies hohe Bestände und lange Durchlaufzeiten. Der Bezug zwischen Kundenauftrag und Fertigung geht vollständig verloren. Zudem ist eine kurzfristige Anpassung des Wochenprogramms aufgrund plötzlicher Veränderungen des Kundenwunsches nicht möglich oder mit erheblichem Aufwand verbunden. Rüstzeiten führen daher auch zu einem Verlust an Flexibilität und Variabilität in der Produktion.

Eine weitere Ursache für das Ziel „Rüstzeit Null" ist die Auswirkung von Rüstzeiten auf den Gesamtdurchsatz der Produktion. Grundsätzlich entscheidet der Engpassprozess in der Fertigung über die gesamthafte Ausbringung der Prozesskette. Zur Steigerung des Durchsatzes existieren grundsätzlich nur vier Möglichkeiten:

1. Veränderung der Zykluszeit durch Reduzierung von Prozess-/Bearbeitungszeiten,

2. Bereitstellung zusätzlicher Ressourcen (was aber grundsätzlich die letzte Variante sein sollte),

3. Erhöhung der Losgröße (eine Optimierung am eigentlich Problem vorbei),

4. Reduzierung der Rüstzeiten (die eigentliche „Wurzel des Problems").

Daher sollte bei der Notwendigkeit zur Steigerung des Gesamtdurchsatzes oder der „Entschärfung" von Engpässen zuallererst eine *Rüstzeitreduzierung* durch Eliminierung von Verschwendung oder Externalisierung von Rüstvorgängen erfolgen (vgl. Erlach 2010, S. 253).

Bild 9.8 visualisiert ein fiktives Rüstzeitoptimierungsprojekt.

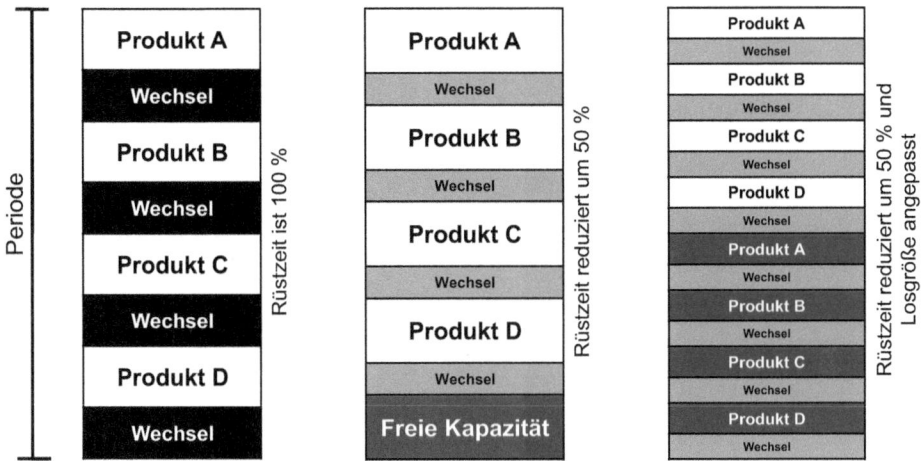

Bild 9.8 Zusammenhang zwischen Rüstzeitreduzierung und verringerten Losgrößen

Von der linken zur mittleren Säule wurde die Rüstzeit um 50 % reduziert, was zunächst zu einer freien Kapazität führt. Wie würden Sie diese freie Kapazität nutzen?

Häufig kommt der Vorschlag, wieder mit Produkt A zu beginnen. Aber dann produzieren Sie auch mehr. Wird das Material überhaupt gebraucht?

Als zweiter Vorschlag kommt dann häufig: Wir legen noch ein zusätzliches Produkt auf die Maschine. Okay, das könnte man tun. Aber Sie erhöhen damit weiter die Ressourcenkreuzungen und steigern die Komplexität in der Steuerung, wie wir in Kapitel 1 gesehen haben.

Was dann? Wir schicken die Leute früher nach Hause. Wie lange machen Ihre Leute das mit? Ist Arbeitsplatzabbau Ihr Ziel?

Ein auf den ersten Blick völlig verrückter Vorschlag ist, die freie Kapazität zu nutzen, um öfter zu rüsten. Was würde Ihr Controller dazu sagen? Die „Rüstzeit gesamt" ist gleichgeblieben. Der Maschinenstundensatz hat sich nicht reduziert. Die Anzahl der Rüstvorgänge hat sich sogar erhöht. Was soll an dem Prozess besser geworden sein?

Wir sparen durch das häufigere Rüsten Flächen und Bestände ein. Kostenrechnerisch fällt das aber kaum ins Gewicht.

Wir haben eine kürzere Durchlaufzeit und sind schneller beim Kunden. Was bringt uns das in Euro?

Sie sehen, es ist nicht unbedingt klar, eine Rüstzeitreduzierung zu nutzen, um die Anzahl der Rüstvorgänge zu erhöhen.

Warum tun wir des trotzdem?

Weil es der einzige Weg zum One-Piece-Flow ist!

Früher wurden in der Automobilindustrie erst alle Limousinen gefertigt, dann wurde gerüstet, und es wurden alle Kombis gefertigt. Heute kann im One-Piece-Flow eine beliebige Reihenfolge der beiden Varianten gefertigt werden. Es muss natürlich immer noch gerüstet werden. Aber die Rüstzeiten sind mittlerweile so kurz, dass in jedem Takt gerüstet werden kann.

Rüstzeit Null bedeutet also nicht, dass es keine Rüstzeit mehr gibt, sondern dass diese so kurz ist, das in jedem Takt gerüstet werden kann.

Genau hier haben viele ein Verständnisproblem. Sie hören „Rüstzeit Null" und lehnen die Idee als absurd ab. Es wird nicht verstanden, dass es sich um ein Prinzip und nicht um eine fixe Zielvorgabe handelt.

Halten wir also fest, dass eine reine Beschränkung der Rüstzeit also die verfügbare Maschinenkapazität steigert. Wird diese gewonnene Zeit nun genutzt, um häufiger zu rüsten und Losgrößen zu verkleinern (rechte Säule Bild 9.9), steigt die Flexibilität, die Bestände werden gesenkt und Durchlaufzeiten reduziert.

Der entscheidende Vorteil von Rüstzeitreduzierungen liegt darin, die gewonnene Zeit für häufigeres Rüsten nutzen zu können. Dies ermöglicht kleinere Losgrößen und kundenspezifische Auftragsfertigung. Zudem steigt die Flexibilität für kurzfristige Auftragsänderungen oder plötzlich eintreffende Eilaufträge an. Der Kundenauftrag wird durch die reduzierte Durchlaufzeit schneller durch das System gesteuert, was sich wiederum positiv auf die Termintreue auswirkt.

■ 9.4 Poka Yoke

Poka Yoke dient der Vermeidung von Fehlern durch „Narrensicherheit". Der Grundgedanke ist, mithilfe technischer Vorkehrungen und Einrichtungen am Arbeitsplatz eine *sofortige Fehlererkennung* und Fehlerbeseitigung zu ermöglichen (Klug 2010, S. 266). Dies bezieht sich dabei vor allem auf manuelle Tätigkeiten, da beim Menschen keine 100 % Qualität garantiert, diese aber vom Kunden gefordert ist (Null-Fehler-Ziel).

Dabei können unterschiedliche Maßnahmen oder Mechanismen präventiver Art dazu beitragen, keine Fehler zu machen und vor allem keine Fehler an den nachfolgenden Prozess weiterzugeben. Je später Fehler entdeckt werden, desto teurer wird deren Behebung (Zehnerregel der Fehlerkosten). Poka-Yoke-Maßnahmen sollten möglichst einfach (günstig), sicher und ohne Nebenwirkungen auf die Prozesse sein.

Takeda nennt folgende typische Beispiele und Einsatzmöglichkeiten für Poka Yoke (Takeda 2009, S. 297):

- Beim Vergessen eines Handarbeitsschritts darf das Teil nicht in die Halterung passen (Stift, Kegel, Führung).
- Beim Vergessen eines Handarbeitsschritts darf die Maschine nicht anlaufen (Kopplung mit Endschalter, Zähler, Sensor).
- Bei einem Bearbeitungsfehler muss das Teil auf der Rutsche/Transportband angehalten werden; es darf nicht an den nachgelagerten Prozess weitergegeben werden (spezifische Führung).
- Beim Auslassen eines Automatenbearbeitungsschritts muss eine Warnlampe aufleuchten bzw. ein akustisches Signal ertönen (mit Zähler bzw. Sensor koppeln).
- Unterscheidung durch farbliche Markierungen, unterschiedliche Form, Länge und Gewicht.
- Beim Verwechseln von Teilen muss das Bestücken unmöglich sein (Teilebereitstellung gegen Verwechslung schützen).

Die Anwendung einer Poka-Yoke-Lösung wird an folgendem Beispiel erläutert:

Die Problemstellung ist die Verwechslung von variantenreichen Montageteilen, welche zu hohen Folgekosten durch spätere Demontage führt. Diese Werkerfehler sollen durch den Einsatz eines Poka-Yoke-Durchlaufregals verhindert werden.

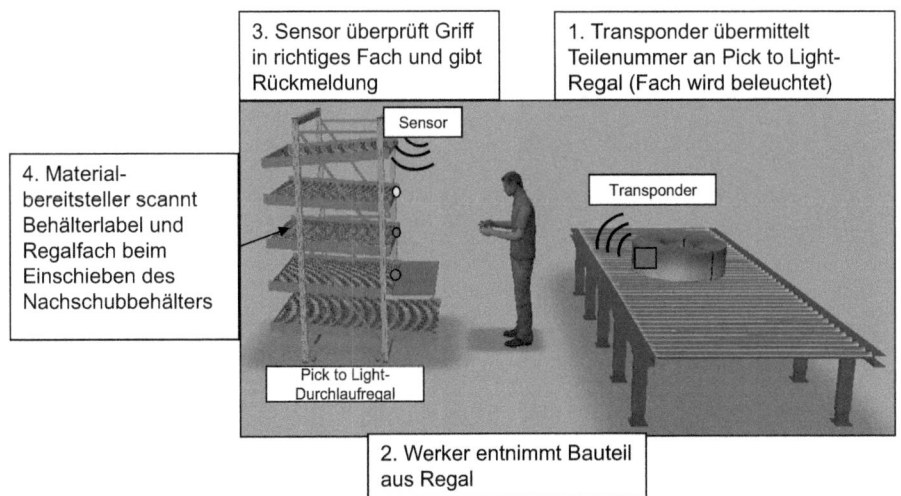

Bild 9.9 Poka-Yoke-Durchlaufregal

Ein am Bauteil befindlicher Transponder übermittelt berührungslos Informationen an das am jeweiligen Montageplatz befindliche Durchlaufregal. Daraufhin wird dem Montagemitarbeiter durch Aufleuchten einer am korrekten Behälterplatz befindlichen Signallampe angezeigt, welches Montageteil zu entnehmen und zu verbauen ist. Durch einen am Regal angebrachten Bewegungssensor wird der Griff in das richtige Regalfach überprüft. Sollte ein falsches Teil entnommen werden, wird der Werker über ein akustisches Signal auf den Fehler hingewiesen. Um sicherzustellen, dass das Regal nicht falsch von der Rückseite bestückt wurde, muss der Materialbereitsteller das Behälterlabel und die Regalfachnummer einscannen. Dieser Vorgang trägt wesentlich zur Fehlervermeidung bei, ein gewisses Restrisiko bleibt jedoch vorhanden (z.B. falsche Etikettierung von Lagerplatz und Behälter oder trotz Scannen falsches Einlegen in das Regalfach).

■ 9.5 Intelligente Material- und Werkzeugbereitstellung

9.5.1 Materialbereitstellung von vorne

- Stellen Sie das Material von vorne, stirnseitig im Sichtfeld und so nah wie möglich mit Materialgriffweiten von idealerweise unter 40 cm bereit (Bild 9.10).
- Vermeiden Sie das Drehen des Materials nach dem Prinzip One-touch-one-motion. Dazu sollten die Teile in „Einbaulage" im Behälter liegen und nicht mehr gedreht werden müssen (siehe auch Kapitel 9.5.2).
- Nutzen Sie beim Einlegen und Transportieren von Teilen die Schwerkraft (vermeidet unnötige Hebe- und Versetzbewegungen).
- Stellen Sie gezielt eine bestimmte Bestandshöhe bereit.
- Setzen Sie möglichst keine Paletten oder Gitterboxen direkt in der Montage ein (vgl. Fraunhofer IPA 2008).

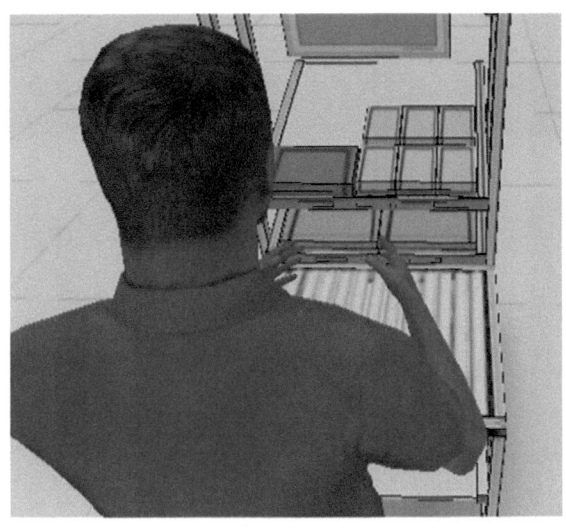

Bild 9.10
Materialbereitstellung von vorne

Für eine wegeoptimierte und ergonomische *Arbeitsflächengestaltung* sollte die maximale Tiefe bei 40 bis 60 cm, die maximale Breite des Arbeitsplatzes bei 120 cm liegen. Bei wesentlicher Überschreitung dieser Maße, sollte, wenn möglich, das Verlegen einzelner Arbeitsschritte in Erwägung gezogen werden. Dazu muss natürlich der notwendige Flächenbedarf geprüft sowie eine Veränderung der Taktzeit (Abtaktung der Arbeitsplätze) analysiert werden. Um eine Losmontage und einen ungewollten Aufbau an Beständen von Halbfertigteilen am Arbeitsplatz konsequent zu vermeiden, sollte die Arbeitsfläche (Montagetisch) nicht breiter als die Montagevorrichtung sein.

Eine weitere Möglichkeit zur Bereitstellung für C-Teile oder Verbrauchsartikel ist der Materialbereitstellungsautomat (Bild 9.11). Der große Vorteil ist, dass kein Personal an Ausgabestationen erforderlich und eine Versorgung der Mitarbeiter rund um die Uhr möglich ist. Diese Automaten werden beispielsweise für Handschuhe und Werkzeuge usw. genutzt. Über die Mitarbeiterkarte kann verfolgt werden, wer wie viel Material entnommen hat, und der Automat bestellt selbstständig nach.

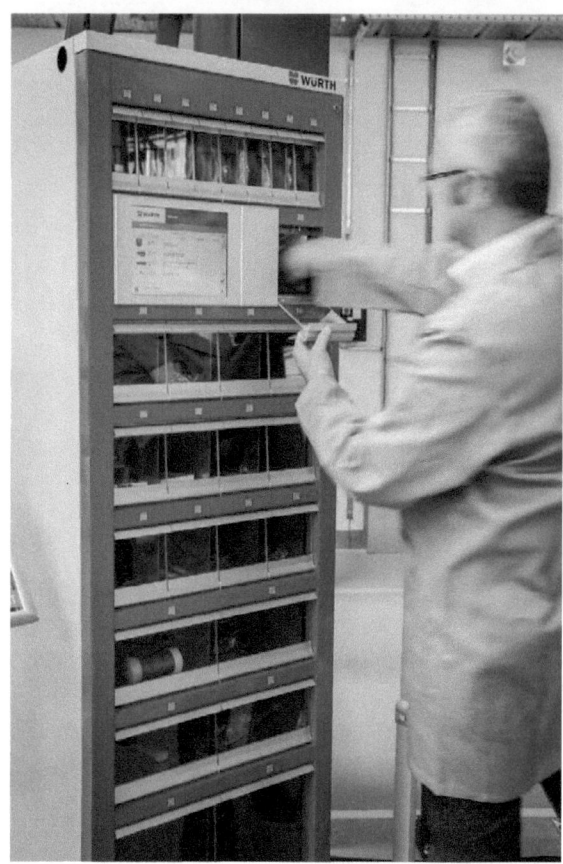

Bild 9.11 Materialbereitstellungsautomat (Foto mit freundlicher Genehmigung der Würth Industrie Service GmbH & Co. KG)

Neben der Gestaltung der Arbeitsfläche spielt auch die *Materialbereitstellung* am Arbeitsplatz eine essenzielle Rolle für verschwendungsarme Bewegungsabläufe. Eine Dreh-/Hebevorrichtung ermöglicht die ergonomische Bereitstellung von Großladungsträgern und eine Entkopplung des Entnahmeprozesses durch den Werker vom Behältertauschprozess durch den Logistiker (Bild 9.12).

Bild 9.12 Ergonomische Bereitstellung von Großladungsträgern (Foto mit freundlicher Genehmigung der MWB GmbH)

9.5.2 One-touch-one-motion

Ein weiteres inhaltliches Gestaltungsprinzip für die Arbeitsplatzgestaltung nach Kriterien der schlanken Produktion ist *One-touch-one-motion*. Dahinter steht der Gedanke einer möglichst effizienten Erledigung der Arbeitsaufgabe durch einen einzigen Handgriff. Durch die Vermeidung jeglicher unnötiger und damit nicht wertschöpfenden Bewegungen des Werkers und des Materials wird dieses Ziel erreicht. Dazu werden die manuell ausgeführten Tätigkeiten soweit vereinfacht und optimiert, dass der Arbeitsschritt möglichst nur noch mit einer einfachen geradlinigen Bewegung ausgeführt wird.

Zur Erreichung des One-touch-one-motion ist vor allem eine intelligente und optimierte Materialbereitstellung notwendig, wie diese in Bild 9.13 zu sehen ist. Entscheidend sind hierbei *kurze Materialgriffweiten* (idealerweise unter 40 cm) und eine möglichst stirnseitige *Bereitstellung im Sichtfeld*. Die Rollen werden aus den transparenten Rohren immer am gleichen Punkt (Ein-Punkt-Abgriff) mit beiden Händen gleichzeitig (Beidhandarbeit) entnommen. Zur Steigerung des Bewegungsflusses sollten die Teile bereits in *Einbaulage* im Behälter liegen. Dies ermöglicht, dass die Teile, so wie sie aufgenommen wurden, ohne unnötige Dreh- und Versetzbewegungen sowie Lageüberprüfungen in einer Bewegung zum Verbauort geführt werden können (One-touch-one-motion).

Bild 9.13 Entnahme der Rollen nach dem Prinzip One-touch-one-motion (Foto: Musterfabrik TZ PULS)

Unterstützend wirkt sich dabei auch eine entsprechende Gestaltung des Arbeitsplatzes in Bezug auf *Ergonomie* sowie Hilfs- und Montagemittel aus.

Das Prinzip One-touch-one-motion ist nicht nur auf manuelle Arbeitsplätze, sondern natürlich auf die Bewegungsabläufe von Maschinen/Robotern anwendbar.

9.5.3 Schattenbrett

Die *Anordnung der Werkzeuge und Betriebsmittel* trägt ebenfalls zu einem wertschöpfungsorientierten Arbeitsplatz bei. Bild 9.14 zeigt ein Beispiel für vorbildliche Werkzeugaufbewahrung.

Bild 9.14 Anordnung von Werkzeugen und Betriebsmitteln (Foto mit freundlicher Genehmigung der Würth Industrie Service GmbH & Co. KG)

Aus unübersichtlicher Werkzeugaufbewahrung, ohne definierte Plätze für die Werkzeuge, resultieren entsprechend hohe Suchzeiten. Ordnung sorgt im Gegensatz dazu für eine Reduzierung der Zugriffszeiten. Dies mag zwar bei jedem Zugriff nur eine Einsparung im Bereich weniger Sekunden sein, aber wenn diese Zugriffe mehrere Hundert Male pro Tag ausgeführt werden, summieren sich die Zeiteinsparungen zu beträchtlichen Größen. Dies wird häufig übersehen.

Verfügt jedes Material, jedes Werkzeug und Betriebsmittel über seinen eigenen, klar definierten Platz, so wird mit der Zeit und Gewöhnung ein „blindes" Greifen ermöglicht. Dazu eignen sich in der Praxis beispielsweise entsprechend gestaltete Werkzeugwägen oder auch Schattenbretter sowie der Einsatz frei konfigurierbarer Arbeitsplatzsysteme, welche von verschiedenen Herstellern am Markt erhältlich sind.

9.5.4 Ein-Punkt-Abgriff

Als Ein-Punkt-Abgriff wird ein standardisierter Materialabgriff an einem stets gleichbleibenden Ort bezeichnet. Ziel ist dabei, einen kontinuierlich optimalen Materialabgriff mit kurzen Griffweiten und fehlhandlungssicherem Teileabgriff zu erreichen. Bild 9.15 verdeutlicht exemplarisch das Prinzip des Ein-Punkt-Abgriffs.

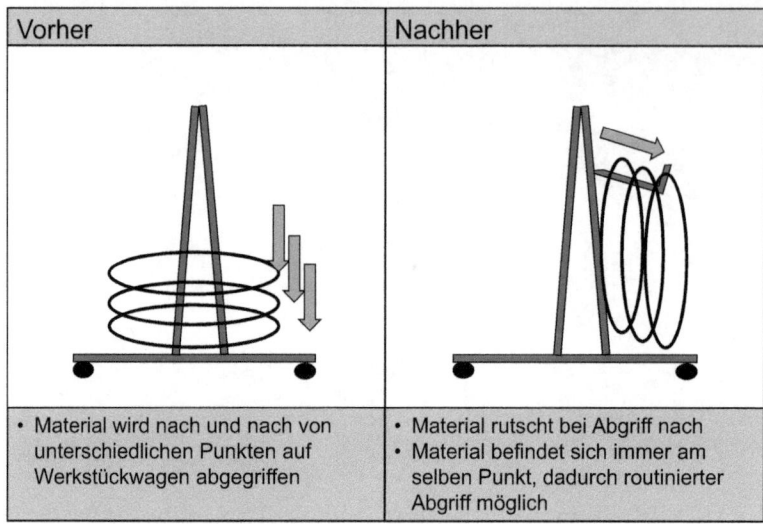

Vorher	Nachher
• Material wird nach und nach von unterschiedlichen Punkten auf Werkstückwagen abgegriffen	• Material rutscht bei Abgriff nach • Material befindet sich immer am selben Punkt, dadurch routinierter Abgriff möglich

Bild 9.15 Ein-Punkt-Abgriff: traditioneller Bereitstellungswagen (links) und optimiert nach dem Prinzip „Ein-Punkt-Abgriff" (rechts)

Das „Vorher"-Bild zeigt einen klassischen Bereitstellungswagen. Das aufgestapelte Material wird nach und nach von unterschiedlichen Punkten vom Wagen abgegriffen. Mit sinkendem Teilebestand auf dem Wagen, nehmen die Greifwege zu. Der Abgriffpunkt verändert sich also nach jeder Teileentnahme. Im Gegensatz dazu zeigt der optimierte Bereitstellungswagen im „Nachher-Bild" das Prinzip des Ein-Punkt-Abgriffs: Durch die schräge Anordnung der Teilehalterungen rutscht das Material bei jedem Abgriff nach. Die Teile befinden sich daher immer am selben Punkt, wodurch ein standardisierter und routinierter Abgriff ermöglicht wird.

9.5.5 Werkerdreieck

Das sogenannte *Werkerdreieck* bezeichnet die räumliche Fläche, an dessen Kanten sich der Werker innerhalb eines Takts an seinem Arbeitsplatz bewegt. Dabei stehen die einzelnen Seiten des Werkerdreiecks für folgende Abläufe:

- Kathete 1: Der Werker nimmt zunächst die für den nächsten Arbeitstakt benötigten Materialien aus dem Bereitstellungsregal und bringt diese zum Anfang des dem Arbeitsplatz zugehörigen Montagebereichs der Fertigungslinie.
- Hypotenuse: Entlang des Montagebands erfolgt nun der Verbau der zuvor entnommenen Materialien.
- Kathete 2: Nach erfolgter Montage bewegt sich der Werker wieder zurück zum Bereitstellungsregal, und der Zyklus beginnt von vorne (vgl. Klug 2010, S. 265).

In Bild 9.16 wird der Unterschied zwischen einer „herkömmlichen" Bereitstellung auf der linken Seite und dem Prinzip Werkerdreieck klar.

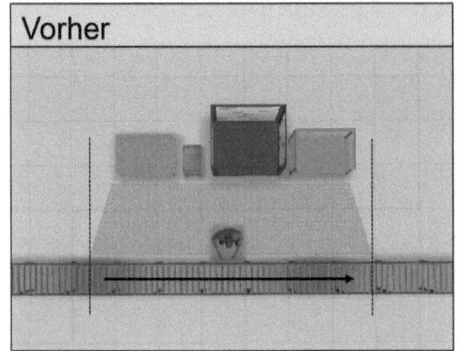
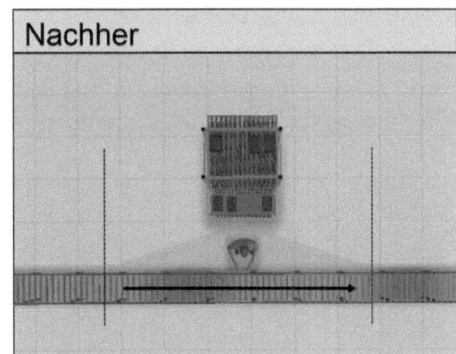

Bild 9.16 Werkerdreieck (eigene Darstellung)

Das linke „Vorher"-Bild zeigt einen deutlichen Anteil an Verschwendung an diesem Arbeitsplatz. Das Material steht dabei in Großladungsträgern außerhalb des Wertschöpfungsbereichs und sorgt somit für erhöhte Laufwege des Werkers, welche unnötige Bewegungen und ermüdende Belastungen darstellen.

Die optimierte Variante, weg von den trapezförmigen Bewegungsabläufen, hin zum Werkdreieck, stellt die „Nachher"-Variante in Bild 9.16 dar. Dabei wurden die benötigten Laufwege und -zeiten durch die verdichtete, bandnahe und stationsbezogene Materialbereitstellung erheblich reduziert. Mithilfe des Bereitstellungsregals wird die Ergonomie gegenüber den Großladungsträgern erheblich verbessert. Diese Bereitstellung in Form des Werkerdreiecks sorgt dafür, dass sich das Material innerhalb des Greifraums (Wertschöpfungsbereichs) befindet und sichert somit einen möglichst wertschöpfungsorientierten, effizienten Bewegungsablauf. Der Fokus liegt auf der Ausführung der wertschöpfenden Tätigkeit und der Erhöhung der Produktivität und nicht der Materialentnahme oder -sortierung. Weitere Elemente zur Steigerung der Effizienz des Werkerdreiecks sind

- die weitere Materialverdichtung,
- die Vermeidung gegenseitiger Behinderung,
- die Ermöglichung eines Q-Alarms und Q-Stopps (vgl. Kapitel 9.1.3),
- die stationsgebundene Betriebsmittelnutzung und
- die Vermeidung von Mehr-Mann-Prozessen (nur eine einzelne Person ist für die Durchführung des jeweiligen Arbeitsschritts verantwortlich).

An dieser Stelle ist anzumerken, dass der Nachher-Zustand in Bild 9.16 regelmäßig zu intensiven Diskussionen führt. Auf der freien Fläche könnten doch größere Behälter platziert werden und damit die Anlieferfrequenz der Logistik und somit

Kosten reduziert werden? Dies ist wieder ein Beispiel dafür, dass wir versuchen, Zwischenstände kostenrechnerisch zu begründen, ohne das eigentliche Endziel im Blick zu haben. Wenn die Situation mit den Freiflächen erreicht ist, könnte entweder noch ein weiteres Produkt auf der Montagelinie integriert werden, oder alternativ könnte die gesamte Montagelinie „verkürzt" werden. Somit wird schrittweise Freifläche geschaffen, um zu einem späteren Zeitpunkt eine neue Anlage o. Ä. in der Halle aufbauen zu können.

9.5.6 Injektionsprinzip

Das *Injektionsprinzip* wurde auf der Basis der acht systemischen Grundprinzipien (vgl. Kapitel 4.1) sowie mehrerer Gestaltungs- und Handlungsprinzipien im Rahmen des Landshuter Produktionssystems (LPS) entwickelt. Es steht für die Anlieferung von Material in kleinen Mengen direkt am benötigten Platz („injizieren") durch autonome Transportroboter. Diese neue Technologie als Enabler machte hier ein neues Prinzip notwendig.

Im konventionell nach Lean-Kriterien geplanten Produktionsbereich sind dezentrale Supermärkte die Schnittstelle zur internen Logistik. Diese bestehen in der Praxis häufig aus Durchlaufregalen an den einzelnen Arbeitsplätzen oder Maschinen. Leere Behälter, inklusive den angebrachten Kanban-Karten, signalisieren dem getakteten Routenzug verbrauchsgesteuert den Bedarf und steuern somit gemäß dem systemischen Grundprinzip Pull die Materialversorgung am Arbeitsplatz (Bild 9.17). Diese Art der selbststeuernden Materialversorgung reduziert die Bestände im Produktionsbereich, synchronisiert den Materialverbrauch und die -anlieferung und vermindert Leerfahrten der internen Logistik. Diesen gewichtigen Vorteilen stehen jedoch auch Nachteile gegenüber: Die dezentralen Supermarktregale müssen unabhängig von ihrer idealen Position aus Sicht des Werkers zwangsweise für den Tausch Voll-/Leerbehälter am Transportweg positioniert werden. Dies bedingt besonders bei der Mehrmaschinenbedienung unnötige Laufwege, da die Durchlaufregale die Abstände zwischen den einzelnen Anlagen erhöhen. Zudem sollte die Logistik auch bei Mehrschichtbetrieb dauerhaft besetzt sein, um unnötige Bestände in den Supermarktregalen zu vermeiden (vgl. Schneider 2014, S. 418 f.).

Unter Berücksichtigung mehrerer Gestaltungsprinzipien des LPS können die genannten Nachteile des konventionellen Ansatzes vermindert werden. Wesentlichen Einfluss auf das Injektionsprinzip haben dabei die Mehrmaschinenbedienung, die verbauortnahe Anlieferung, Chaku-chaku und das Chirurgen-Krankenschwester-Prinzip.

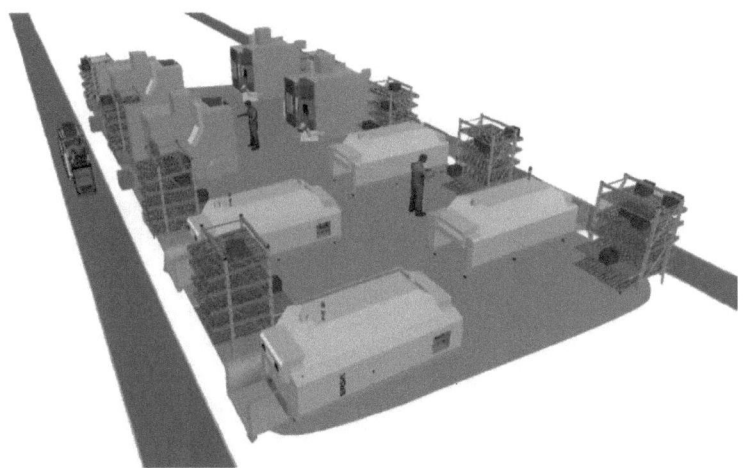

Bild 9.17 Layout bei konventionellem Prozessablauf mit dezentralen Supermärkten

Die Grundidee ist dabei, das Material in kleinen Mengen von oben direkt an den benötigten Platz im Produktionsbereich einzubringen, anstatt von außen über Transportwege großflächig die Durchlaufregale zu befüllen. Der Materialfluss geht daher nicht von außen nach innen, sondern flussoptimiert *von innen nach außen*. Die benötigten Materialien werden zum richtigen Zeitpunkt aus einem automatisierten Zentrallager mit moderner Materialflusstechnik (innovative Transportroboter, welche als Schwarmroboter agieren) entlang der Hallendecke von oben in einen Behälteraufzug am Boden transportiert. Dieser steht im Zentrum des Werkerbereichs und bildet den Abgabepunkt für volle Behälter, aber gleichzeitig auch den Aufnahmepunkt leerer Behälter. Die Leerbehälter werden über den Aufzug wieder in das Transportsystem zurückgeführt. Bei dieser Art eines Mini-Kanbans wird dann der Auftrag zur nächsten Materiallieferung generiert. Dabei hat der Werker die Möglichkeit, je nach Folgeaufträgen auszuwählen, ob dasselbe Material oder aufgrund von Rüstvorgängen andere Teile geliefert werden sollen (vgl. Schneider 2014, S. 419).

Bild 9.18 verdeutlicht dabei das Injektionsprinzip mit den drei Peripherie-Ebenen *Werkerbereich*, *Maschinenbereich* und *Fertigteilbereich*. In der Mitte des Werkerbereichs befindet sich der Ausgabeturm, aus dem die benötigten Teile entnommen und die Maschinen befüllt werden können. Um den Werkerbereich konzentriert sich der Maschinenbereich. Dieser ist nun für den Werker laufwegeoptimiert und erleichtert die Mehrmaschinenbedienung somit erheblich. Den äußeren Kreis bildet der Fertigteilbereich mit den Behältern für die bearbeiteten Teile.

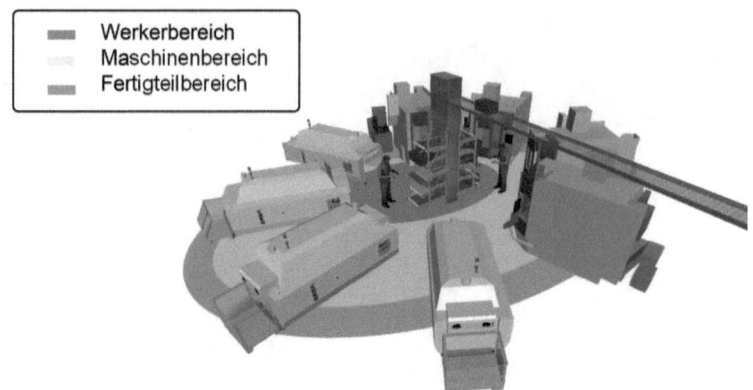

Bild 9.18 Das „Injektionsprinzip" mit drei Peripherie-Ebenen

Durch den Umstieg von konventionell geplanten, dezentralen Supermärkten auf die Gestaltung des Produktionsbereichs nach dem Injektionsprinzip ergeben sich folgende Vorteile (vgl. Schneider 2014, S. 418–422):

- *Flächeneinsparung*: Die Reduzierung der benötigten Flächen resultiert vornehmlich aus zwei Effekten. Zunächst verkleinert sich der Werkerbereich durch den Wegfall der Supermarktregale und die neue Bereitstellung in Form des Behälteraufzugs im Zentrum deutlich. Wege und Haltestellen der Routenzüge können gegebenenfalls entfallen. Praxisprojekte zeigten, dass hier Einsparungen von 20 % an Fläche durchaus realistisch sind. Zudem kann die Bereitstellung jetzt aus einem hochverdichteten, automatisierten Zentrallager erfolgen, was ca. weitere 20 % Flächeneinsparung bringt. Aufgrund der Schnelligkeit und Reaktionsfähigkeit moderner Transportroboter sowie des Materialflusses entlang der Hallendecke, können auch ansonsten eher wenig praktikabel nutzbare Räumlichkeiten als automatisiertes Zentrallager dienen. Dies ist ein nicht zu unterschätzender Vorteil bei oftmals knappen und wertvollen Platzverhältnissen im Produktionsbereich. In Bild 9.19 lässt sich die Flächeneinsparung durch Einsatz des Injektionprinzips, inklusive Verlagerung des ehemaligen Supermarktlagers, zu einem automatisierten Lager in einen bisher unnutzbaren Bereich verdeutlichen.

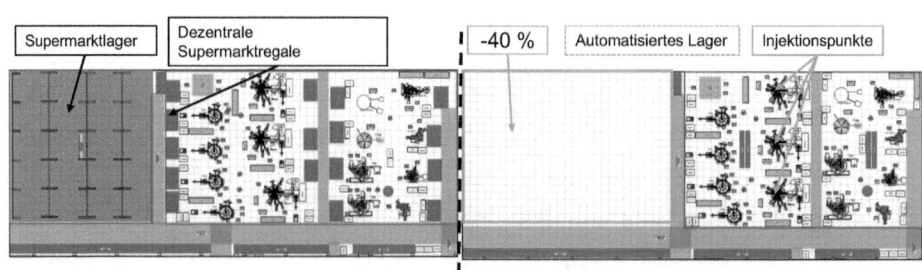

Bild 9.19 Layoutvergleich von „dezentralen Supermarktregalen" hin zum „Injektionsprinzip" in einem realen Optimierungsprojekt

- *Laufwegeverkürzung*: Die Anordnung der Maschinen sowie die zentralisierte Materialbereitstellung (Bild 9.18) berücksichtigen das Gestaltungsprinzip Mehrmaschinenbedienung vollkommen. Der Werker kann sich durch verringerte Abstände nun deutlich schneller zu den jeweiligen Maschinen bewegen und diese mit Material befüllen. Eine Verkürzung der Laufwege um über 50 % ist somit möglich.

- *Schnelligkeit und Reaktionsfähigkeit*: Moderne automatisierte Transportsysteme ermöglichen einen effizienten, reibungslosen und beschleunigten Materialfluss mit weniger manuellen Handlingschritten. Es kann somit zügig und flexibel auf Auftragsveränderungen reagiert werden. Das System bearbeitet die Aufträge selbstständig mit einer maximalen Verfügbarkeit, rund um die Uhr.

- *Reduzierung der Bestände*: In der Praxis ist häufig zu beobachten, dass die Logistik bei Mehrschichtbetrieb nicht durchgehend besetzt ist. Dies bedeutet, dass an den Arbeitsplätzen zur Überbrückung der Fehlzeiten Bestände an Material aufgebaut werden müssen. Dies lässt sich durch ständige Verfügbarkeit des automatisierten Transportsystems umgehen. Es befindet sich stets nur ein Minimum an Bestand bei den Maschinen. Höhere Umschlagsraten können erreicht werden.

- *Flexibilität und Skalierbarkeit*: Die Behälteraufzüge als Abgabepunkte können mit geringem Aufwand versetzt werden und unterstützen somit das Lean-Gestaltungsprinzip *flexible Betriebsmittel*. Eine hohe Anpassungsfähigkeit an das Kundenauftragsvolumen garantiert die einfache Skalierbarkeit des Systems durch den zusätzlichen Einsatz weiterer Transportroboter oder Aufzüge.

Eine zusammenfassende Darstellung des Injektionsprinzips liefert Bild 9.20 mit der Gegenüberstellung von dezentralen Supermärkten („vorher") und dem Injektionsprinzip („nachher"):

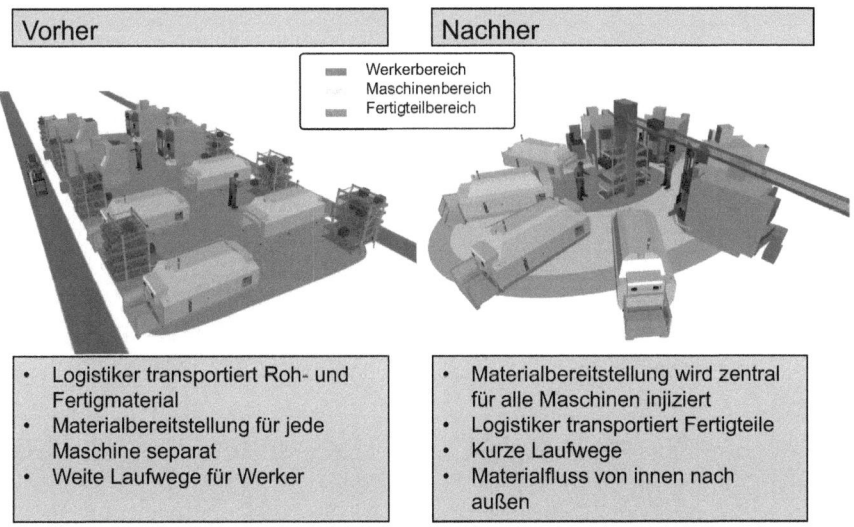

Bild 9.20 Gegenüberstellung von dezentralen Supermärkten und Injektionsprinzip

■ 9.6 Standardarbeitsblatt zur Dokumentation

Die Dokumentation der nach den aufgeführten Richtlinien gestalteten Arbeitsplätze und -abläufe erfolgt in *Standardarbeitsblättern*. Diese Standardarbeitsblätter (Bild 9.21) werden typischerweise vom jeweiligen *Werker des Arbeitsplatzes selbst* erstellt und unterliegen einem kontinuierlichen Verbesserungsprozess. Folgende drei Elemente sind die Hauptbestandteile eines Standardarbeitsblatts (Ohno 1993, S. 48 f.):

- Taktzeit (Zeit zur Herstellung einer Einheit),
- Arbeitsabfolge (Reihenfolge der einzelnen Arbeitsgänge üblicherweise als Gantt-Chart),
- Standardlagerbestand (Minimal- und Maximallagerbestand am Arbeitsplatz),
- Fotos bzw. ein Layout (2D) des Arbeitsbereichs.

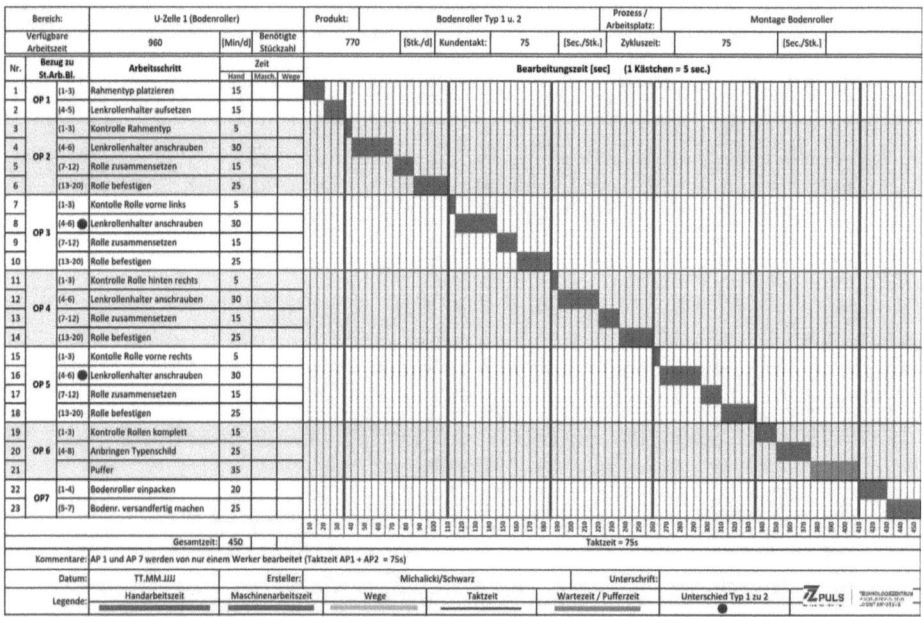

Bild 9.21 Beispiel eines Standardarbeitsblatts (Foto: Musterfabrik TZ PULS)

Die *Prozessdokumentation* in der Lean Production erfolgt *dezentral*. Daher muss die Methodik auch etwas pragmatischer oder „hemdsärmeliger" sein. Natürlich eignet sich eine Prozessbeschreibung, ein Gantt-Diagramm, eine verbale Beschreibung und Layouts zur Prozessdokumentation nicht für eine zentralisierte und ERP-systembasierte Steuerung. Aber auch hier wählt Lean ja eben einen anderen Ansatz, als dies in „klassischen" Unternehmen der Fall ist. Weg von der zentralen, alleswissenden Datenkrake, der die MTM-Arbeitspläne sehr recht kommen, hin zu einem dezentralen Steuerungssystem. An sich reichen die Summenzeiten und Kapazitäten der jeweiligen Bereiche doch völlig aus. Die Dokumentation und die Verbesserungen werden dezentral in den jeweiligen Bereichen und Gruppen durchgeführt.

10 Produktionsbereich

Nachdem nun die Gestaltungsprinzipien für einen einzelnen Arbeitsplatz erläutert wurden, werden in diesem Kapitel die übergeordneten Richtlinien für mehrere Arbeitsplätze zusammen, der „Produktionsbereich", vorgestellt. Hier gelten zunächst folgende generelle Vorschläge:

- Stellen Sie Bearbeitungsmaschinen und Arbeitsstationen so nahe zueinander auf, dass die zurückliegenden Wegestrecken für die Mitarbeiter möglichst kurz bleiben.
- Entfernen Sie Hindernisse auf den Wegstrecken der Mitarbeiter.
- Versuchen Sie die Innenausdehnung einer Zelle bei ca. 1,5 m zu halten (Zellenbreite möglichst so gestalten, dass der Mitarbeiter schnelle Arbeitsplatzwechsel während des Zykluswechsels durchführen kann).
- Beseitigen Sie Arbeitsflächen und Punkte, auf denen sich Prozessbestände sammeln können.
- Legen Sie Arbeitsflächen und Operationshöhen möglichst auf einer Höhe aus.
- Vermeiden Sie Vertikal- und Quertransporte des Werkstücks (Halten Sie, wenn möglich, die Seiten der Maschine offen, sodass die Werkstücke horizontal und auf dem kürzesten Weg zwischen den Anlagen weiterbewegt werden) (in Anlehnung an Fraunhofer IPA 2008).

■ 10.1 Taktabstimmung am Kundentakt

Die *Taktabstimmung* mit dem Operator Balance Chart (Taktabstimmungsdiagramm) dient der Abtaktung der um Verschwendungsanteile reduzierten Arbeitsinhalte der Mitarbeiter. Dies ist bei einer Fließfertigung, insbesondere dem One-Piece-Flow, nötig, um Verschwendung in Form von Wartezeiten zwischen den einzelnen Arbeitsplätzen zu vermeiden.

Durch die Zuordnung der Arbeitsinhalte zu Mitarbeitern und Visualisierung der Belastungsunterschiede werden die *Abtaktungsverluste* in einer übersichtlichen Darstellung der relativen Ausgewogenheit aller Arbeitsinhalte klar. Bild 10.1 zeigt ein solches Taktabstimmungsdiagramm bei einer Prozesskette mit sechs Mitarbeitern.

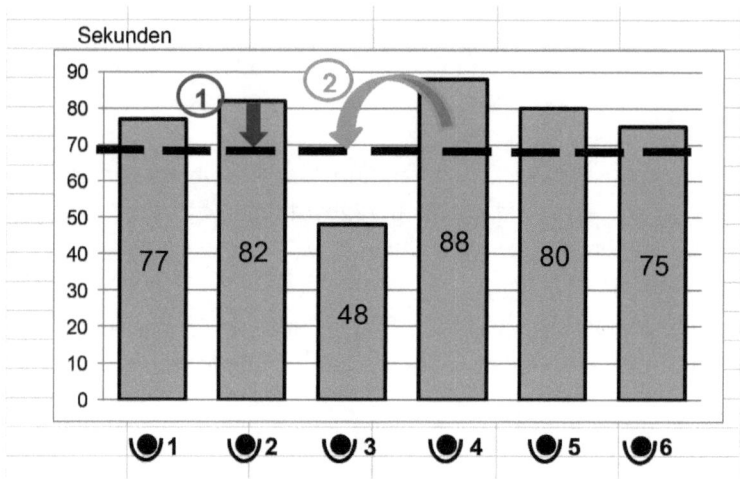

Bild 10.1 Operator Balance Chart und Methoden zur Taktabstimmung (in Anlehnung an Erlach 2010, S. 159)

Zum *Ausgleich von Abtaktungsverlusten* zwischen den Mitarbeitern lassen sich zwei Wege unterscheiden:

1. Zielgerichtete *Reduktion der Arbeitsinhalte* durch (Handhabungs-)Automatisierung (Beispiel 1 in Bild 10.1).

2. *Verschiebung der Arbeitsinhalte* in eine andere Arbeitsgruppe (Beispiel 2 in Bild 10.1).

Nicht zu vernachlässigen ist jedoch dabei die *Ausrichtung am Kundentakt.* Dies ist der entscheidende Aspekt bei einer Taktabstimmung nach dem Lean-Gedanken. Bild 10.2 verdeutlicht den Unterschied einer reinen Taktabstimmung und einer *Taktabstimmung mit Ausrichtung am Kundentakt.*

Auslastungsdruck bei ausgeglichener Verteilung

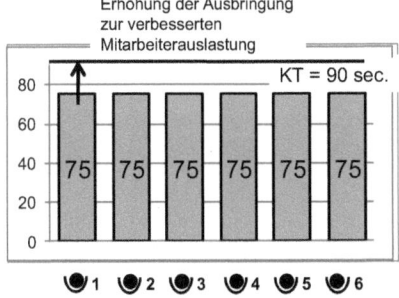

Optimierungsdruck durch ungleichmäßige Verteilung

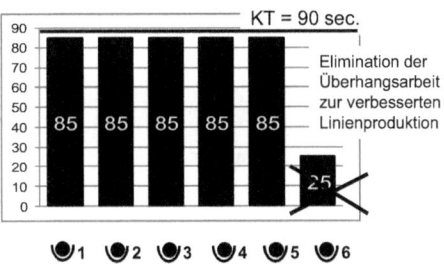

Bild 10.2 Methoden der Taktabstimmung (in Anlehnung an Erlach 2010, S. 160)

Im linken Beispiel werden die einzelnen Mitarbeiter vollständig gleichmäßig mit einem Takt von 75 Sekunden ausgelastet. Der Kundentakt von 90 Sekunden wurde nicht weiter berücksichtigt, sondern es erfolgte eine reine Taktabstimmung. Der vermeintliche *Auslastungsdruck bei ausgeglichener Verteilung* führt aber in der Regel zu einem von beiden folgenden Problemen:

1. Halten sich die Mitarbeiter gemäß der Lean-Philosophie an den Kundentakt, so entsteht je Takt *Verschwendung durch Wartezeit* in Höhe von 15 Sekunden. Die freien Zeitanteile sind somit völlig ungenutzt oder werden durch langsameres Arbeiten verdeckt.

2. Die andere Möglichkeit besteht natürlich im produktiven Nutzen des freien Zeitanteils. Jedoch erzeugt dies *Verschwendung in Form von Überproduktion* und muss daher streng vermieden werden.

Das rechte Abtaktungsdiagramm zeigt nun die *am Wertstrom ausgerichtete Taktabstimmung* mit Berücksichtigung des Kundentakts. Diese ungleichmäßige Verteilung führt dazu, dass sich alle Mitarbeiter der Fertigungslinie, bis auf einen, am Kundentakt orientieren. Als praktikabel erweist sich hier eine Auslastung von ca. 95 % zum Kundentakt, um Verteilzeiten noch zu berücksichtigen. Ein Mitarbeiter sammelt nun die Überkapazität an. Die geringere Auslastung sorgt für einen Optimierungsdruck, um durch Maßnahmen zur Reduzierung der Verschwendung diesen Mitarbeiter für andere Tätigkeiten einsetzen zu können (sprungfixe Kosten). Ziel ist die vollständige *Taktabstimmung aller Arbeitsplätze der Fließfertigung am Kundentakt* (vgl. Erlach 2010, S. 160 f.).

■ 10.2 Chaku-chaku

Die *Mehrmaschinenbedienung* ist eine Form temporärer Zuordnung eines Mitarbeiters zu einem Arbeitsplatz und trägt zur Trennung von Werker und Maschinenlaufzeit bei. Durch die Bedienung mehrerer Maschinen oder Arbeitsplätze steigt die Auslastung des Werkers. Insbesondere bei hohen, prozessbedingten Maschinenlaufzeiten kann Verschwendung in Form von Wartezeiten des Werkers so reduziert und die Mitarbeiterproduktivität erhöht werden.

Voraussetzung ist einerseits, dass die einzelnen Maschinentakte die Mehrmaschinenbedienung überhaupt zulassen, d.h. ausreichend lang sind, um einen Arbeitsplatzwechsel zu ermöglichen und nicht zu unnötigen Stillständen der Anlage führen (maßgeblich ist hier der Kundentakt des Gesamtprozesses, nicht die Leistungsfähigkeit der einzelnen Anlage). Andererseits müssen die Werker auch *mehrfach qualifiziert* werden, um die unterschiedlichen Maschinen auch bedienen zu können (vgl. Dickmann 2009, S. 9).

Erheblichen Einfluss auf die Ermöglichung der Mehrmaschinenbedienung hat auch die *Layoutanordnung* der Maschinen/Arbeitsplätze und die daraus abgeleitete *Arbeitsverteilung in der Fließfertigung*. *Erlach* unterscheidet dabei drei wesentliche Fälle der Arbeitsverteilung (Bild 10.3).

1. Produktionslinie mit fest zugeordneten Arbeitsplätzen

2. Arbeitsverteilung mit dem Staffellaufsystem (U-förmige Anordnung)

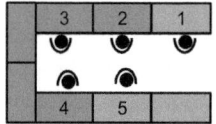

3. Arbeitsverteilung mit dem Karawanensystem/Hasenjagd

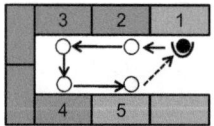

4. Hauptstrang steuert Nebenstrang

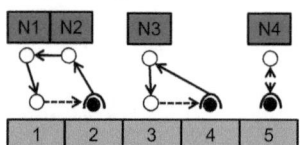

Bild 10.3 Drei Fälle der Arbeitsverteilung in der Fließfertigung (in Anlehnung an Erlach 2010, S. 162)

Fall 1 stellt die *Produktionslinie mit fest zugeordneten Arbeitsplätzen* dar. Dies setzt voraus, dass die Arbeitsplätze gleich mit Arbeitsinhalten ausgetaktet sind, um einen Produktionsfluss zu ermöglichen. Jeder Werker gibt sein Teil nach Abschluss seiner Tätigkeiten an den folgenden Arbeitsplatz weiter. Diese Form der Arbeitsverteilung ist besonders bei reinen Montagetätigkeiten möglich, da sich hier durch Verschieben der Arbeitsinhalte eine gleichmäßige Austaktung der Arbeitsstationen erreichen lässt. Aufgrund der Layoutanordnung ist eine Mehrmaschinenbedienung jedoch nur eingeschränkt mit dem jeweils benachbarten Arbeitsplatz möglich.

Kommen jedoch in der Prozesskette mehrere Maschinen/Vorrichtungen mit geringem manuellen Arbeitsinhalt, wie Einlegen/Entnehmen von Teilen oder gelegentlichem Rüsten vor, und weisen die Arbeitsplätze zudem unterschiedliche Taktzeiten auf, so werden im Sinne der Mitarbeiterauslastung jeder Person mehrere Arbeitsplätze zugewiesen. Dazu lassen sich zwei weitere Fälle der Mehrmaschinenbedienung unterscheiden. Gemeinsam ist beiden Fällen (2 und 3 in Bild 10.3) jedoch die Anordnung in einem *U-Layout*. Beim U-Layout befinden sich idealerweise der erste und der letzte Arbeitsplatz auf einer Höhe. Der folgende Zyklus kann auf dem kürzesten Weg wieder begonnen werden, und daher werden oft diese beiden Arbeitsplätze von einer Person bedient. Von besonderer Bedeutung für die Mehrmaschinenbedienung ist, dass Springen zwischen den einzelnen Arbeitsstationen der U-Zelle aufgrund der kürzeren Distanzen gegenüberliegender Arbeitsplätze einfach möglich ist. Eine genaue Abtaktung wie in Fall 1 ist somit nicht erforderlich.

Staffellaufsystem

Fall 2 stellt die *Arbeitsverteilung nach dem Staffellaufsystem* dar. Hierbei werden an einem Arbeitsplatz mehrere Anlagen vom Werker bedient. Nach Erledigung der Arbeitsschritte wird das Teil an den folgenden Arbeitsplatz übergeben (Staffel-Prinzip). Dabei ist es grundsätzlich möglich, durch die U-förmige Anordnung auch gegenüberliegende Anlagen zu bedienen.

Karawanensystem

Im dritten Fall wird die *Arbeitsverteilung nach dem Karawanensystem* (häufig auch als Hasenjagd bezeichnet) aufgezeigt. Beim Karawanensystem führt ein Mitarbeiter mehrere Arbeitsschritte nacheinander aus und geht dabei dem Materialfluss folgend zu den jeweiligen Arbeitsplätzen. Weitere Mitarbeiter (i. d. R. nicht mehr als zwei) folgen dem ersten Mitarbeiter in einem gewissen Abstand und arbeiten synchron. So lassen sich mehrere Arbeitsplätze zu einer Karawane zusammenfassen. An definierten Punkten erfolgt dann die Übergabe des Teils von einer Karawane zur nächsten. Abtaktungsverluste werden durch diese Form der Mehrmaschinenbedienung gezielt reduziert, da sich die Arbeitsinhalte innerhalb der Karawane auf mehrere Personen verteilen. Dies setzt jedoch erfahrene Mitarbeiter

mit gleichem Leistungsgrad sowie Arbeitsstationen mit zumindest annähernd gleichem Arbeitsinhalt voraus (vgl. Erlach 2010, S. 162 f.).

Fishbone-System

Bild 10.4 zeigt eine weitere Form der Arbeitsverteilung, welche eine Art der Kombination von Produktionslinie und dem Karawanensystem darstellt. Dieser Fall
wird als *Fishbone-System* bezeichnet. Die Besonderheit ist, dass ein Hauptstrang
und mehrere Nebenstränge (z. B. Vorfertigungen oder Vormontagen) miteinander
verbunden werden können. Im dargestellten Beispiel sind vier Personen in diesem
Produktionsbereich tätig. Die Hauptflussrichtung geht dabei im Beispiel stets von
rechts nach links. Dadurch, dass sich dem Hauptfluss gegenüber einzelne Arbeitsplätze bzw. Maschinen befinden, deren eigener Materialfluss zurück zum Hauptstrang läuft, entsteht von den Materialflüssen gesehen, ein „Fischgrätenmuster“.
Der Werker an den Arbeitsplätzen 1 und 2 baut sich auf dem Rückweg in diesem
Beispiel selbst die Unterbaugruppen auf den Arbeitsplätzen N1 und N2 auf, die er
dann im nächsten Durchlauf auf dem Hauptstrang verbaut.

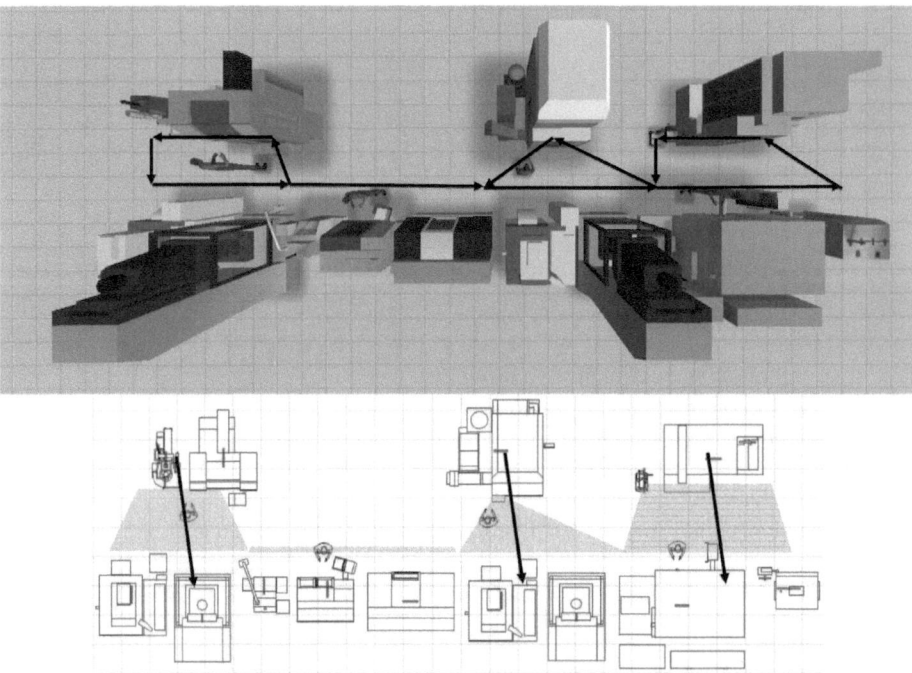

Bild 10.4 Fishbone-Prinzip mit Laufwegen der vier Werker

Um eine effiziente Mehrmaschinenbedienung zu realisieren, ist die Kombination einer ganzen Reihe von Gestaltungsprinzipien zu kombinieren. Dies soll im Folgenden beschrieben werden.

Bei herkömmlichen Anlagen muss vor der eigentlichen Einlegetätigkeit des Werkers, das neu geholte Werkstück zunächst abgelegt werden, um das bearbeitete Teil aus der Maschine entnehmen zu können und im Anschluss daran das Werkstück wiederaufzunehmen und einzulegen. Der übliche Ablauf ist also Chaku (Einsetzten, Laden) – Datsu (Herausnehmen) – Chaku – Datsu – Chaku – Datsu.

Das Werkstück muss nach der Bearbeitung *automatisch ausgeworfen* werden. Dadurch kann der Werker, wenn er das nächste Mal an die Maschine kommt, ein neues Werkstück sofort einlegen, ohne das fertige Teil entnehmen zu müssen. Durch den Einsatz von einfachen *Selbstauswurfvorrichtungen* (*Hanedashi* = Auswurf, *Karakuri* = einfacher Mechanismus) an den Anlagen, werden nicht wertschöpfende Tätigkeiten bei der Maschinenbedienung reduziert.

Die Entnahmevorgänge (Datsu) entfallen, wenn die Maschine über einen Selbstauswurf (*Hanedashi*) verfügt, daher wird dies als *Chaku-chaku* bezeichnet. Die Arbeitsschritte des Werkers reduzieren sich auf das Holen und Einlegen des Werkstücks, den Abtransport des Fertigteils und den Start des Maschinenzyklus.

Bild 10.5 verdeutlicht die Unterschiede im Tätigkeitsablauf bei der Maschinenbedienung mit und ohne Selbstauswurf.

Tätigkeit	Vor automatischem Auswurf	Mit automatischem Auswurf
Neues Werkstück zur Maschine bringen	☺	☺
Werkstück nahe der Maschine ablegen	☹	-
Fertiges Werkstück aus der Maschine entnehmen und ablegen	☹	-
Neues Werkstück aufnehmen	☹	-
Neues Werkstück in Maschine einlegen	☺	☺
Startknopf der Maschine drücken	☺	☺
Maschinenzyklus	-	-
Fertiges Werkstück aufnehmen und zum nächsten Prozess bringen	☺	☺

Bild 10.5 Vergleich von Maschinenbedienung ohne und mit automatischem Selbstauswurf (Chaku-chaku)

Zur *Umsetzung des Chaku-chaku-Prinzips* sind nach *Takeda* sieben Schritte erforderlich (in Anlehnung an Takeda 2009, S. 88):

1. *Automatisches Fixieren*: Zunächst wird eine Werkstückaufnahme mit Anschlag angebracht. Die linke Hand darf nicht als Halterung genutzt werden. Das Werkstück muss durch Werfen in die Halterung ausreichend positioniert werden. Der Werker spart sich so Zeit beim Einlegen und Positionieren des Werkstücks in die Maschine (*Pistolenhalfterprinzip*).

2. *Automatisches Bearbeiten:* Der Start der Maschine sollte möglichst einfach auf dem Weg zur nächsten Maschine ausgelöst werden können, z. B. durch groß dimensionierte Wippschalter.

3. *Automatischer Vorschub*: Sobald der Vorschub ausgelöst ist, wird sich vollständig dem nächsten Arbeitsgang zugewendet (*Fire and Forget*). Ein Umdrehen und prüfendes Zurückblicken wird nicht mehr durchgeführt. Dafür ist man nicht mehr verantwortlich.

4. *Automatisches Anhalten*: Die Maschinenzeiten werden vollständig für die Wertschöpfung genutzt. Die Anlage stoppt nach einem Zyklus automatisch.

5. *Automatische Rückführung in die Nullposition*: Nach dem Anhalten müssen alle sich bewegenden Teile automatisch in die Startposition zurückgeführt werden.

6. *Automatisches Auswerfen*: Das Auswerfen der Werkstücke nach der Bearbeitung erfolgt automatisch (*Hanedashi*). Der Werker muss also das nächste zu bearbeitende Werkstück nicht erst ablegen, das Fertigteil entnehmen und das neue Werkstück wiederaufnehmen, sondern kann es sofort einlegen (*Chaku-chaku*).

7. *Automatischer Transport*: Der Ausgang des vorgelagerten Prozesses ist der Eingang des nachgelagerten Prozesses. Auf dem Weg zur nächsten Maschine wird das Werkstück von der linken in die rechte Hand übergeben. Dieser Handwechsel ist eigentlich eine Verschwendung. Da dieser Vorgang aber während des Gehens stattfindet, das ohnehin eine Verschwendung darstellt, ist dieser Handwechsel aus Lean-Sicht in Ordnung. Dies wird als *Nagara* bezeichnet.

Zu beachten ist bei der Umsetzung, dass es hilfreich ist, die Bauteile beim Selbstauswurf gleich in die im Folgeprozess benötigte Lage zu drehen (*One-touch-one-motion*). Außerdem sollte unbedingt auf die Integration von *Poka-Yoke*-Maßnahmen zur Sicherung der Qualität bzw. Fehlervermeidung geachtet werden. Zudem ist es nötig, dass die Maschinen in der Lage sind, Fehler und Abweichungen vom Sollzustand automatisch zu erkennen und anzuhalten (*Jidoka*), da der Werker nicht mehr permanent an der Maschine steht und Störungen selbst erkennen kann (*Fire and Forget*). Umfangreiche Qualitäts- oder Werkerselbstprüfungen sind für einen sinnvollen Einsatz von Chaku-chaku-Produktionslinien zu vermeiden (vgl. Takeda 2009, S. 88).

Bei der *Umsetzung* der sieben Schritte des Chaku-chaku-Prinzips lässt sich die Einführung in *drei Niveaustufen der intelligenten Automation* unterteilen.

Niveau 1 umfasst die Schritte 1 bis 3. Dies schafft die Grundvoraussetzungen, um das Chaku-chaku-Prinzip anwenden zu können. Dennoch ist nach den ersten Schritten weiterhin pro Maschine eine Person notwendig, welche sich nicht entfernen kann.

Niveau 2, bestehend aus den Schritten 4 und 5, ermöglicht allen voran, durch das automatische Anhalten sowie entsprechende Systeme/Vorrichtungen zur Abschaltung bei Fehlern, dass sich der Werker von der Maschine zumindest zeitweilig entfernen kann. So können einzelne Arbeitsgänge zusammengefasst werden.

Niveau 3 ermöglicht mit der Umsetzung der letzten beiden Schritte eine Fließfertigung, bei der dann prinzipiell ein Mann alle Arbeitsgänge allein durchführen kann (vgl. Yagyu 2009, S. 151).

■ 10.3 Engpassorientierung

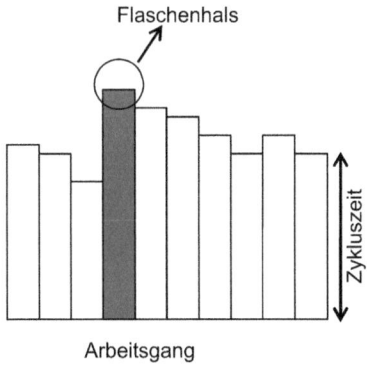

Bild 10.6 Engpass in einer Prozesskette (in Anlehnung an Takeda 2009, S. 106)

In jeder Prozesskette wird der gesamthafte Durchsatz über den *Engpassprozess* und dessen Kapazitäten bestimmt. Nur wenn der *Durchsatz am Engpass* gesteigert werden kann, steigt auch der Durchsatz des Gesamtsystems. Im Umkehrschluss bedeutet dies aber auch, dass Optimierungen an den „falschen" Stellen zwar lokale Verbesserungen bedeuten, global gesehen, sich aber nichts ändert, solange nicht der Engpass optimiert wird. An dieser Stelle sei der Hinweis erlaubt, dass hier auch eine erhebliche Gefahr für den Einsatz unserer üblichen Investitionsrechnungsmethoden liegt. Hier werden üblicherweise Auszahlungen den zu erwartenden Einzahlungen gegenübergestellt. Ob diese Einzahlungen aber überhaupt realisiert werden können, hängt davon ab, ob das betrachtete Investitionsobjekt den Engpass des jeweiligen Systems darstellt oder nicht. Wird hier nur eine „lokale Optimierung" erreicht, werden die Einzahlungen nie realisiert, da der Durchsatz des Gesamtsystems ja von der Engpassressource bestimmt wird. In welcher Investitionsbewertung haben Sie sich diese Frage schon einmal gestellt? Wir sind es eben gewohnt, in unseren „Scheiben" zu denken.

Oft wird in der Praxis zu schnell darauf gesetzt, die vorhandenen Produktionskapazitäten zu erweitern (z. B. durch weitere Maschinen oder mehr Personal), anstatt den *Engpassprozess genau zu analysieren und dessen Auslastung zu maximieren*. *Takeda* nennt zur Steigerung der Auslastung des Engpasses fünf Ursachen für Stillstände (vgl. Takeda 2009, S. 106):

1. *Werker am Engpass (Flaschenhals) entfernt sich vom Arbeitsplatz*: Wesentliche Gründe für das Unterbrechen der Tätigkeit und Entfernen vom Arbeitsplatz sind die Kontaktaufnahme mit dem Vorgesetzten, der Gang zur Toilette oder Pausen.

2. *Kein Material vorhanden*: Fehlendes Vormaterial, Hilfsstoffe oder Werkzeuge führen zu ungeplanten Stillständen und unterbrechen die Fertigung.

3. *Maschinenstörungen*: Oftmals verursacht durch fehlende, vorbeugende oder vorausschauende Instandhaltung der Maschine.

4. *Maschinenstillstände aufgrund von Nebentätigkeiten des Werkers*: Nebentätigkeiten, wie Werkzeugwechsel, Nachmessen und Justieren, Umrüsten, Eintragungen in Checklisten (z. B. Stückzahlenkontrolle oder Dokumentation von Prüfergebnissen) sowie das Transportieren und Ordnen der Werkstücke sollten, so weit möglich, nicht vom Maschinenführer durchgeführt werden. Durch Optimierung der genannten Vorgänge und gegebenenfalls erhöhten Personaleinsatz, sind die Stillstandszeiten zu minimieren.

5. *Zu langsames Arbeiten*: Ursache von zu niederiger Arbeitsgeschwindigkeit bzw. zu niedrigem Leistungsgrad der Werker ist meist ein Schulungsdefizit. Problematisch sind auch regelmäßige Kurzstillstände der Maschine, z. B. weil ein Sensor überempfindlich eingestellt wurde und unnötige Warnmeldungen liefert. Zudem sollte jeder Bewegungsablauf im Engpassprozess, unabhängig, ob maschineller oder personeller Vorgang, auf Verbesserungsmöglichkeiten analysiert werden.

Von besonderer Bedeutung sind nach *Takeda* dabei die Ursachen unter Punkt 1. und 2. Diese Stillstände sind absolut unnötig und lassen sich durch einfachste Maßnahmen sofort beseitigen. Allgemeine *Maßnahmen zur Entschärfung des Engpasses* sind (Takeda 2009, S. 106):

1. Für den Fall, dass sich der Werker von der Linie entfernt, muss ein *Springer* für den sofortigen Einsatz bestimmt sein.

2. Um Materialmangel vorzubeugen, wird der *vorgelagerte Puffer* kontrolliert (unter Verantwortung des zuständigen Abteilungsleiters).

3. Um Maschinendefekte zu vermeiden, werden Reibungsflächen und Schmierstellen *regelmäßig und vorbeugend überprüft*. Kontrolle der Endschalter.

4. Personalbedingte Stillstände gegebenenfalls durch *erhöhten Mitarbeitereinsatz* minimieren (statt einem werden zwei oder drei Werker eingesetzt).

5. Es wird ein *akustisches und optisches Warnsystem* eingerichtet, das die aktuelle Arbeitssituation anzeigt. Je nach Zeit und Umständen erfolgt ein *Mitarbeitertausch*.

6. *Reduzierung der Handarbeitszeit.* Zerlegen Sie die Handarbeitszeit in einzelne Elemente (drei bis fünf Sekunden) und entwickeln Sie für die einzelnen Elemente Kaizen-Maßnahmen.

7. *Reduzierung der Maschinenzeiten.* Setzen Sie statt einem, mehrere Werkzeuge ein. Erhöhen Sie die Bearbeitungsgeschwindigkeit und ergreifen Sie Maßnahmen gegen „Aircuts". Aircuts sind am allerschlimmsten.

Eine weitere Möglichkeit, den Engpass zu entlasten und vor allem flexibel auf Schwankungen der Kundenabrufe zu reagieren, liegt im Einsatz *flexibler Betriebsmittel*. Bei Bedarf kann so der Engpass durch Hinzuziehen einer weiteren flexiblen Maschine schnell erweitert werden. Dies verlangt jedoch einige Voraussetzungen, die unter dem Prinzip *Genryou Management* zusammengefasst werden (vgl. Kapitel 10.4).

■ 10.4 Genryou Management

Genryou Management zielt darauf ab, bei schwankender Auslastung mit begrenzten Ressourcen Gewinn machen zu können („Gen" bedeutet „begrenzt" und „ryou" bedeutet „Menge"). In Phasen starken Wachstums ist eine schnelle Kapazitätserweiterung notwendig, in Phasen starken Rückgangs müssen die Kosten durch geringeren Ressourceneinsatz reduziert (also die Stückkosten gehalten) werden können. Hierfür werden drei Komponenten benötigt:

1. Eine Komponente ist die schrittweise *Skalierbarkeit (Capital Linearity)* der Kapazitäten durch zusätzliche Betriebsmittel.

2. Die Kapazitäten werden üblicherweise auf einen gewissen „Korridor", also eine durchschnittliche Verbrauchsmenge ausgelegt. Wird diese unter- oder überschritten, muss zunächst mit einem *flexiblen Personaleinsatz* reagiert werden. Dies wird im Weiteren unter dem Begriff *Shoshinka* (Labor Linearity) erläutert.

3. Schließlich muss die *Materialmenge flexibel anpassbar sein* (Material Linearity), also das richtige Objekt, zur richtigen Zeit, in der richtigen Menge zur Verfügung zu haben. Dies wird in einem Lean-System über den *Kanban-Mechanismus* erreicht (vgl. Kapitel 17.1).

Ursprung des Denkens in Skaleneffekten (vgl. Michalicki/Schneider et al. 2015, S. 15–18)

Der Skaleneffekt, auch „Gesetz der Massenproduktion" oder Losgrößendegression genannt, bezeichnet typischerweise den Zusammenhang, dass die Stückkosten bei gegebenen Fixkosten mit steigender Ausbringungsmenge sinken (Wöhe/Döring 2013). Dieser Zusammenhang lässt sich, historisch gesehen, auf die Überlegungen von *K. Bücher* aus der Zeit der industriellen Revolution zurückführen (Hardes/ Uhly 2007) und bestimmt seit Jahrzehnten das tägliche Denken und Handeln in der industriellen Praxis. Die um die Jahrhundertwende aufkommende Massenfertigung sorgte im Zusammenhang mit den vorherrschenden Verkäufermärkten dafür, dass das Streben nach positiven Skaleneffekten zu einem Grundsatz der Massenfertigung wurde (Yagyu 2007). Trotz des Wandels zu Käufermärkten und erheblichen Veränderungen in der Produktionsrealität (z. B. steigende Variantenvielfalt, Verkürzung des Entwicklungs- und Produktlebenszyklus, kürzere Lieferzeiten usw.), blieb „das Mantra der Losgrößendegression" bis heute bestehen (Huntzinger 2007).

Dieser Denkweise liegen die Annahmen zugrunde, dass sich der Absatzmarkt stets positiv entwickelt und die gesamte Produktionsmenge auch abgesetzt werden kann. Für die meisten Industrieunternehmen sind diese Annahmen jedoch seit langem passé. Die Zunahme kapitalintensiver Technologien und Fertigungsprozesse sowie die stetige Verschiebung von direkten Tätigkeiten in indirekte Bereiche (z. B. Logistik, Entwicklung, Qualität, Produktionsplanung und -steuerung) verschärfen die Situation. In vielen Branchen, wie beispielsweise dem Maschinen- und Anlagenbau, liegt der Gemeinkostenanteil mittlerweile bei ca. 40 % (Laqua 2012). Diese Gemeinkosten stellen größtenteils Fixkosten dar (Kalenberg 2008). Dadurch verstärkt sich nach der Logik der Skaleneffekte der Drang nach maximaler Ausbringung zur Fixkostendegression. Das Denken in Skalen und Stückkosten führt daher oft zur Durchführung lokaler Optimierungen auf Arbeitsplatzebene, wie der Erweiterung von Losgrößen und maximalen Maschinenauslastung. Dies beruht auf der Annahme, dass die Summe minimaler Stückkosten pro Arbeitsplatz auch minimale Gesamtkosten ergibt (Stenzel 2007). Vor dem Hintergrund genannter Veränderungen ist dies auf Ebene des Gesamtunternehmens, bei der die einzelnen Elemente nicht isoliert, sondern in ihrem Zusammenhang betrachtet werden, als Trugschluss zu sehen.

Der Grundgedanke der Kostendegression findet sich in anderer Form auch in der bekannten REFA-Formel zur Ermittlung der Auftragszeit wieder (vgl. Kapitel 2).

Die Auftragszeit ist nach REFA die Summe aus Rüstzeit und Ausführungszeit. Die Ausführungszeit ist dabei das Produkt aus Losgröße und Einzelzeit. Die Steigerung der Losgröße stellt aus dieser Sicht wohl das einfachste Mittel dar, die Auftragszeit pro Stück und damit die Stückkosten zu reduzieren. Dies optimiert jedoch auf Kosten des Gesamtdurchlaufs nur einen einzelnen Aspekt. Die Übergangszeit (Liege- und Transportzeiten), als entscheidendes, verbindendes Element, fehlt in dieser Betrachtung komplett, beträgt aber bis zu 90 % der gesamten Durchlaufzeit (Schneider 2013). Aufgrund der in vielen Köpfen fest verankerten Losgrößendegression und darauf aufbauender Produktionssysteme, fällt das „Sehenlernen" dieser Einzeloptimierung zu Lasten des Gesamtsystems jedoch oft schwer.

Konflikt zwischen dem Denken in Skaleneffekten und Lean

Die Prinzipien der Lean Production, welche in Theorie und Praxis als Maßstäbe einer effizienten Produktion gelten, verfolgen einen im Denken und Handeln in Skaleneffekten diametral entgegengesetzten Anatz. *Taichi Ohno*, Vater des Toyota-Produktionssystems, definiert von seinen sieben Formen der Verschwendung die Überproduktion als schlimmsten Feind der Effizienz im Unternehmen. Die Überproduktion ist jedoch letzten Endes das Resultat einer auf Auslastung und Output fokussierten Losgrößendegression. Dem Lean Thinking entsprechend, werden niedrige Kosten nicht als Ergebnis von Skaleneffekten, sondern als Resultat verschwendungsfreier Prozesse zur Erfüllung der Kundenanforderungen gesehen (Huntzinger 2007).

Dieser Ansatz widerspricht vollkommen der klassischen Massenfertigung in Losgrößen. Das Kostenminimum wird nach Lean durch minimalen Ressourceneinsatz, nicht durch maximale Fixkostendegression erreicht. Leitidee muss also sein, das Produktionssystem so zu gestalten, dass unabhängig von Nachfrageschwankungen und Variantenvielfalt gleichbleibende Stückkosten erreicht werden. Primäres Ziel für die Produktion sind daher nicht niedrige Stückkosten durch Skaleneffekte, sondern die exzellente Ausführung verschwendungsfreier Prozesse. Der maximale Profit für das Unternehmen ist – aus Produktionssicht – die logische Konsequenz daraus (Huntzinger 2007). Neben der historischen Entwicklung sind ungenügend gestaltete und überdimensionierte Prozesse ausschlaggebend für das Skalendenken. Westliche Unternehmen neigen oft zur Beschaffung einer üppig dimensionierten Anlage, verbunden mit der Hoffnung auf maximalen Absatz. Dies führt aufgrund der hohen Fixkostenbelastung durch eine einzelne große Ausgabe in die Spirale der Überproduktion. Um diese Investition rechnerisch rentabel erscheinen zu lassen, sind eine hohe Auslastung und große Fertigungslose nötig. Das Ergebnis sind enorme Bestände, welche die indirekten Kosten für Fläche, administrative Vorgänge und indirektes Personal aus Logistik und Lager in die Höhe treiben. Um die Stückkosten niedrig zu halten, müssen die gestiegenen fixen Gemeinkosten jedoch wieder auf eine größere Anzahl an Kostenträgern umgelegt werden. Bild 10.7 zeigt den Kreislauf des Denkens in Losgrößendegression.

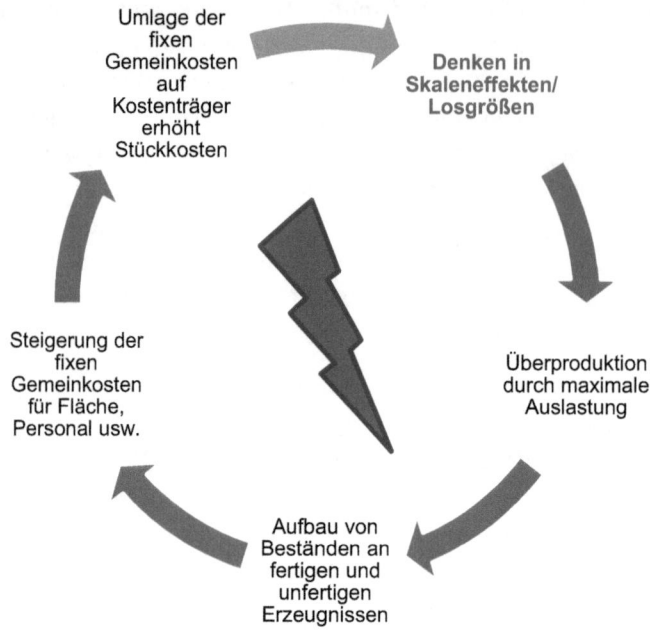

Bild 10.7 Kreislauf des Denkens in Skaleneffekten (Michalicki/Schneider et al. 2015, S. 15–18)

Lean-Vorreiterunternehmen haben diesen Zusammenhang, der für die gegenwärtige Zeit des geringen Wachstums besonders zutrifft, erkannt und sehen als Ziel ihres Produktionssystems nicht Skaleneffekte, sondern die Erreichung ganzheitlicher Effizienz (Stenzel 2007). In einer Regelkreisanalogie bedeutet dies, dass nicht die Losgröße, sondern der Wertschöpfungs- und Flussgrad die geeigneten Stellgrößen zur Steuerung der Stückkosten darstellen.

10.4.1 Skalierbarkeit (Capital Linearity)

Entscheidend zur Reduzierung des Skaleneffekts sind der Kundennachfrage entsprechende Kapazitäten, d.h. richtig gestaltete und dimensionierte Prozesse nach den Prinzipien von Lean. Klassischerweise bestehen die größten Fixkostenblöcke in der Industrie aus Abschreibungen für Anlagevermögen, welche in der Praxis sprungfix verlaufen (Peemöller 2003). Für operative Entscheidungen in einem kurz- und mittelfristigen Zeithorizont sind größtenteils auch Personalkosten als fix anzusehen (Muhr 1996). Der möglichst geschickte Einsatz von Anlagen und Personal ist somit der Stellhebel zur stückkostenkonstanten Fertigung. Die Darstellung eines Gesamtkosten- sowie eines Stückkostengraphs verdeutlicht die Möglichkeit der Variabilisierung der Fixkosten durch stufenweise Anpassung der Kapazitäten an die Nachfrage.

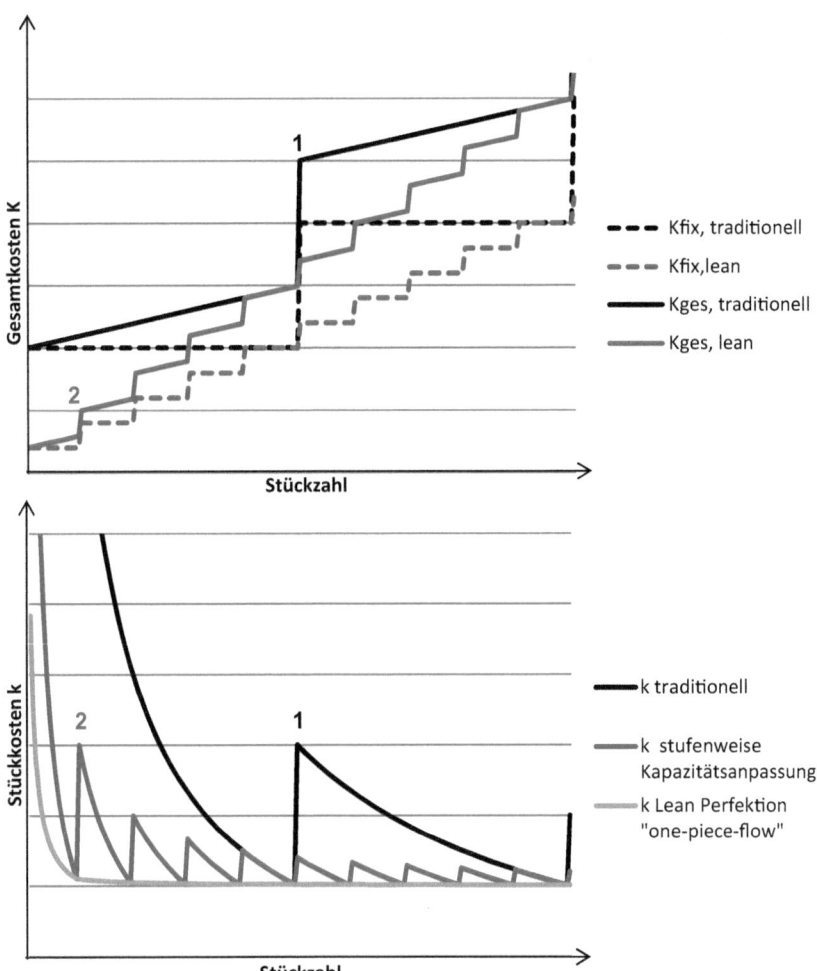

Bild 10.8 Schematischer Fixkosten- und Gesamtkostenverlauf (oben) und schematischer Stückkostenverlauf mit 1) „neuen Schlachtschiffanlagen" und 2) schrittweiser Kapazitätsanpassung (unten) (Michalicki/Schneider et al. 2015, S. 15–18)

Die kleinschrittige Anpassung der Kapazitäten (~ Fixkosten) führt zu durchschnittlich weit geringeren Stückkosten, als eine große Erweiterung. Das Ideal stellen nach Lean völlig konstante Stückkosten, unabhängig von der Ausbringungsmenge, dar. Entscheidend vor dem Hintergrund dynamischer Käufermärkte ist, dass der Bereich optimaler Stückkosten (unmittelbar vor der sprungfixen Zunahme) beim traditionellen Ansatz äußerst klein ist. Dieser kann nur mit sehr großer Unsicherheit dauerhaft erreicht werden und erzeugt so einen erheblichen Auslastungsdruck.

Es ist eine gewisse Philosophie bei der Beschaffung und beim Bau von Betriebsmitteln notwendig, um Kapazität *in kleinen Schritten hinzufügen oder auch wieder
abbauen* zu können. Somit kann ein Werk zumindest annähernd seinen Kapital-
bedarf an die Absatzmenge anpassen (Capital Linearity). Wir tendieren immer
noch dazu, viel zu große Anlagen mit vor allem in der Anfangsphase viel zu hohen
Kapazitäten zu beschaffen (Shook 2007, S. 85). *Womack* und *Jones* sprechen hier
von „Monumenten". Dies sind alle Konstruktions-, Planungs- oder Produktions-
technologien in Größenordnungen, die dazu führen, dass Produkte oder Aufträge
vor dieser Einrichtung warten müssen. Monumente sind also das Gegenteil von
„Right-sized Tools".

Schrittweise Anlagenkapazitätserweiterung

Oftmals werden in der Praxis bereits zum Serienanlauf auf Kammlinienproduktion
ausgelegte Anlagen bereitgestellt und allenfalls nur in großen Blöcken ergänzt.
Solche umfassenden „Schlachtschiffe" führen jedoch im Anlauf und der Phase der
Degeneration zu erheblichen Belastungen durch Abschreibungen, denen keine
Nachfrage gegenübersteht. Der gegebene Käufermarkt birgt zudem die Gefahr,
dass Nachfrageschwankungen „das Schlachtschiff" nicht wie geplant auslasten.
Häufig wird dann die Anlage aus Auslastungsgründen zusätzlich mit anderen Produkten belegt. Das Resultat dieser „Einzeloptimierung" sind Ressourcenkreuzungen, welche zu einem erheblichen Steuerungsaufwand und steigenden indirekten
Kosten führen. Daher gilt es auch, im Anlauf die Anfangsinvestition gering zu halten und schrittweise entsprechend der Kundennachfrage zu erweitern. Erreicht
wird dies vor allem durch addierfähige Maschinen mit deutlich begrenzteren
Kapazitäten und der Möglichkeit der Einfachautomatisierung (Yagyu 2007). Die
richtige Bemessung und stufenweise Anpassung der Anlagenkapazitäten ist somit
ein wesentlicher Bestandteil zur Variabilisierung der Fixkosten. Weitere Effekte
kleinerer, einfacherer und flexibler Maschinen sind die Reduzierung möglicher
Planungsfehler bei der Dimensionierung und das Schaffen redundanter Kapazitäten. Defekte und Störungen an einer Anlage haben somit deutlich geringere Folgen, da die übrigen Anlagen weiterarbeiten. Das Ideal zum Ausgleich täglicher
Nachfrageschwankungen stellen fahrbare und modular aufgebaute Maschinen dar,
welche nach Bedarf, wie Personal, unterstützend linienübergreifend eingesetzt
werden können. *Takeda* beschreibt treffend, dass mehrere kleine Maschinen eine
Große ersetzen können, eine Große jedoch nicht mehrere Kleine (Takeda 2009).

10.4.2 Shojinka (Labor Linearity)

Darüber hinaus sind die Prozesse so zu gestalten, dass auf Nachfrageschwankungen sowohl im direkten als auch im indirekten Bereich flexibel im Personaleinsatz
(jap. Shojinka) reagiert werden kann. Daher müssen bei dynamischen Märkten

geeignete Arbeitsmodelle eingeführt sein. Die Personalkosten sind nur auf Unternehmensebene als fix anzusehen. Auf Ebene des Wertstroms sind diese durch flexiblen Mitarbeitereinsatz zwischen Linien als variabel zu betrachten. Einen wesentlichen Beitrag leistet dazu die Qualifikation der Mitarbeiter. Je flexibler diese zwischen den einzelnen Fertigungslinien und Produktfamilien eingesetzt werden können, desto schneller kann auf schwankende Kundenanforderungen reagiert werden. Aus Prozesssicht muss zur Wahrung der Flexibilität das Produktionslayout so gestaltet werden, dass in der anlagenbezogenen Fertigung eine Mehrmaschinenbedienung und bei Montagelinien eine Fließfertigung mit unterschiedlicher Personenanzahl möglich ist.

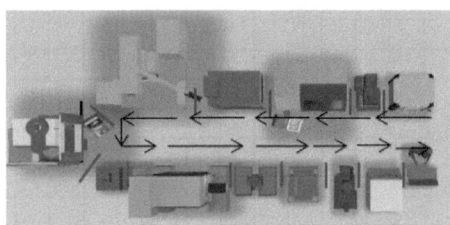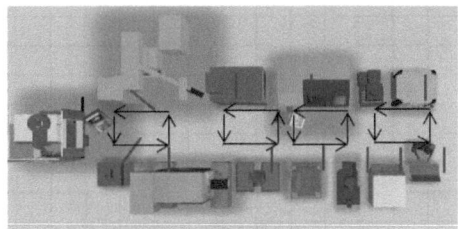

Bild 10.9 Darstellung einer U-förmigen Produktionslinie, besetzt mit einem Mitarbeiter (links) und mögliche Erweiterung auf vier Mitarbeiter (rechts) (Michalicki / Schneider et al. 2015, S. 15–18)

Bild 10.9 zeigt exemplarisch in Form eines U-Layouts, wie die richtige Prozessgestaltung einen flexiblen Mitarbeitereinsatz ermöglicht und somit erheblich dazu beiträgt, eine Produktion entsprechend der Kundennachfrage bei gleichbleibender Produktivität und Kosten zu ermöglichen. Neben den zwei wesentlichen Prinzipien zur Variabilisierung der Fixkosten, addierfähige Anlagen und Shojinka, ist die Realisierung weiterer Gestaltungsprinzipien für die praktische Umsetzung notwendig. Dazu zählen Rüstzeitreduzierung, Mehrmaschinenbedienung, Ressourcentrennung sowie eine wandlungsfähige Fabrik, welche durch systematischen Methodeneinsatz erreicht werden (Schneider/Schubel 2015, S. 37–42).

Praxisbeispiel (vgl. Michalicki/Schneider et al. 2015, S. 15–18)

Die Schaltbau GmbH stand während ihres Lean-Transformationsprozesses vor einer Investitionsentscheidung im diskutierten Umfeld. Die bisher im Werkstattprinzip hergestellten Produkte durchliefen einen zweistufigen Montageprozess an mehreren Arbeitsplätzen sowie einen Prüfvorgang. Die Prüfung wurde automatisiert von einer einzelnen Anlage erledigt. Durch gestiegene Anforderungen sowohl hinsichtlich Ausbringungsmenge und Variantenvielfalt als auch aufgrund der angestrebten Losgrößenreduzierung zur kundenorientierten Fertigung, wurde der bestehende Prüfautomat zum Engpass. Gleichzeitig erzeugte er aufgrund fehlender Redundanz ein hohes Risiko für die gesamte Fertigung. Angesichts des fortgeschrittenen Anlagenalters musste eine Ersatzbeschaffung vorgenommen werden. Hier standen zwei Varianten zur Diskussion. Bei Variante 1 handelte es sich unter Beibehaltung des bisherigen Prozessablaufs um eine Ersatzbeschaffung in Form eines neuen Prüfautomaten mit gesteigerter Leistungsfähigkeit. Die Variante 2 beinhaltete die Implementierung einer Fließfertigung in zwei Linien mit jeweils einer integrierten kleinen Prüfstation (Bild 10.10).

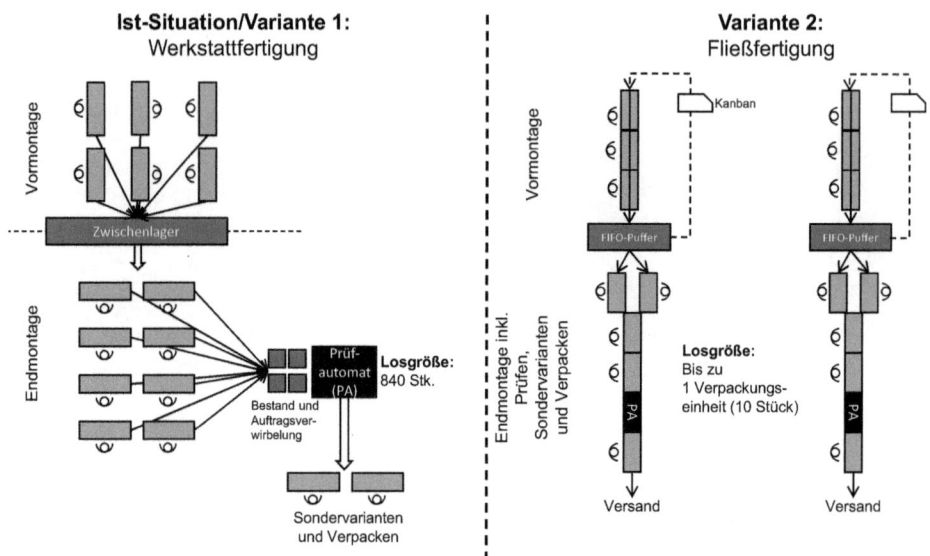

Bild 10.10 Variante 1 mit Ersatz des bestehenden Prüfautomaten (links) und Variante 2 mit zwei Fertigungslinien und je einem Prüfautomaten (rechts) (Michalicki/Schneider et al. 2015, S. 15–18)

Aus Prozesssicht ist die Variante 2 deutlich vorteilhafter. Sie ermöglicht eine erhebliche Reduzierung der Durchlaufzeit und eine kundenorientierte Fertigung in kleinen Losgrößen bis hin zur einzelnen Verpackungseinheit. Darüber hinaus ergibt sich eine höhere Prozesssicherheit aufgrund redundanter Ressourcen. Die durch Bestandsreduzierung gestiegene Liquidität konnte direkt einen Beitrag zur Finanzierung der Ersatzbeschaffung leisten. Neben prozessbezogenen Kennzahlen führte das Unternehmen zur Entscheidungsfindung auch eine Kostenvergleichsrechnung durch. Bei den Anschaffungskosten lagen beide Varianten gleich auf. Die Prüfeinheit bei Variante 2 musste zwar doppelt beschafft werden, aber die komplexe Förder-, Handling- und Steuerungstechnik für den automatisierten Einzug und Auswurf in Variante 1 entfiel. Dies verdeutlicht, dass die Investition in eine einzelne große Anlage nicht immer kostengünstiger sein muss. Bezüglich der laufenden Kosten wurden insbesondere die Personalkosten verglichen. Diese sind bei Variante 2 tendenziell geringer, da der Transport zum zentralen Prüfautomaten entfällt. Die Produkte werden nach der Montage direkt in die Prüfstation eingelegt, anstatt auf einem Transport-Tablar zwischengelagert zu werden. Aufgrund hoher Unsicherheit bei der zukünftigen Marktentwicklung, der gestiegenen Variabilität, der Einführung von Fließfertigung und der Ermöglichung eines flexiblen Personaleinsatzes fiel die Entscheidung auf Variante 2. Vor dem Hintergrund eines möglichen weiteren Wachstums, kann der Bereich schrittweise skaliert und die Fixkostenbelastung in kleinen Blöcken erhöht werden. Durch die Möglichkeit des stufenweisen Abgleichs der Kapazitäten an die Nachfrage, wird der Skaleneffekt reduziert und potenzielle Verschwendung in Form von Überproduktion vermieden.

■ 10.5 Chirurgen-Krankenschwester-Prinzip

Das Chirurgen-Krankenschwester-Prinzip beschreibt die direkte Schnittstelle zwischen der Logistik und den Arbeitsplätzen. Der Kerngedanke des Chirurgen-Krankenschwester-Prinzips ist die strikte Trennung von tatsächlich wertschöpfenden Tätigkeiten in der Produktion von den unterstützenden logistischen Tätigkeiten.

Bild 10.11 Materialanlieferung nach dem Chirurgen-Krankenschwester-Prinzip
(Foto: Musterfabrik TZ PULS)

Um dieses Prinzip nachvollziehen zu können, mag es wieder hilfreich sein, sich in einen Kundenauftrag hineinzuversetzen. Stellen Sie sich vor, Sie liegen (in Teilnarkose) auf dem Operationstisch und der Chirurg verschwindet für zehn Minuten, um sich aus dem Lager noch eine zusätzliche Pinzette zu holen. Vermutlich sind Sie der Meinung, dass der Chirurg doch bitte weiteroperieren möge und die Pinzette ein anderer, beispielsweise eine Krankenschwester, holen könnte. Genau dieses Bild wird nun auf die Produktion übertragen. Die Werker sind die Chirurgen und sollen sich auf die direkten Tätigkeiten konzentrieren, während die Logistiker die benötigten Materialien und Werkzeuge bringen, also die indirekten Tätigkeiten erledigen.

Die Trennung ist sowohl räumlich als auch personell umzusetzen. Folglich wird es den Montage- und Fertigungsmitarbeitern ermöglicht, sich ausschließlich auf die Optimierung der Wertschöpfung an den Teilen oder Produkten zu konzentrieren. Gleichzeitig können die Logistikmitarbeiter die unterstützenden Versorgungsprozesse verbessern. Zudem unterstützt die räumliche Trennung eine klare Signalgebung bei den Nachschubprozessen. Eine transparente Nachschubsteuerung durch Leergut kann beispielsweise durch Durchlaufregale realisiert werden, welche zudem als räumliche Schnittstelle dienen.

Als Vorgehensweise wird empfohlen, zunächst eine strikte Trennung der direkten und indirekten Tätigkeiten einzuführen (Bild 10.12). Hierfür ist in der Praxis ein gängiger Weg, aus einer Gruppe von fünf bis sechs Mitarbeitern eine Person herauszulösen und dieser die indirekten Tätigkeiten für die gesamte Gruppe zu übertragen. Natürlich müssen die verbleibenden direkten Mitarbeiter die eine Person mindestens im Output kompensieren, was aus den Erfahrungen vieler Projekte aber kein Problem darstellt. In einem ersten Optimierungsdurchlauf sind dann die direkten Tätigkeiten zu verbessern. Erst in einem weiteren Schritt werden die Logistikabläufe optimiert.

Insgesamt führt das Chirurgen-Krankenschwester-Prinzip zu einer Optimierung der jeweiligen Arbeitsinhalte und somit zu einer Minimierung des Gesamtaufwands (vgl. Erlach 2010, S. 290–293).

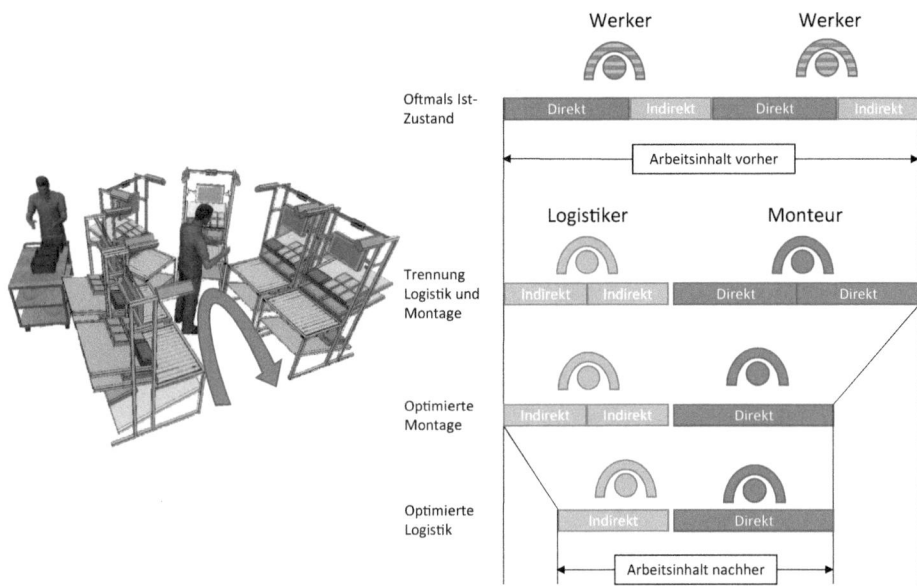

Bild 10.12 Vorgehensweise zur Umsetzung des Chirurgen-Krankenschwester-Prinzips
(in Anlehnung an Erlach 2010, S. 291)

11 Informationsfluss

■ 11.1 Visuelle Bestandskontrolle

Einen wesentlichen Beitrag zur Reduzierung der Komplexität am Shopfloor leisten selbststeuernde Regelkreise (vgl. Kapitel 17.1). Dabei bestimmt der Werker über den Takt und die Arbeitsaufgabe/Kundenauftrag den Materialbedarf. Die Nähe des Arbeitsplatzes zum Materialbereitstellungsort (vgl. Kapitel 9.5.5) ermöglicht auch, dass der Werker selbst die Bestandskontrolle übernimmt. Eine dezentrale und verbrauchsgesteuerte Materialversorgung bedingt dabei möglichst einfache Maßnahmen zur Bestandsüberwachung. *Visuelle Möglichkeiten der Bestandsüberwachung* sind dabei IT-Systemen stets vorzuziehen, da sie schneller, kostengünstiger, zuverlässiger sowie leicht nachvollziehbar sind und dadurch für eine hohe Akzeptanz bei den Mitarbeitern sorgen (vgl. Klug 2010, S. 269 f.).

Beispiele für eine einfache Ermöglichung einer visuellen Bestandskontrolle sind (vgl. Klug 2010, S. 269 f.):

- sichtbare Maximal- (gegen Überbestände) und Minimalgrenzen in Behältern,
- Flächen- und Stellplatzmarkierungen am Boden,
- Höhenmarkierungen für die Stapelung von Ladungsträgern,
- Markierungen oder farbige Rollen in Durchlaufregalen,
- Füllstandsanzeigen in Behältern (z. B. auch für Schüttgut möglich).

■ 11.2 Heijunka

Heijunka bzw. *Produktionsnivellierung* bezeichnet den Ansatz, durch die abwechselnde Produktion möglichst kleiner Lose, verschiedener Varianten, eine Glättung der Produktion zu schaffen (vgl. Kapitel 6.3.1). Dadurch wird erreicht, dass Nachfrageschwankungen nicht mit voller Wucht die eigene Produktion treffen und so wechselnde Bedarfe geglättet werden, um für eine harmonische Produktion zu sorgen. Zudem verhindert es Verschwendung in Form von Beständen durch die Fertigung in kleinen Einheiten.

Generell lassen sich drei Ziele unterscheiden, die mit der Gestaltungsrichtlinie Heijunka verfolgt werden: *Variantenmix, Volumenglättung* und *Vermeidung von Spitzen.*

Der *Variantenmix* und die *Volumenglättung* bezeichnen das Aufteilen von Aufträgen in einzelne Fertigungspakete, welche dann gemischt und in einem möglichst kurzen und überschaubaren Zeitfenster (Pitch = kleinste sinnvolle Freigabeeinheit) produziert werden. Die Sequenzbildung der Varianten erfolgt dabei möglichst gemischt, d. h., idealerweise erfolgt nach jedem Produktionsauftrag ein Variantenwechsel. Dies trägt erheblich zur Steigerung der Flexibilität in der Produktion bei.

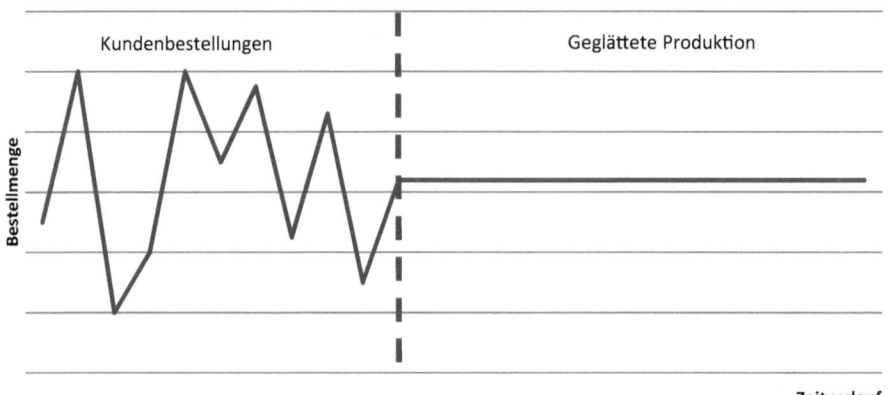

Bild 11.1 Volumenglättung durch Produktionsnivellierung (idealisiert)

Damit Variantenmix und Volumenglättung in der Praxis funktionieren, ist besonders bei einem hohen Anteil an Lieferprozessen ein Freigabehorizont zur Planung nötig. In diesem Freigabehorizont (z. B. eine Woche oder eine Schichtdauer) erfolgt auf Basis der Dringlichkeit von Fertigungsaufträgen die Reihenfolgebildung. Dazu wird das jeweilige Fertigungspaket, das zeitlich gesehen einer Freigabeeinheit entspricht (z. B. eine Stunde), in den Freigabehorizont eingeplant. Zu beachten ist hierbei, dass nach definierten Regeln, beispielsweise nach jeder Freigabeeinheit oder spätestens nach drei Freigabeeinheiten, ein Variantenwechsel zu erfolgen hat. In diesem Freigabehorizont („Frozen zone") sollte keine Änderung der Sequenz mehr erfolgen. Die *Flexibilität* entsteht dadurch, dass spätestens nach jedem Freigabehorizont ein „Eilauftrag" ohne Auswirkungen auf die Produktion ganz regulär in den nächsten Freigabehorizont eingeplant werden kann. Selbst in sehr dringlichen Fällen, wenn ein Auftrag sogar innerhalb des aktuellen Freigabehorizonts eingeplant werden muss, ist dies durch die überschaubaren Fertigungspakete möglich. Lediglich der Planungsaufwand durch die Zurückstellung eines anderen Pakets muss berücksichtigt werden. Erhebliche Verwirbelungen und Koordinationsaufwände bei Eilaufträgen, wie in der klassischen Losfertigung gegeben, gehören somit der Vergangenheit an.

Die Sequenz wird dabei für den Schrittmacher von der Fertigungssteuerung gemäß den Kundenaufträgen eingesteuert. Für selbststeuernde Regelkreise kann die Reihenfolgebildung auch vor Ort durch die jeweilige Prozesskette selbst erfolgen (z. B. über Kanbans).

Der Variantenmix sorgt aber noch für einen weiteren Vorteil: *Spitzen können ausgeglichen werden.* Zum einen sorgt die Durchmischung von Aufträgen für einen Ausgleich der Bearbeitungszeit am Schrittmacher und dessen Folgeprozessen (bei FIFO-Verkopplung), wenn die Bearbeitungszeit am Schrittmacherprozess bei unterschiedlichen Varianten schwankt. Zum anderen werden aber nicht nur Bearbeitungszeiten, sondern auch Abrufmengen bei internen und externen Lieferanten geglättet, da durch den Variantenmix die benötigten Teile je Variante im Freigabehorizont begrenzt sind und regelmäßig ein Variantenwechsel erfolgt, welcher vorgelagerten Prozessen die Produktion ermöglicht.

Folgendes Beispiel verdeutlicht dies, wobei eine Zahl für eine Freigabeeinheit einer Variante steht:

Statt einer nach losgrößenoptimierten Reihenfolge an Freigabeeinheiten von

1 1 1 2 3 4 5 6 7

wird nach dem Prinzip Heijunka zur Vermeidung von Spitzen in der Sequenz

1 2 3 1 4 5 1 6 7

gefertigt. Dies wirkt dem Bullwhip-Effekt entgegen (vgl. Erlach 2010, S. 238–241).

Zur Planung der Reihenfolge der Freigabeeinheiten eignet sich bei einer nicht zu hohen Anzahl an Varianten der Einsatz von Heijunka-Boards (Ausgleichskästen). Den schematischen Aufbau eines Heijunka-Boards zeigt Bild 11.2.

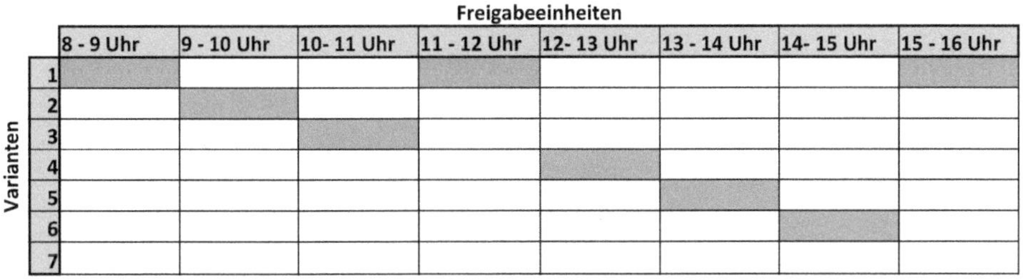

	Freigabeeinheiten							
	8 - 9 Uhr	9 - 10 Uhr	10- 11 Uhr	11 - 12 Uhr	12- 13 Uhr	13 - 14 Uhr	14- 15 Uhr	15 - 16 Uhr
1	▓			▓				▓
2		▓						
3			▓					
4					▓			
5						▓		
6							▓	
7								

Bild 11.2 Aufbau eines Heijunka-Boards

Die Zeilen des Boards stehen dabei für die unterschiedlichen Produktvarianten, die Spalten repräsentieren die Freigabeeinheiten, welche einem Zeitintervall (Pitch) entsprechen. Im dargestellten Beispiel entspricht der Freigabehorizont einer Schicht (acht Stunden) und einem Pitch von einer Stunde, und hat dabei insgesamt sieben möglichen Varianten. Die einzelnen Felder stehen für ein Fertigungspaket. Dort befinden sich die jeweiligen Auftragskarten. Ein Beispiel für ein Heijunka-Board mit Steckkarten für die Aufträge zeigt Bild 11.3.

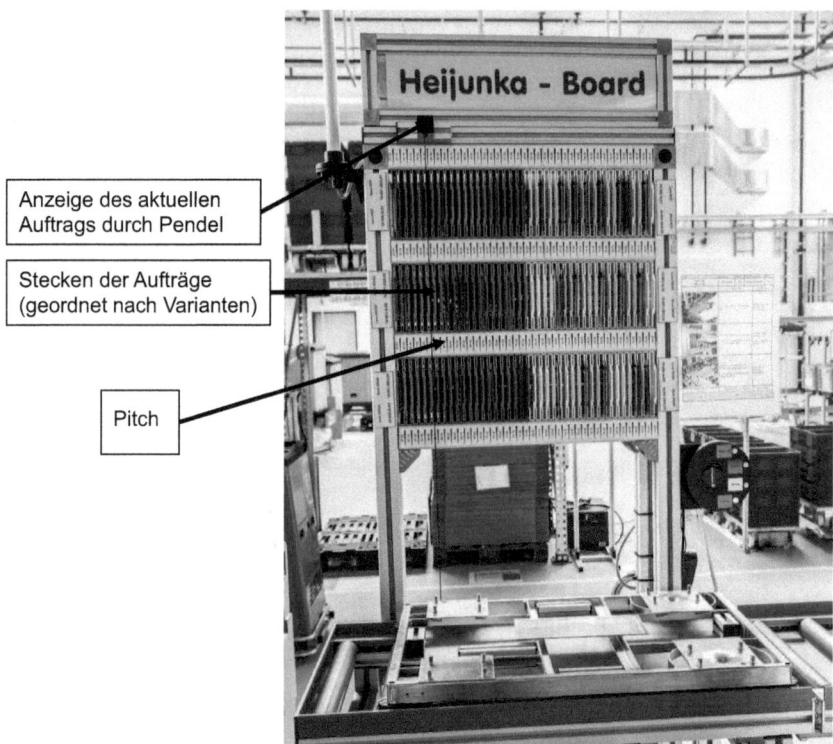

Bild 11.3 Heijunka-Board (Foto: Musterfabrik TZ PULS)

Diese Boards lassen sich nur für einen begrenzten Umfang an Varianten und Freigabeeinheiten umsetzen, da sie sonst zu viel Platz benötigen und unübersichtlich werden. Die dahinterliegende Logik der Produktionsnivellierung lässt sich aber natürlich auch IT-gestützt umsetzen.

■ 11.3 Führen vor Ort (Gemba)

Führen vor Ort wird hauptsächlich mithilfe von verschiedenen Boards durchgeführt, an denen alle notwendigen Informationen in Form von Aushängen oder selbst geführten Listen, Abbildungen usw. zur Verfügung stehen. Ein Shopfloorboard ist KEIN Schwarzes Brett oder eine Informationstafel!

Es dient als Führungsinstrument über alle Hierarchieebenen. Was sind die Vorteile:

- Führungskräfte werden ans Tagesgeschäft herangebracht.
- Aktive, interdisziplinäre Führung vor Ort.
- Unterstützung und Weiterentwicklung der Mitarbeiter.
- Probleme und Abweichungen vom Soll/Standard werden sofort erkannt.

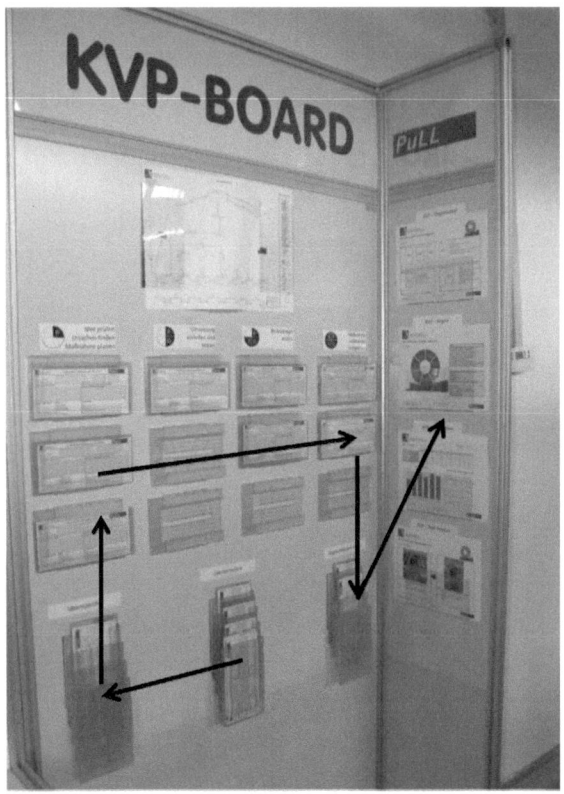

Bild 11.4 Führen des KVP-Prozesses durch den PDCA-Zyklus mithilfe eines KVP-Boards (Foto: Musterfabrik TZ PULS)

Warum Führen vor Ort?

Eine nachhaltige Wirkung der Optimierungsaktivitäten in den Ausführungsprozessen lässt sich nur durch eine Veränderung im Führungsprozesses selbst erreichen. Das Shopfloor-Management ist ein wichtiger Baustein hierzu. Eine Produktion lässt sich nicht vom Schreibtisch aus mit ein paar Excelsheets lenken. Um schnelle und effektive Problemlösungen erarbeiten zu können, muss man vor Ort sein (Genchi Genbutsu – Gehe vor Ort und erkenne!). Shopfloor-Management ermöglicht einen hierarchieübergreifenden Lernprozess am Ort der Wertschöpfung (Gemba). Die Führungskräfte sind durch offene Kommunikation, nötige Information und Transparenz aktiv am operativen Geschehen beteiligt. Weitere Punkte sind:

- effiziente und standardisierte Besprechungen,
- durchgängiger Informationsfluss,
- Transparenz über alle Schichten und Hierarchien,
- Führungskräfte vor Ort erzeugen Management Awareness,
- Problemursachen, nicht Symptome werden identifiziert und behoben,
- Eskalation von Themen ist klar geregelt, Motivation der Mitarbeiter steigt (vgl. Peters 2009, S. 49 ff.).

Die wichtigste Methode für das „Führen vor Ort" ist das Shopfloor-Management. Dies wird im Teil VI des Buches ausführlich beschrieben.

■ 11.4 Tracking und Tracing

Spath versteht unter Industrie 4.0 „[...] die vollständige informationstechnische Durchdringung der Produktion und den Einsatz von maschineller Intelligenz zur kurzfristigen Planung, Optimierung und Steuerung der Abläufe." (Spath 2013). Nun ist es keineswegs unstrittig, welche Technologien genau unter Industrie 4.0 fallen. Hier soll auf *Echtzeitortungstechnologien* (auch RTLS genannt) fokussiert werden, die zur geforderten „vollständigen informationstechnischen Durchdringung der Produktion" einen wichtigen Beitrag leisten. Einige Ortungstechnologien, wie beispielsweise RFID, sind bereits seit Jahrzehnten verfügbar. Jedoch bieten relativ neue Technologien, wie *Realtime Location Systeme* (RTLS), bisher ungeahnte Möglichkeiten (Bild 11.5).

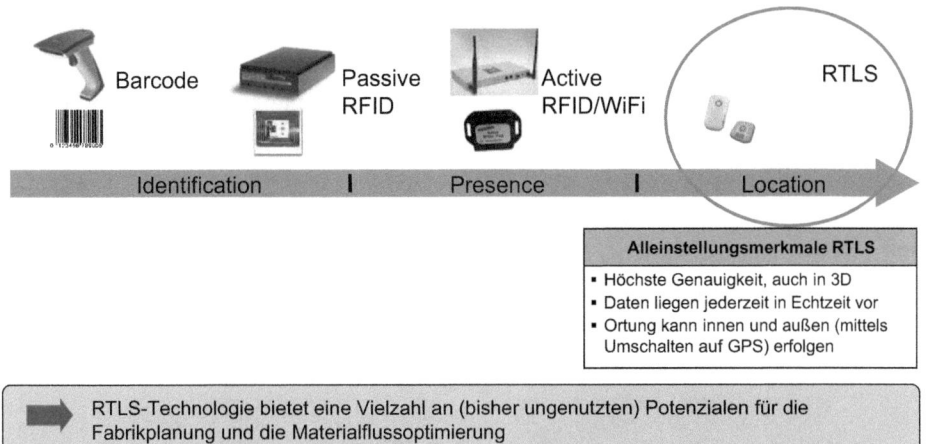

Bild 11.5 Vergleich verschiedener Ortungstechnologien

RFID (passiv) eignet sich für eine punktuelle Erfassung an bestimmten Orten (z. B. Wareneingang), aber nicht für eine kontinuierliche Ortung von beweglichen Dingen. RTLS (UWB) bieten die mit Abstand höchste Genauigkeit und eine 3D-Ortung. Somit wird es erstmalig möglich, Gegenstände sehr genau und kontinuierlich zu orten und auch Bewegungsprofile zu erstellen.

11.4.1 Potenziale durch den Einsatz von RTLS

In der Produktionssteuerung werden klassischerweise vier Teilaufgaben unterschieden. Dies sind die Belegungsplanung, die Fertigungsauftragsfreigabe, die Fertigungsauftragsüberwachung und die Ressourcenüberwachung (Schuh/Stich 2012). Die Überwachung der Fertigungsaufträge ist ohne RTLS nur punktuell und indirekt möglich. Erst, wenn ein Auftrag an einer Arbeitsstation, beispielsweise per Handscanner erkannt wird oder über ein MDE-System die Bearbeitungsdaten vorliegen, erfolgt die Rückmeldung an das PPS-System. Wo sich dieser Auftrag vorher befunden hat oder sich unmittelbar nach dieser Rückmeldung befindet, ist dem PPS-System nicht bekannt. Dieses Problem wird noch massiv verstärkt, wenn zur datentechnischen Aufbereitung ein PPS-Planungslauf, meist über Nacht, erforderlich ist. Dann liegen zwischen dem Vorliegen der Information im PPS und dem echten Geschehen bis zu 24 Stunden. Die Konzentration auf die Ressourcenüberwachung ist ebenfalls ein klares Indiz für das „Auslastungsdenken" aus den Zeiten der Massenproduktion.

Das Problem ist also, dass der Fertigungs- oder Kundenauftrag, nur punktuell und indirekt über die Ressourcen, sehr lückenhaft und mit erheblichen Zeitverzögerungen verfolgt werden kann. Und darum geht es doch eigentlich im Unternehmen.

Der Königsweg ist, den *Fertigungsauftrag* selbst mit einem Tag auszustatten und *direkt zu verfolgen*. Somit kann durch die RTLS-Technolgie erstmalig der Kundenauftrag ständig, direkt, lückenlos und nahezu in Echtzeit verfolgt werden.

Aus einer indirekten Ressourcenüberwachung wird eine Materialflussüberwachung. Dieses Konzept wird als „echtzeitortungsbasierte Produktionssteuerung" bezeichnet und wurde am Kompetenzzentrum PuLL (Produktion und Logistik) der Hochschule Landshut entwickelt (Ettl 2015).

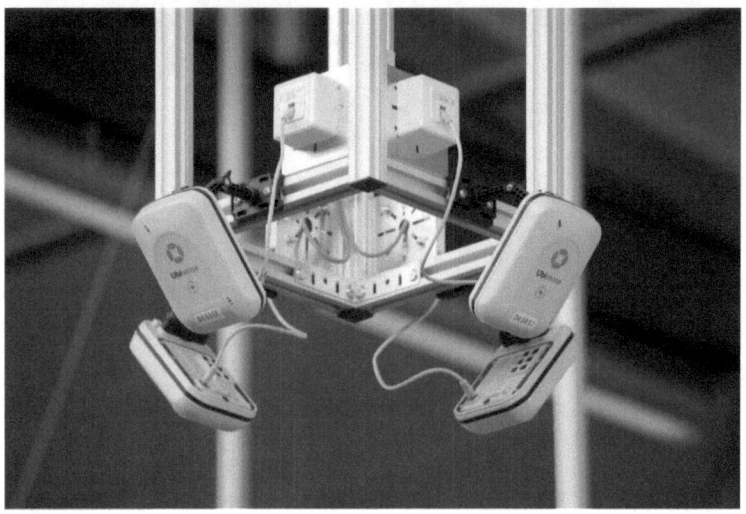

Bild 11.6 Antennen des RTLS in der Musterfabrik des TZ PULS (Foto mit freundlicher Genehmigung der Ubisense GmbH)

11.4.2 Layout based Order Steering – LOS 1

Um die echtzeitortungsbasierte Auftragssteuerung umsetzen zu können, muss die Produktionssteuerung völlig neu gedacht werden. Eine wichtige Grundlage bildet die Idee des Layout based Order Steerings – weg von den vielen Listen, hin zu einer visuell einfach erfassbaren Produktionssteuerung.

Mithilfe eines prozessorientierten Layouts und dem Einsatz eines Real Time Location-Systems entsteht die Möglichkeit einer selbststeuernden Auftragsfreigabe. Die Grundidee dahinter ist die Verbindung von zwei Informationen; den x-y-z-Koordinaten des Kundenauftrags im Raum mit dem entsprechenden Fortschritt im Prozess.

Die Rückschlüsse über den Fortschritt des Auftrags im Prozess können erst durch eine prozessorientierte Layoutgestaltung gezogen werden. Die Buchung des Auftragsfortschritts erfolgt beim Verlassen und Betreten der sogenannten „Ereigniszonen" (in Bild 11.7 als farbige Rechtecke erkennbar), denen Prozessschritte zugeordnet sind, automatisch.

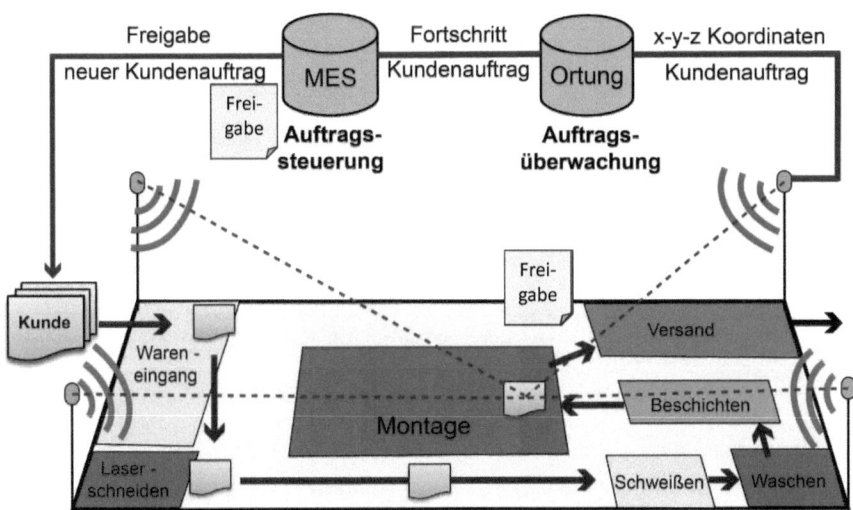

Bild 11.7 Funktionsweise von Layout based Order Steering

Bild 11.8 verdeutlicht die Funktionsweise von Layout based Order Steering. Der freigegebene Kundenauftrag wird mit einem Transponder versehen und startet am Wareneingang. Das Ortungssystem erfasst permanent die Koordinaten des Auftrags und erkennt das Betreten und Verlassen an den entsprechenden Prozessschritten, respektive Ereigniszonen. Diese Information wird an das PPS-System weitergegeben und zur Buchung des Auftragsfortschritts genutzt (Bild 11.7). Über die Anzahl der im Umlauf befindlichen Transponder wird ein ConWIP-(Constant Work in Progress)-Kreislauf aufgebaut und dimensioniert.

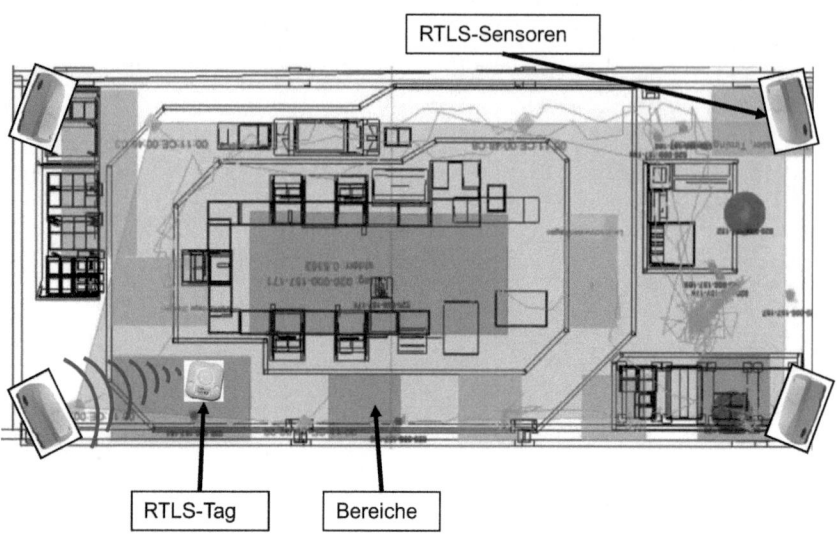

Bild 11.8 Originalausschnitt aus der Ubisensesoftware mit Bewegungsdaten der Aufträge als Spaghetti-Diagramm

Verlässt ein Auftrag den letzten Prozessschritt (hier: Montage), gibt das System in der Folge am Wareneingang den nächsten Kundenauftrag frei. Dies stellt einen konstanten Bestand und damit eine konstante Durchlaufzeit in der Prozesskette sicher. Zusätzlich wird der Planer durch die Echtzeiterfassung des Kundenauftragsstatus erheblich entlastet.

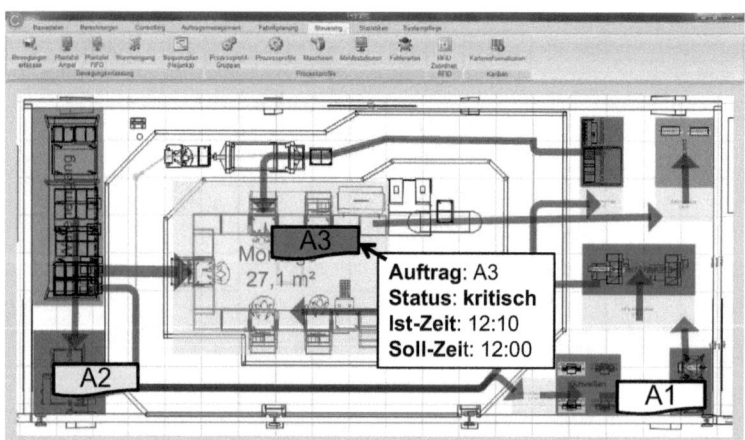

Bild 11.9 Originalausschnitt aus dem PPS-System „Leanion" mit einem kritischen Auftrag „A3"

Das System vergleicht laufend den Fortschritt im Prozess mit den dafür vorgesehenen Sollzeiten. Tritt eine Abweichung aufgrund einer Prozessstörung ein, erkennt dies der Planer mit einem Blick in das Layout. In Bild 11.9 ist zu erkennen, dass der Auftrag „A3" rot angezeigt wird. Klickt der Planer auf den Auftrag, so bekommt er weitere Daten angezeigt und kann sich auf Ursachenforschung begeben.

11.4.3 Alleinstellungsmerkmale der echtzeitbasierten Auftragssteuerung

An diesem System sind mehrere Aspekte grundsätzlich neu, ja geradezu revolutionär.

11.4.3.1 Kundenauftrag wird direkt verfolgt

Mithilfe des RTLS wird es erstmalig möglich, den *Kundenauftrag ständig, direkt, lückenlos und nahezu in Echtzeit zu verfolgen.* Durch die bisherigen Systeme, die auf den Rückmeldungen von Maschinen oder Werkern beruhen, konnte mit häufig mangelnder Datenqualität und teilweise erheblichen Verzögerungen nur indirekt auf den aktuellen Standort und Status des Kundenauftrags geschlossen werden.

Die permanente Ortung ermöglicht auch die Überprüfung von bisher nur grob geschätzten Pufferzeiten in den Arbeitsplänen. Man weiß genau, wann ein Kundenauftrag den Puffer verlassen hat. Bei einem prototypischen Praxiseinsatz konnte festgestellt werden, dass 80 % der Pufferzeit in vier Wochen kein einziges Mal genutzt wurde. Die Durchlaufzeit hat aber trotzdem in etwa gestimmt. Dies lässt den Schluss zu, dass die im Arbeitsplan hinterlegten Zeiten nicht stimmen.

11.4.3.2 Smart Layout

Wir gehen davon aus, dass die meisten Menschen eher in der Lage sind, visuell Informationen aufzunehmen und zu verarbeiten. Wieso stellen dann trotzdem die meisten (unseres Wissens alle) PPS-Systeme die Informationen überwiegend in Listenform dar? Die Idee ist, dem Planer alle relevanten Informationen in Form eines Layouts darzustellen und einzublenden. Das Ziel ist das Smart Layout. Dies konnte später noch mithilfe von Augmented Reality-Technologien, wie beispielsweise der Microsoft Holo Lens, auf den realen Shopfloor übertragen werden.

11.4.3.3 Ereignisorientierung

Die meisten Systeme erfordern eine permanente Überwachung. Die Idee hinter der echtzeitbasierten Auftragssteuerung ist, Sollabläufe zu definieren. Diese werden durch die echten Durchlaufzeitdaten der Kundenaufträge auch sehr schnell qualitativ massiv besser, als die bisher geschätzten oder mit anderen Methoden ermittelten Daten.

Dann ist das PPS-System in der Lage, den Durchlauf durch das Produktionssystem automatisch durch die RTLS-Daten zu verfolgen. Nur wenn eine Abweichung auftritt – und nur dann – wird der Planer aktiv durch das PPS-System informiert. Dies reduziert einerseits die Reaktionszeit für erforderliche Eingriffe in den Prozessablauf und ermöglicht es dem Planer, seine Steuerung auf einige wenige Aufträge zu beschränken.

Die Gestaltung der *Werksstrukturen nach Lean Prinzipien* und die *Auftragssteuerung mithilfe des RTLS* und eines prozessorientierten Layouts führen zu einer enormen Reduzierung des Steuerungsaufwands bei gleichzeitig verbesserter logistischer Zielerreichung. Ein funktionsfähiger Prototyp kann in der Muster- und Lernfabrik des TZ PULS besichtigt werden.

12 Gesamtkonzept einer Lean Production

Die Lean Production startet am Ort der höchsten Wertschöpfung, also am Arbeitsplatz. Hierfür werden im Teil III des Buches eine Reihe von Gestaltungsvorschlägen in Form von Prinzipien und Beispielen bereitgestellt (vgl. Kapitel 9). Die einzelnen Arbeitsplätze müssen bestimmten weiteren Prinzipien folgend, zu Produktionsbereichen zusammengefasst werden (vgl. Kapitel 10). Ein weiterer Gestaltungsbereich ist der Informationsfluss, der die Steuerung und die Logistik mit der Produktion verbindet (vgl. Kapitel 11).

Zusammenfassend lässt sich feststellen, dass die Materialbereitstellung für die Produktion nur in endlich vielen Varianten stattfinden kann. Diese sind in Bild 12.1 dargestellt. In KLTs kann das Material in Regalen von vorne oder von hinten aus Sicht des Werkers bereitgestellt werden. GLTs, JIS-Behälter und mehrere Behälter auf einem Bodenroller können nur von hinten oder von der Seite bereitgestellt werden.

Diese Arten der Materialbereitstellung bilden eine wichtige Schnittstelle zur Logistik und beeinflussen die von der Logistik auszuwählenden Logistikkonzepte.

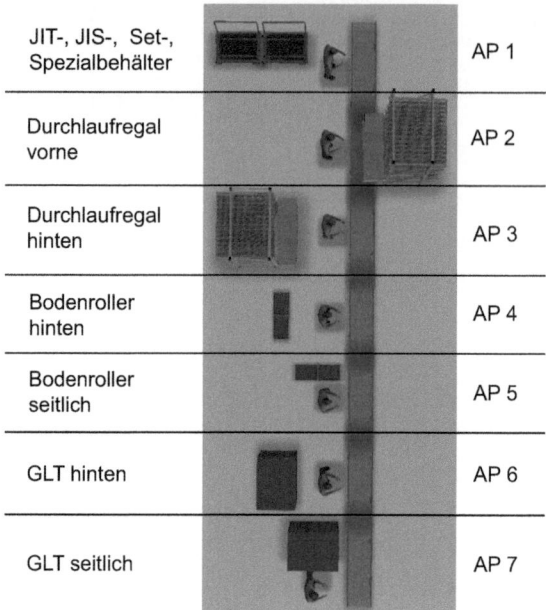

JIT-, JIS-, Set-, Spezialbehälter		AP 1
Durchlaufregal vorne		AP 2
Durchlaufregal hinten		AP 3
Bodenroller hinten		AP 4
Bodenroller seitlich		AP 5
GLT hinten		AP 6
GLT seitlich		AP 7

Bild 12.1 Gesamtkonzept einer Lean Production

13 Lean Logistic-Prinzipien

Zur Gestaltung eines *Lean Production-Systems* ist neben schlanken Produktionsprozessen und -strukturen auch eine entsprechend gestaltete *Lean Logistic* notwendig.

 „Lean Logistic ist ein Bündel von Prinzipien und Maßnahmen zur effektiven und effizienten Planung, Gestaltung und Kontrolle der gesamten Materialflüsse innerhalb industrieller Produktionssysteme" (in Anlehnung an die Definition von Lean Management durch Pfeiffer/Weiß 1992, S. 43).

Eine schlanke Logistik verbindet und koordiniert die kundenorientierten Wertschöpfungsprozesse optimal miteinander. Unter der „schlanken Logistik" versteht man eine synchronisierte, flussorientierte und getaktete Logistik, die sich retrograd und ziehend am Kundenbedarf ausrichtet. Kennzeichen sind stabile und durchlaufzeitoptimierte Logistikaktivitäten, mit deren Hilfe die hohe Produktivität einer schlanken Fabrik realisiert werden kann (vgl. Klug 2010, S. 254). Für ein tief gehendes Verständnis von schlanken Logistikprozessen in Produktionssystemen ist die Kenntnis über die grundlegenden Prinzipien der Lean Logistic notwendig. Die im Folgenden beschriebenen *Gestaltungsprinzipien* ermöglichen es, Unternehmen ein nach Lean-Kriterien gestaltetes Logistiksystem (Lean Logistic-System) zu realisieren. An dieser Stelle sei erwähnt, dass auch für die Logistiker die Lean Production-Prinzipien von zentraler Bedeutung sind. Für alle Tätigkeiten, wie Handhaben, Kommissionieren, Bereitstellen oder Verpacken, gelten die Prinzipien aus den vorherigen Kapiteln.

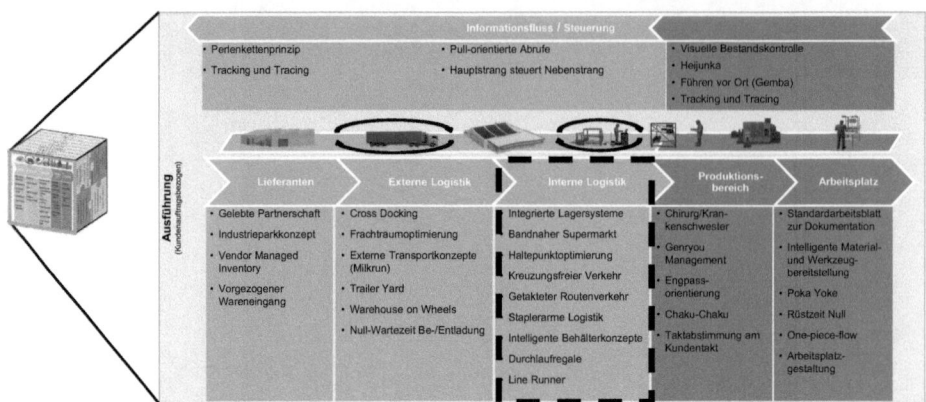

Bild 13.1 Übersicht Gestaltungsprinzipien der internen Logistik

Beginnend an der Schnittstelle zur *Lean Production* sind die einzelnen Prinzipien erläutert. Im Sinne des *Line-Back-Planungsvorgehens* werden die Gestaltungsprinzipien für die *interne Logistik* (vgl. Kapitel 14), die *externe Logistik* (vgl. Kapitel 15) und die *Lieferanten* (vgl. Kapitel 16) beschrieben. Daraufhin folgt die Gestaltung der übergreifenden *Informationsflüsse und Materialsteuerung* (vgl. Kapitel 17). Schließlich werden Hilfestellungen für die *Gesamtkonzeption eines Lean Logistic-Systems* gegeben (vgl. Kapitel 18).

14 Interne Logistik

Die Gestaltungsprinzipien der internen Logistik umfassen die Logistikabläufe innerhalb eines Werks. Somit sind die Gestaltungsrichtlinien der Material- und Informationsflüsse von „Rampe-zu-Rampe" beschrieben. In Richtung des Kunden, bezogen auf die Wertschöpfungskette, grenzt die interne Logistik an die Produktionsbereiche und den damit verbundenen Prinzipien der Lean Production. Auf der anderen Seite bestehen Schnittstellen zu den Prozessen der externen Logistik (vgl. Kapitel 15).

■ 14.1 Durchlaufregale

Wie in Bild 10.12 in Kapitel 10.5 dargestellt, bildet das Durchlaufregal die Schnittstelle zwischen der Montage bzw. Fertigung und der Logistik (Erlach 2010). Durchlaufregale ermöglichen neben der konsequenten Einhaltung des FIFO-Prinzips auch den getrennten Behälterfluss von Voll- und Leergut. Der transparente Materialfluss ermöglicht die einfache Signalgenerierung. Beispielsweise signalisieren leere Behälter auf der Rücklauframpe des Durchlaufregals Materialverbrauch und stoßen somit einen Nachschubprozess bei den Logistikmitarbeitern an.

Dieser Materialnachschub kann beispielsweise sehr effizient durch die Verwendung eines *Shooters* erfolgen. Shooter sind Transportwägen, welche dem Bedarf am Arbeitsplatzregal entsprechend bestückt sind und durch einen automatisierten Mechanismus das Arbeitsplatzregal gleichzeitig mit Vollgut befüllen sowie das angesammelte Leergut aufnehmen (Bild 14.1). Die Shooter-Technologie ermöglicht die Einsparung von Handlingsschritten und beschleunigt die Materialflüsse in der Produktion, dem Kern der Wertschöpfung. Die Umsetzung der Shooter-Technologie im Sinne des „Low-cost-low-tec"-Handlungsprinzips ist in den meisten Anwendungsfällen anzustreben, da somit ein hoher Grad an Flexibilität bei notwendigen Umgestaltungen gegeben ist.

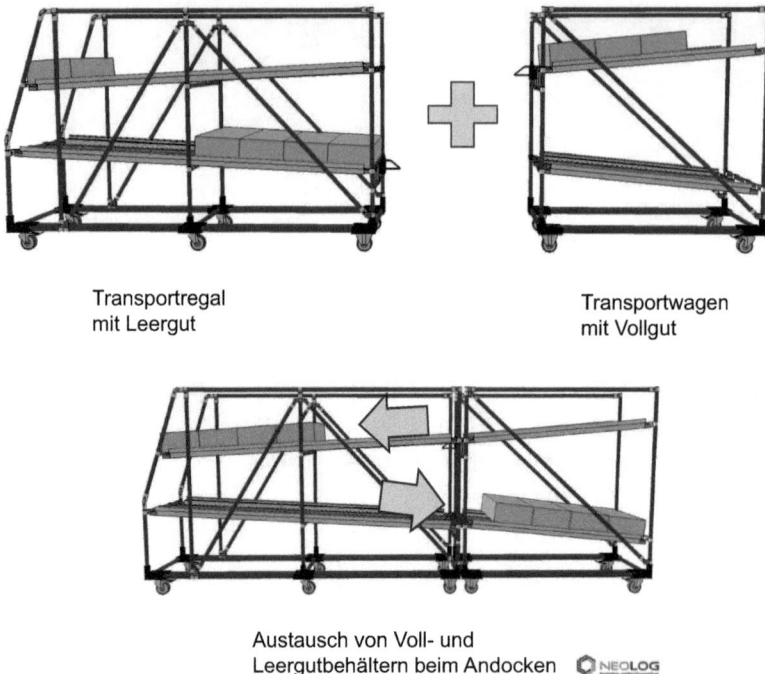

Transportregal
mit Leergut

Transportwagen
mit Vollgut

Austausch von Voll- und
Leergutbehältern beim Andocken   ⬡ NEOLOG

Bild 14.1 Shooter-Technologie zur automatischen Be- und Entladung (Foto mit freundlicher Genehmigung der Neolog GmbH)

■ 14.2 Line Runner

In der getakteten Fließfertigung ist eine schnelle Versorgung der Montage mit Teilen zur Aufrechterhaltung des Flusses notwendig. Dafür eignet sich der Einsatz sogenannter Line Runner (auch: Water-spider) entsprechend dem japanischem Mizusumashi-Prinzip. Line Runner (i. d. R. Logistikmitarbeiter) haben die Hauptaufgabe, durch Ablaufen der Montagelinie eine Sichtkontrolle der Bestände an der Linie durchzuführen. Zudem haben sie einen Überblick über mehrere Arbeitsstationen an einer Fertigungslinie und können so Abweichungen erkennen, kommunizieren (zügiger Informationsfluss an vor- und nachgelagerte Arbeitsplätze) und Maßnahmen einleiten.

Bei Unterschreiten eines definierten Meldebestands muss ein Materialabruf abgesetzt bzw. leere Kanban-Behälter oder Kanban-Karten eingesammelt werden. Aufgrund des Bullwhip-Effekts, hat der Materialabruf zu Beginn der logistischen Kette beim Line Runner dabei möglichst zügig und unverzerrt zu erfolgen, um für eine Synchronisation zwischen Materialbedarf und -abruf zu sorgen (vgl. Klug 2010, S. 270).

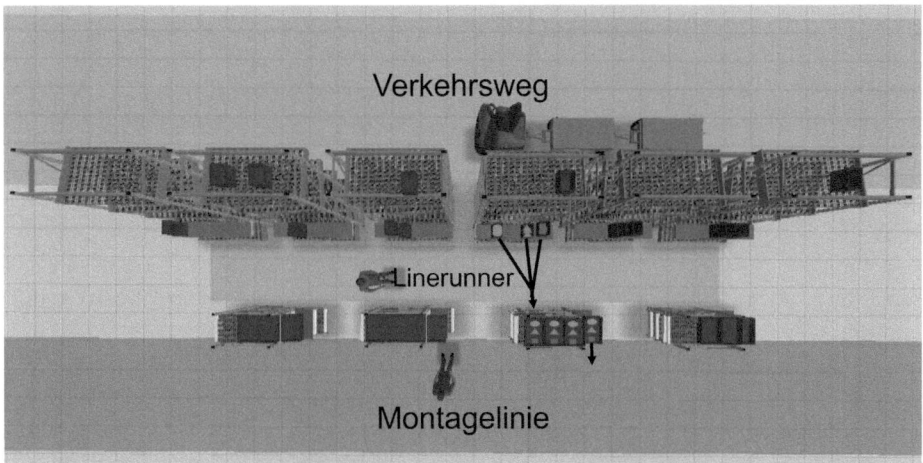

Bild 14.2 Ein Line Runner versorgt mehrere Montagetakte durch Vormontagen und/oder Sequenzbildung (eigene Darstellung)

Der Line Runner kann zudem die Tätigkeit des Routenzugs entlasten. Gerade bei einem sehr hohen Teiledurchsatz und hoher Variantenvielfalt stellt der Line Runner eine weitere logistische Beschleunigung zur Montagelinie dar und liefert das benötigte Material nicht nur einfach *verbauortnah*, sondern bereits möglichst *greifpunktoptimiert*. Der Line Runner übernimmt also weitere Auswahl- und Transporttätigkeiten, welche vorher den Linienmitarbeitern überlassen wurden. Montagezeiten können durch den Einsatz von Line Runnern verkürzt werden, da sich Lauf- und Greifwege in der Montage reduzieren lassen. Zudem steigert sich die Fertigungsqualität durch Reduzierung von Montagefehlern (vgl. Yagyu 2009, S. 121). Bei Bedarf lässt sich die Tätigkeit des Line Runners um weitere zeitintensive oder qualitätskritische Vormontagetätigkeiten erweitern, welche nicht im Linientakt durchführbar sind.

In Bild 14.2 ist ein Beispiel aus einem Toyota-Werk dargestellt. Der Line Runner bekommt das Material von oben vom Routenzug zur Verfügung gestellt und übernimmt die Versorgung von drei Montagetakten. Er übernimmt Vormontagen und stellt fahrzeugspezifische Warenkörbe zusammen (Gang in der Mitte). Diese werden mit einem Vorlauf von acht bis zwölf Takten in den quer zur Montagelinie stehenden Durchlaufregalen FIFO bereitgestellt (siehe unten im Bild). Der Mitarbeiter an der Montagelinie entnimmt die Warenkörbe dann, teilweise, ohne das Fahrzeug zu verlassen. Dies ist nur durch die „mundgerechte" Anlieferung des Line Runners möglich.

Der Line Runner ist sicher eine extreme Umsetzung des Chirurgen-Krankenschwester-Prinzips, hat an manchen Stellen aber seine Berechtigung.

■ 14.3 Intelligente Behälterkonzepte

Was ist mit *intelligenten Behälterkonzepten* gemeint? Die Behälter sollen den Lean-Kriterien entsprechen und die schlanken Prozesse der Produktion und der Logistik unterstützen. Dies betrifft zunächst die Behälterauswahl. Die Behälterplanung beschäftigt sich vor allem mit der Bestimmung des optimalen Füllgrads der gewählten Behälter. Besonders interessante Aspekte betreffen noch den Leerguttausch, die Frage, ob die Behälter klappbar sein sollten und wie Sonderfälle, wie mitlaufende Wagen usw., zu handhaben sind.

14.3.1 Behälterauswahl

Die Auswahl der optimalen Behältergröße und -art[1] im Zuge der Behälterplanung ist mit Hinblick auf die folgenden *Ziele* durchzuführen (vgl. Schulte 2009, S. 152):

- Minimierung der Förderhilfsmittelvielfalt, Standardisierung, Modularisierung, um
  - günstigere Kosten (Mengeneffekte),
  - einfachere Schnittstellen zu Förder- und Lagertechnik,
  - einfachere Mehrwegsysteme und/oder
  - eine einfachere Leergutabwicklung zu realisieren.
- Anstreben einer konsistenten Transportkettenbildung (Transporteinheit ⇒ Ladeeinheit ⇒ Lagereinheit ⇒ Verpackungseinheit ⇒ Versandeinheit).

Die Orientierung an folgender Klassifizierung erleichtert die Behälterauswahl:

- Kleinladungsträger (KLT): Unter einem KLT versteht man ein nicht unterfahrbares Transport- und Ladehilfsmittel. In KLTs werden Klein- und Massenteile aufbewahrt. Die Behälter sind meist aus farbigem Kunststoff gefertigt und sind stapelbar, modularisiert (KLT-Turm), schlag- und stoßfest. Ein KLT darf aus ergonomischen Gründen das Bruttoladegewicht von 20 kg (in der Praxis meist 15 kg) nicht überschreiten.
- Großladungsträger (GLT): GLTs sind unterfahrbare Transport- und Ladehilfsmittel, die für Großteile Verwendung finden. Das Behälterhandling erfolgt ausschließlich mittels Flurförderzeugen, z. B. Palettenhubwagen oder Gabelstapler.
- Standardbehälter: Standardbehälter können universal eingesetzt werden, da sie nicht für ein spezielles Teil oder eine Teilegruppe entwickelt wurden. Ziel ist die unternehmensübergreifende Anwendung durch das Setzen von Standards, die meist branchenweit eingesetzt werden. Die deutsche Automobil- und Zuliefer-

---

[1] Übergeordnete Begriffe: Förder-, Transport-, Lade-, Lagerhilfsmittel.

industrie hat den VDA-KLT standardisiert. Dieser blaue Kunststoffbehälter ist als Lager- und Transportbehälter sowohl für das manuelle als auch automatische Handling (z. B. in automatischen Kleinteilelägern – AKL) geeignet. Die standardisierten KLTs lassen sich verlustfrei auf Euro- oder Industriepaletten im Verbund stapeln.

- Spezialbehälter: Spezialbehälter sind alle Transportbehälter bzw. -gestelle, die für ein bestimmtes Teil oder eine Teilegruppe speziell entwickelt und konstruiert wurden. Sie sind daher nur begrenzt einsetzbar. Die Aufnahmevorrichtungen können aus Metall, Kunststoff oder Holz in der Form von Zahnleisten, Einzelaufnahmen oder Mehrfachaufnahmen konstruiert sein.

Dabei hat die Behälterauswahl *verschiedenste Rahmenbedingungen* zu beachten. Zum Beispiel muss der Behälter definierten Qualitätsansprüchen genügen, welche aus der jeweiligen Ladung resultieren. Sollte beispielsweise das Fördergut ein am Endprodukt vom Kunden sichtbares Bauteil sein, so ist eine Beschädigung durch das geeignete Förderhilfsmittel bei Lagerung und Transport unbedingt zu vermeiden. Beim betriebsübergreifenden Transport per Bahn, LKW und Luftfahrt sind die Außenabmessungen der Frachtträger ein limitierender Faktor. Außerdem sind die Eigenschaften der eingesetzten Flurförderfahrzeuge sowie die Verfahrenstechnik (manuell oder automatisch) bei der Bestückung und Entladung zu beachten. Die verfügbare Bereitstellungsfläche und -bedingungen vor Ort sind ebenfalls wichtige Faktoren, welche direkte Anforderungen an die Anzahl und Größe der Behälter sowie die Wiederbeschaffungszeit[2] der Bedarfsteile stellen. Die Auswahl der Behälterart ist auch von der geplanten statischen und dynamischen Belastung sowie der geforderten Lebensdauer des Förderhilfsmittels abhängig.

Es folgen weitere Faustregeln und Hinweise im Sinne der Lean Logistic bei der Behälterauswahl:

- Verwendung möglichst kleiner Behälter,
- Auffüllen der Behälter immer vollständig, dem definierten Füllgrad entsprechend,
- Norm- und Kleinteile (C-Teile) direkt vor Ort auffüllen (Reichweite i. d. R. mehr als fünf Tage).
- Die Bestandsreichweite ist abhängig von der Wiederbeschaffungszeit und dem Tagesbedarf. Die umsetzbare Bestandsreichweite ist außerdem durch die vorhandenen Bereitstellungsflächen limitiert. Merke: Bei zu wenig vorhandener Bereitstellungsfläche ist die genannte Reaktionszeit unbedingt infrage zu stellen!

---

[2] Synonym verwandter Begriff: Reaktionszeit.

14.3.2 Behälterplanung

Der definierte *Füllgrad der Behälter* mit Teilen bestimmt sowohl die Höhe der Behälterinvestitionen als auch die laufenden Logistikkosten. Je höher der Füllgrad, desto weniger Behälter werden benötigt. Ein höherer Füllgrad bedeutet gleichzeitig aber auch ein größeres Transportlos.[3] Außerdem hat ein höherer Füllgrad Auswirkungen auf das Gewicht der Gebindeeinheit. Bei der Festlegung des Gewichts einer Gebindeeinheit sind Aspekte der Ergonomie und Arbeitssicherheit zu beachten. In der Massenproduktionsdenkweise wird jeder Behälter für sich optimiert und mit dem maximalen Füllgrad geplant (Scheibendenken!). In der Lean-Denkweise muss sich der Füllgrad am Prozess orientieren oder beispielsweise mit den Füllgraden anderer Behälter am selben Verbauort abgestimmt sein (vgl. Kapitel 14.6.2).

Weitere Eigenschaften des Behälters werden dadurch beeinflusst, ob Einzelzugriff auf Teile notwendig oder eine bestimmte Reihenfolge einzuhalten ist. Schließlich ist auch die Lage des Teils im Behälter wichtig für eine günstige Bestückung und Entladung. *One-touch-one-motion* setzt bei der Behälterplanung voraus, dass die *Eigenschaften der vor- und nachgelagerten Prozesse beachtet werden*. Die Teile sind dabei so im Behälter abzulegen, dass bei der nächsten Entnahme und dem darauffolgenden Produktionsschritt keine Neuausrichtung des Bauteils oder ein Umgreifen am Bauteil durch Mensch oder Maschine notwendig ist.

Das konkrete Vorgehen bei der *Standardbehälterplanung* ist *durch reale Packversuche* zu unterstützen. Somit ist unter möglichst realistischen Umständen und unter Verwendung von Prototypen oder Vorserienteilen die optimale Teileanordnung im Behälter anzustreben. Die Handling-Anforderungen können dabei ganzheitlich beachtet werden. Die Leistungsfähigkeit dieser Methode ist insoweit begrenzt, dass die betroffenen Teile oft erst spät im Produktentstehungsprozess verfügbar sind und die Prozessplanung vor der physischen Verfügbarkeit der Teile beginnt.

Computergestützte Planung von Standardbehältern mit Softwareunterstützung ermöglicht die Behälterplanung bereits vor der physischen Verfügbarkeit der Teile durch 3D-Daten. Somit ist eine verbesserte Auslastung von Standardbehältern erreichbar, wodurch wiederum die Fracht- und Handling-Kosten reduzierbar sind. Es stellt sich jedoch bei aufwendig computergestützten 3D-Verfahren die Frage, inwieweit dieser Planungsansatz mit der Lean-Philosophie kompatibel ist. Der Mehrwert einer computergestützten Simulation bei Standardbehältern im Vergleich zu einfachen Trial and Error-Verfahren, wie realen Packversuchen, ist situativ kritisch zu hinterfragen. Ist es notwendig, bereits in frühen Planungsphasen, welche mit häufigen Änderungen am Produkt und Prozess verbunden sind, eine sehr hohe Detailtreue durch computergestützte Simulationen abzubilden, oder

---

[3] Ein größeres Transportlos kann wiederum zu einer steigenden Losgröße in der Produktion führen.

reicht in einem ersten Schritt ein grober Überschlag aus, welcher dann durch reale Packversuche optimiert wird?

Computergestützte Planung von Spezialbehältern mit CAD-Programmen haben eine schnellere, standardisierte und damit kostengünstigere Entwicklung von Spezial-behältern zum Ziel. Der Einsatz digitaler Methoden im Bereich der Spezialbehälter besitzt einen erheblichen Mehrwert, da eine digitale Bibliothek der bereits ent-wickelten Spezialbehälter-Komponenten ein Baukastensystem ermöglichen. Somit ist der unternehmensweite Zugriff auf geleistete Planungsleistungen möglich, wo-durch Synergieeffekte aktiviert und die interne Behältervielfalt reglementiert wird.

14.3.3 1 : 1-Tausch Voll- und Leergut

Im Lean Umfeld wird häufig ein 1 : 1-Tausch von Voll- und Leergut eingesetzt. Dies bedeutet, dass ein LKW, wenn er beispielsweise 58 Gitterboxen voll bringt, direkt mit 58 leeren Gitterboxen beladen wird. Der Vorteil gegenüber einer separaten Leergutsteuerung ist zum einen massive Reduzierung des Steuerungsaufwands. Der Leergutfluss läuft synchron zum Vollgutfluss, und es treten keine Spitzen auf (Mura). Gerade bei klappbaren oder anderweitig verdichteten Behältern wird bei drei bis fünf Vollgutlieferungen kein Leergut angeliefert, und dann kommt mit einer Lieferung eine riesige Menge Leergut, das gelagert und verwaltet werden muss.

14.3.4 Klappbare Behälter

Klappbare Behälter werden eingesetzt, da hier die Möglichkeit zur Verringerung des Behältervolumens im leeren Zustand besteht und somit Fläche und Frachtkos-ten eingespart werden sollen. Die Frage, ob klappbare Behälter aus Lean-Sicht ein intelligentes Behälterkonzept darstellen, wird häufig und intensiv diskutiert. Wir kommen nach intensiver Untersuchung zu dem Schluss, dass der Einsatz klapp-barer Behälter nur unter bestimmten Bedingungen Sinn macht. Es ist zu beachten, dass klappbare Behälter auch erhebliche Mehrkosten verursachen, die einer Frachtkosten- und Flächeneinsparung entgegenstehen:

- höhere Behälterentwicklungskosten,
- höhere Behälterkosten (Mechanik o. ä. nötig),
- höhere Wartungskosten,
- geringere Lebensdauer,
- höherer Behälterbedarf in der Prozesskette durch den Sammlungseffekt vor dem Rückversand der geklappten Behälter,

- hoher Zeitaufwand für das Zusammenklappen in der Produktion und das Wiederaufklappen beim Lieferant,
- Erhöhung des Planungs- und Steuerungsaufwands für Leergutversorgung, z. B. bei Verhältnis von 1 : 4 muss nur nach vier Anlieferungen Vollgut, ein Leerguttransport zum Lieferanten organisiert werden. Dies verletzt das Grundprinzip der Synchronisation und führt zur Bildung von Spitzen (Mura!).

14.3.5 Mitlaufende Wagen und Sequenzbehälter

Einen Spezialfall der Behälterplanung sind beispielsweise Schattenbrettwägen oder ähnlich konstruierte Gestelle für eine behälterlose Teilebereitstellung, die eine Just in Sequence (JIS)-Bereitstellung für einen Takt am Montageort ermöglichen. Somit wird durch eine intelligente Lösung, Fläche im Produktionsbereich gespart und der schnelle Zugriff auf die Bauteile ermöglicht. Abhängig von der Teilegeometrie und den Gegebenheiten am Verbauort wird ein JIS-Wagen oder -Behälter verwendet.

Ein weiteres intelligentes Behälterkonzept stellt die Umsetzung von mitlaufenden Wagen an der Montagelinie dar. Dabei werden die Teile und Werkzeuge direkt am Verbauort durch Kopplung an die Fördertechnik bereitgestellt. Diese Lösung ermöglicht vor allem die Einsparung von Laufwegen.

■ 14.4 Staplerarme Logistik

Eine Richtlinie für interne Transportprozesse ist das Prinzip der *staplerarmen Logistik*. Ziel dabei ist es, die internen Materialversorgungsprozesse möglichst ohne Stapler und Hubwagen umzusetzen.

Bild 14.3 veranschaulicht, dass eine Versorgung durch Stapler häufig mit unkoordinierten und zahlreichen Einzel- und Leerfahrten verbunden ist. Diese führen wiederum zur ungleichmäßigen Auslastung von Flurförderfahrzeugen und Fahrpersonal. Im Gegensatz dazu, ermöglicht die Materialversorgung durch Routenzüge und Schlepper eine relativ einfache Koordination der Versorgungsprozesse durch die fixe Festlegung von Fahrtstrecken und -zeiten. Somit ist die optimale Kapazitätsausnutzung von Fahrzeug und Personal erreichbar, dies wiederum führt zu weniger internem Verkehr.

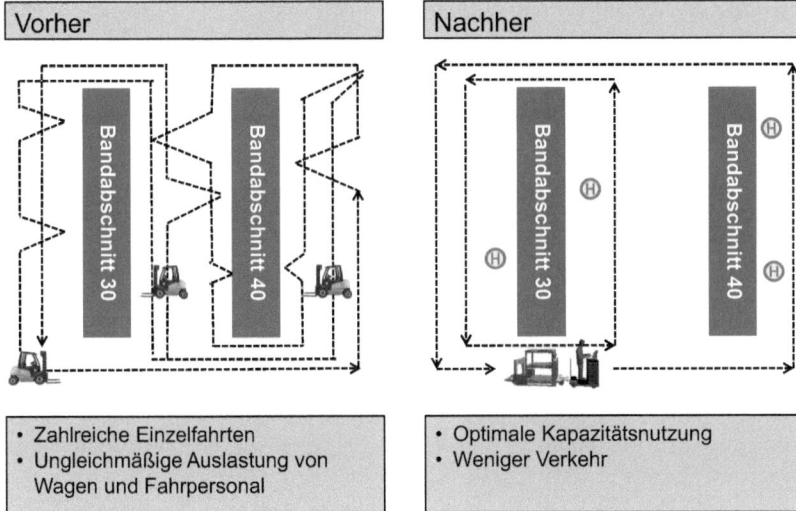

Bild 14.3 Gabelstapler vs. Routenzug

Etwas allgemeiner formuliert, beinhaltet dieses Prinzip nicht nur den Verzicht auf Gabelstapler, die ja recht teuer und unfallträchtig sind, sondern den Verzicht auf *jegliche Art von Manipulationsgerät*, also auch auf Kräne oder Palettenhubwagen o.Ä. Diese haben nämlich die Angewohnheit, nicht da zu sein, wenn der Werker sie benötigt. Es werden also *Such- und Wartezeiten* verursacht. Am besten sollte jeder Behälter entweder von Hand tragbar sein (also ein KLT mit < 15 kg) oder auf einem *Bodenroller* stehen, damit der Werker den Behälter jederzeit bewegen kann. Dies hat natürlich erheblichen Einfluss auf die technische und prozessuale Art der Gestaltung der restlichen Logistik nach außen.

◼ 14.5 Getakteter Routenverkehr

Wenn also keine Stapler, Ameisen, Palettenhubwagen o.Ä. eingesetzt werden sollen, wie soll dann der Transport gestaltet werden? Die Materialversorgung soll durch *getaktete Routenverkehre* durchgeführt werden. Die Folgenden Ausführungen verdeutlichen die positiven Effekte, indem die grundsätzlichen Funktionsprinzipien denen durch staplerähnliche Flurförderfahrzeuge gegenübergestellt werden. Daraufhin werden einige Umsetzungsmöglichkeiten von getakteten Routenverkehren durch unterschiedliche Technologien aufgezeigt.

14.5.1 Taxi-System vs. Bus-System

Die Materialbereitstellung per Stapler und staplerähnlichen Flurförderfahrzeugen, wie beispielsweise Hubwägen, funktioniert nach dem *Taxi-System*. Dabei werden im Bedarfsfall die Materialien über den direkten Weg vom Bereitstellungsort (z. B. Lagerplatz oder Pufferfläche) zum Verbrauchsort transportiert. Da der Bedarfsfall oft nicht genau planbar ist, sind die Zeitpunkte der Transporte und die Belastung der Transportwege ebenfalls großen Unsicherheiten und Schwankungen ausgesetzt. Dies führt zu unkoordinierten und nicht optimal ausgelasteten Transportprozessen.

Die *Vorteile des Taxi-Systems* liegen in der sehr hohen Flexibilität und dem hohen Materialdurchsatz im Bereich kurzer Distanzen. Die Zeitpunkte und Routen der Versorgungsprozesse sind nicht festgelegt, dies ermöglicht kurze Reaktionszeiten für Nachschubprozesse bei entsprechender Verfügbarkeit des benötigten Transportmittels. Der hohe Materialdurchsatz im Bereich kurzer Distanzen wird durch das schnelle Auf- und Abladen von GLT-Behältern sowie den flexiblen Fahreigenschaften (z. B. kleiner Wenderadius) bei Verwendung von Staplertechnologien ermöglicht. Dieser Vorteil ist jedoch auf kurze Strecken begrenzt, da die Zeitvorteile beim Verladen, aufgrund des relativ geringen Transportvolumens je Staplerfahrt, auf langen Versorgungswegen keine Wirkung erzielen.

Als Faustregel gilt, dass ab geschlossen Transportstrecken von 200 m das *Bus-System* aufgrund der damit verbundenen Vorteile zum Einsatz kommt. Beim *Bus-System* erfolgt die Materialbereitstellung durch *getaktete Routenverkehre*. Dabei sind die Zeitpunkte, der Streckenverlauf und die Haltestellen der Versorgungszyklen entsprechend einem Busfahrplan festgelegt.[4] *Vorteile des Bus-Systems* sind die stetige und stabile Materialversorgung, das hohe Transportvolumen, die transportierbare Behältervielfalt sowie die sinnvolle Auslastung der Transportprozesse. Außerdem veranschaulicht Bild 14.4, dass beim *Bus-System* Handlingstufen, u. a. durch den Entfall von Übergabepunkt- und Pufferflächen, im Vergleich zum *Taxi-System* eingespart werden können.

---

[4] Zur Vorgehensweise bei der Dimensionierung eines Routenzugs sei beispielsweise auf Günthner et al. 2013, S. 96 ff. verwiesen.

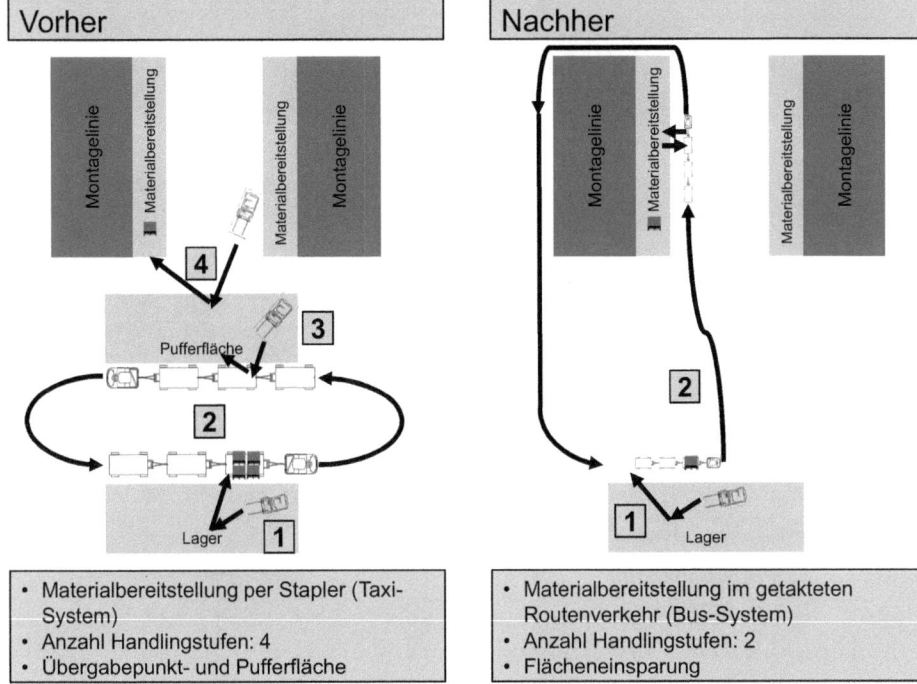

Bild 14.4 Einsparung von Handlingstufen und Pufferflächen durch das Bus-System

In der Praxis wird häufig diskutiert, ob und warum ein Routenzug *getaktet* fahren sollte oder ob er nicht auch auslastungsoptimiert gesteuert werden könnte? Ein Routenzugsystem wird häufig auch als *Milkrun* bezeichnet und wurde in Analogie zum amerkanischen Milchliefersystem entwickelt. Eine leere Flasche Milch heißt, lass eine volle Flasche da – zwei leere Flachen heißen, lass zwei volle Flaschen da. Soweit entspricht das Kanban. Es kommt aber noch hinzu, dass die Milchanlieferung zu festen Zeiten stattfinden muss. Man kann die Milch ja nicht stundenlang vor der Tür stehen lassen. Der Milkrun muss also *getaktet* fahren.

Versuchen wir es mit einer weiteren Analogie. Sie sind der Kundenauftrag und wollen mit dem Bus in die Stadt fahren. Sie erwarten doch, dass der Bus um 15:03 Uhr pünktlich an Ihrer Bushaltestelle vorbeifährt, oder? Würde es Ihnen helfen, wenn die Stadtwerke beschließen, den Bus auslastungsoptimiert zu betreiben, d. h. der Bus fährt erst, wenn er voll ist? Woher sollen Sie an Ihrer Bushaltestelle denn wissen, wann dies der Fall ist?

Bild 14.5 Getakteter Routenzug mit Fahrplan (Foto: Musterfabrik TZ PULS)

Die Taktung der Routenzüge wirkt dem in Kapitel 2.4 beschriebenen Durchlaufzeitsyndrom entgegen. Wenn der Werker das Material nicht frühzeitig abrufen soll, dann muss er sich auch darauf verlassen können, dass der Routenzug rechtzeitig wieder vorbeikommt. Dies wird durch einen getakteten Verkehr mit festen Abfahrtszeiten erreicht. Kommt der Transport nur einmal zu spät, wird der Werker beim nächsten Mal früher abrufen, und wir sind wieder im Teufelskreis des Durchlaufzeitsyndroms.

Außerdem können auch nur dann mehrere Routenzüge untereinander abgestimmt und Stausituationen im internen Transport vermieden werden (vgl. Kapitel 14.6.2), wenn diese mit einer festen Taktung fahren.

Hier schlägt wieder unsere alte Denkweise zu, der unbeirrbare Glaube, mit genügend EDV, Rechenpower und Daten alles steuern und bis ins Detail optimieren zu können.

14.5.2 Umsetzungsmöglichkeiten von getakteten Routenverkehren

Durch die Verwendung verschiedener Technologien sind mehrere Umsetzungsmöglichkeiten bei der Implementierung von *getakteten Routenverkehren* gegeben. Im Folgenden sind Beispiele vom einfachen Routenzug bis hin zu vollautomatisierten Transporttechnologien erläutert.

14.5.2.1 Routenzüge

Routenzüge bestehen üblicherweise aus einem manuell gesteuerten Schleppfahrzeug. An dieses Zugfahrzeug sind verschiedene Typen und Mengen von Anhängermodulen (oft auch als „Frames" bezeichnet) koppelbar. Die Zusammenstellung des Routenzugs ist entsprechend den Anforderungen der Transportgüter vorzunehmen. Hier sollen nur beispielhaft einige Möglichkeiten für Routezüge gezeigt werden.

Bild 14.6 Beladung eines Bodenrollers auf einen Taxiwagen mit Rampe (Foto: Musterfabrik TZ PULS)

Bild 14.6 zeigt die Beladung eines Bodenrollers mittels Rampe auf einen Taxiwagen. Somit können relativ schwere Lasten ohne Manipulationshilfe bewegt werden.

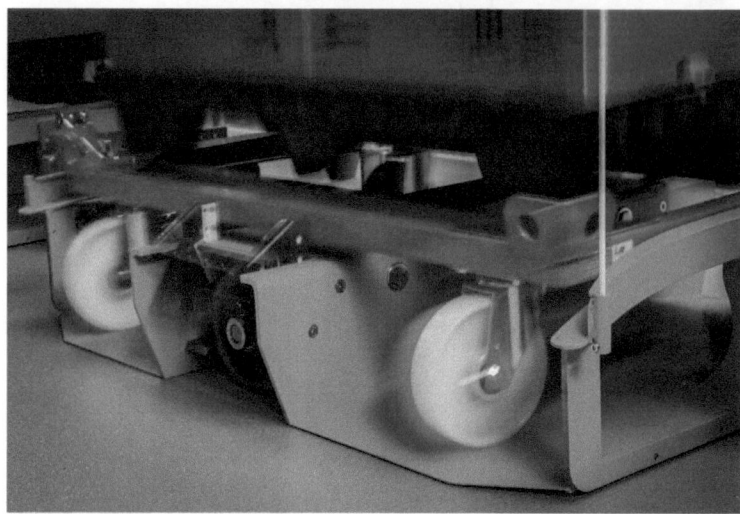

Bild 14.7 B-Frame auf beide Seiten entladbar mit automatischer Ladungssicherung (Foto mit freundlicher Genehmigung der STILL LR Intralogistik GmbH)

In Bild 14.7 ist ein sogenannter B-Frame abgebildet. Der große Vorteil dieses Typs ist, dass die Bodenroller auf beiden Seiten entladen werden können. Die meisten Lösungen für Routenzuganhänger können nur auf einer Seite be- und entladen, wie beispielsweise die E-Frames, die in Bild 14.9 im Hintergrund erkennbar sind. Ein weiteres Highlight ist die im Bild erkennbare, automatische Ladungssicherung beim Einschieben des Bodenrollers in den B-Frame.

Vorteile von manuell gesteuerten Routenzügen sind die relativ niedrigen Investitionskosten und die hohe Flexibilität bei Veränderungen von Routen und Zeitpunkten des Transportprozesses. Dagegen sprechen die hohen laufenden Kosten durch notwendiges Fahrerpersonal und die mit manuellen Tätigkeiten zusammenhängende Fehleranfälligkeit.

Die erläuterte Routenzugtechnologie ist in Europa erst seit wenigen Jahren verfügbar. In den Anfängen von Lean gab es praktisch keine funktionierenden Lösungen am Markt zu kaufen. Einige der von uns beobachteten und begleiteten Projekte wurden mehrere Jahre verzögert, weil die gekauften oder zwangsläufig selbst „gebastelten" Routenzuglösungen schlichtweg nicht funktioniert haben (zu hohe Geräuschentwicklung, zu hoher Verschleiß, vor allem der Reifen, ständige Beschädigungen, gerissene Schweißnähte usw.). Dies war natürlich „Wasser auf die Mühlen" der Lean-Gegner, die ja immer schon gewusst haben, dass Lean nicht funktioniert. Aus Sicht von Lean Logistic war dies unserer Meinung nach eines der größten Hindernisse in den letzten Jahren.

Einen großen Einfluss auf die Effizienz der Routenzüge haben die gefahrenen Geschwindigkeiten. In den meisten uns bekannten Werken werden die Routenzüge mit Verweis auf die Arbeitssicherheit auf minimale Geschwindigkeiten (3 bis 6 km/h) heruntergebremst und auf maximal vier Anhänger begrenzt. Bei Toyota werden von den Routenzügen enorme Geschwindigkeiten mit bis zu acht Anhängern gefahren. Dies ist möglich, da die Logistikwege für unsere Verhältnisse extrem breit ausgelegt sind und praktisch kein Personenverkehr (z. B. durch Galerien auf einer zweiten Ebene) vorhanden ist. Entsprechend mehr Routenzüge sind in unserem System natürlich notwendig, um die entstehenden Zeitverluste zu kompensieren. Es hängt in einem System eben alles zusammen!

Für die erreichbaren Geschwindigkeiten spielt auch die eingesetzte Tortechnologie eine Rolle. Schnelllauftore mit kurzen Öffnungszeiten können die Standzeiten der Routenzüge enorm verkürzen.

Bild 14.8 Schnelllauftore verkürzen die Standzeiten und erhöhen die Effizienz von Routenzügen (Foto: Musterfabrik TZ PULS)

Sollen höhere Geschwindigkeiten gefahren werden, spielt der Personenschutz natürlich eine essenzielle Rolle. Hierzu gibt es mittlerweile am Markt ausgereifte Systeme auf Polymerbasis, die beim Anfahren nachgeben. Somit wird weder das Flurförderzeug noch der Rammschutz beschädigt. Nach Aussagen von Nutzern liegt die Amortisationszeit aufgrund der stark zurückgehenden Schäden an Fahrzeugen bei unter sechs Monaten.

Bild 14.9 Rammschutz, der „nachgibt" (Foto: Musterfabrik TZ PULS)

14.5.2.2 Low Cost FTS (Fahrerloses Transport-System)

Low Cost FTS (Fahrerloses Transport-System) benötigen im Gegensatz zu klassischen Routenzügen kein Fahrpersonal. Durch den Einsatz einfacher und günstiger Automatisierungstechnologien sind voll automatisierte JIT (Just-in-time)-Pendelverkehre zwischen Supermarkt und Montagelinie, zwischen verschiedenen Montagelinien sowie entlang einer Montagelinie umsetzbar. Gegen den Einsatz von *Low Cost FTS* sprechen die niedrigere Flexibilität, das höhere Investitionsvolumen und die schwierigere Integration von vor- und nachgelagerten Prozessschritten im Gegensatz zu manuell geführten Routenzügen.

Die automatisierte Navigation der *FTS*-Software lässt sich nach heutigem Stand der Technik durch folgende Technologien umsetzen:

- Induktionsschleifensteuerung,
- Magnetbandsteuerung,
- Magnetpunktsteuerung,
- Klebebandsteuerung,
- GPS-Steuerung,
- Rasternavigation,
- konturenorientierte Steuerung (Infrarot, Laser).

Der Be- und Entladungsvorgang bei *FTS* stellt eine besondere Herausforderung dar und ist bei einer hohen Anzahl an eingesetzten *FTS* nicht richtig integriert. Dies stellt für Unternehmen eine große Hemmschwelle dar, um die hohen Investitionen in vollautomatisierte Transportlösungen zu tätigen.

14.5.2.3 Transportroboter

Eine Innovation im Bereich der *FTS* stellen die *Transportroboter* der Firma „FROG" (Box Runner) und der Firma „Servus" (Lean Loader) dar. Der *dezentrale Schwarmroboter* ermöglicht als *Enabler-Technologie* völlig neue Lösungsprinzipien im Bereich der getakteten Routenverkehre, der Materialbereitstellung und allgemein der internen Logistik. Für eine tief gehende Erläuterung eines neuen Lösungsprinzips sei auf das Kapitel 9.5.6 zum *Injektionsprinzip* verwiesen.

An dieser Stelle soll nur kurz auf zwei aus Lean-Sicht interessante Aspekte eingegangen werden. „Dezentral" bedeutet, dass der Roboter alles notwendige Wissen, Energie usw. dabei hat. Es wird keine zentrale, alles steuernde Intelligenz benötigt. Der Roboter teilt dem in Bild 14.10 (rechts) erkennbaren Aufzug mit, in welchen Stock er möchte. Dadurch, dass auch Batterien an Bord sind, ist in den Schienensystemen keine Stromversorgung nötig, was den Aufbau günstig und Änderungen wenig aufwendig macht.

Bild 14.10 „Servus", ein deckengestützter Schwarmroboter (Foto: Musterfabrik TZ PULS)

Die Bezeichnung „Schwarmroboter" bedeutet, dass die Kapazitäten im gesamten System leicht verschoben werden können. Wird im Wareneingang zu bestimmten Zeiten mehr Kapazität benötigt, werden einfach mehrere Roboter dorthin beordert. Somit ist das System auch in relativ kleinen Schritten und kostengünstig skalierbar. Es werden einfach mehr Roboter beschafft. Bei einem klassischen AKL (automatisches Kleinteilelager) mit Regalbediengeräten ist die Skalierbarkeit weitaus problematischer. Dies entspricht dem Prinzip der Capital Linearity (vgl. Kapitel 10.4.1).

Bild 14.11 Ein Schwarmroboter belädt sich selbst direkt im Regal (Foto: Musterfabrik TZ PULS)

◼ 14.6 Kreuzungsfreier Verkehr

Das Prinzip des *kreuzungsfreien Verkehrs* bezieht sich auf die definierten Transportwege der internen Logistik. Durch *kreuzungsfreie Transportwege,* ist eine beruhigte, fehlerreduzierte und unfallarme Materialbereitstellung zu realisieren. Das Ziel ist es, einen *Fluss* im internen Verkehr zu erreichen.

14.6.1 Einbahnstraßenverkehre

Zur Umsetzung eines kreuzungsfreien Verkehrs sollten zum einen, so weit als möglich, *Einbahnstraßen* (vgl. Kapitel 14.5) eingeführt werden. Bild 14.12 stellt die Wirkungen auf den Wegeverlauf bei Routenzugeinsatz im Vergleich zur klassischen Materialbereitstellung durch Stapler dar. Der Einsatz weniger Routenzüge mit vorgegebenen Routen und Haltepunkten ermöglicht eine fehlerrobuste Materialbereitstellung.

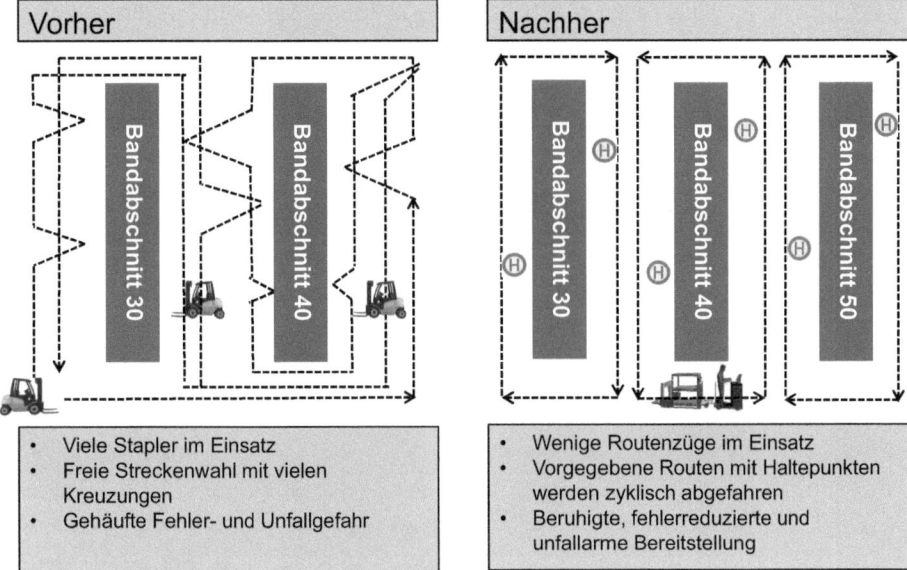

Bild 14.12 Kreuzungsfreier Verkehr durch getaktete Routenzüge

14.6.2 Synchronisierter Behälterinhalt

Zum Zweiten sollten die Behälterinhalte der zu liefernden Gebinde mit dem Kundentakt *synchronisiert* werden. Ziel der Synchronisation ist eine möglichst fließende und effiziente Teileversorgung.

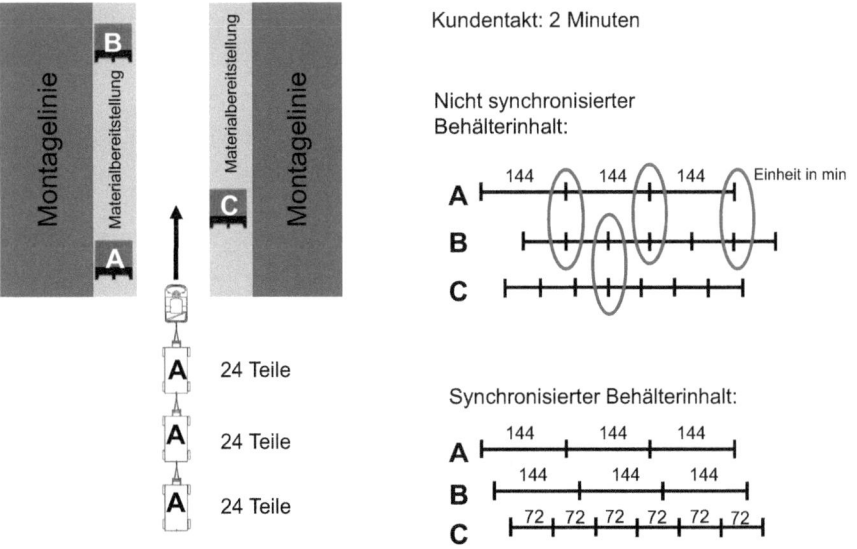

Bild 14.13 Synchronisation des Behälterinhalts mit dem Kundentakt

In Bild 14.13 ist eine Logistikgasse zwischen zwei Montagelinien dargestellt, in der beispielsweise die drei großvolumigen Teile A, B und C von jeweils einem eigenen Routenzug angeliefert werden (z. B. JIS-Teile in der Automobilindustrie, wie Himmel, Abgasanlage, Tank, Hinterachse usw.). Angenommen, von Teil A befinden sich auf einem Routenzug 72 Teile (24 Teile je Anhänger), dann muss bei einem angenommenen Kundentakt von zwei Minuten, alle 144 Minuten eine Anlieferung erfolgen. Der Behälterinhalt legt also in Verbindung mit den Kundentakt der Montagelinie den Anliefertakt unseres Routenzugs fest. Weichen nun die Behälterinhalte von B und C ab, können die Anliefertakte nicht aufeinander abgestimmt werden, und es kommt immer wieder zu Begegnungen der drei Routenzüge. Da die Logistikgassen meist so schmal sind, dass nicht einfach überholt werden kann, kommt es immer wieder zu Stausituationen und Wartezeiten (siehe Gantt-Diagramm in Bild 14.13 rechts oben).

Die Lösung ist, die Behälterinhalte aufeinander abzustimmen, also zu *synchronisieren*. Es gilt also zunächst, die transportintensivsten Teile festzulegen, diesen Kreislauf zu planen und dann die restlichen Kreisläufe in Abhängigkeit zu planen. Durch einen versetzten Start der drei Kreisläufe kann ein kreuzungs- und begegnungsfreier Verkehr, also Fluss, erzeugt werden (siehe Gantt-Diagramm in Bild 14.13 rechts unten).

Die Wichtigkeit der hier gewonnenen Erkenntnis kann gar nicht hoch genug eingeschätzt werden. Es ist nämlich alles eine Frage der *Optimierungsreihenfolge*!

Üblicherweise gehen wir so vor, dass wir jedes Teil einzeln betrachten und zunächst den Füllgrad im Behälter optimieren. Dann wird auf Basis des Verbrauchs der Anlieferzyklus errechnet. Dies entspricht der Optimierung einzelner Quadrate unseres Lincoln-Bildes. Die Folge sind unregelmäßige, nicht aufeinander abgestimmte Transporte.

Hier wird die Optimierungsreihenfolge umgedreht. Zunächst wird der Anlieferzyklus bestimmt, damit in der Logistikgasse ein *Fluss zwischen mehreren Routenzügen* erzeugt werden kann, und dann wird auf Basis des sich ergebenden Füllgrads der optimale Behälter ausgewählt oder konstruiert.

■ 14.7 Haltepunktoptimierung

Um die Laufwege und den Handling-Aufwand bei der Materialumsetzung von Routenzug zu Regalen und umgekehrt möglichst gering zu halten, sollten die *Haltepunkte optimal* festgelegt werden. Ziel ist es, mit einem Haltepunkt möglichst mehrere Bedarfsorte zu beliefern und gleichzeitig die Umsetzwege gering zu halten. Die Haltelinien sind dabei eindeutig zu visualisieren und durch die Fahrzeugführer unbedingt einzuhalten. Der Sinn dieser Optimierung mag auf den ersten Blick, wie viele der Lean-Prinzipien, als fragwürdig erscheinen. Was soll das bringen, ob der Routenzug nun 30 cm weiter vorne oder hinten hält?

Der Punkt ist: Sie müssen das System zu Ende denken. Das ist alles nur ein Weg. Der nächste Schritt nach dem manuellen Routenzug ist, der halbautomatische Routenzug. Das heißt, dass der Routenzug zwar noch von einer Person gefahren wird, die Be- und Entladung aber automatisch funktioniert. Damit sollte der richtige Wagen möglichst exakt vor dem richtigen Regal stehen. Der nächste Schritt ist dann das FTS. Spätestens jetzt sollte klar werden, warum die Haltepunktoptimierung eine Rolle spielt. Und es geht darum, dieses Prinzip frühzeitig zu üben und in die Köpfe der Mitarbeiter und vor allem der Planer zu bekommen.

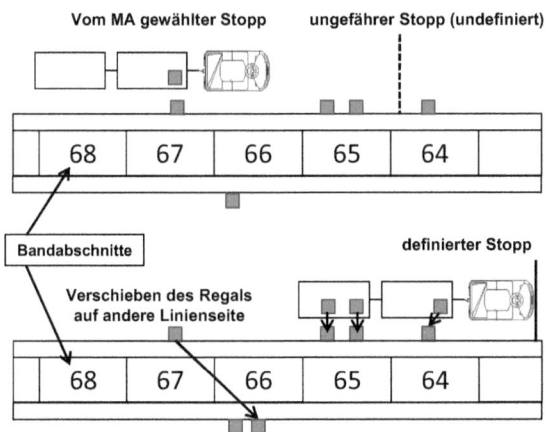
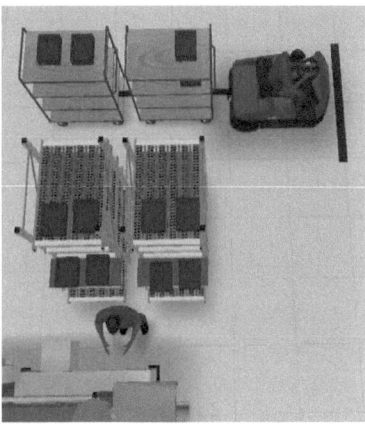

Bild 14.14 Haltepunktoptimierung

■ 14.8 Bandnaher Supermarkt

Das Prinzip des *bandnahen Supermarkts* spielt eine zentrale Rolle im Materialbereitstellungskonzpet einer Lean Logistic, da der Supermarkt die Schnittstelle zwischen den externen und internen Logistikabläufen bildet.

Hinter dem Prinzip der Materialversorgung bei Toyota steht tatsächlich das Bild eines Supermarkts:

Ein Verbraucher entnimmt aus dem Regal eine Ware bestimmter Spezifikation und Menge, die Lücke wird bemerkt und wieder befüllt. Um dieses Supermarktsystem zu realisieren, wird für jedes mit Kanban disponierte Teil ein bestimmter Bestand festgelegt (in der Praxis eine gewisse Anzahl an Behältern). Gleichzeitig wird eine Standardlosgröße definiert, die in der Regel einem Behälterinhalt entspricht (vgl.

Zaepfel 1989, S. 228 f.). Jeder Behälter wird mit einem Kanban-Kärtchen als Informationsträger ausgestattet. Wird vom nachgelagerten Prozess (Senke) eine Standardlosgröße an Teilen (z. B. ein Behälter) aus dem definierten Bestand des Pufferlagers (Supermarkt) verbraucht, so wird das Kanban-Kärtchen vom Behälter abgetrennt und an den vorgelagerten Prozess (Quelle) als Produktionsauftrag übergeben. Dieser produziert exakt die Standardlosgröße an Teilen und stattet den vollen Behälter mit der Kanban-Karte aus. Der volle Behälter wird anschließend wieder im Supermarkt eingelagert. Somit wird die Lücke, die durch den Verbrauch der Teile des nachgelagerten Prozesses entstand, ohne eine zentrale Bestandssteuerung wieder gefüllt.

Der bandnahe Supermarkt ist ein *produktionsnahes, manuelles Logistiksystem* (Flächen, Regale, Auftragsdrucker usw.), um benötigte Materialien auszupacken, umzuschlagen, zu portionieren, sortieren oder sequenzieren und in *kurzen Lieferzyklen produktionssynchron* am Verbauort bereitzustellen. Ein Supermarkt dient der *Entkopplung* von den Vorprozessen.

Die Ziele eines Supermarkts sind:

1. Die Materialversorgung der Produktion soll zu 100 % sichergestellt werden. Die Unterbrechung der Produktion durch Fehlteile ist unbedingt zu vermeiden.

2. Der Supermarkt stellt eine *Entkopplung des Systems* nach außen dar. Er ist sozusagen ein „Wellenbrecher" gegen Störungen von außen. Grundsätzlich stellt ein Supermarkt somit eine im Moment *noch notwendige Verschwendung* dar, um Prozessinstabilitäten (z. B. nicht genau eingehaltene Anlieferzeiten oder falsche Verpackungen) abzufangen. Der Supermarkt ist nur ein Zwischenschritt zur lagerlosen *JIT-/JIS-Direktanlieferung*. Die lagerlose Direktanlieferung benötigt aber *stabile Zulieferprozesse* als Grundvoraussetzung. Bei derzeit schon stabilen Zulieferprozessen kann die Direktanlieferung eingesetzt werden. Viele Unternehmen denken, sie wären nun „lean", weil sie einen Supermarkt haben. Richtig lean sind Sie eigentlich erst, wenn Sie keinen Supermarkt mehr brauchen!

3. Weiterhin stellt ein Supermarkt eine Art „Durchlauferhitzer" dar. Er dient der *Erhöhung des Materialumschlags und beschleunigt den Materialfluss* hin zum Ort der höchsten Wertschöpfung. Er ist ein Teil des „Getriebes zum One-Piece-Flow" (vgl. Kapitel 18).

Die Hauptaufgaben des Supermarkts sind somit:

- Umpacken/Downsizing (GLT ⇒ KLT),
- Vereinzeln (KLT-Gebinde ⇒ KLT),
- behälterlose Bereitstellung,
- effiziente Bildung von Sets (Warenkorb-Bildung),
- Sequenzierung der Materialien (Kommissionieraufträge).

Durch einen Supermarkt können *einige Vorteile* realisiert werden, obwohl dies grundsätzlich eine Verschwendung darstellt:

■ verkürzte Weg- und Suchzeiten für Material,

■ Reduzierung des Bestands an der Linie,

■ Verdichtung der Materialbereitstellung (Platzeinsparungen),

■ klare Trennung zwischen logistischen und produktiven Prozessen (Verbindung durch Gabelstapler oder Routenverkehr).

Als Überblick lassen sich die Hauptaufgaben eines Supermarkts sehr gut anhand eines Layouts visualisieren (Bild 14.15).

Der Supermarkt dient einerseits als Puffer für GLTs und KLTs, die im LKW-Entladebereich abgeladen und dann an die Montagelinie transportiert werden. Die weiteren Hauptaufgaben werden in den folgenden Abschnitten beschrieben.

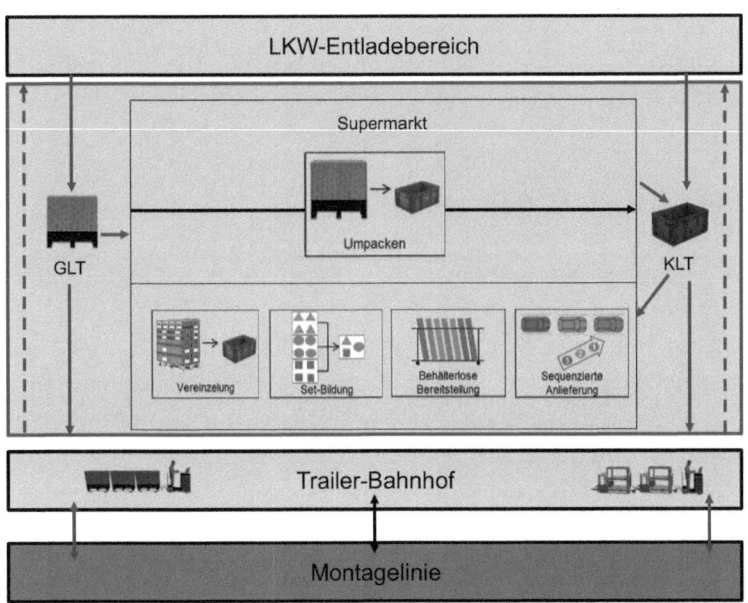

Bild 14.15 Funktionen des bandnahen Supermarkts

14.8.1 Umpacken/Downsizing (GLT ⇒ KLT)

Werden Materialien beispielsweise verpackt (Kartonage, Schutzfolien usw.) angeliefert, kann im Supermarkt das Aus- und Umpacken in andere für die Montagelinie geeignete Behälter vorgenommen werden. Dies hat den Vorteil, dass die Verpackungsmaterialien bereits außerhalb der Montagebereiche entsorgt werden können und der Mitarbeiter in der Montage entlastet wird. Werden Teile vom Lieferanten in zu großen Behältern angeliefert, entweder, weil die Verpackungsvorschrift noch nicht geändert werden konnte oder weil der Lieferant aus einer sehr großen Distanz liefert und kleinere Behälter keinen Sinn machen, wird der Supermarkt zum *Downsizing*, also zum Umpacken in kleinere Behälter genutzt. Das *Downsizing* erfüllt den Zweck, die Gebindemengen zu verkleinern und somit kürzere Versorgungszyklen zu ermöglichen.

Gerade beim Umpacken/Downsizing wird häufig angeführt, dass dies zu Mehrkosten führen würde. Nun, wenn Sie das Umpacken unterlassen und die (falsch) verpackten Teile in die Produktion stellen, denken Sie, dass die Kosten dann weg sind? Dann macht die Tätigkeit des Aus-/Umpackens eben jemand in der Montage, entweder der Gruppensprecher oder der Mitarbeiter in seiner Verteilzeit. Die Kosten sind dann auf einer anderen Kostenstelle und Sie sehen sie nicht, weil sie in den Gemeinkosten verschwinden. Aber „weg" sind die Kosten deswegen noch lange nicht. Der große Vorteil, wenn Sie all die Umpackkosten auf einer Kostenstelle, z.B. im Supermarkt sammeln, ist, dass Sie dann dem Management Monat für Monat die durch falsche Anlieferung/Verpackung verursachten Mehrkosten aufzeigen können. Dies schafft Management Awareness. Und nur dann ändert sich etwas (es muss jemandem „weh tun").

14.8.2 Vereinzeln (KLT-Gebinde ⇒ KLT)

Vereinzeln bedeutet, dass vom Lieferanten zwar bereits in KLTs angeliefert wird, aber für den externen Transport eine größere Anzahl KLTs zu einem Gebinde zusammengefasst werden (z.B. 16 KLTs auf einer Europalette). Somit muss für die Anlieferung einzelner KLTs an die Montagelinie „vereinzelt" werden. Dies hat zur Folge, dass weniger Material am Produktionsort gelagert werden muss und der Flussgrad in der Materialversorgung steigt. Die Materialversorgung erhöht sozusagen durch das *Downsizing* und die *Vereinzelung* ihre „Drehzahl" und wird dadurch beschleunigt.

14.8.3 Behälterlose Bereitstellung

Eine *behälterlose Materialbereitstellung* ermöglicht die Reduzierung von Laufwegen und Flächenbedarf sowie eine Verbesserung der Ergonomie, da die sortenreine Bereitstellung von Großteilen in GLTs entfällt. Im Gegensatz zu GLTs werden die Teile in entsprechenden Zonen und mithilfe von Spezialaufbauten, speziellen Wagen mit Rutschen o.Ä. (vgl. Kapitel 14.3) behälterlos bereitgestellt. Hier sind der Phantasie keine Grenzen gesetzt. Viele gute Vorschläge für den Einsatz von Low-cost-low-tech finden sich beispielsweise bei TAKEDA.

14.8.4 Set-Bildung

Ein weiteres Prinzip der Materialbereitstellung ist die *Set-Bildung* oder auch als Warenkorb-Bildung bezeichnet. Mit Sets können komplexe Produktionsschritte, welche größere Mengen an variantenreichen Teilen und beispielsweise viele Kleinteile benötigen, versorgt werden.

Set-Bildung bedeutet, entsprechend der Informationen von der Hauptmontagelinie im letzten Moment (fixe Menge zu unbestimmter Zeit) die für ein Produkt benötigten Teile, Werkzeuge und gegebenenfalls Anleitungen aus den entsprechenden Regalen zu entnehmen und in dafür festgelegte Behälter auf definierte Plätze zu transportieren (vgl. Bild 14.16).

Bild 14.16 Pick-to-light erleichtert die Teileentnahme zur Set-Bildung (Foto: Musterfabrik TZ PULS)

Wenn notwendig, wird beim Zusammenstellen des Sets ein Teil der Vormontage geleistet. In der Reihenfolge der Hauptmontagetätigkeit werden die Teile, Werkzeuge, Prüfmittel usw. in die dementsprechend nummerierten Fächer gelegt. Dabei müssen die Behälter so gestaltet sein, dass sofort erkennbar ist, was sich wo befindet. Ein Set ermöglicht dem Werker, eine ganze Folge von Montagetätigkeiten mit nur einem Behälter abzuarbeiten. Sets werden auch eingesetzt, um beispielsweise die Verwechslungsgefahr bei Farbteilen zu reduzieren. Im Innenausbau in der Automobilbranche sind beispielsweise die Farben dunkelblau und schwarz bzw. beige und hellgrau sehr schwer zu unterscheiden. Beim einzelnen Verbau verschiedener Teile an verschiedenen Verbauorten kommt es immer wieder zu Farbverwechslungen. Werden die Bauteile als Set zusammengestellt, liegen sie im Behälter direkt nebeneinander. Zum einen sind Farbabweichungen so wesentlich leichter zu entdecken und zum Zweiten schauen sowohl der Logistiker als auch der Werker (Vier-Augen-Prinzip) darauf.

Vorteile sind u. a., dass nur die zurzeit benötigten Teile in der Produktion vorhanden sind, und es sofort auffällt, wenn der Werker vergisst, ein Teil zu montieren.

14.8.5 Sequenzierung

Außerdem ermöglicht der bandnahe Supermarkt die *sequenzierte Anlieferung* von Teilen und Materialen am Verbrauchsort. Durch die Bereitstellung aller in den Produktionsprozessen aktuell benötigten Materialen, wird bei entsprechender Kommissionierung eine produktionssynchrone Materialanlieferung realisiert. Dies bedeutet, die Reihenfolge der bereitgestellten Teilevarianten entspricht genau der Produktionsreihenfolge am endgültigen Verbauort. Diese Art der Bereitsstellung macht vor allem dann Sinn, wenn eine sehr hohe Anzahl verschiedener Varianten verbaut wird. Aus Sicht der Senke, des Montagemitarbeiters ist somit nicht mehr zu unterscheiden, ob die Teile JIS produziert oder von der Logistik sequenziert werden.

Ein Vorteil der Sequenzierung ist, dass der Mitarbeiter am Verbauort massiv von der Suche nach der richtigen Variante entlastet wird. Der größte Vorteil ist aber sicher, dass dadurch, dass *die Sequenz im Behälter* erzeugt wird, der Platz an der Montagelinie (der Platz am Ort der höchsten Wertschöpfung ist auch der teuerste) auf genau die Fläche der bereitgestellten Behälter (meist wird das Zwei-Behälter-Prinzip angewendet) reduziert werden kann, egal wie viele Varianten (es können in manchen Bereichen durchaus mehrere Hundert verschiedene Varianten sein) verbaut werden. Es müssen nicht mehr alle Varianten an der Montagelinie vorrätig sein.

14.8.6 Umsetzungsmöglichkeiten von Supermärkten

Im Folgenden werden grundlegende Hinweise zur *Gestaltung eines Supermarkts* gegeben. Es ist zu klären, in welcher Reihenfolge die Teile am besten angeordnet werden, wie der Kommissionierprozess aus Verfahrens- und Methodensicht am besten zu gestalten ist und schließlich wie die Auswahl der richtigen Regal- und Bereitstellungstechnik getroffen wird.

14.8.6.1 Teileanordnung im Supermarkt

Grundsätzlich ist die Reihenfolge der Teile im Supermarkt (Teileanordnung), als Spiegelbild des zu versorgenden Produktionsabschnitts zu gestalten. Durch die Anordnung der bereitgestellten Materialen im Supermarkt entsprechend des Spiegelbilds der Bedarfsorte in der Produktion, werden optimale Transportrouten und Befüllungen von Routenzugwägen ermöglicht (Bild 14.17). Somit können sowohl ein effizienter Pickprozess als auch eine effiziente Beladung des Routenzugs realisiert werden.

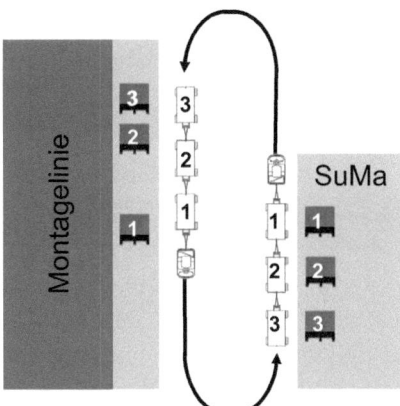

Bild 14.17 Supermarkt als Spiegelbild der Produktion

Eine weitere wichtige Information stellen der Verbrauch und die Verbrauchsstetigkeit (XYZ-Analyse) der zu betrachtenden Teile dar. Die XYZ-Kategorisierung der Teile hat erheblichen Einfluss auf den Flächenbedarf im Supermarkt. Entsprechend der Teileeigenschaften sind zudem die Lagertechniken und -hilfsmittel auszuwählen (Tabelle 14.1):

Tabelle 14.1 Auswahl der Lagertechniken und -hilfsmittel im Supermarkt

Teilegröße	Großteile		Mittelteile		Kleinteile
Behältergröße	Sondergrößen	Behälterlos	GLT		KLT
Teiledurchsatz	Schnelldreher		Langsamdreher		
Teilelagerung	Bodenlager (z.B. KLT-Turm, Palette)		Durchlaufregal		Shuttle
Bedarfsstetigkeit	X-Teile		Y-Teile	Z-Teile	
Materialbereitstellung	Definierte Lagerplätze		Auftragsspezifische Bereitstellung		

X-Teile mit definierten Lagerplätzen im Supermarkt können verbrauchsgesteuert bereitgestellt werden (z.B. Materialabruf über eKanban). Z-Teile werden bedarfsgesteuert (prognosebasiert) und auftragsspezifisch (JIT/JIS) von vorangehenden Prozess- oder Lagerstufen angefordert und im Supermarkt bereitgestellt.

Die Reichweite der Materialien im Supermarkt, ist je nach Stabilität des Versorgungsprozesses zu definieren. Die garantierte Wiederbeschaffungszeit und die vorangehende Reaktionszeit bis zur Bestellauslösung sind bei der Dimensionierung

der Reichweite die entscheidenden Inputfaktoren. Schließlich sind beim Flächenbedarf eines Supermarkts Verpackungsmaterial und Leergut mit einzuplanen.[5]

Der bandnahe Supermarkt ist so zu gestalten, dass ein *idealer Pickprozess* ermöglicht wird. Dabei gilt es, die Laufwege im Rahmen der Pickprozesse bei der
Set-Bildung bzw. der Sequenzierung so zu gestalten, dass möglichst keine Leer-
wege entstehen. Bild 14.18 veranschaulicht, dass dafür besonders zyklische Laufwege geeignet sind. Ein weiterer Vorteil der Layoutgestaltung in U-Form sind die
gesteigerte Effizienz und Arbeitssicherheit durch Trennung der Arbeitsräume für
Sequenzierung bzw. Kommissionierung und der Materialversorgung durch vorgelagerte Prozesse. Innerhalb der U-Form finden die Pickprozesse statt, und von
außen werden die Regale und Stellplätze mit Nachschubmaterial versorgt.

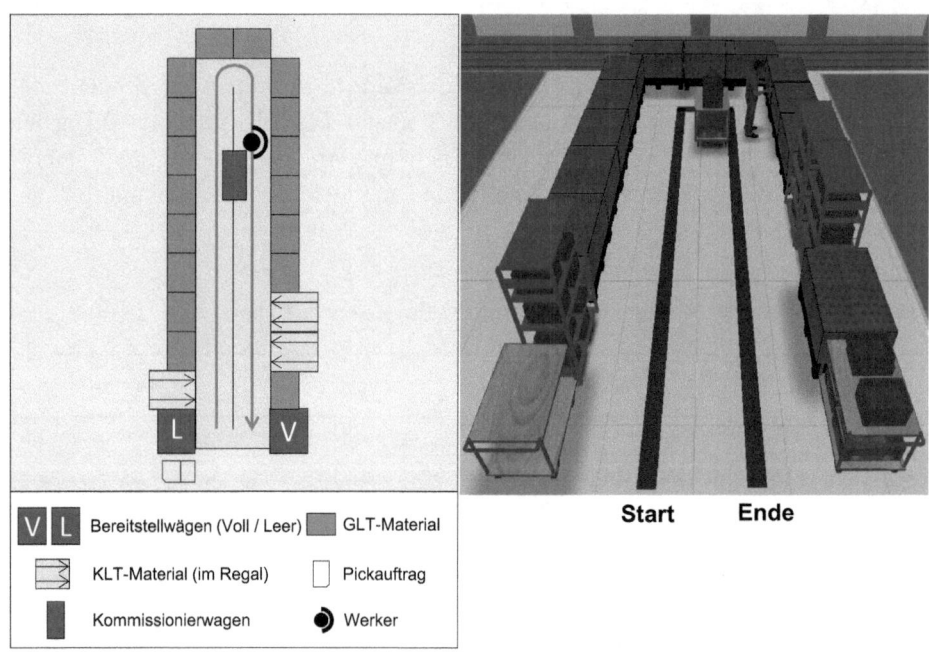

Bild 14.18 Idealer Pickprozess

14.8.6.2 Auswahl der Kommissionierverfahren und -methoden

Wie bereits erläutert, sind im Rahmen des bandnahen Supermarkts Sequenzie-
rungs- und Set-Bildungsprozesse notwendig. Um generell Pickprozesse im Bereich
der Puffer- und Lagerhaltung effizient zu realisieren, kann auf verschiedene Kommissionierverfahren und -methoden zurückgegriffen werden.

---

[5] Zur Vorgehensweise bei der Dimensionierung eines Supermarkts sei beispielsweise auf Günthner et al. 2013,
    S. 64 ff. verwiesen.

Grundsätzlich können folgende *Kommissionierverfahren* unterschieden werden:

- Person zur Ware (statische Materialbereitstellung),
- Ware zur Person (dynamische Materialbereitstellung),
- vollautomatisierte Kommissionierung.

Das *konventionelle Kommissionieren mit statischer Materialbereitstellung* (Person zur Ware) ist das am weitesten verbreitete Kommissionierverfahren, da mit wenig technischem Aufwand kurze Durchlaufzeiten bei hoher Flexibilität realisiert werden können. Für den Pickprozess bewegt sich dabei die kommissionierende Person zum statisch gelagerten Material (Bild 14.19). Nachteile dieses Verfahrens sind vor allem die langen Laufwege und der hohe Grundflächenbedarf mit dem verbundenen, hohen manuellen Kommissionieraufwand bei einem breiten Materialsortiment (vgl. Gudehus 2010, S. 669). Zu den verschiedenen technischen Umsetzungsmöglichkeiten der Person-zur-Ware-Kommissionierung sei auf die Literatur verwiesen. Entsprechend der geforderten Flexibilität und unter Beachtung des Kosten-Nutzen-Verhältnisses ist ein situativ geeignetes System einzusetzen.

Bild 14.19 Werker entnimmt Bauteile für die Montage (Foto: Musterfabrik TZ PULS)

Beim *Kommissionieren mit dynamischer Materialbereitstellung* bewegen sich die zu kommissionierenden Materialien über Förder- und Lagertechnik zu einem statisch festgelegten Kommissionierarbeitsplatz. Bei diesem Verfahren bewegt sich die Ware zur Person. Vorteile dieses Verfahrens sind u. a. massive Einsparungen von Laufwegen der Kommissionierer, eine hohe Kommissionierleistung und ein geringer Platzbedarf durch wegfallende Kommissioniergassen. Gegen den Einsatz des Ware-zur-Person-Verfahrens sprechen vor allem die hohen Investitionskosten für automatische Lager- und Bereitstellsysteme, die eingeschränkte Flexibilität bei schwankenden Leistungsanforderungen und Einschränkungen bei der Behälterauswahl (vgl. Gudehus 2010, S. 674 f.). Für mögliche Systeme zur Realisierung der Ware-zur-Person-Kommissionierung sei ebenfalls auf die Literatur verwiesen.

Neben den Kommissionierverfahren bestehen auch bei der Auswahl der *Kommissioniermethode* mehrere Möglichkeiten:

- Die *einstufige Kommissionierung* ist auftragsorientiert. Dabei werden die einzelnen Aufträge jeweils vollständig und sukzessive abgearbeitet.
- Die *mehrstufige Kommissionierung* ist serienorientiert. Dabei wird vorbereitend artikelweise kommissioniert, woraufhin die auftragsspezifische Kommissionierung erfolgt. Das mehrstufige Verfahren findet vor allem bei einem sehr breiten Materialsprektrum und gleichzeitig hohem Durchsatz Anwendung.

14.8.6.3 Auswahl der Bereitstelltechnik

In Bild 14.20 ist ein Beispiellayout für einen Supermarkt mit Nachschubsteuerung veranschaulicht, welches einen idealen Pickprozess ermöglicht. Dieser Supermarkt besteht aus veschiedenen Regaltechniken, wie der Shuttle-Technologie, Durchlaufregalen und Bodenlägern. Die Regaltechniken sind entsprechend der Teileeigenschaften zu verwenden:

Durch das *Bodenlager* werden GLTs und KLT-Türme auf Bodenrollern bereitgestellt. Dabei handelt es sich um Großteile oder auch Kleinteile mit hoher Umschlagshäufigkeit.

In den *Durchlaufregalen* werden vereinzelte KLT-Behälter bereitgestellt. Die Versorgung der Durchlaufregale erfolgt durch darüber gelagerte GLTs und KLT-Gebinde, welche den insgesamt notwendigen Puffer der bereitzustellenden Materialien abbilden. Das notwendige Downsizing und Vereinzeln findet in der Umpackzone auf der Rückseite der Regale statt. Auch hier kann also wieder das *Chirurgen-Krankenschwester-Prinzip* angewendet werden. Der Linienlogistiker entnimmt auf der Innenseite die benötigten Materialien, und der Lagerlogistiker füllt von außen wieder auf und sorgt für den Nachschub aus vorgelagerten Produktions- oder Lagerstufen.

Das *KLT-Shuttle* ermöglicht die sehr verdichtete Lagerung von Kleinteilen. Dies ist ein geeigneter Lagerort für sehr variantenreiche Teile mit geringer Umschlagshäufigkeit, da die Zugriffszeiten entscheidend länger sind als bei der direkten Bereitstellung durch Durchlaufregale.

Den Lagerplätzen sind entweder Materialien *fest zugeordnet* (x-Teile) oder werden *auftragsspezifisch* bzw. *prognosebasiert* belegt (z-Teile). Je mehr x-Teile definiert werden, desto größer ist der Bedarf an Lagerplatz und Fläche. An dieser Stelle ist eine situativ, nach den gegebenen Rahmenbedingungen sinnvolle, Teilekategorisierung entscheidend. Die Größe des Materialpuffers am Supermarkt hängt, neben der Anzahl der Teilenummern, auch von der jeweiligen garantierten Wiederbeschaffungszeit ab.

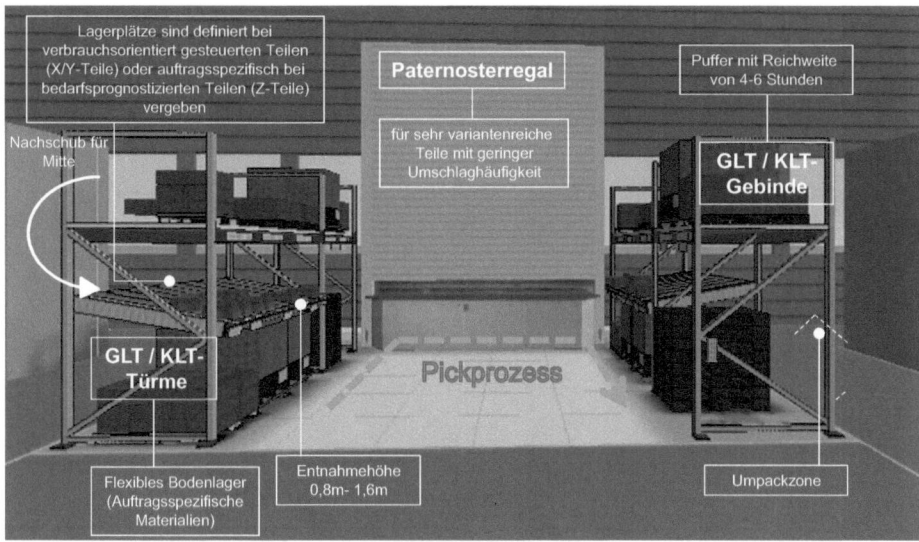

Lagerplätze sind definiert bei verbrauchsorientiert gesteuerten Teilen (X/Y-Teile) oder auftragsspezifisch bei bedarfsprognostizierten Teilen (Z-Teile) vergeben

Paternosterregal

für sehr variantenreiche Teile mit geringer Umschlaghäufigkeit

Puffer mit Reichweite von 4-6 Stunden

Nachschub für Mitte

GLT / KLT-Gebinde

GLT / KLT-Türme

Pickprozess

Flexibles Bodenlager (Auftragsspezifische Materialien)

Entnahmehöhe 0,8m- 1,6m

Umpackzone

Bild 14.20 Supermarkt Beispiellayout

14.8.6.4 Auswahl der Trolley-/Bodenroller-Technologie

Trolleys oder Bodenroller spielen eine zentrale Rolle in der Lean Production. Die Idee ist, jede Last ohne Hilfsmittel, wie Palettenhubgerät, Kran o. Ä., bedienen zu können. Das Problem ist, dass die Nutzung derartiger Geräte immer Warte- und Suchzeiten verursacht, die vermieden werden sollen. Das meist ungelöste Problem ist jedoch, die Behälter effizient und verschwendungsfrei auf die Bodenroller und wieder herunterzubekommen. Dies wird in der Praxis meist mit Staplern gemacht. Dieser Prozess ist zeitaufwendig und birgt großes Unfall- und Beschädigungspotenzial. Auch die hier jahrelang fehlenden Lösungen sind aus unserer Erfahrung ein Grund für die Verzögerungen bei der Einführung von Lean in vielen Unternehmen. Der Trolley-Hub in Bild 14.21 übernimmt diese Aufgabe automatisiert und sehr effizient.

Bild 14.21 Trolley-Hub zum automatisierten Aufsetzen von GLTs auf Bodenroller
(Foto mit freundlicher Genehmigung der MWB GmbH)

Der Umgang mit im Moment nicht benötigten Bodenrollern stellt ebenfalls ein Problem dar. Ungestapelt ist der Flächenbedarf enorm. Für das Auf- und Abstapeln werden aber zwei Personen benötigt. Der Trolley-Store löst das Problem der kurzzeitigen Pufferung durch ein teilautomatisiertes Lagersystem (Bild 14.22).

Bild 14.22
Teilautomatisiertes Lagersystem für
Bodenroller (Foto mit freundlicher
Genehmigung der MWB GmbH)

14.8.6.5 Gestaltungsmöglichkeiten von Supermärkten

Bevor sich der Supermarkt in den Unternehmen etablierte, wurde die Materialversorgung der Montage zumeist direkt aus dem Hauptlager durchgeführt. Dabei wurden GLT (z. B. KLT-Gebinde) vollständig ausgelagert und an der jeweiligen Montage bereitgestellt (Bild 14.23). Dadurch, dass der Inhalt der GLT nicht mit dem tatsächlichen Verbrauch abgestimmt war, entstanden erhebliche Restmengen. Diese wurden jedoch nicht an das Hauptlager zurückgesendet, sondern an der Montage gelagert. Die Folge waren wachsende Montagen mit Verschwendungsarten wie Bestand, unnötigen Bewegungen (steigendes Werkerdreieck), hohen Suchzeiten und langen Transportwegen zwischen der Montage und dem Hauptlager.

Bild 14.23 Direkte Materialbereitstellung aus dem Hauptlager

Damit die Montage wieder zu ihrer ursprünglichen Flächenform zurückfindet und von den beschriebenen Verschwendungsarten befreit wird, hilft uns der Supermarkt. Dieser wird dabei zwischen der Montage und dem Hauptlager positioniert (Bild 14.24), damit der höchste Ort der Wertschöpfung, die Produktion, von den Beständen geschützt und zugleich die 100%ige Materialversorgung sichergestellt wird. Die zuvor noch an die Montage gelieferten GLT werden nun zunächst an den Supermarkt geliefert und je nach Betriebstyp kommissioniert, sequenziert oder als Set vorwiegend über Kleinladungsträger (KLT) durch kurzzyklische Anlieferungen bereitgestellt. Anfallende Restmengen werden wieder (teilweise) an das Hauptlager zurückgesendet.

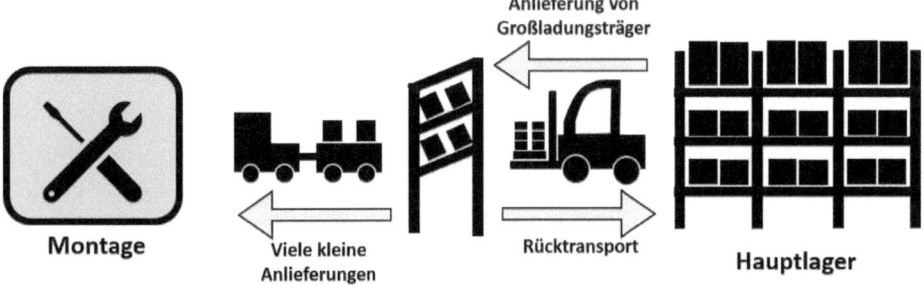

Bild 14.24 Materialbereitstellung über den Supermarkt

Neben dem bereits dargestellten klassischen Supermarkt gibt es weitere Ausprägungsformen, wie das „Metro-Modell" und den „integrierten Supermarkt".

Der Name *Metro-Modell* wurde vom gleichnamigen Großhändler „Metro" abgeleitet. Diese Art der Supermarktgestaltung erlaubt die massive Beschleunigung des Nachlieferprozesses (Bild 14.25).

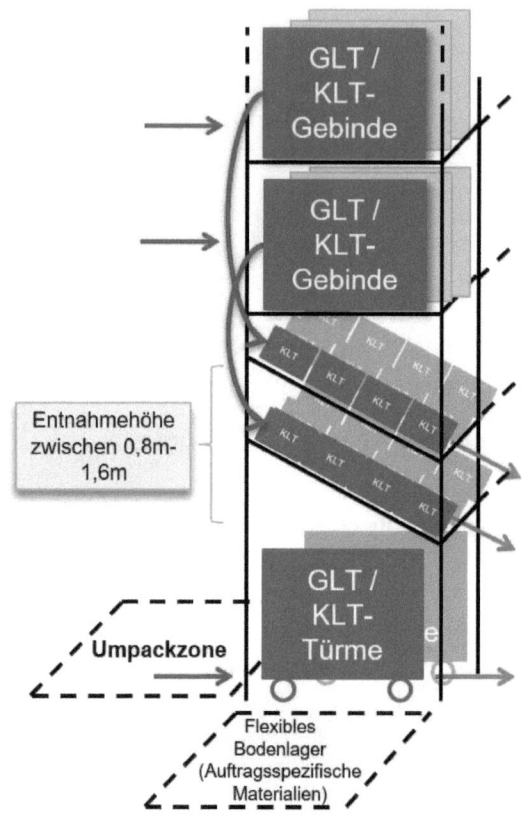

Bild 14.25 Das „Metro-Modell" als eine Ausprägung eines Supermarktes

Die aus dem Hauptlager stammenden GLT werden direkt im Supermarkt eingelagert. Dabei wird der klassische Supermarkt in Form eines Durchlaufregals um ein Palettenregal erweitert. Das System wird beschleunigt, da die leeren Behälter direkt aus dem GLT nachgefüllt werden. Die Restmengen werden wieder auf den Stellplatz des Supermarktes gestellt, wodurch der Rücktransport ins Hauptlager entfällt. Dadurch ist es möglich verbrauchte Materialien in kürzester Zeit ohne große Wegstrecken nachzufüllen.

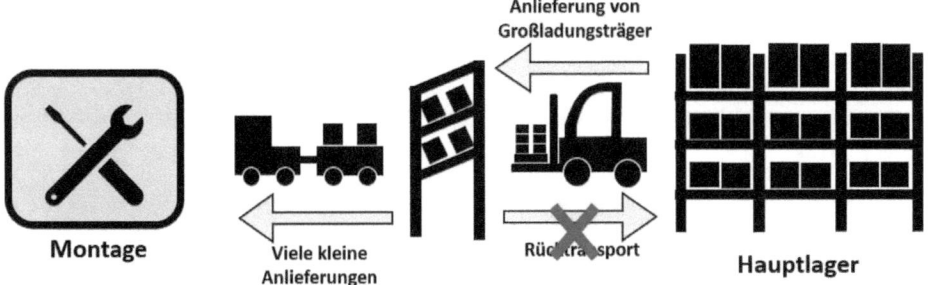

Bild 14.26 Das Metro-Modell

Eine weitere Form stellt der *integrierte Supermarkt* dar. Dabei erfolgt die Kommissionierung der benötigten Bauteile direkt aus dem Hauptlager durch den Routenzugfahrer. Entstandene Restmengen werden vom Routenzugfahrer mitgenommen und am jeweiligen Stellplatz des Hauptlagers zurückgestellt. Vorteil ist hierbei die Einsparung der Fläche für den Supermarkt. Jedoch werden hierfür weitere Wege zur Versorgung der Montage in Kauf genommen.

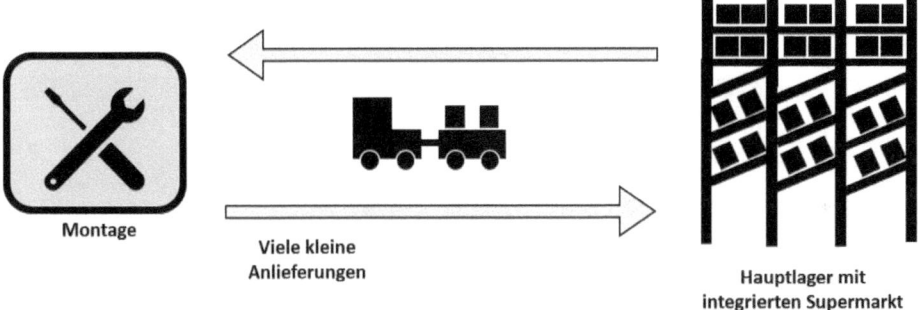

Bild 14.27 Der integrierte Supermarkt

Allgemein gibt es für die Gestaltung des Supermarktes nicht die beste Lösung. Letztendlich hängt es immer von der gegenwärtigen Situation des Unternehmens ab, wodurch darauf basierend jede Ausprägungsform seine Vor- und Nachteile hat.

14.9 Integrierte Lagersysteme

 Ein Lager ist ein Raum oder eine Fläche zur Aufbewahrung von Gütern zum Zweck der wirtschaftlichen Abstimmung unterschiedlich dimensionierter Güterströme. Lagerhaltung bedeutet die gewollte Unterbrechung des betrieblichen Materialflusses, d. h., es entstehen bewusst gebildete Bestände (in Anlehnung an Schulte 2009, S. 229).

Im Sinne der Lean-Philosophie stellt jede Art von Bestand und somit auch Lagerhaltung Verschwendung dar. Dennoch sind Bestände notwendig und realistisch gesehen niemals komplett vermeidbar, da nicht zuletzt die Schwankungen und Instabilitäten ausgehend vom nur sehr limitiert beeinflussbaren freien Markt kompensiert werden müssen. Sollte man diese Wellen nicht an geeigneten Stellen im Unternehmen „brechen" (vgl. Aufgaben des Supermarkts in Kapitel 14.8), so führt dies zu nicht beherrschbaren Instabilitäten innerhalb des Unternehmens. Ein Puffer durch Lagerhaltung macht deshalb an bestimmten stellen durchaus Sinn und ermöglicht erst, Prinzipien wie Takt, Fluss und Robustheit im eigenen Unternehmen zu verankern. Entscheidend bei der Gestaltung von Lagersystemen sind dabei der jeweilige *Zweck der Lagerstufe* (Funktion), die *Stellung der Lagerstufe* im Wertschöpfungsprozess sowie der *Lagertyp* und *-formen. Schulte* zufolge sind folgende Fragen zu beantworten:

- *Wo Lagerstufen* wirklich notwendig und zielführend sind?
- *Wie* das jeweilige Lager zu *gestalten* ist (Typ und Layout)?
- *Welche Funktionen* das Lager im Detail erfüllt?

14.9.1 Stellung der Lager im Wertschöpfungsprozess

Betrachtet man eine komplette Supply Chain, so befinden sich vor allem an größeren Schnittstellen, wie zwischen Lieferanten und OEM sowie dessen Kunden, Formen der Lagerhaltung. Dementsprechend sind auch verschiedene Bereiche der Logistik eines Unternehmens von der Gestaltung der jeweiligen Lagersysteme betroffen (Beschaffungs-, Produktions- und Distributionslogistik). Entscheidend ist, dass sich nicht nur unternehmensspezifisch, sondern auch Supply Chain übergreifend tiefgehend damit befasst wird.

Weitere Erläuterungen zu den jeweiligen Lagerarten nach Stellung im Wertschöpfungsprozess sind in (Schulte 2009, S. 228 ff.) zu finden.

14.9.2 Lagertypen und -formen

Bei der Gestaltung eines Lagersystems kann auf verschiedene *Bauformen und Lagertypen* zurückgegriffen werden (Bild 14.28):

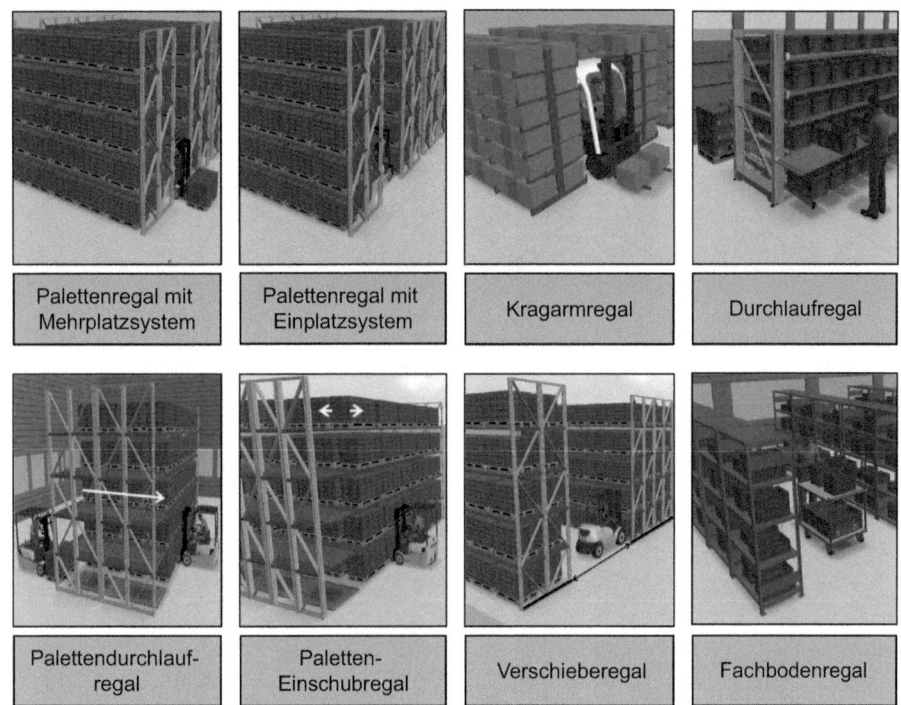

Bild 14.28 Lagertypen und -bauformen

Die einzelnen Lagertypen sind entsprechend der Leistungsanforderungen auszuwählen und eventuell zu kombinieren. Weitere Informationen zu den verschiedenen Lagertypen sowie deren Vor- und Nachteile finden sich beispielsweise in (Schulte 2009, S. 232 ff.) und (Gudehus 2010, S. 572 ff.).

Bild 14.29 Lagerregal mit Auszugsmechanismus, um aus dem hinteren Behälter entnehmen zu können (Foto: Musterfabrik TZ PULS)

Bild 14.30 Stark verdichtete Lagerung von Langsamdrehern (Foto: Musterfabrik TZ PULS)

14.9.3 Vorgehensweise zur integrierten Lagersystemplanung

Soweit zur Theorie. In der Literatur finden sich jede Menge Darstellungen der verschiedensten Lagertypen und -techniken vom Palettenregal bis zum vollautomatisierten Hochregallager mit ausführlichen Auflistungen von jeweiligen Vor- und Nachteilen. In den Praxisprojekten hat sich jedoch herausgestellt, dass diese Auflistung zum Aufbau von kompletten und *integrierten Lagersystemen* nur sehr bedingt hilfreich ist. Zu beobachten ist, dass sehr häufig die Lagertechnik als Erstes entschieden wird. „Wir brauchen ein Hochregallager (vermutlich, weil alle anderen auch eines haben)!" Darauf folgt die Anfrage an verschiedene Hersteller der favorisierten Technik. Und siehe da, natürlich können die Hersteller alle Anforderungen erfüllen, und die jeweils eigene Technik stellt das „Optimum für die Herausforderung des anfragenden Unternehmens" dar. Im Weiteren wird dann alles um diese Lagertechnologie, meist ein Hochregallager, herum geplant.

Zu Beginn der Lagersystemgestaltung sind die *Anforderungen* zu definieren, welche sich aus den *Eigenschaften der Lagergüter* und vor allem *aus den betroffenen Prozessen* ergeben. Daraufhin folgt erst die Bestimmung der Lagertechnik und deren Dimensionierung.

Im Rahmen zahlreicher Beratungsprojekte hat sich die *integrierte Darstellung* des *Lagerlayouts* (anfangs durchaus zunächst rein schematisch), der *Materialflüsse* und der *Lagerfunktionen* unter Beachtung von zu definierenden *Entscheidungsregeln* als hilfreich und zielführend erwiesen. Bild 14.31 zeigt ein Beispiel, wie es Schritt-für-Schritt gemeinsam mit einem Kunden entwickelt wurde.

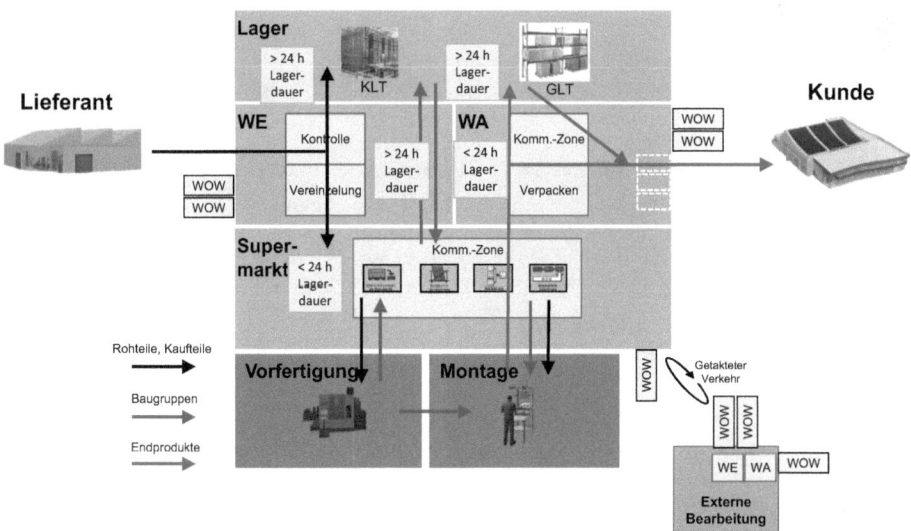

Bild 14.31 Integrierte Darstellung von Lagerlayout, Lagerfunktionen und Materialflüssen

Beispielsweise gilt es im Wareneingang (WE) von Roh- und Kaufteilen nach der Wareneingangskontrolle zu entscheiden, welche folgende Lagerstufe sinnvoll ist. Dies ist abhängig von den Materialeigenschaften, in diesem Fall von der voraussichtlichen *Lagerdauer.* In diesem Beispiel gilt die Regel, sobald die prognostizierte Lagerdauer mehr als 24 Stunden beträgt, soll eine Einlagerung im zentralen Lager stattfinden. Entsprechend der Behälterdimensionen wird der Lagerort, KLT- oder GLT-Lager bestimmt. Sollte die Lagerdauer voraussichtlich unter 24 Stunden liegen, so ist eine direkte Lagerung der Materialien im bandnahen Supermarkt optimal, da eine Lagerstufe (nämlich die des zentralen Lagers) sinnvoll eingespart werden kann. Aus Lean-Sicht sollte also das Bestreben immer sein, am Lager vorbeizugehen. Diese Diskussionen zeigen, dass die Unternehmen meist keine Kenntnis der durchschnittlichen Verweildauern der Materialien oder Produkte im Unternehmen haben. Es wird „einfach alles eingelagert".

An dieser Stelle ist auch zu klären, wo *vereinzelt* werden soll. Soll bereits im Wareneingang vereinzelt und somit einzelne KLTs (somit wäre ein automatisches Kleinteilelager nötig) eingelagert werden oder sollen die KLT-Gebinde ins GLT-Lager, und dann wird im Supermarkt vereinzelt? Sie sehen: Der Prozess bestimmt die notwendige Technolgie und nicht umgekehrt.

Folgen wir dem Prozess weiter, ist zu klären, welche Teile über einen Supermarkt in die Produktion gelangen sollen und welche Teile direkt angeliefert werden können. Wichtig ist hier zu beachten, dass auch Rückflüsse von Material und vor allem Leergut berücksichtigt werden.

Beim Warenausgang war für das Unternehmen durchaus überraschend festzustellen, dass sich der allergrößte Teil der Fertigwaren nur ein bis zwei Tage im Ausgangslager befand. Somit wurde festgelegt, dass alle Paletten, die innerhalb der nächsten 24 Stunden in den Versand gehen, ohne Lagerberührung nach dem Prinzip eines Cross Docks, direkt auf die Auslieferungsfläche verbracht werden. Hier wurde noch nach Volumen und Häufigkeit gestaffelt, ob die Paletten direkt in einen bereitstehenden Trailer (WOW – Warehouse On Wheels, vgl. Kapitel 15.2) oder auf nach Lieferrelationen organisierte Flächen verbracht werden.

Hier kann nur ein Ausschnitt gezeigt werden, um den Nutzen der gezeigten Vorgehensweise darzulegen. Die Diskussionen mit diesem Kunden haben, inklusive vieler Varianten, zwei volle Tage in Anspruch genommen. Der Kunde hat im Nachgang aber tatsächlich die bereits intern festgelegten Planungen massiv angepasst und überarbeitet.

Dieses Beispiel verdeutlicht, wie durch die Kombination von *Lagerlayout, Materialflüssen* und *Lagerfunktionen* unter Beachtung von zu definierenden *Entscheidungsregeln und Informationsbedarfen* eine *integrierte Lagersystemplanung* ermöglicht wird. Durch die Berücksichtigung der Prozess-, Funktions- und Materialflusssicht, ist eine ganzheitliche Planung und optimale Auswahl der Lagertypen sichergestellt. Erst jetzt sollte die Auswahl und Dimensionierung der Lagertechnik statt-finden.

14.10 Gesamtkonzept einer internen Logistik

Abschließend sind die, in diesem Kapitel „Interne Logistik", erläuterten Arten der Materialbereitstellung unter Anwendung der beschriebenen Prinzipien zusammenfassend visualisiert (Bild 14.32).

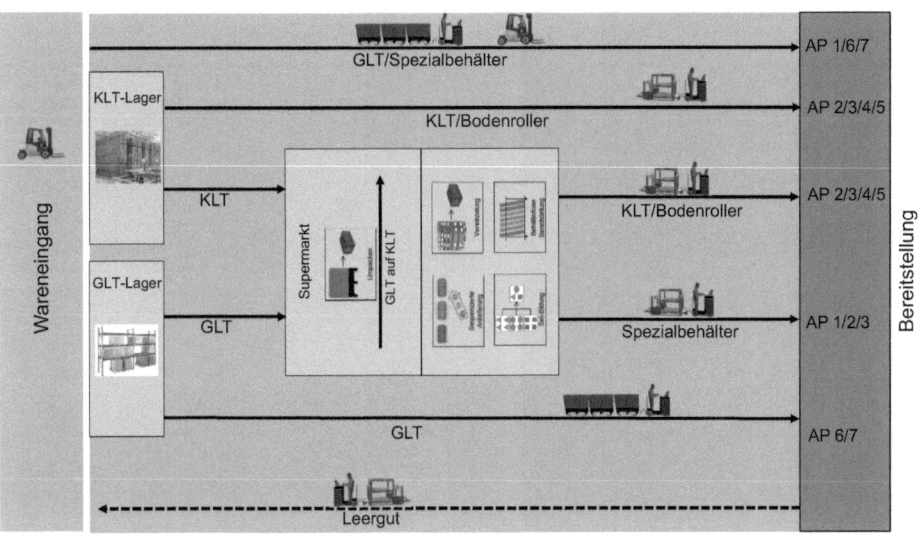

Bild 14.32 Übersicht interne Logistik

Zentrale *Gestaltungsobjekte der internen Logistik* sind die *Materialbereitstellung* (in enger Abstimmung mit der Produktion), die *internen Transportprozesse* (vgl. Kapitel 10.5, 14.4, 14.5, 14.6, 14.7), der *bandnahe Supermarkt* (vgl. Kapitel 14.8) und die *Lagersysteme* (vgl. Kapitel 14.9).

Die interne Logistik umfasst die Logistikabläufe innerhalb einer Produktionsstätte und stellt die Schnittstelle zwischen Produktion und externer Logistik dar. In Richtung des Kunden, bezogen auf die Wertschöpfungskette, grenzt die interne Logistik an die Arbeitsplätze der Produktionsbereiche (Kapitel Lean Production AP1-7) und den damit verbundenen Prinzipien der Lean Production. Auf der anderen Seite stellt der Wareneingang den Übergang zu den Prozessen der externen Logistik dar.

Bei der Gestaltung der internen Logistik unterstützen die grundsätzlichen Alternativen der Materialbereitstellung, welche in diesem Kapitel „Interne Logistik" durch Prinzipien und Beispiele erläutert sind. Die übersichtliche Darstellung dieser Gestaltungsalternativen (Bild 14.32) vereinfacht die Definition von grundlegenden Standardabläufen für ein Unternehmen. Die Standardprozesse sind entsprechend den situativen Anforderungen und Rahmenbedingungen aus diesem „Lösungsblumenstrauß" auszuwählen, wodurch die unternehmensinterne Prozessvarianz und Komplexität reduziert wird.

An dieser Stelle sollte man sich vielleicht noch einmal die bestechende Einfachheit des internen Lean-Logistiksystems klarmachen.

Es beginnt mit einer klaren Trennung der Aufgaben nach dem Chirurgen-Krankenschwester-Prinzip. Die Kommunikation findet über ein einfaches Nachbestellsystem auf Basis von Karten (Kanban) nach dem Vorbild der deutschen Apotheken statt. Der Transport ist nach dem Vorbild der amerikanischen Milchanlieferung (Milkrun) organisiert. Und damit sich dieser interne Auslieferer schnell versorgen kann, kommt das Selbstbedienungsprinzip des amerikanischen Supermarkts, in dem immer alles vorhanden ist, zum Einsatz.

Genial einfach – einfach genial! Dieses System funktioniert, weil es so einfach ist!

15 Externe Logistik

Die Gestaltungsprinzipien der externen Logistik bilden das Bindeglied zwischen den Material- und Informationsflüssen der internen Logistik und den Lieferanten. Diese Logistikabläufe befinden sich somit „auf der Straße" zwischen verschiedenen Produktionsstätten bzw. Standorten und können sowohl für die Gestaltung der Inbound- wie der Outbound-Prozesse herangezogen werden. Folgende Richtlinien sind bei der Umsetzung effizienter externer Logistikabläufe zu beachten.

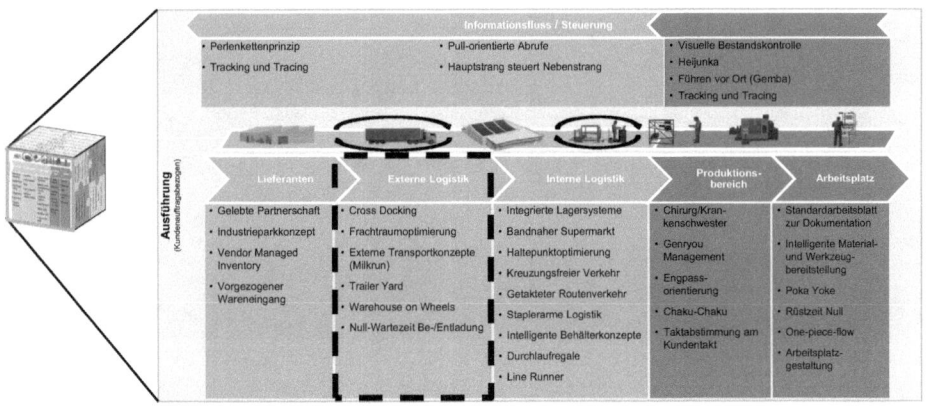

Bild 15.1 Übersicht der Gestaltungsprinzipien der externen Logistik

15.1 Null-Wartezeit Be- und Entladung

Eine direkte Berührung der internen und externen Logistikprozesse findet bei der Be- und Entladung der anliefernden LKW statt. Dabei gilt es nach dem *Null-Wartezeit-Prinzip*, die Standzeiten der LKW sowie die zeitliche Belegung der Laderampen zu minimieren. Im Vergleich zur klassischen Heckentladung wird bei der *Seitenentladung von LKW* ein *schnelleres Be- und Entladen* durch die beidseitige Zugänglichkeit für Stapler und des gleichzeitigen Einsatzes mehrerer Stapler pro LKW ermöglicht (Bild 15.2). Somit können die Wartezeiten deutlich verkürzt werden. Ein immer wieder gegen die Seitenentladung angeführtes Argument ist, dass viele LKW seitlich nicht geöffnet werden können (z. B. fester Kofferaufbau), oder dass das seitliche Öffnen von Planen zu lange dauert. Hier werden im Lean-Bereich häufig sogenannte Wingliner eingesetzt. Bei dieser Technologie können die schwenkbaren Seitenwände des LKW meist hydraulisch in weniger als 30 Sekunden komplett aufgeklappt werden.

Nachteil der Seitenentladung ist, dass im Gegensatz zur Heckentladung keine klimatische Abschottung des LKW nach außen durch Andocken an die Laderampe möglich ist. Die Seitenentladung findet meist unter Schleppdächern, geschützt vor Regen und Schnee statt. Die klimatische Abschottung des Lagerbereichs ist weiter nach innen in das Gebäude verschoben. Beispielsweise könnten die Gabelstapler im Wareneingang die Paletten auf Einlagerstichen absetzen, die durch automatische Tore vom Wareneingangsbereich abgetrennt sind.

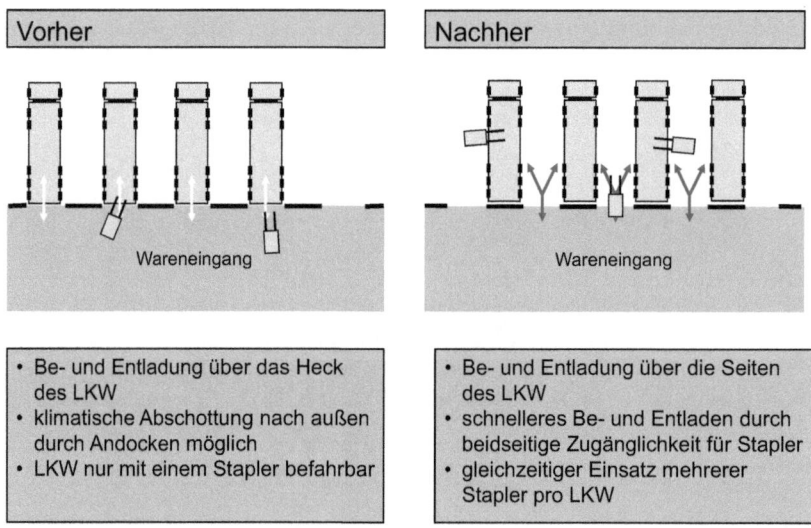

Bild 15.2 Vergleich von Heck- und Seitenentladung

■ 15.2 Warehouse on Wheels

Das *Warehouse on Wheels*-Prinzip beschreibt die Integration der LKW-Anlieferungen mit den internen Logistikprozessen. Die Materialbereitstellung durch ein *Warehouse on Wheels* gilt als besonders schlank und effizient, da folgende Ziele damit verfolgt werden:

- Voll- und Leergut-Pufferflächen sind auf die Ladeflächen bzw. Wechselbrücken der LKW verlagert. Somit können Logistikflächen im Bereich der Produktion eingespart werden, und die Bestände sind auf ein Minimum reduziert.
- Eine verbauortnahe Anlieferung durch die entsprechende Positionierung der Laderampen im Fabriklayout ermöglichen kurze und direkte Wege zwischen LKW-Pufferflächen und Bedarfsort. Dies reduziert wiederum die notwendigen Handlingschritte und den innerbetrieblichen Flurförderverkehr. Vor allem große und sperrige Produktionsteile sind somit aufwandsarm durch die Werksflächen zu befördern.

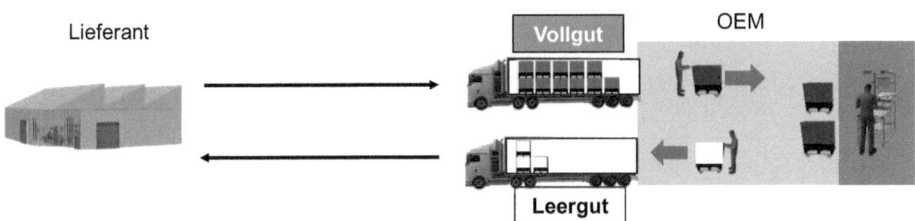

Bild 15.3 Warehouse on Wheels

Der Ablauf einer Warehouse on Wheels-Anlieferung stellt sich prinzipiell folgendermaßen dar (Bild 15.3):

1. verbauortnahes Andocken des Vollgut-LKW,
2. Entnahme der Rollbehälter und direkter Transport zum nahen Bedarfsort ohne weitere Puffer- bzw. Lagerstufen,
3. Transport der leeren Rollbehälter in den Leergut-LKW.

Nach der kompletten Entladung des Vollgut-LKW wird dieser als Leergut-LKW genutzt. Gleichzeitig ist der mittlerweile befüllte Leergut-LKW durch einen neuen Vollgut-LKW zu ersetzen. Dieses Wechselspiel ist durch entsprechend synchronisierte und getaktete Gesamtabläufe konstant durchzuführen (vgl. Klug 2010, S. 278).

Das Vorgehen nach dem *Warehouse on Wheels*-Prinzip ist vor allem für große und sperrige Produktionsteile sowie hochvolumige und bedarfskonstante Materialen[1] geeignet.

---

[1] Auch oft als „Schnell-Dreher" oder „Renner-Artikel" bezeichnet.

■ 15.3 Trailer Yard

 Ein *Trailer Yard* ist ein fertigungsnaher LKW-Auflieger-*Puffer* auf dem Gelände oder in unmittelbarer Nähe des Produktionsstandorts. Dieses Verfahren der Transportsteuerung ermöglicht eine *Entkopplung* des LKW-Anlieferprozesses vom LKW-Entladungsprozess.

Selbst exakt getaktete und synchronisierte Abläufe zwischen der externen und internen Logistik benötigen eine Entkopplung durch kleine Puffer. Mit der Entkopplung durch den Trailer Yard können die externen Störeffekte, welche vor allem „auf der Straße" durch den nicht zu planenden, öffentlichen Verkehr auftreten, geregelt werden. Somit ist der stabile Ablauf der internen Logistik und der Produktion gesichert.

Mit dem Trailer Yard-Management werden generell folgende Ziele verfolgt (vgl. Klug 2010, S. 274f., S. 338–340):

- Reduzierung der LKW-*Standzeiten* vor und auf dem Werksgelände,
- *Entkopplung* des LKW-Anlieferprozesses von der LKW-Entladung im Wareneingang (Glättung der Anlieferprozesse, optimierte Auslastung der Entladestellen),
- flexible *synchronisierte Zusteuerung* der Trailer an die werksinternen Entladestellen,
- Vermeidung von werksinternen *Stausituationen* (Entflechtung der Werksverkehre führt zu mehr Transparenz).

Insgesamt gilt es, das Gesamtverkehrsaufkommens innerhalb des Werks zu optimieren, dabei eine optimale Auslastung der Abladestellen und die Minimierung der Betriebs- und Logistikkosten anzustreben. Bild 15.4 verdeutlicht die Abläufe im Rahmen eines Trailer Yards.

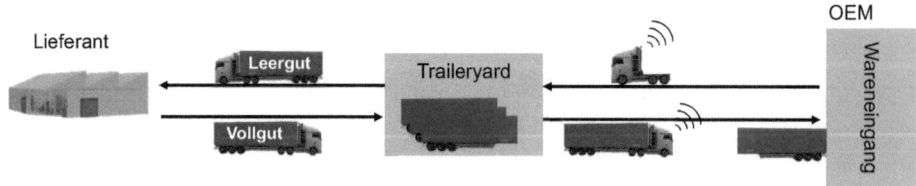

Bild 15.4 Trailer Yard Management

1. Pufferung der Voll- und Leergut-Trailer auf einem Trailer Yard (Schnittstelle zu externem Lieferantenverkehr).
2. Webbasierte Trailer Yard-Steuerung koordiniert Verkehr zwischen Trailer Yard und Entladerampen entsprechend den Produktionsbedarfen und überwacht den aktuellen Trailer Yard-Bestand.

3. Gesteuerter Abruf der LKW nach Produktionsbedarf und Belastung der Abladestellen

   a) Fremde Fahrer fahren auf Abruf ins Werk. Dies reduziert den Bedarf an eige-
      nen Fahrern und Zugmaschinen.

   b) OEM-eigene Zugmaschinen und Fahrer transportieren Voll- und Leergut-Trai-
      ler entsprechend den Anweisungen der Leittstelle der Trailer Yard-Steuerung
      zwischen Trailer Yard und den verschiedenen Entladerampen. Dies hat den
      Vorteil, dass nur eigenes Personal auf dem Werksgelände ist (Stichwort „be-
      kannter Versender") und entsprechende Ortskenntnis hat.

■ 15.4 Externe Transportkonzepte

Die externen Transportkonzepte beschreiben die Umsetzungsmöglichkeiten des
Lieferverkehrs zwischen verschiedenen Produktionsstätten, Lagern und Kunden.
Folgend sind die Gestaltungsalternativen bei externen Transportkonzepten und
deren Auswahl beschrieben.

Bei der Auswahl des geeigneten externen Transportkonzepts gibt es grundsätzlich
drei wesentliche Gestaltungsalternativen (Bild 15.5):

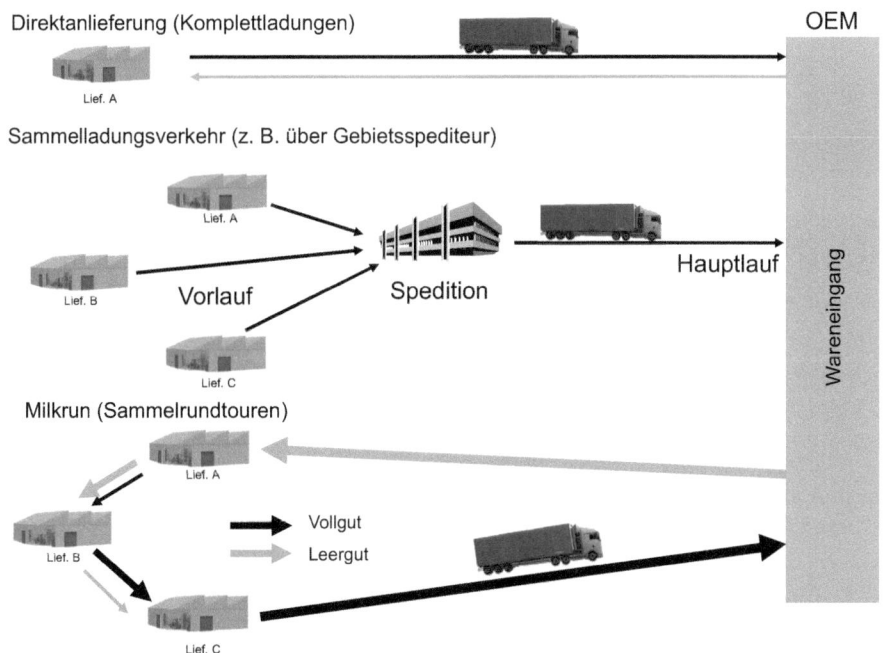

Bild 15.5 Überblick externe Transportkonzepte

15.4.1 Direktanlieferung (Komplettladung)

Die *Direktanlieferung* von Komplettladungen eines Lieferanten zum OEM ist grundsätzlich die verschwendungsärmste Anlieferungsform, da die wenigsten Schnittstellen und somit Koordinationsaufwände bestehen und die Transporttarife am günstigsten sind. Allerdings ist eine Komplettladung nur sinnvoll bei

- hohem Durchsatz bzw. Bedarf an Materialien eines Lieferanten und
- Großteilen und Sondergrößen der Bauteile.

In diesen Fällen sind die Transporte ausgelastet, und gleichzeitig sind die Transportlose nicht überdimensioniert. Sollte die Direktanlieferung als Transportkonzept nicht geeignet sein, um die Transportprozesse effizient abzuwickeln, so wird das *Gebietsspediteurwesen* oder das *Milkrun-Konzept* eingesetzt.

15.4.2 Gebietsspediteurwesen

Kommt eine Direktanlieferung aufgrund zu kleiner Sendungsumfänge nicht infrage, wird meist ein *Sammelladungsverkehr* genutzt. Gerade kleine und mittelständische Betriebe lassen sich die Waren vom Lieferanten häufig „frei Haus" schicken. Das bedeutet, dass der Lieferant den kompletten Logistikprozess organisiert und bezahlt. Der Kunde muss sich aus logistischer Sicht um nichts kümmern.

Dies mag als Privatperson durchaus zielführend sein, als Unternehmen bringt dieses Vorgehen jedoch mit zunehmender Größe erhebliche Probleme mit sich. Jeder Lieferant beauftragt separat einen Spediteur. Dies hat folgende Auswirkungen:

- Die Anzahl der anliefernden Fahrzeuge steigt, da jedes Fahrzeug nur wenige Pakete oder Paletten für den Empfänger geladen hat. Dies führt zu Verkehrsstauungen, sowie vermehrtem Personalbedarf für die Abwicklung der Wareneingänge.
- Durch die vielen verschiedenen Anlieferer wird die Sendungsverfolgung zu einem Problem. Die Termintreue im Wareneingang leidet.
- Jeder Spediteur hat üblicherweise eigene Transportdokumente. Der Aufwand für die Erfassung und das Handling all dieser unterschiedlichen Formate erzeugt Suchaufwand und Kosten.
- Aufgrund des höheren Anteils an Kleinsendungen und durch die schlechte Auslastung der Transportkapazitäten steigen die Transportkosten überproportional an.

Für diese Problemstellung bietet der Sammelladungsverkehr in Form des *Gebietsspediteurwesens* eine Lösungsalternative. Lieferungen aus einem abgegrenzten Gebiet (z. B. nach Postleitzahlen) werden durch einen einzigen Spediteur gebündelt, koordiniert und durchgeführt.

Der *Sammelladungsverkehr* gliedert sich in einen Vor-, Haupt- und Nachlauf. Der Hauptlauf stellt dabei den Verkehr von einem Sammelpunkt zu einem Auflösepunkt dar (Bild 15.6). Für die Umsetzung des Gebietsspedieteurwesens wird je nach Verteilung der Lieferanten und Kunden sowie der Festlegung der optimalen Transportstrecken auf verschiedene Ausprägungen eines *Hub and Spoke-Netzes* zurückgegriffen.

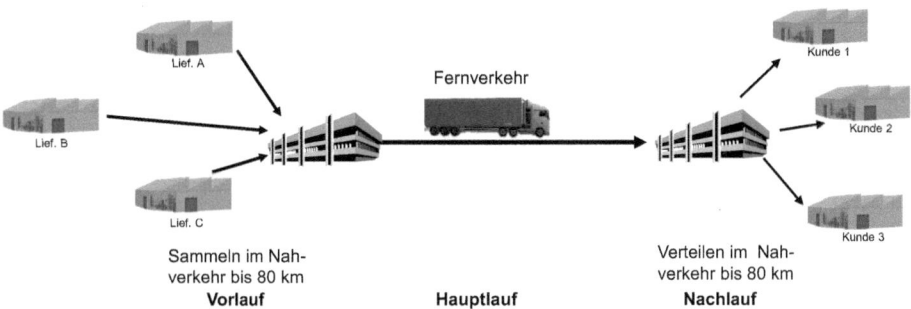

Bild 15.6 Sammelladungsverkehr (in Anlehnung an Schulte 2009, S.189)

Die Vorteile des Gebietsspediteurwesens sind:

- Konzentration vieler Einzelsendungen auf die eingesetzten Transportmittel,
- Senkung der Anzahl eingehender Fahrzeuge,
- Senkung der Transportkosten durch Bildung von sogenannten „Werks-Sammelladungen",
- Vereinfachung der Terminsteuerung durch zentrale Dispositionsstellen innerhalb der Speditionsgebiete,
- Vereinheitlichung der Transportdokumente zur Rationalisierung administrativer WE-Prozesse.

Neben den Vorteilen können sich auch *Nachteile* aus der Bündelung von Bedarfen ergeben:

- starke Abhängigkeit von einem Spediteur mit längerfristiger Bindung,
- Problem der Leergutrückführung bei Spezialbehältern, die nicht im Poolverfahren getauscht werden können (Leergutdisposition).

Als Beispiel mag die Firma CLAAS dienen. Vor der Umstellung der Logistik im Jahr 2007 wurde durch die über Jahre übliche Lieferkondition „frei Haus" von über 240 verschiedenen Spediteuren angeliefert. Wo fangen Sie an, zu telefonieren, wenn Sie eine bestimmte Sendung vermissen, die Sie unbedingt morgen in der Produktion benötigen? Es müssen Transportdokumente von über 240 verschiedenen Spediteuren gehandelt werden. Der tägliche Suchaufwand nach bestimmten Feldern, wie Warenbezeichnung, Menge oder Incoterm, der von verschiedenen Stellen im Ablauf benötigt wird, war nachvollziehbarerweise recht hoch.

Als Lösung wurde die Lieferkondition auf „ab Werk" umgestellt, und es wurden zwei Logistikdienstleister beauftragt, die Sendungen europaweit zu bündeln. Die ausgewiesenen Einsparungen waren enorm. Die Transportkosten beispielsweise konnten nach eigenen Angaben um über 40 % reduziert werden.[2]

15.4.3 Sammelrundtouren (Milkrun)

Üblicherweise werden von Unternehmen nur die beiden bisher beschriebenen Konzepte, Direktanlieferung und Sammelladungsverkehr eingesetzt. Das *Milkrun-Konzept* bietet jedoch eine weitere Möglichkeit, sowohl Voll- als auch Leerguttransporte effizient umzusetzen. Dabei sind *Sammeltransportrundtouren* mit einer überschaubaren Zahl an Lieferanten gemeint (siehe Bild 15.5, unten). Beginnend beim OEM befindet sich am Anfang des Milkruns (Rundtour) nur Leergut im LKW. Bei optimaler Planung des Milkruns steigt mit der Anzahl der abgewickelten Lieferanten auch der Vollgutanteil in der LKW-Ladung. Die Abwicklung der einzelnen Lieferanten erfolgt im *1:1-Behältertausch von Voll- gegen Leergut.* Die Anzahl der Lieferanten eines Milkruns hängt von den jeweiligen Liefermengen und den Entfernungen der Lieferanten ab.

Die Hauptaufgabe der dynamischen Milkrun-Planung ist die *auslastungsorientierte Konsolidierungsplanung.* Hierzu werden folgende Planungseckdaten benötigt (vgl. Klug 2010, S. 224–227):

- Transportstetigkeit der Bedarfe,
- Standorte der Lieferanten,
- Lieferzeiten für die Transporte,
- Anlieferzeitpunkte im Werk.

Unter Beachtung dieser Randbedingunen gilt es, möglichst effiziente *Sammeltransportrundtouren* zu definieren. Grundsätzlich sind vor allem BX- und BY-Teile (Wertigkeit und Verbrauchsregelmäßigkeit) geeignet. Natürlich muss für jeden Einzelfall separat berechnet werden, ob sich ein Milkrun lohnt oder nicht. Folgende Faustregeln helfen bei einer ersten Einschätzung:

- maximal drei bis vier Be- und Abladestellen,
- maximaler Aufenthalt der Fahrzeuge von 60 min pro Ladestelle,
- zwischen den einzelnen Beladestellen sollten nicht mehr als 150 km liegen,
- Mindestgewicht 2,0 t oder 2,0 Lademeter je Ladestelle.

Mit dem Milkrun-Konzept können, je nach vorliegender Situation und Zielstellung, folgende Vorteile realisiert werden:

---

[2] Quelle: Deutscher Logistikpreis 2007: Zusammenwachsen – um zusammen zu wachsen. Die internationale CLAAS Supply Chain Initiative.

1. Einsparung von Transportkosten durch Reduzierung der Transportstrecken,

2. Einsparung der Transportkosten durch Nutzung der Kostendegression durch Konsolidierung der Materialströme,

3. Einsparung von Lagerkosten durch Erhöhung der Anlieferfrequenz.

Werden mehrere Abholungen durch einen Kunden beauftragt, können die zu fahrenden Kilometer für die Rundtour geringer sein, als die vom Spediteur im Sammelladungsverkehr in Rechnung gestellten Einzelstrecken (siehe Bild 15.5). Dies senkt natürlich die zu zahlenden Transportkosten.

Des Weiteren steigen die Gewichte der Sendungen. Für die lange Strecke von Lieferant C bis zum OEM, sind die Gewichte der Sendungen der Lieferanten A, B und C zu summieren. Da die Frachtkostentarife mit steigendem Sendungsgewicht degressiv fallen, werden die Frachtkosten insgesamt günstiger.

Eine weitere Möglichkeit, die Milkruns bieten, ist die *Erhöhung der Anlieferfrequenz*. Anstatt bei den Lieferanten A, B und C jeweils einmal pro Woche einen vollen LKW abzuholen, wird die Runde dreimal pro Woche gefahren und jeweils eine Teillieferung mitgenommen. Dies führt bei sortenreiner Lagerung zu einer erheblichen Flächeneinsparung beim OEM. Auch bei chaotischer Lagerung sind Flächeneinsparungen möglich. Aufgrund der höheren Anlieferfrequenz können die Sicherheitsbestände stark reduziert werden. Ist ein Fehler passiert, muss man ja nicht mehr eine ganze Woche warten, bis wieder ein LKW kommt (oder eine Sonderfahrt einplanen), sondern die nächste Lieferung kommt ja bereits spätestens am übernächsten Tag.

15.4.4 Auswahl externer Transportkonzepte

Mit der *Direktanlieferung,* dem *Sammelladungsverkehr in Form des Gebietsspediteurwesens* und dem *Milkrun-Konzept* sind die drei wesentlichen Gestaltungsalternativen bei *externen Transportkonzepten* beschrieben. Folgende Kriterien sind bei der Auswahl des geeigneten Transportkonzepts entscheidend (VDA 5010, S. 41):

- Ladungsstrukturdaten: Teile-/Behältereigenschaften, Auslastung des LKW-Ladevolumens, Platzbedarf,
- Lieferhäufigkeit: Lieferrhythmus des Lieferanten,
- Produktionsstandort des Lieferanten: Integrierbarkeit des Standorts in eine Sammeltransportrundtour (Milkrun),
- Stabilität des Transportvolumens (X-Y-Z-Kategorisierung): Planbarkeit des Transportvolumens über die Planperiode,
- Kombinierbarkeit der Transportvolumina: Störungsfreie, kontinuierliche Zusammenfassung von Stück- und Teilladungen (Voll- und Leergut).

Anhand des in Bild 15.7 dargestellten Entscheidungsbaums, lassen sich die aufgeführten Kriterien systematisch bei der Auswahl des geeigneten externen Transportkonzepts nutzen.

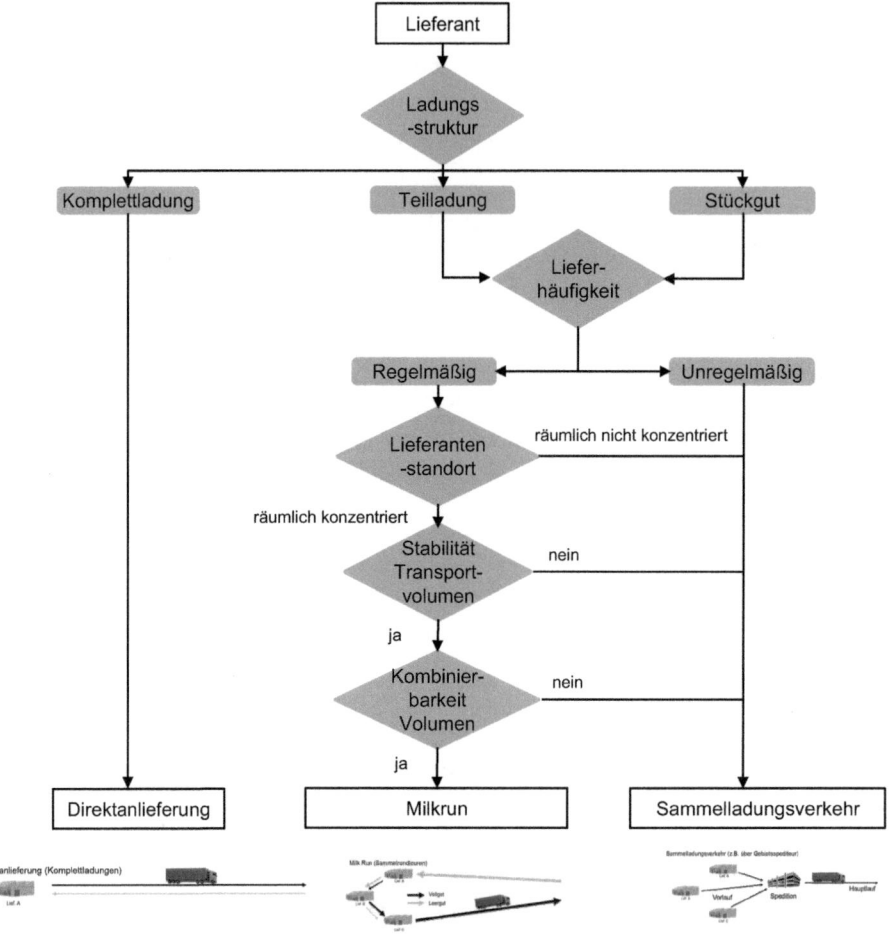

Bild 15.7 Auswahl externer Transportkonzepte (vgl. VDA 5010, S. 41)

■ 15.5 Frachtraumoptimierung

Die *Frachtraumoptimierung* dient dazu, transportkonzeptübergreifend eine *Erhöhung der Frachtraumauslastung* zu erreichen und somit die *Frachtkosten zu senken*. Eine Erhöhung der Frachtraumauslastung wird erreicht durch (vgl. Klug 2010, S. 280):

- den vermehrten Einsatz von Standardbehältern, welche auf die Frachtraumabmessungen abgestimmt sind,
- die Steigerung des Behälterfüllgrads,
- die Vermeidung von Mischpaletten,
- die Definition von Mindestanliefermengen,
- die Vermeidung von Ausweichverpackungen,
- die Erhöhung des Stapelfaktors, indem dauerhaft Megatrailer und Jumbo-LKW eingesetzt werden.

15.6 Cross Docking

Das *Prinzip des Cross Docking* wird durch sogenannte *Transshipment-Terminals* realisiert (Bild 15.8).

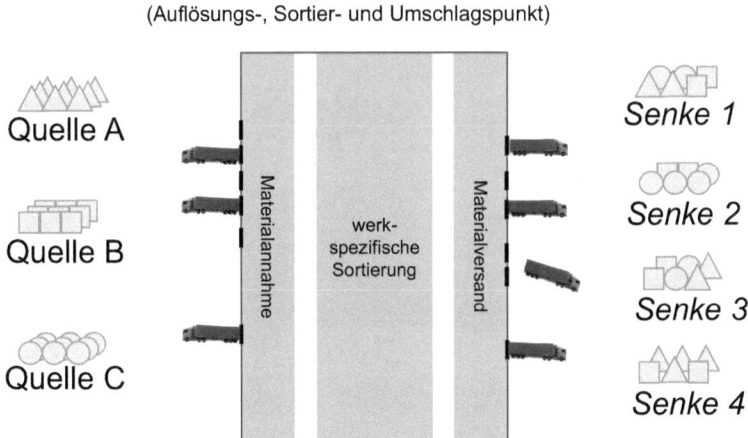

Bild 15.8 Transshipment-Terminal – Cross Docking

Transshipment-Terminals sind Teilsysteme in Logistiknetzwerken, die im Rahmen mehrstufiger Systeme externe Sammel- und Verteilfunktion übernehmen. Beim Einsatz des Cross Docking im Rahmen von Transshipment-Terminals gilt es, Folgendes zu beachten:

- *Keine eingangsseitige Speicherung* der ankommenden Güterströme.
- Ankommende Ladeeinheiten werden vereinzelt und aufgrund der bereits vorliegenden Bedarfsinformationen *nach Frachtrelationen sortiert.*

- Hauptaufgabe des Cross Docking ist die *Sortimentsveränderung* der eintreffenden Materialströme und nicht die Pufferfunktion.

Das Cross Docking dient somit der lieferantenübergreifenden Bündelung von Materialströmen. Durch den Einsatz *mehrstufiger Cross Docking-Systeme* können einerseits Frachtkosten durch die Bündelung von Materialströmen gesenkt werden. Andererseits ermöglicht ein lieferantennahes und werksnahes Cross Docking die Verringerung der artikelbezogenen Anliefermengen bei Steigerung der Anlieferfrequenz. Somit können die Zykluszeiten der Logistiktakte gesenkt werden (Klug 2010, S. 282, 345).

■ 15.7 Gesamtkonzept einer externen Logistik

Abschließend sind die in diesem Kapitel „Externe Logistik" und Kapitel 16 „Lieferanten" erläuterten Möglichkeiten für *externe Anlieferstrukturen* unter Anwendung der beschriebenen Gestaltungsprinzipien zusammenfassend dargestellt (Bild 15.9):

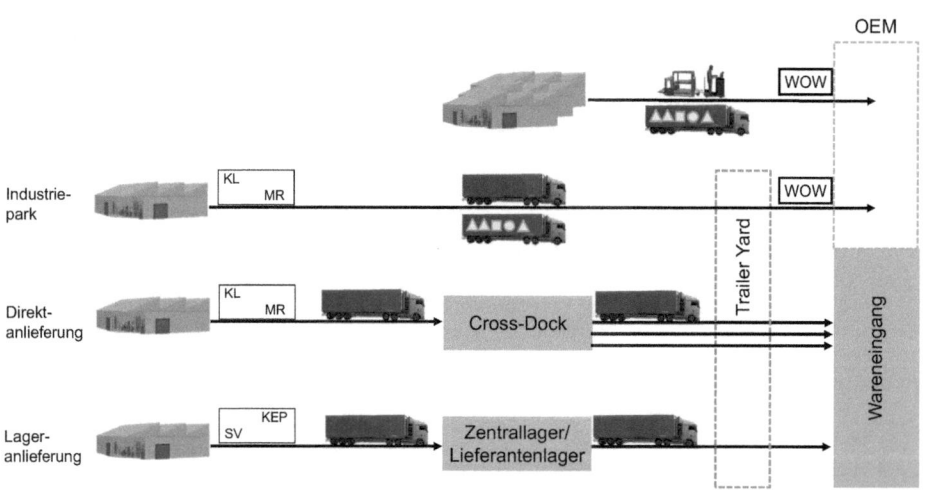

KL = Komplettladung, MR = Milkrun, SV = Sammelladungsverkehr, KEP = Kurier-, Express-, Paketdienste
WOW = Warehouse on Wheels

Bild 15.9 Übersicht externe Logistik

Zentrale *Gestaltungsobjekte der externen Anlieferstrukturen* sind das grundsätzliche *Transportkonzept* (z. B. Komplettladung, Milkrun, Gebietsspediteurwesen) und die geplanten Lager- sowie Umschlagsformen. Folgende Anwendungsfälle von externen Anlieferstrukturen sind dabei in der Praxis üblich:

- *Industriepark:* Bei der Versorgung im Rahmen eines *Industrieparks* (vgl. Kapitel 16.3) können durch die räumliche Nähe von Zulieferern und OEM komplette Wareneingangsfunktionen entfallen. Die Materialien werden per *Milkrun* oder sequenzierter Komplettladung direkt an der Montagelinie bereitgestellt. Dabei ist der Einsatz von LKW über Wechselbrücken (*Warehouse on Wheels* (vgl. Kapitel 15.2)) bis hin zu Routenzügen denkbar.

- *Direktanlieferung:* Eine lagerlose Direktanlieferung erfolgt meistens im Rahmen von *Milkrun*-Verkehren und *Komplettladungen*. Bei entsprechenden Vereinbarungen mit den jeweiligen Lieferanten können dabei auch komplette Wareneingangsfunktionen beim OEM eingespart werden. Ferner lässt sich das *Cross-Dock* (vgl. Kapitel 15.6) alternativ zur weiteren Bündelung von Materialströmen nutzen. Beim Einsatz eines *Cross-Docks* ist die gleichzeitige Verwendung eines *Warehouse on Wheels* (vgl. Kapitel 15.2) eher unüblich. Das *Cross-Dock* füllt keine Puffer- oder Lagerfunktion aus, sondern eine reine Sortierfunktion. Die Anlieferung am OEM-Standort kann von einem *Trailer Yard Management* (vgl. Kapitel 15.3) unterstützt werden.

- *Lageranlieferung:* Zentral- oder Lieferantenlager werden häufig von Spediteuren oder sonstigen Kurier-, Express und Paketdiensten genutzt. Die Anlieferung am OEM-Standort kann dabei analog zur Direktanlieferung von einem *Trailer Yard Management* (vgl. Kapitel 15.3) unterstützt werden.

Zusätzlich muss bei den aufgezeigten Anlieferstrukturen – falls vorhanden – noch die jeweilige *Lagerorganisation* (vgl. Kapitel 16.2) bestimmt werden. Welche grundsätzlichen Alternativen bei der jeweiligen *Steuerung des Materialnachschubs* bestehen, wird im Kapitel 17 ausführlich behandelt.

Dieses Kapitel „Externe Logistik" und Kapitel 16 „Lieferanten" umfassen die *Aspekte der externen Materialbereitstellung*. Sowohl *Gestaltungsrichtlinien für die Logistikabläufe „auf der Straße"* zwischen verschiedenen Produktionsstätten bzw. Standorten (vgl. Kapitel 15) als auch Empfehlungen für die Ausgestaltung der *Geschäftsbeziehung zwischen Zulieferer und OEM* (vgl. Kapitel 16) sind erläutert. Durch die Beschreibung der *Lean Production-* (vgl. Teil IV) und *Lean Logistic-Prinzipien* (Teil V) ist die Gestaltung eines schlanken Materialflusses, beginnend in der Produktion des OEM bis hin zum Lieferanten, ganzheitlich dargestellt. Für Unternehmen vereinfacht die übersichtliche Darstellung der Gestaltungsalternativen im Bereich der externen Anlieferstrukturen die *Definition von Standardversorgungskonzepten* (Bild 15.9). Die Standardprozesse sind entsprechend den situativen Anforderungen und Rahmenbedingungen festzulegen, wodurch die lieferantennetzwerkübergreifende Prozessvarianz und Komplexität in den Strukturen reduziert wird.

16 Lieferanten

Die *Lieferanten* stellen den Startpunkt jeder ganzheitlich betrachteten Wertschöpfungskette dar. Gleichzeitig sind die Zulieferer bei Betrachtung der Prozesskette am weitesten entfernt von der Produktion des OEM. Auch deshalb ist die Beeinflussbarkeit von Lieferanten im Sinne der eigenen Wertschöpfungstätigkeiten nicht immer einfach. Im Folgenden sind Gestaltungsprinzipien für die mit großen Potenzialen verbundenen Lieferantenbeziehungen erläutert.

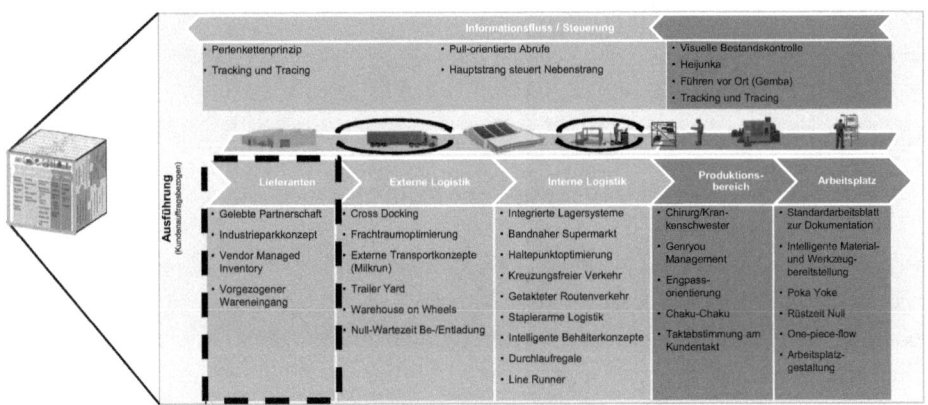

Bild 16.1 Übersicht Gestaltungsprinzipien der Lieferantenbeziehungen

■ 16.1 Vorgezogener Wareneingang

Das Prinzip des *vorgezogenen Wareneingangs* beschreibt die Verlagerung der Wareneingangsfunktionen vom OEM hin zum Lieferanten. Die Identitäts-, Mengen- und Verpackungskontrolle der Ware wird beim Lieferanten mittels Vergleich der Abholliste durch den Versandspediteur durchgeführt. Ein Ziel ist, dadurch möglichst frühzeitig im Prozess Abweichungen zwischen Liefer-/Versandabruf und tatsächlich bereitgestellter Ware zu erkennen. Die *Früherkennung von Fehllieferungen* bewirkt eine größere Reaktionszeit, um auf Störgrößen reagieren und Fehler beheben zu können (Klug 2010, S. 283 f.).

Ein weiteres Ziel ist die Senkung der Bestände im Werk. Eigentlich sollen Produktionsaufträge erst freigegeben werden, wenn die Materialverfügbarkeit zu 100 % sichergestellt ist. Hierbei geht man normalerweise von einer physischen Verfügbarkeit im eigenen Werk aus. Gerade bei hocheffizienten Fabriken, mit großvolumigen und sehr schnell drehenden Teilen würde dies aber enorme Bestände erfordern. Ein vorgezogener Wareneingang erlaubt die Freigabe des Produktionsauftrags, obwohl das Material noch unterwegs ist. Natürlich kann man dieses Verfahren nur mit ausgewählten Lieferanten einsetzen, die ihre Zuverlässigkeit über Jahre unter Beweis gestellt haben.

■ 16.2 Vendor Managed Inventory

Das *Vendor Managed Inventory (VMI)* (häufig auch als Supplier Managed Inventory (SMI) bezeichnet) beschreibt eine Lagerhaltungsorganisation, bei der unnötiger Lagerbestand vermieden und gleichzeitig der Service-Level erhöht wird. Im Folgenden sind die Entwicklungsstufen hin zum VMI beschrieben.

16.2.1 Vorstufe I: Gemeinsame Lagerführung

Grundsätzlich erfüllen Lager eine *Entkopplungsfunktion*, wie bereits in Kapitel 14.9 erläutert. Betreibt sowohl der Lieferant als auch der OEM unabhängig voneinander ein Lager, so ist der Gesamtlagerbestand häufig falsch dimensioniert. Dies führt häufig zur Unter- oder Übererfüllung der eigentlichen Lagerfunktion, was in beiden Fällen Verschwendung bedeutet (z. B. Fehlteile oder hohe Lagerkosten). Die falsche Auslegung des Gesamtlagerbestands ist auf die schlechte Gestaltung der Schnittstelle zwischen Lieferant und OEM zurückzuführen. Meist werden nur punktuell (z. B. einmal pro Woche) Informationen über geplante Liefermengen und -zeitpunkte ausgetauscht. Beide Seiten versuchen auf Basis von Vergangenheitsdaten, bezüglich Liefermengen, Mängel und Fakturierung, die notwendigen Informationen zu prognostizieren. Die aktuellen Lagerbestände, genaue zeitnahe Daten über Lagerabflüsse oder freie Produktionskapazitäten werden von beiden Seiten zurückgehalten.

Eine *gemeinsame Lagerführung* setzt wenigstens die Wertschöpfungsketten übergreifende Verfügbarkeit aller Lagerbestände voraus. Dies ermöglicht eine verbesserte Auslegung des Gesamtlagerbestands. Ein Beispiel wäre ein *Speditionslager-*

modell, die Bestände von Lieferant und OEM werden durch einen „neutralen" Spediteur gemeinsam verwaltet (vgl. Schulte 2009, S. 306 f.).

16.2.2 Vorstufe II: Einstufige Lagerhaltung

Ziel einer *einstufigen Lagerhaltung* ist es, die Bestände möglichst produktionsnah bereitzustellen (z. B. in Form eines Lieferanten-Logistik-Zentrum (LLZ) am Standort des OEM) und beim Lieferanten auf einen notwendigen Versandpuffer zu reduzieren, wie in Bild 16.2 dargestellt. Dies setzt natürlich eine in Kapitel 16.2.1 beschriebene, verbesserte Kommunikation zwischen Lieferant und OEM voraus. Fehlende Information wird eben immer durch Bestand ersetzt.

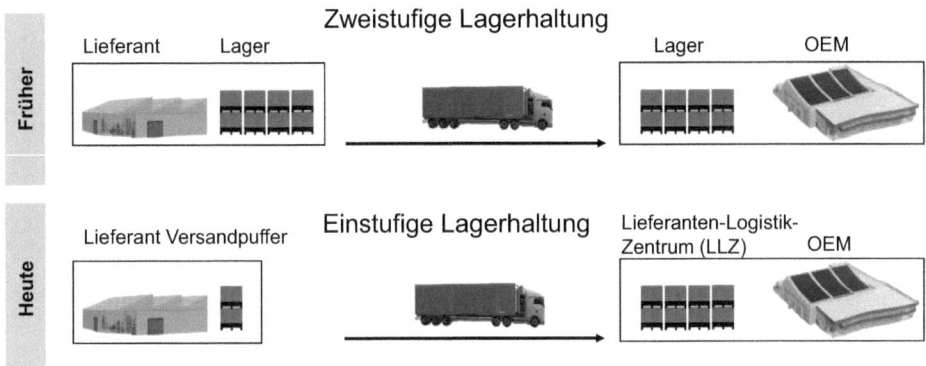

Bild 16.2 Einstufige Lagerhaltung

Vorteile der einstufigen Lagerhaltung sind:

- ein *Höchstmaß an Flexibilität und Versorgungssicherheit* garantiert durch produktionsnahe Lagerbestände,
- die *Reduzierung des Handling-Aufwands* durch Einsparung einer Lagerstufe.

16.2.3 Vorstufe III: Konsignationslager

Eine weitere Entwicklungsstufe bei der Verlagerung der Bestände Richtung OEM ist das *Konsignationslager.* Bei diesem Konzept verbleiben auch die Bestände beim OEM im Eigentum des Lieferanten, und er muss meist auch die Lagerkosten vor Ort übernehmen. Die *Disposition* verbleibt aber im Verantwortungsbereich des OEM.

Vorteile des Konsignationslagers für den OEM sind:

- die Bezahlung des Materials erfolgt erst nach Entnahme,
- der Abwicklungsaufwand für den OEM ist gering (monatliche Bezahlung),
- eine hohe Versorgungssicherheit ist garantiert,
- da der Lieferant einen Großteil der Kosten trägt, besteht für ihn ein Anreiz zur Kosteneinsparung.

Kritisch zu betrachten ist aus Sicht des OEM die steigende Abhängigkeit von einem Lieferanten.

16.2.4 Endstufe: Vendor Managed Inventory

Beim *Vendor Managed Inventory (VMI)* werden im Vergleich zum Konsignationslager noch weitere Aufgabenfelder vom OEM an den Lieferanten übergeben. Zusätzlich zum Bestand fällt auch die *Disposition* in den Verantwortungsbereich des Lieferanten. Dafür muss der OEM dem Lieferanten zusätzliche Informationen über Abverkäufe und Lagerbestände bereitstellen.

Vorteile des VMI sind:

- der Entfall doppelter Sicherheitsbestände,
- der Entfall von Dispositionsaufwand auf Seiten des Abnehmers,
- die Reduzierung von Frachtkosten,
- der erhöhte Spielraum des Lieferanten bei der eigenen Produktionsplanung.

Gegen das VMI spricht die *extrem hohe Abhängigkeit* von einem Lieferanten, dadurch werden beispielsweise zukünftige Preisverhandlungen für den OEM erschwert.

16.2.5 Übersicht Lagerhaltungsorganisation

Die in Kapitel 16.2 beschriebenen Entwicklungsstufen der Lagerhaltungsorganisation sind in Bild 16.3 zusammenfassend dargestellt. Zu Beachten ist dabei vor allem die Minderung und Verschiebung des Lagerbestands hin zum OEM. Außerdem ändert sich die Abruf-Dispositions-Systematik und die Verantwortung für die Lagerverwaltung. Den Zielkonflikt zwischen einer Abhängigkeit vom Lieferanten und der Fokussierung auf eigene Kernkompetenzen, gilt es für den OEM bei der Auswahl der Lagerhaltungsorganisation je nach Rahmenbedingungen bestmöglich aufzulösen.

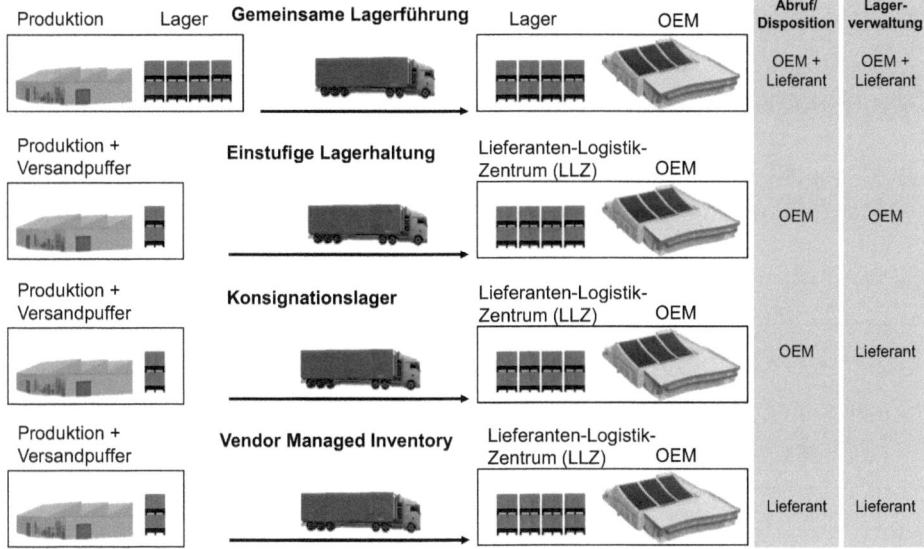

Bild 16.3 Entwicklungsstufen Lagerhaltungsorganisation

An dieser Stelle sei noch angemerkt, dass das Konsignationslager aus unserer Sicht für den Lieferanten den schlechtestmöglichen Zustand darstellt. Der Lieferant steht für alle Bestände und Kosten in der Verantwortung, hat aber weder die Informationen noch die Steuerungsmöglichkeiten in der Hand. Er ist dem Disponenten des OEM vollkommen ausgeliefert und bekommt nur punktuell, meist stark aggregierte und mit Plandaten vermischte Informationen. Auch die Kosteneinsparung beim OEM ist nur kurzfristig. Mittelfristig wird der Lieferant die zusätzlichen Kosten auf den Preis umlegen müssen.

Wir raten in so einer Situation dem Lieferanten, die „Flucht nach vorne" anzutreten und von sich aus gleich VMI anzubieten. Um eine Disposition zu ermöglichen, muss der OEM wesentlich detaillierter und zeitnah Daten herausgeben. Im besten Fall bekommt der Lieferant vollen Datenzugriff. Auf dieser Datenbasis kann der Lieferant dann ein optimales Produktionsprogramm erstellen, dass seine freien Kapazitäten, die gesamten Lagerbestände und eventuell notwendige Losgrößen beinhaltet.

Noch ein Wort zum Leergut: Wir empfehlen, auch immer die Leergutdisposition für den relevanten Teilebereich dazuzunehmen oder noch besser einen 1:1-Behältertausch zu organisieren. Ohne Leergut kann der Lieferant nicht produzieren. Ohne jemandem zu Nahe treten zu wollen, aber würden Sie sich von einem Leergutdisponenten bei einem OEM abhängig machen, der Hunderte von Leerbehältertypen für dutzende von Lieferanten zu managen hat und dessen vorangiges Ziel die Frachtkostenoptimierung ist?

■ 16.3 Industrieparkkonzept

Das *Industrieparkkonzept* beschreibt die werksnahe und konzentrierte Ansiedlung von Lieferanten in Industrieparks. Dabei werden die am OEM-standortnahen industriellen Flächen von Zulieferern zur Erbringung von Logistik- und Fertigungsprozessen genutzt. Ziel ist es, den OEM möglichst verschwendungsarm per Direktverkehr zu versorgen. Die meistens direkte JIT-/JIS-Anlieferung an die Montagelinie des OEM wird durch die kurzen (Kommunikations-)Wege im Rahmen des Industrieparkkonzepts ermöglicht.

Vorteile des Industrieparkkonzepts sind (Klug 2010, S. 315):

- Reduzierung der Logistikkosten,
- Verbesserung der logistischen Prozessfähigkeit und -stabilität,
- Verbesserung der Liefertreue,
- Erleichterung der Kommunikation,
- Aufbau von Wettbewerbsvorteilen für den Lieferanten,
- Förderung des Wirtschaftsstandorts,
- Realisierung von Skaleneffekten durch Bündelung von Aktivitäten und gemeinsamer Ressourcennutzung.

Nachteile der räumlichen Konzentration von Zulieferern und OEM sind (Klug 2010, S. 315):

- für die Lieferanten: die Vergrößerung der Kontrollspanne zugunsten des OEM,
- für den OEM: der erschwerte Lieferantenwechsel und die mangelnde Flexibilität durch Flächen- und Infrastrukturrestriktionen,
- im Allgemeinen die Reduzierung der Wandelbarkeit und Anpassungsfähigkeit.

■ 16.4 Gelebte Partnerschaft

Es gibt verschiedene Wege, mit Lieferanten zusammenzuarbeiten. Viele Unternehmen wählen eine „harte Gangart" gegenüber den Lieferanten. Es wird intensiv und bisweilen unter Ausnutzung der eigenen Marktposition auch nicht immer ganz fair verhandelt.

Das Prinzip der *gelebten Partnerschaft* beschreibt dagegen eine intensive und vertrauensvolle Zusammenarbeit zwischen Lieferanten und OEM. Ziel ist, die Lieferantenbeziehungen nachhaltig auszubauen und zu stärken, wodurch die logistische Prozessfähigkeit und -stabilität gesteigert werden soll.

Bei der Umsetzung einer gelebten Partnerschaft setzt Toyota vor allem auf einen *intensiven und transparenten Wissensaustausch* innerhalb des gesamten Zuliefernetzwerks. Beispielsweise werden Erkenntnisse über Erfolge und Misserfolge systematisch in das Lieferantennetzwerk transferiert. Weiterhin werden Zulieferer, die in keiner direkten Konkurrenzbeziehung stehen, zu *Lernteams* aus sechs bis zwölf Zulieferern zusammengefasst, die Informationen austauschen und sich gegenseitig in Form von Vor-Ort-Analysen benchmarken. Toyota unterstützt seine Lieferanten auch direkt vor Ort durch eigene Experten und durch Seminare und Workshops (Dyer/Hatch 2004).

Ein solch *professionelles Lieferantenmanagement*, inklusive einer *intensiven Lieferantenentwicklung* bedeuten einerseits für Toyota hohe Investitionen in qualifizierte Personalkapazitäten. Andererseits zahlt sich dies durch die deutliche Steigerung der Leistungsfähigkeit der gesamten Supply Chain aus. Einer Studie von *Dyer* und *Hatch* zufolge, konnten durch die gelebte Partnerschaft von Toyota enorme Verbesserungen (gemessen über einen Zeitraum von sieben Jahren) bei wesentlichen Leistungsmerkmalen der Zulieferer festgestellt werden (Dyer/Hatch 2004, S. 57–63):

- Produktionsmängel: –84 % (im Vergleich –46 % mit amerikanischen OEM als Kunde),
- Lagerbestände: –35 % (im Vergleich –6 % mit amerikanischen OEM als Kunde),
- Produktivität: +36 % (im Vergleich 1 % mit amerikanischen OEM als Kunde).

Diese Zahlen sind zumindest ein Indiz dafür, dass sich das Prinzip der gelebten Partnerschaft auszahlt: „Wie man in den Wald hineinruft, so schallt es eben heraus".

17 Informationsfluss und Materialsteuerung

Die *Informationsflüsse* innerhalb einer Supply Chain laufen in die entgegengerichtete Richtung der Materialflüsse. Der Kundenbedarf stellt den Ursprung aller Informationsflüsse dar und spiegelt sich im Produktionstakt wider, wie in Teil IV „Lean Production" ausführlich erläutert wird. Die Informationsflüsse umfassen u. a. Bedarfszeitpunkte und -mengen sowie den aktuellen Lieferstatus von Materialien. Ausgehend von der Produktion des OEM, gilt es die Informationsflüsse zu gestalten und eine Materialsteuerung zu implementieren, welche effiziente und schlanke Materialflüsse ermöglicht. Im Folgenden sind verschiedene *Gestaltungsprinzipien für den Informationsfluss und die Materialsteuerung* erläutert.

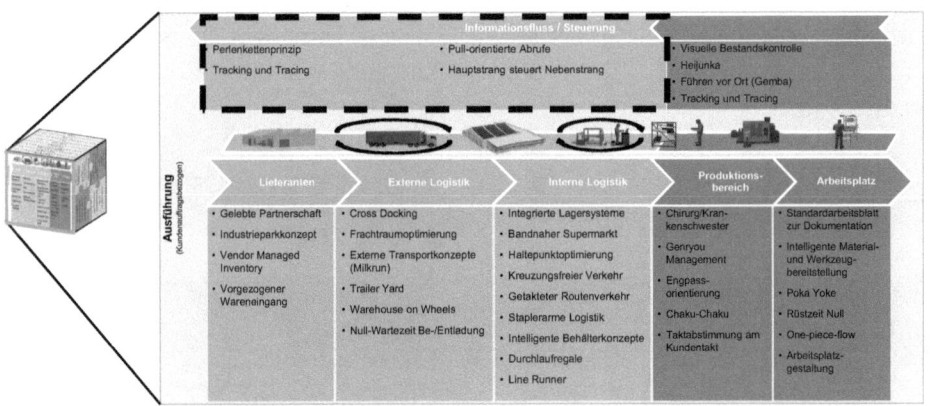

Bild 17.1 Übersicht der Gestaltungsprinzipien zum Informationsfluss in der Logistik

■ 17.1 Pullorientierte Materialabrufe – Kanban verstehen

Mit pullorientierten Abrufen ist gemeint, dass die Aktion von der Senke ausgehen soll. Das perfekte Mittel hierfür ist Kanban. Es wird bewusst nicht von einem verbrauchsorienten Abruf gesprochen, da dies zu Verwechslungen mit den verbrauchs-, respektive plangesteuerten Bedarfsplanung führen könnte. Wie im Weiteren zu zeigen ist, kann Kanban in beiden Fällen eingesetzt werden.

17.1.1 Grundlagen von Kanban

Wie wir in Kapitel 6 gesehen haben, ist *JIT* (Just-in-time) eine Hauptsäule des Toyota-Produktionssystems, deren Ziel die Reduzierung von Verschwendung in der gesamten Supply Chain ist. Durch pullorientierte Abrufe wird das letztendliche Ziel verfolgt, die Materialien erst dann bereitzustellen, sobald diese tatsächlich benötigt werden. Die sogenannte *Just-in-time-(JIT)-Bereitstellung* schließt somit auch ausdrücklich eine *verfrühte Anlieferung von Materialien* aus. Ein Hilfsmittel zur Organisation und Sicherstellung von JIT ist *Kanban*. Kanban wird oft als das „Kernstück" des TPS bezeichnet (Ohno 1993, S. 54).

Grundsätzlich ist Kanban eine einfache und direkte Form der Kommunikation und ist deshalb am häufigsten nur ein Stück Papier, das die in Bild 17.2 gezeigte Information enthält.

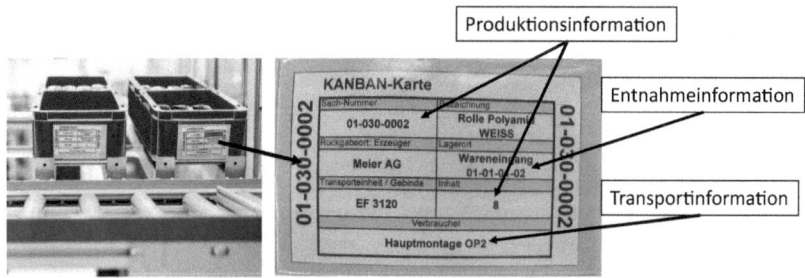

Bild 17.2 Kanban-Karte (Foto: Musterfabrik TZ PULS)

Einer Anekdote zufolge, haben die Japaner Kanban von den deutschen Apotheken abgeschaut. An diesem Beispiel lässt sich die Funktionsweise von Kanban sehr gut verstehen:

1. Der Kunde (Verbraucherprozess) geht zur Apotheke und bekommt, was er braucht, eine Packung Kopfschmerztabletten xy mit 50 Stück Inhalt.

2. Das Produkt ist jederzeit ohne Wartezeit verfügbar.

3. Bei der Entnahme des Produkts reißt der Apotheker ein kleines Kärtchen von der Packung ab, auf dem steht, um was es sich handelt. Hier eine Packung Kopfschmerztabletten der Marke xy mit 50 Stück Inhalt und wirft dieses Kärtchen in eine Sammelbox.

4. Einmal pro Tag kommt der Lieferant vorbei und entleert die Sammelbox. Er weiß nun genau, dass er morgen, beim nächsten Besuch eine Packung xy mit 50 Stück Inhalt mitbringen muss.

5. Bei der Lieferung am nächsten Tag wird die Packung xy mitangeliefert und eingelagert. Der Kreislauf ist geschlossen.

Da die Japaner angeblich nicht wussten, wie dieses System heißt, haben Sie es einfach „Kärtchen" genannt. Kanban heißt auf japanisch „Schildchen oder Kärtchen".

Bild 17.3 überträgt das Apotheken-Beispiel auf eine Produktion.

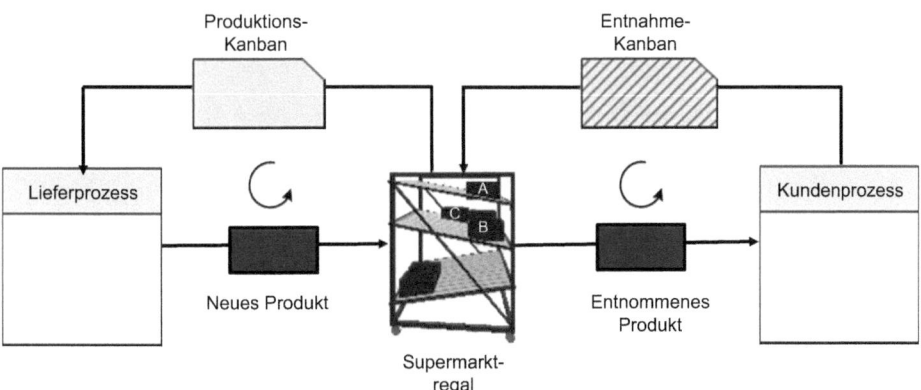

Bild 17.3 Grobkonzept Kanban-Regelkreis

17.1.2 Kanban-Regeln

Grundsätzlich gilt es, bei der Planung und Anwendung von Kanban-Regelkreisen folgende *sechs Regeln* zu beachten (Ohno 1993, S. 57):

1. Es besteht *Hol-Pflicht*, d. h., jede Senke hat die von ihr zu bearbeitenden Teile vom jeweiligen Pufferlager abzuholen. Die Aktion geht demzufolge von der Senke (dem Verbraucher) aus.

2. Von der Senke darf *nicht vorzeitig Material angefordert* und *nicht mehr Behälter aus dem Pufferlager entnommen werden*, als gerade benötigt werden. Eine Entnahme über den momentanen Bedarf hinaus ist nicht gestattet. Dies würde dem Ziel niedriger Lagerbestände widersprechen.

3. Erst dann, wenn durch die Senke Behälter aus dem Pufferlager entfernt wurden, darf die Quelle mit der Fertigung der Teile beginnen, die den Bestand im Pufferlager wieder auffüllen. Eine *Produktion auf Vorrat*, z.B. aufgrund momentan freier Kapazitäten, wird dadurch verhindert. Es lassen sich hierbei Systeme unterscheiden, die sofort nach jeder Entnahme erneut produzieren und solche, die erst nach Erreichen einer festgelegten Bestandshöhe (Signalkanbans) im Pufferlager mit der Fertigung beginnen.

4. Die Quelle stellt *nur so viele Teile bereit, wie entnommen wurden.* Es wird also nur dasjenige Material ersetzt, was zuvor entnommen wurde. Der Bestand im Pufferlager kann dadurch auch ohne zentrale Steuerung eine bestimmte Obergrenze nicht übersteigen.

5. Es kommen *nur Standardbehälter* zum Einsatz. Dadurch ist die enthaltene bzw. neu zu produzierende Menge auch ohne zusätzliche Information allein anhand der Behälterzahl erkennbar, was die Abläufe und die Kontrolle des Lagerbestands vereinfacht.

6. Alle Teile, die von der Quelle ins Pufferlager gelegt werden, müssen *qualitativ einwandfrei* sein.

17.1.3 Ablauf eines Kanban-Regelkreises

Bild 17.4 stellt einen kompletten Durchlauf eines *Kanban-Regelkreises* dar. Dabei sind die Aufgaben zwischen Montage und Logistik im Sinne des *Chirurgen-Krankenschwester-Prinzips* (vgl. Kapitel 10.5) deutlich getrennt. Der Kanban-Regelkreis ist in sich geschlossen und steuert sich durch die definierten Kanban-Karten selbst. Eine zentrale Disposition ist in diesem Fall nicht mehr notwendig.

Voraussetzung für diesen *selbststeuernden Regelkreis* ist das *Zwei-Behälter-Prinzip.* Dabei sind am Bedarfsort grundsätzlich immer mindestens zwei Behälter bereitzustellen:

- Der erste Behälter (Behälter 1) ist so lange in Gebrauch, bis der Inhalt zur Neige geht.
- Der zweite Behälter (Behälter 2) muss vollständig und gebrauchsfertig am Arbeitsplatz stehen, wenn der erste Behälter zur Wiederauffüllung zum vorgelagerten Arbeitsschritt (oder Lager) gesandt wird.
- Behälter 1 muss wieder zurücksein, noch ehe Behälter 2 leer ist.

Somit entsteht ein *stetiger Kreislauf.* Dabei stellt die *Kanban-Karte* das „Herzstück" eines *selbststeuernden Regelkreislaufs* dar.

Kanban

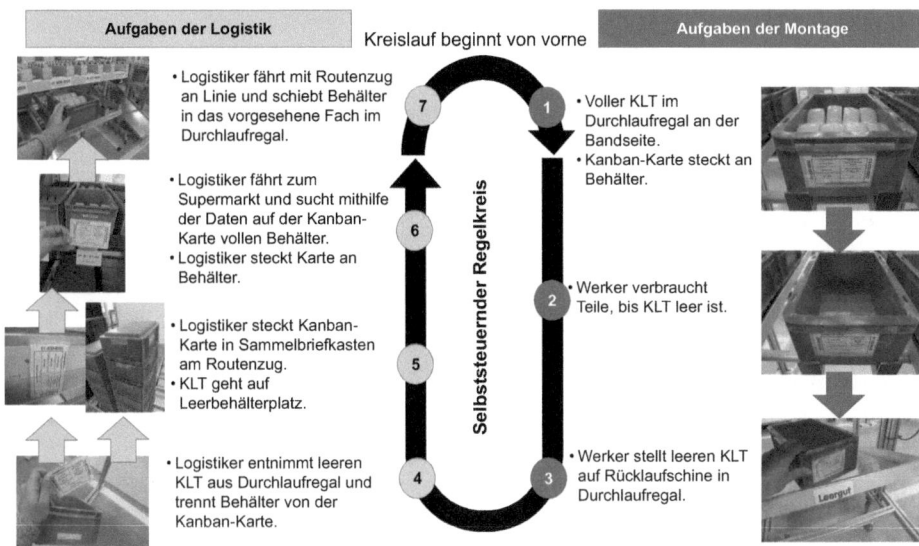

Bild 17.4 Ablauf des Kanban-Regelkreises

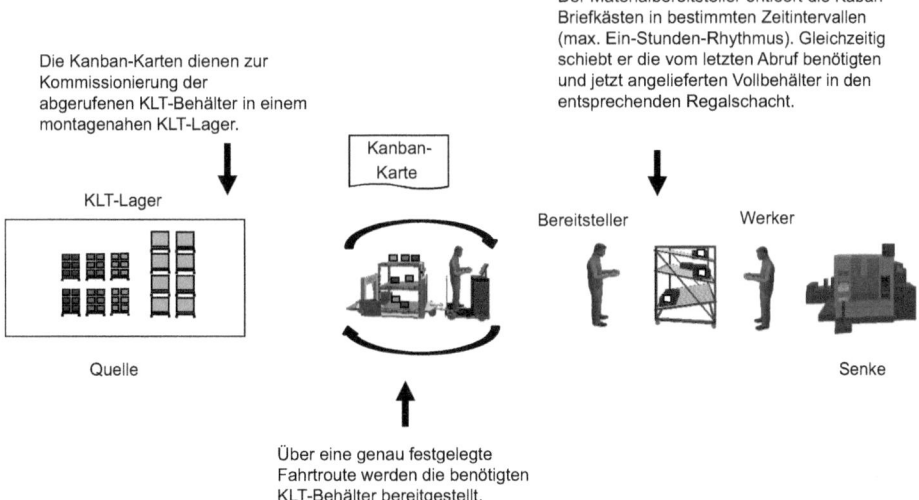

Die Kanban-Karten dienen zur Kommissionierung der abgerufenen KLT-Behälter in einem montagenahen KLT-Lager.

Der Materialbereitsteller entleert die Kaban-Briefkästen in bestimmten Zeitintervallen (max. Ein-Stunden-Rhythmus). Gleichzeitig schiebt er die vom letzten Abruf benötigten und jetzt angelieferten Vollbehälter in den entsprechenden Regalschacht.

Bild 17.5 Selbststeuernder Regelkreislauf

Über die zu definierende *Anzahl an Kanban-Karten* im System gilt es, das Bestandsniveau minimal zu halten und gleichzeitig die Versorgungssicherheit zu garantieren (vgl. Kapitel 17.1.5).

17.1.4 Einfache Signalgenerierung

Um die Zuverlässigkeit eines Kanban-Kreislaufs sicherzustellen, ist auf das Prinzip der *einfachen Signalgenerierung* zu achten. Ein leerer Behälter ist ein eindeutiges und einfach festzustellendes Signal. Häufig soll der Bestand an der Senke auf einen Behälter reduziert werden. Damit muss bei einer *definierten Restmenge* im Behälter nachbestellt werden. Dies setzt jedoch die Aufmerksamkeit des Mitarbeiters und sich immer wieder wiederholende Zählvorgänge voraus. Ist die Restmenge von fünf Stück schon erreicht oder nicht? Dies ist erstens Verschwendung und zweitens fehleranfällig.

Mit Blick auf Bild 17.5 ist die Frage, ob man den Routenzug oder das Lager „schlau" macht. Mit anderen Worten, hat der Routenzugfahrer die Information und holt er sich die Teile aus dem Lager oder überträgt man die Information z. B über einen Barcode-Scanner direkt an das Lager, und dort wird alles für den Routenzug hergerichtet. Man kann hier nicht grundsätzlich eine Vorgehensweise empfehlen, aber wir raten dazu, sich den Informationsweg genau zu überlegen.

Häufig werden in der Praxis Übergabepunkte von Informationen definiert, die zu einer Abschwächung oder gar zum Verlust von Informationen führen. Ein Beispiel: In einem Unternehmen sollte der Linienlogistiker die leeren Behälter einsammeln und an einem Übergabepunkt auf einen Tisch stellen. Von dort befüllte dann ein Lagerlogistiker die Behälter mit Teilen und stellte diese zurück auf einen zweiten Tisch. Da kein FIFO (First In – First Out) eingehalten wurde, beträchtliche Mengen an Behältern aufgelaufen sind und dazu noch mehrere Linienlogistiker an derselben Stelle ihre Behälter abgegeben haben, entstand völliges Chaos. Das eigentlich sehr präzise Signal durch den leeren Behälter, wer wann was, in welcher Reihenfolge braucht, ging komplett verloren. Der Schluss des Unternehmens: Kanban funktioniert nicht. So kann es natürlich nicht funktionieren.

17.1.5 Auslegung eines Kanban-Regelkreises

Als zentrales Werkzeug für die Auslegung eines Kanban-Regelkreises und somit zur Bestimmung der notwendigen *Kanban-Karten* gilt die *Kanban-Formel* (Klevers 2007, S. 187–190):

$$K = \frac{WBZ \cdot V_D}{TK} \cdot SF + \frac{SB}{TK}$$

K = Anzahl Kanban [Stck]: Ziel der Kanban-Formel ist es, die Anzahl der notwendigen Steuerungselemente festzulegen, um eine optimale Materialversorgung zu erreichen. Die Anzahl der Kanbans kann in Form von Karten, aber beispielsweise auch in Form von Behältern vorliegen.

TK = Teilemenge pro Kanban [Stck]: Um die Anzahl der Kanbans bestimmen zu können, muss grundsätzlich definiert werden, wie viele Teile pro Kanban zusammengefasst werden. Also beispielsweise der Behälterinhalt pro Behälter, welcher mit einer Kanban-Karte versehen ist.

WBZ = Wiederbeschaffungszeit [h]: Die Wiederbeschaffungszeit ist von großer Bedeutung für den Kanban-Bedarf. Dabei wird die Zeitspanne gemessen, welche notwendig ist, um einen entnommenen Behälter aus dem Kanban-Lager wieder mit einem vollen Behälter zu ersetzen. Die Wiederbeschaffungszeit wird von vielen Parametern beeinflusst, wie beispielsweise der Produktionszeit des vorgelagerten Prozesses, der Transportzeit oder der Lieferzeit bei Kaufteilen.

SB = Sicherheitsbestand [Stck]: Der Sicherheitsbestand ist eine wichtige Größe, um die Materialversorgung bei unvorhersehbaren Schwankungen weiterhin sicherzustellen. Dies ist beispielsweise notwendig, falls die Zulieferprozesse von längeren externen Transporten oder unsicheren Produktionsprozessen gekennzeichnet sind. Sollten sich im Laufe der Zeit die Rahmenbedingungen stabilisieren, so ist auch der Sicherheitsbestand zu verkleinern. Der Sicherheitsbestand errechnet sich aus den notwendigen Tagen multipliziert mit dem durchschnittlichen Verbrauch pro Tag.

SF = Sicherheitsfaktor: Der Sicherheitsfaktor hingegen stellt einen Puffer bei der Auslegung und Implementierung des Kanban-Systems dar. Da bei der Auslegung eines Kanban-Regelkreises mit vielen unsicheren Parametern gerechnet werden muss, hilft dieser Faktor dabei, bei der Implementierung des Kanban-Systems die Materialversorgung zu garantieren. Ziel ist es, nach erfolgreicher Einführung des Kanban-Systems, den Sicherheitsfaktor in kleinen Schritten auf den Wert 1 zu setzen.

V_D = Durchschnittlicher Verbrauch [Stck/h]: Den zukünftigen Verbrauch festzulegen, zählt zu den unsichersten Parametern bei der Auslegung eines Kanban-Kreislaufs. Dieser ist daher auch nach der Implementierung stetig zu monitoren, um gegebenenfalls Anpassungen vornehmen zu können. Sollte der Verbrauch sehr schwankend prognostiziert werden, so verwendet man zur Berechnung, anstatt des durchschnittlichen Verbrauchs, den *maximalen Verbrauch* (V_{max}). Aufseiten der Lagerbestände wird dabei viel Verschwendung in Kauf genommen. Der jeweilige Planer muss sich dabei die Frage stellen, ob das entsprechende Material noch für eine Kanban-Steuerung geeignet ist. Hierfür ist die ABC/XYZ-Analyse ein geeignetes Hilfsmittel.

Die Kanban-Formel beinhaltet die wichtigsten Parameter zur Gestaltung eines Logistiksystems. Zunächst ist natürlich eine *ausreichende Teilequalität* eine Voraussetzung. Ausschussteile können durch ein sich selbst regelndes System ohne Eingriffe nur sehr begrenzt abgefangen werden.

Mit der *Anzahl Kanban* wird der Gesamtbestand des Kreislaufs bestimmt. Hier fließen alle Parameter ein. Schwankt der *durchschnittliche Verbrauch* sehr stark, so muss für eine sichere Funktionsweise des Kanban-Kreislaufs ein hoher Sicherheitsbestand mit entsprechend hohen Kosten eingeplant werden. Daher versucht Lean die Bedarfsverläufe zu nivellieren. Sollte dies nicht möglich sein, sind bestimmte Teile vielleicht nicht Kanban geeignet.

Die *Wiederbeschaffungszeit* hat erheblichen Einfluss auf die Anzahl der Kanban. Der an der Senke vorhandene Bestand muss ja so lange reichen, bis die Nachlieferung eintrifft. Umso länger also die WBZ, beispielsweise aufgrund der großen Entfernung des Lieferanten, desto größer muss auch der Bestand sein. Dies führt regelmäßig zu Zielkonflikten zwischen Einkauf und Logistik, wenn es um das Sourcing in weit entfernten Low Cost Countries geht. Damit Kanban funktionieren kann, müssen die WBZ stabil sein.

Mit den *Teilen pro Kanban* wird die „Empfindlichkeit des Systems eingestellt". Eine geringe TK bedeutet, dass das System häufige, sehr „feingliedrige" Rückmeldungen über den Teileabfluss erhält. Große Behälter reichen oft Tage oder Wochen. So lange bekommt das System keinerlei Rückmeldung über den aktuellen Verbrauch. Dies ist ein Grund, warum Lean grundsätzlich eher kleine Behälter mit geringen TK anstrebt.

Der *Sicherheitsfaktor* ist ein Hilfsmittel, um gerade bei der Einführung von Kanban-Kreisläufen keinen Teileabriss zu riskieren. Es wäre fatal, wenn die Produktion aufgrund des Fehlens von C-Teilen abgestellt werden müsste. Das wäre der Einführung und dem Vertrauen gegenüber Lean sicher wenig zuträglich. Unsere Empfehlung ist daher, sich hier „eher dick anzuziehen". Verstecken Sie die Sicherheiten aber nicht in den einzelnen Parametern (nach dem Motto: die WBZ ist zwei Wochen, rechnen wir mit drei Wochen), am Ende weiß niemand mehr, wo überall kleine Sicherheitspolster versteckt wurden. Kalkulieren Sie hart und ziehen Sie dann das Ergebnis über den SF nach oben. Am Anfang ist hier sicher der Faktor 2 als gerechtfertigt zu vertreten. Erweist sich das System als stabil, muss der Sicherheitsfaktor Schritt für Schritt reduziert werden. Die frei werdenden Standardbehälter (siehe Kanban-Regel 5) können dann für andere Teile eingesetzt werden. Folglich empfiehlt sich das eben beschriebene Vorgehen natürlich nicht, wenn für die Teile Spezialbehälter nötig sein sollten. Dann muss alternativ über eine Simulation versucht werden, die Anzahl der notwendigen Behälter im Vorfeld bereits möglichst genau zu bestimmen.

Der *Sicherheitsbestand* hängt davon ab, wie schnell im Ernstfall eine Ersatzlieferung erfolgen kann bzw. wie lange mit einem Ausfall zu rechnen ist. Hier haben die Störhäufigkeit und die Stördauer einen Einfluss auf die Höhe.

Für weitere Punkte zum Thema Kanban sei auf die hervorragenden Ausführungen von *Klevers* verwiesen.

17.1.6 Mehrschleifige Kanbansysteme – Lieferanten-Kanban

Beim *Lieferanten-Kanban* werden mehrere sich selbststeuernde Regelkreise entlang der gesamten Wertschöpfungskette miteinander verbunden (Bild 17.6). Die im vorigen Kapitel beschriebene Kanban-Formel muss für jeden der Kreisläufe einzeln berechnet werden.

Zudem kann durch die Integration mehrstufiger Regelkreise die Teileversorgung stufenweise beschleunigt und gleichzeitig die Reaktionszeiten auf Störgrößen verkürzt werden. Außerdem ist die Informationsverfügbarkeit im jeweiligen Kanban-Regelkreis sinnvoll eingeschränkt, da zu viele Informationen über Bedarfe und Auslastung der nachgelagerten Prozessschritte häufig zu einer vorgezogenen Produktion bzw. Materialbereitstellung verleiten.

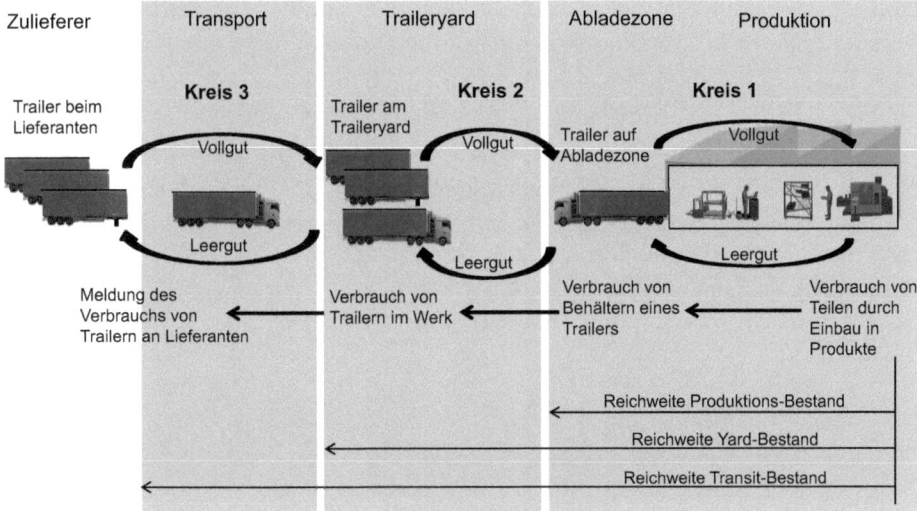

Bild 17.6 Kanban zur Steuerung der gesamten Supply Chain

17.1.7 Umsetzungsmöglichkeiten von Kanban

Die *Kanban-Karte* ist die ursprüngliche Form, um die *Kanban-Steuerung* umzusetzen. Daneben gibt es eine Vielzahl an „Erscheinungsformen" von Kanban:

- Behälter als Kanban,
- Transportwagen als Kanban,
- Stellflächen als Kanban,
- Kanban-Puffer (FIFO-Bahnhofssystem),
- Ampel-Kanban,

- Kanban-Tafel,
- E-Kanban (W-Lan, Scanner usw.),
- Denshin-Kanban.

17.1.8 Frühwarnsysteme und Exoten steuern mit Kanban

Da sich ein Kanban Kreislauf über Abteilungs- oder gar Standortgrenzen mit längerem Zeitverzug erstreckt, kann der Verlust der Kanban-Karten als Informationsträger zu Störungen des Nachschubs führen (vgl. Klevers 2007, S. 100 – 107). In Bild 17.7 wird das Beispiel eines Lieferanten-Kanban-Kreislaufs mit vier Monitoring-Punkten gezeigt.

Versieht man die Kanban-Karten z. B. mit einem Bar-Code zur Identifikation (ID), kann durch Scannen an den Monitoring-Punkten der etwaige Verlust an Karten erkannt und der Nachschubprozess kontrolliert werden. Kriterien für die Einrichtung eines Monitoring-Systems können z. B. die Entfernung von Lieferant und Abnehmer sein, die Zuverlässigkeit des Logistikprozesses oder die Qualifikation der am Prozess beteiligten Mitarbeiter. Als digitale Unterstützung des Kanban-Monitorings kann das sogenannte eKanban verwendet werden. Die Kanban-Karten existieren hierbei zwar auch noch in Papierform, werden durch Scannen aber digitalisiert und somit in einem Softwaretool verfügbar. Somit ist ein Echtzeit-Monitoring der Kanban-Kreisläufe möglich. Verbrauchsinformationen werden noch schneller übermittelt und somit u. a. Wiederbeschaffungszeiten reduziert.

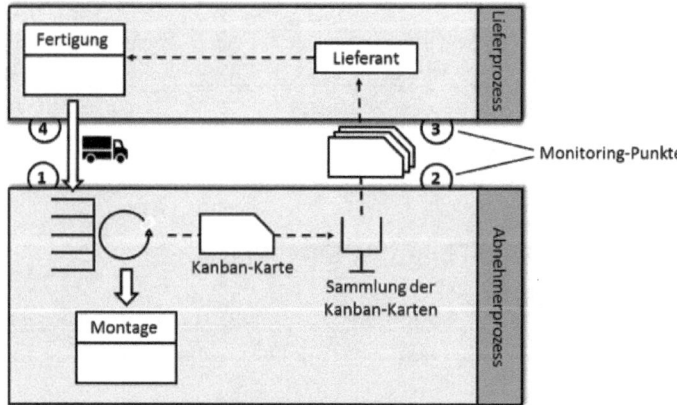

Bild 17.7 Lieferanten-Kanban mit Monitoring (vgl. Klevers 2007, S. 100 – 107)

Es wurde bereits erklärt, dass für das Funktionieren eines Kanban-Kreislaufs *Verbrauchsschwankungen* in der Senke nur in einem bestimmten Korridor stattfinden dürfen. Wird dies nicht gewährleistet, droht ein Versorgungsengpass durch die nachproduzierende Quelle.

Um diesem Problem vorzubeugen, kann ein *Frühwarnsystem* eingeführt werden (Bild 17.8). Wird im Unternehmen eine Verbrauchsspitze in der Senke bzw. im Schrittmacherprozess erwartet, z. B. durch saisonales Geschäft oder einmalige Großaufträge, können durch die Disposition spezielle Zusatz-Kanbans in den Kreislauf eingeführt werden. Diese (Einmal-)Kanbans sind z. B. farblich markiert und werden nach einem Durchlauf wieder aus dem Kreislauf entfernt.

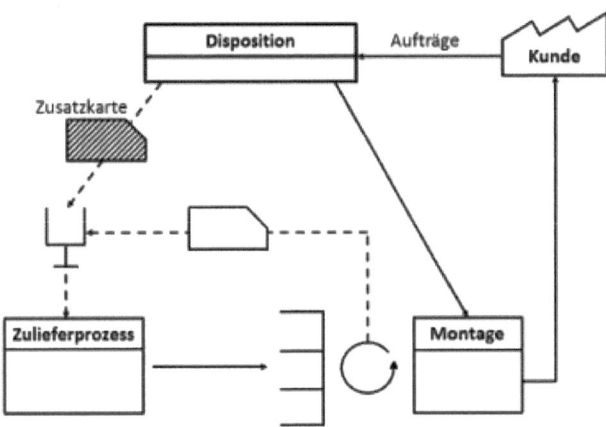

Bild 17.8 Kanban-Frühwarnsystem (vgl. Klevers 2007, S. 100 – 107)

Es wurde bereits erklärt, dass Kanban besonders bei CXN-Teilen funktioniert, als günstigem Material mit stetigem Verbrauch und geringer Variantenvielfalt. Für extrem selten verbrauchte Teile funktioniert daher ein selbststeuernder Regelkreis nicht. Die sofortige Nachproduktion von Exoten würde zu unnötigem Bestand und somit zu Verschwendung führen!

Die Lösung dafür ist eine unterschiedliche Steuerung für *Renner-Produkte und Exoten-Teile* mit seltenem Verbrauch (Bild 17.9). Die Renner-Produkte werden über einen sich selbst steuernden Kanban-Regelkreis abgewickelt. Die Disposition steuert die Exoten über die Fertigungsplanung nach einer auftragsbezogenen Just-in-Time-Steuerung. Im Kanban-Lager werden für die temporären Bestände der Exoten bestimmte Plätze freigehalten.

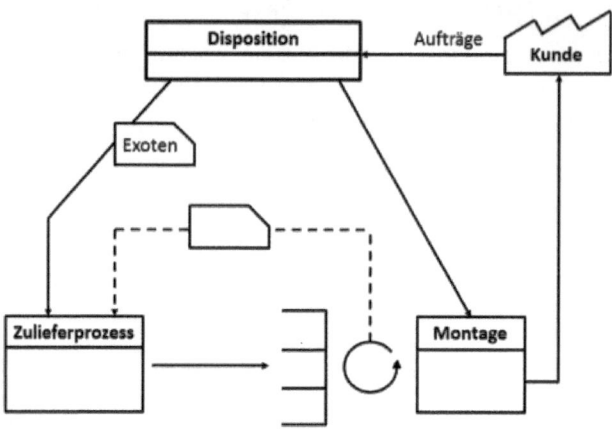

Bild 17.9 Steuerung von Exoten (vgl. Klevers 2007, S. 100–107)

17.1.9 Steuerung herkömmlicher Systeme vs. Selbststeuerung

ERP- und PPS-Systeme versuchen zentralistisch alle relevanten Daten zur Steuerung von Produktion und Logistik zu sammeln. Unter Einbeziehung künftiger Bedarfe soll prognoseorientiert eine optimale Produktionsreihenfolge und Berücksichtigung zahlreicher Restriktionen, wie z.B. Rüstreihenfolgen, erstellt werden. Diese vermeintlich optimale Produktionsreihenfolge wird dann durch das Produktionssystem „geschoben". Man spricht daher von einer Push-Steuerung.

Kanban dreht diese Logik um. Prognosen sind naturgemäß ungenau und bilden die Realität nur unzureichend ab. Daher ist Kanban eine „Verbrauchssteuerung"! Das bedeutet, dass ein mithilfe einer Kanban-Formel vorab bestimmter Bestand vorhanden ist und dann in der Folge einfach das Material ersetzt wird, das tatsächlich verbraucht wurde. Wir sprechen daher von einer Pull-Steuerung, da die Aktion vom Verbraucher, sprich von der Senke, ausgeht. Niemand auf der Welt, auch kein PPS-System, weiß genau, was der Werker in der Montage an Material verbraucht hat, außer der Werker selbst. Also lassen wir ihn durch Kanban selbst den Nachschub steuern.

Der besondere Vorteil von Kanban ist, dass dadurch ein sehr komplexes Gesamtsystem in viele kleine sich selbst steuernde Regelkreise zerlegt wird. Es wird also ganz im Gegensatz zu den PPS-Systemen eben nicht zentralistisch versucht alles zu optimieren, sondern man zerlegt das System in viele kleine, unabhängige Teilsysteme. Außerdem wird, wie bereits erwähnt, die Energie nicht darauf verwendet, die Prognosen genauer zu machen, sondern ohne Prognosen, die ohnehin nicht stimmen, auszukommen.

Es entsteht ein verbrauchsorientierter sowie selbststeuernder Regelkreis, der einmalig anhand der Parameter der Kanban-Formel ausgelegt wird und sich am tatsächlichen Verbrauch am Schrittmacherprozess ausrichtet (Bild 17.10).

Bild 17.10 Steuerung herkömmlicher Systeme vs. Selbststeuerung (vgl. Klevers 2007, S. 100 – 107)

17.1.10 Der Bullwhip-Effekt

Der *Bullwhip-Effekt* beschreibt ein im Supply Chain Management bekanntes Phänomen – das Entstehen und Aufschaukeln von Schwingungen bei den Bestellmengen in einer Supply Chain (Bild 17.11). Für diesen Aufschaukelungseffekt werden vier Ursachen genannt (Lee et al 1997):

Verarbeitung von Nachfragesignalen

Der Peitscheneffekt tritt immer dann auf, wenn die Nachfrageprognose eines Beteiligten anhand der beobachteten Nachfrage erfolgt. Aufgrund der prognosebasierten Planung treten zu Beginn einer unerwarteten Kundenbestellserie Fehlmengen auf. Deshalb bestellen die von Fehlteilen betroffenen Unternehmen zukünftig bei ihren jeweiligen Zulieferern größere Mengen, obwohl diese vielleicht gar nicht tatsächlich benötigt werden. Ein Nachfrageschub wird als Zeichen für eine hohe zukünftige Nachfrage interpretiert. Dieser Effekt schaukelt sich über die gesamte Supply Chain hinweg auf. Da die Informationsweitergabe innerhalb der Supply Chain einen zeitlichen Versatz aufweist, entsteht bei den Bestellzeitpunkten zudem einem *Zeitversatz (Time lag)*. Der Mensch neigt bei fehlendem Feedback zur *Übersteuerung*. Jeder kennt diesen Effekt vom Autofahren auf Glatteis oder bei Aquaplaning. Man dreht am Lenkrad, es passiert aber nichts. Also dreht man noch ein Stück weiter. Erst wenn die Räder wieder greifen, bemerkt man, dass man das System übersteuert hat. Neben dem Zeitversatz spielt noch die Anzahl der beteiligten Partner, also der *Stufen im System*, eine Rolle. Die Handlungen der Beteiligten summieren sich über alle Stufen auf.

Auftragsbündelung

Eine Auftragsbündelung hat zur Folge, dass die *Schwankungen des Systems noch größer* werden. Um bestellfixe Kosten zu sparen und Mengenrabatte oder Staffelpreise zu nutzen, wird einige Perioden nicht bestellt und in anderen Perioden dann große Mengen. Das System erhält somit lange Zeit keine Rückmeldung über die tatsächlichen Verbräuche. Unternehmen fördern diese Schwankungen durch die Gewährung von *Mengenrabatten* (Hockeyschläger-Phänomen) oder die Vorgabe von *Mindestbestellmengen*. Auch interne *Losgrößenvorgaben* tun ein Übriges.

Engpasspoker

Mit das schlimmste für ein Unternehmen ist, nicht lieferfähig zu sein. Für einen Disponenten ist der GAU, wegen eines Fehlteils eine Montagelinie oder ein ganzes Werk stillzulegen. Die befürchtete Knappheit von Teilen und Versorgungsengpässe, verleiten häufig ebenfalls zu großzügiger Planung der Bestellmengen. Diese Zuschläge summieren sich über mehrere Stufen der Lieferkette wiederum zu großen Nachfragewellen auf. Bleibt dann jedoch der Mehrbedarf aus, decken die Unternehmen ihre Bedarfe zunächst aus den bereits aufgebauten Beständen. Dies verlängert wiederum die Bestellintervalle. In der Zwischenzeit ist das System „im Blindflug unterwegs".

Preisschwankungen

Auch Preisschwankungen können zu Aufschaukelungen führen. Vermutet beispielsweise ein Teil der Lieferkette steigende Preise, so könnte die Reaktion sein, sich Vorräte anzulegen, die nicht auf die aktuelle Nachfragesituation abgestimmt sind. Infolgedessen wird der Bedarf in den nächsten Perioden geringer ausfallen und sich dadurch ebenfalls wieder die Bestellintervalle verlängern.

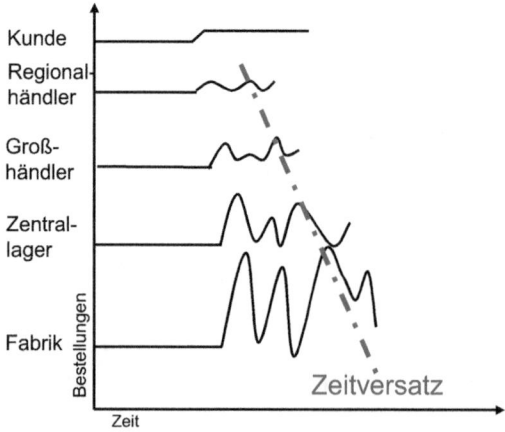

Bild 17.11 Bullwhip-Effekt

Das beschriebene Gesamtphänomen wird als *Bullwhip-Effekt* bezeichnet und hat extrem schwankende und nicht prognostizierbare Lagerbestände zur Folge. Wie lassen sich die beschriebenen Probleme in der Praxis lösen?

17.1.11 Verbrauchsgesteuerte Bedarfsermittlung

Im Falle eines verbrauchsgesteuerten Verfahrens kommen in der klassischen Vorgehensweise stochastische Methoden zum Einsatz. Verbrauchswerte der Vergangenheit werden mithilfe verschiedener Methoden in die Zukunft prognostiziert. Diese Verfahren werden regelmäßig und in kurzen Zeitabständen angewandt, um dann über einen komplexen Abgleich der ermittelten Bedarfe mit den Lagerbeständen letztlich zu einer Bestellmenge zu kommen. Dies erfordert einen erheblichen Aufwand mit häufig mäßigem Erfolg.

Ein nach den Lean-Prinzipien gestaltetes System wirkt dem Bullwhip-Effekt auf vielfältige Weise entgegen. *Kanban* sorgt dafür, dass nur nachbestellt wird, was auch tatsächlich verbraucht wurde. Die Systemschwankungen durch Überbestellungen werden nach oben begrenzt. Der Faktor Mensch, dessen Handlungen immer eine gewisse Interpretation des Systems zugrunde liegen, wird ausgeschaltet. Lean versucht, möglichst kurze und stabile Durchlauf- und Wiederbeschaffungszeiten zu erreichen. Dies verkürzt den Zeitversatz zwischen Aktion und Reaktion und damit die Tendenz zur Übersteuerung. Kanban reduziert auch die Bündelungseffekte von Bestellungen und gibt die Information über tatsächliche Verbräuche zeitnah in kleinen Mengeneinheiten (ein Kanban ist meist ein Behälter) in der Lieferkette weiter. Vendor Managed Inventory (VMI), das in Kapitel 16.2 vorgestellt wird, reduziert beispielsweise die Anzahl der beteiligten Partner in der Lieferkette, somit also die Stufen im System, über die sich die Nachfrageschwankungen kumulieren können. Es wird eine direkte Informationsverbindung zwischen Endabnehmer und Hersteller geschaffen. Alle Zwischenhändler mit sämtlichen Dispositionsstufen werden ausgeschaltet.

Im Rahmen eines verbrauchsgesteuerten Verfahrens ermittelt Lean mithilfe der Vergangenheitswerte einen Korridor für Kanban-Kreisläufe. So lange die Verbräuche innerhalb dieses Korridors schwanken, kommt ein sich selbst steuernder Regelkreis zum Einsatz. Es wird in kurzen Intervallen nachbestellt, was verbraucht wurde. *Dies vermindert den Prognoseaufwand und die notwendige Prognosegenauigkeit enorm.* Natürlich um den Preis eines gewissen Lagerbestands. Daher ist dieses Verfahren auch nicht für alle Teile geeignet. Sehr gut funktioniert Kanban bei BX- und CX-Teilen, also Teile die einen mittleren bis geringen Wert haben (der Bestand ist nicht so kostenintensiv) und die Verbräuche stabil sind (der notwendige Bestand kann sehr genau bestimmt werden, der notwendige Sicherheitsbestand ist gering).

Durch die Implementierung eines *Kanban-Regelkreises* kann die Wirkung des *Bullwhip-Effekts* deutlich vermindert werden, indem die Bestellmengen und Lagerbestände innerhalb eines *Kanban-Systems* limitiert und am Kundenbedarf ausgerichtet sind (vgl. Kapitel 17.1.5). Das Verhalten eines *Kanban* gesteuerten Lagers im Vergleich zum klassischen pushgesteuerten Dispositionslagers stellt Bild 17.12 dar.

Werte	Dispositive Steuerung	Kanban-Steuerung	Δ	
Mittelwert	1.629	993	-636	-39 %
σ	988	451	-537	-54 %
Min.	40	40	0	0 %
Max.	4.518	1.924	-2.594	-57 %

Bild 17.12 Verhalten eines Kanban-Lagers im Vergleich zum Dispositionslager (Klevers 2007, S. 97)

Die Spitzen der Bestandsschwankungen, deren Ursache im *Bullwhip-Effekt* liegen, können durch ein *Kanban gesteuertes Lager* deutlich verringert werden. Außerdem sinkt insgesamt die Schwankungsbreite. Somit nimmt auch das durchschnittlich gebundene Kapital in Form von Lagerbeständen signifikant ab.

■ 17.2 Hauptstrang steuert Nebenstrang

Der Einsatz von Kanban in Verbindung mit verbrauchsgesteuerten Bedarfsermittlungsverfahren ist weithin bekannt. Kanban wird fälschlicherweise oftmals sogar mit der Verbrauchssteuerung gleichgesetzt. Aber machen wir uns noch einmal klar, dass Kanban nur ein Hilfsmittel zur Kommunikation ist. Kanban kann durchaus auch in plangesteuerten Verfahren eingesetzt werden.

17.2.1 Plangesteuerte Bedarfsermittlung

Bei *plangesteuerten Verfahren* erfolgt meist eine *deterministische Bedarfsermittlung*, d. h., die Sekundärbedarfe werden aus den vorliegenden Primärbedarfen, also vorhandenen Kundenaufträgen, mittels Stücklistenauflösung abgeleitet. Hierfür werden üblicherweise PPS-Systeme eingesetzt. Da somit die exakten Bedarfe bekannt sind und die Lagerbestände geringgehalten werden können, sollte grundsätzlich diese Form der Bedarfsermittlung herangezogen werden.

Häufig wird dieses Verfahren in der Literatur als unproblematisch dargestellt. Wie wir allerdings bereits in Kapitel 2.5 diskutiert haben, stellt die Datenqualität und die Fehlerfortpflanzung ein großes Problem dar. Wenn die Stücklisten als Eingangsdaten Fehler aufweisen, ist auch der errechnete Sekundärbedarf fehlerhaft. Dies betrifft zum einen die errechneten Mengen, vor allem aber auch die errechneten Startzeitpunkte für die Produktion der Sekundärbedarfe.

Gerade wenn wir uns in der Betrachtung der operativen, untertägigen Steuerung der Produktion nähern, birgt dieses plangesteuerte Vorgehen ein weiteres Problem: Der PPS-Lauf zur Errechnung der Sekundärbedarfe findet meist über Nacht statt. Ist nun im Laufe des Tags eine Änderung im Produktionsprogramm nötig, z. B. weil ein Auftrag aufgrund eines Fehlteils nicht gefertigt werden kann oder ein Auftrag doch vorgezogen werden muss, dann kann darauf erst nach dem nächsten Nachtlauf reagiert werden. Im schlimmsten Fall erst nach fast 24 Stunden.

Welche Abhilfe bietet nun Kanban?

17.2.2 Golfball-Steuerung

Zunächst müssen einige Voraussetzungen in der Gestaltung der Werksstruktur und der Prozesse geschaffen werden. Diese sind weitestgehend in den *zehn Schritten des Wertstromdesigns* in Kapitel 22.1 beschrieben. Zunächst muss der *Kundenentkopplungspunkt* bekannt sein. Hier geht die kundenauftragsanonyme Produktion in die kundenspezifische Produktion über. Ein Produkt wird an dieser Stelle des Produktionsprozesses einem Kunden konkret zuordenbar. Der Kundenentkopplungspunkt befindet sich immer im Hauptstrang. Die genaue Position ist je nach Fertigungsart (Make to Stock, Assemble to Order oder Make to Order) unterschiedlich.

Es werden Jahres-, Monats-, Wochen- und Tagesproduktionspläne erstellt. Die fixierte tägliche Reihenfolge wird NUR an EINER Stelle des Hauptstrangs, am Schrittmacher (entspricht dem Kundenentkopplungspunkt) eingesteuert. Alle Nebenstränge werden nicht von einem zentralen PPS-System angesteuert. Die Regel lautet: Die Aktion geht immer von der Senke aus (Kanban-Regel 1). Vom Hauptstrang aus werden die für die Vorproduktion jeweils benötigten Informationen „Just in time" an die Vormontagen weitergeleitet. Somit werden alle Nebenstränge bzw. Zulieferprozesse entsprechend der Takt- und Reihenfolgevorgabe des Hauptstrangs synchronisiert. Das Prinzip heißt: *Hauptstrang steuert Nebenstrang*. Dies führt zu einer enormen Vereinfachung der Steuerung und senkt den Datenbedarf zur Planung massiv.

Wie Bild 17.13 zeigt, muss vom Hauptstrang mit einer Vorlaufzeit in Takten, die der Anzahl der im Nebenstrang notwendigen Takte zur Fertigstellung des Bauteils entspricht, abgerufen werden. Das Mittel für diesen Abruf ist wiederum Kanban.

Diese Art der Steuerung nennt sich *Golfball-Steuerung*. Wenn der Nebenstrang Sitzzusammenbau in Bild 17.13 drei Takte benötigt, um einen Sitz für den Kunden x zusammenzubauen, muss vom Hauptstrang drei Takte vorher die notwendige Information abgeschickt werden. Bildlich gesprochen, wird ein Golfball mit der entsprechenden Information zum Nebenstrang „geworfen" (vgl. Ohno 1993, S. 77 ff.).

Dies ist ein in der Automobilindustrie gängiges Verfahren. Die Montagelinie ist in mehrere sogenannte „Zählpunkte" unterteilt. Jedes Fahrzeug „weiß" zu diesem Zeitpunkt über das PPS-System, welchem Kunden es gehören wird, und was genau dieser Kunde bestellt hat. Somit bestellt sich das Fahrzeug, bildlich gesprochen, selbst beim Überfahren eines Zählpunkts die nächsten Teile, also beispielsweise den 1,6-Liter-Bezinmotor oder die Ledersitze in Schwarz, elektrisch verstellbar. Nur so ist die im Automobilbau heute übliche Komplexität noch zu beherrschen.

Es werden keine überflüssigen Informationen im Werk verteilt. Die sinnvolle Beschränkung von Information schafft Transparenz und beugt ungeplanten Vorproduktionen vor. Hält der Hauptstrang, aus welchen Gründen auch immer, an, bekommen auch die Nebenstränge keine Information mehr und müssen ebenfalls stoppen (Prinzip *Jidoka* – die Kultur des Anhaltens).

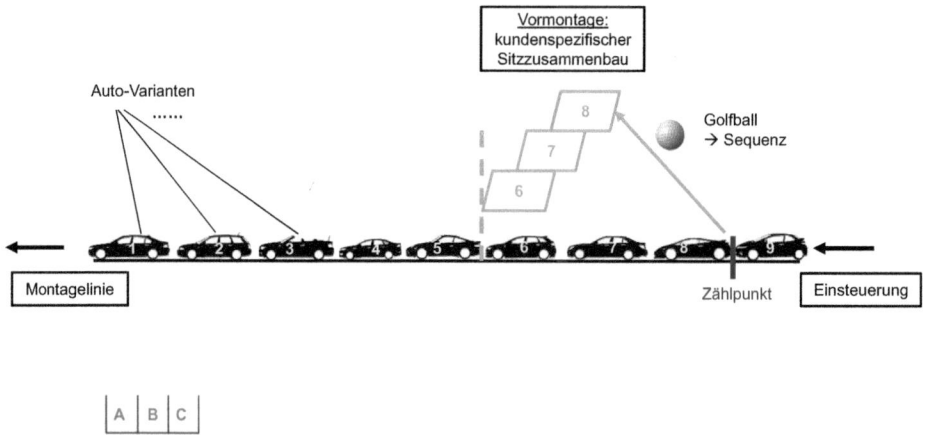

Bild 17.13 Golfball-Steuerung (in Anlehnung an Ohno 1993, S. 78)

■ 17.3 Perlenkettenprinzip

Aus den Ausführungen zur Golfball-Steuerung wird unmittelbar die Notwendigkeit einer Produktionssteuerung mit stabiler Auftragsreihenfolge klar. Wenn der Nebenstrang Sitzzusammenbau in Bild 17.13 im vorherigen Kapitel beginnt, den Sitz für den Kunden x zusammenzubauen, darf sich in den folgenden drei Takten die Reihenfolge der Aufträge auf dem Hauptstrang nicht ändern. Ansonsten müsste die Hauptmontagelinie angehalten und in allen betroffenen Nebensträngen umsortiert werden.

Das Prinzip der stabilen Auftragsreihenfolge wird als *Perlenkette* bezeichnet. Man kann sich die stabile Auftragsreihenfolge so vorstellen, als ob alle Produktionsaufträge Perlen wären, die auf einer Schnur aufgezogen werden. Die Reihenfolge der Perlen kann nicht mehr geändert werden. Diese Schnur wird dann durch die Produktion „gezogen".

Die Zeitspanne, in der die Produktionsreihenfolge stabil gehalten werden muss, wird als *Frozen-Zone* bezeichnet. Eine kurze Frozen-Zone hat den Vorteil, dass man maximale Kundenflexibilität hat. Der Kunde kann bis kurz vor Produktionsstart noch ändern. Auch die Produktionsreihenfolge kann bis kurz vor dem Kundenentkopplungspunkt ständig geändert werden, was zu wenigen Planabweichungen führt. Andererseits ermöglicht eine lange Frozen-Zone eine hohe Termintreue, maximale Planbarkeit für Kapazitäten und Mitarbeitereinsatz, Lieferabrufsicherheit und Planbarkeit für die Lieferanten. Die Länge der Frozen-Zone bestimmt auch die maximale Entfernung und Fertigungstiefe der JIS-Abläufe (vgl. Klug 2010, S. 392). Wird die Perlenkette über die Montagelinie hinaus bereits in der Planung mehrere Tage fixiert, so ist eine Just-in-Sequence-Anlieferung auch aus Low Cost Countries möglich. Hier sei beispielsweise auf die Anlieferung von kundenspezifischen Kabelsätzen, die aufgrund der extrem hohen Varianz nur kundenspezifisch gefertigt werden können, verwiesen. Die Möglichkeit, diese direkt aus Tunesien anliefern zu können, spart enorm Kosten. Der Preis dafür ist, das die Frozen-Zone auf vier Tage ausgeweitet werden muss. Dieser Zielkonflikt wird als das *Dilemma der Frozen-Zone* bezeichnet.

■ 17.4 Tracking und Tracing

In Kapitel 11.4 werden die Potenziale des Einsatzes von Echtzeitortungssystemen in der Produktionssteuerung diskutiert. An dieser Stelle soll nun ein Blick auf die Potentziale der Industrie 4.0 und speziell dieser relativ neuen Ortungstechnologie in der Logistik geworfen werden.

17.4.1 Laufleistungsüberwachung für („dumme") Routenzug-Anhänger

Ein in der Praxis nicht zu unterschätzendes Problem ist beispielsweise die Wartung von Routenzug-Anhängern. Während für die Schleppfahrzeuge viele Daten von der Betriebsstundenerfassung über Schocksensorenaufzeichnungen usw. zur Planung von Wartungsintervallen vorhanden sind, kennt niemand die Laufleistung der einzelnen, informationstechnisch entkoppelten („dummen") Routenzug-Anhänger. Die im Moment nicht genutzten Anhänger stehen üblicherweise in einem Pool nach dem LIFO-Verfahren, d.h., der zuletzt genutzte, ganz vorne in der Schlange abgestellte Anhänger wird bei Bedarf auch als nächstes wieder angehängt. So gibt es Anhänger, die im Dauereinsatz sind und welche, hinten in der Schlange, die sehr selten oder vielleicht nie genutzt werden. Sowohl das eine wie das andere mag in der Wartung besondere Maßnahmen erfordern. Wenn überhaupt, findet eine punktuelle Sichtprüfung statt. Eine vorsorgliche oder laufleistungsbezogene Wartung ist für Routenzug-Anhänger heute nicht möglich. Mithilfe von RTLS ließen sich die Laufleistungen jeden Anhängers aufzeichnen. Bei bestimmten Schwellenwerten könnte ein Wartungsauftrag ausgelöst werden. Über das RTLS könnte dann der entsprechende Routenzug-Anhänger geortet und zur Wartung überführt werden. Wird die Ortungsinformation noch beispielsweise mit den Daten der Schocksensoren kombiniert, könnte auch auf Schwachstellen in der Fahrbahn, wie beispielsweise Schwellen oder Schlaglöcher, geschlossen werden.

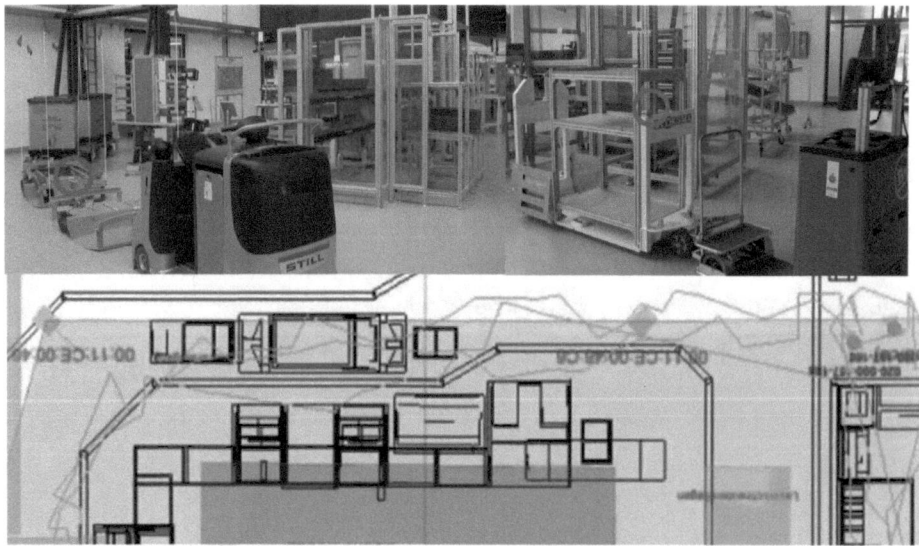

Bild 17.14 Erfassung der Bewegungsdaten der Routenzüge durch Tags (rot eingekreist) (Foto: Musterfabrik TZ PULS)

17.4.2 Permanente Materialflussoptimierung

Der Schlüssel zu effizienten und kostengünstigen Logistikprozessen, ist nicht nur die kurzfristige Planung und Steuerung und die beste PPS- oder Optimierungs-Software einzuführen, sondern im Wesentlichen die prozessorientierte Gestaltung der Werksstrukturen. Die Transportdauern, die Transparenz und der Steuerungs-aufwand werden durch die Werksstruktur determiniert (Schneider/Ettl 2012, S. 61–66). Softwaresysteme bilden diese Komplexität nur ab und optimieren inner-halb der Rahmenbedingungen, die die Werksstruktur setzt. Das ist Kurieren am Symptom. Die eigentliche Ursache – der Kostentreiber – ist die Werksstruktur.

Aus Fabrikplanungssicht sind die mit modernen Ortungstechnologien nun völlig neu verfügbaren Daten zu Materialbewegungen extrem hilfreich. Die Bewegungs-daten der Flurförderzeuge werden digitalisiert und ermöglichen eine permanente Materialfluss- und Fabrikplanung in bisher nicht verfügbarer Datenqualität. Um eine permanente Materialflussplanung zu ermöglichen, muss zunächst die Werks-struktur in der Realität erfasst und in einem digitalen Layout abgebildet werden. Ist in der realen Welt ein RTLS installiert, können die Bewegungen beliebiger Ob-jekte, im vorliegenden Fall von Flurförderzeugen, erfasst und lückenlos dokumen-tiert werden. Diese Daten werden dann im digitalen Layout in Form von Sankey-Diagrammen visualisiert. Somit fließen die Daten zu den Materialflussbewegungen wieder in die Werksgestaltung ein. Bisher mussten diese Daten meist aufwendig über Wochen mithilfe von Strichlisten und Beobachtungen erfasst werden. Mit einem RTLS liegt dies, quasi als „Abfallprodukt", in bisher nicht möglicher Quali-tät und nahezu in Echtzeit vor.

Dieses Beispiel zeigt auch, wie aus den vielen vorhandenen Daten wirklich nütz-liches, weiterführendes Wissen generiert werden kann. Mit Industrie 4.0 wird sich die Datenverfügbarkeit potenzieren. Die Unternehmen haben aber häufig keinen Mangel an Daten, sondern an validen Schlüssen aus all diesen vorhandenen Daten. Dieses Problem wird nicht durch noch mehr Daten gelöst. Das Problem ist, dass viele Unternehmen „auf Teufel komm raus" Daten sammeln, ohne aber die FRAGE zu kennen.

Mithilfe der permanenten Materialflussplanung kann ein bisher viel zu wenig genutzter Hebel zur Kostenoptimierung, die prozessorientierte Gestaltung der Werksstrukturen, besser eingesetzt werden. Industrie 4.0 stellt hierzu die notwen-dige Technologie als Enabler zur Verfügung.

18 Montagesystem 2030 – von der U-Zelle zur O-Zelle

mit Konstantin Büttner und Tobias Ettengruber

Das Ziel des Projekts „Montagesystem 2030" ist es, den kompletten Prozess vom Wareneingang bis an den Arbeitsplatz zu automatisieren. Dies zum einerseits einen Quantensprung in der Effizienz durch den Einsatz von Technologie ermöglichen, andererseits aber auch konsequent die Lean-Philosopie unterstützen. Im Unterschied zu vielen anderen Automatisierungsansätzen, steht bei uns weiterhin der Mensch im Mittelpunkt. Es wird nicht versucht, die komplexen Montagetätigkeiten zu automatisieren. Hier wollen wir weiterhin die Fähigkeiten des Menschen zu komplexen Greiftätigkeiten und die Flexibilität verschiedene Situationen zu erkennen, nutzen. Unser Ziel ist die Automatisierung der logistischen Tätigkeiten zu fokussieren. Der Ausgangspunkt hierfür liegt aber in einer geschickten Gestaltung der Produktionsbereiche.

■ 18.1 Automatisierung von logistischen Tätigkeiten

Während in der Vergangenheit häufig produktindividuelle Produktionstätigkeiten im Fokus von Automatisierungsaktivitäten lagen, gewinnt gegenwärtig die Automatisierung logistischer Tätigkeiten immer mehr an Bedeutung. Innerbetriebliche logistische Prozesse lassen sich auf wenige Grundfunktionen zur mengenmäßigen, räumlichen, zeitlichen, qualitativen, sortenreinen und informatorischen Transformation von Gütern herunterbrechen (Günthner et al. 2013, S. 136 – 139). Zudem betreffen diese Prozesse im Montageumfeld hauptsächlich Kleinladungsträger, bei denen grundlegende Eigenschaften, wie Gewicht und Abmaß, standardisiert sind (Hompel et al. 2018, S. 29). Dadurch besteht ein großes Potenzial zur Mehrfachnutzung von aufgebautem Automatisierungs-Know-how innerhalb eines Unternehmens. Im Gegensatz zu komplexen produktindividuellen Produktionsprozessen können innerbetriebliche Logistikprozesse nach erfolgreicher Automatisierung vergleichsweise einfach auch in anderen Werksbereichen oder Standorten übernommen werden. Darüber hinaus sind logistische Prozesse, aufgrund ihrer relativ hohen Standardisierung, weniger anfällig gegenüber verkürzten Produktlebenszyklen und Nachfrageschwankungen einzelner Produkte.

Zur Erreichung der größtmöglichen Produktivitätssteigerung ist eine ganzheitliche Betrachtung der logistischen Prozesse im Rahmen der Automatisierungsaktivitäten erforderlich. Bei der Automatisierung von einzelnen Prozessschritten ohne Bezug zum Gesamtprozess besteht die Gefahr, lokale Suboptima zu erreichen, die zu einer Verschlechterung der Situation des Gesamtsystems führen können. Ein Beispiel hierfür ist die Automatisierung von Transporttätigkeiten ohne Berücksichtigung der dazugehörigen *Be- und Entladevorgänge*. Dies führt dazu, dass bei dezentralen Entladestellen entweder Produktionsmitarbeiter zur Entladung der automatisierten Transportsysteme eingesetzt werden und damit ihre eigentlich wertschöpfenden Tätigkeiten unterbrechen, oder Logistikmitarbeiter das Transportsystem an den dezentralen Abladestellen entladen müssen.

Somit ist die Betrachtung der gesamten logistischen Prozesskette im Rahmen eines Automatisierungsvorhabens entscheidend. Empfehlenswert ist hierbei ein Vorgehen im sogenannten Line-back-Verfahren, bei dem alle Logistikprozesse vom Verbauort ausgehend, über die vorgelagerten Logistikstufen, bis hin zum Wareneingang betrachtet werden (Klug 2018, S. 88 – 90). Dieser Artikel fokussiert die Schnittstelle zwischen Transportsystem und Materialbereitstellung am Verbauort im Montagesystem.

■ 18.2 Anordnungsprinzipien von Montagesystemen

Anordnungsprinzipien von Montagesystemen beschreiben die räumliche Anordnung der einzelnen Arbeitsplätze bzw. Teilstationen eines Montagesystems und sind in die Kategorien Linien-, Karree- und Sonderformen, wie beispielsweise Netz- oder Baumstruktur, unterteilbar (Wiendahl et al. 2014, S. 9 – 15, S. 192). Zusätzlich wird zwischen offenen und geschlossenen Anordnungsformen unterschieden (Lotter et al. 2012, S. 196 – 199). Bezüglich der Positionierung von Materialbereitstellung und Montagearbeitsbereich wird dabei nicht weiter unterschieden.

In der Praxis sind manuelle und hybride Montagezellen häufig in U-Form angeordnet. Bei dieser Anordnungsform befinden sich die Montagemitarbeiter auf der Innenseite der Montagezelle, die Materialbereitstellflächen auf der Außenseite (Bild 18.1). Dadurch sind die Laufwege im Inneren zwischen den Arbeitsplätzen sehr gering und es können auch gegenüberliegende Arbeitsplätze im Rahmen einer Taktabstimmung zusammengefasst werden. Außerdem ermöglicht die U-Form eine flächeneffiziente Anordnung der Produktionsressourcen. Die Materialversorgung wird häufig in Form eines Routenzug-Umlaufes zwischen einem verbauortnahen Supermarkt und der Montagezelle realisiert (Erlach 2020, S. 166; Dombrowski et al. 2015, S. 103 – 104; Schneider 2016, S. 204 – 205).

Auch geschlossene Anordnungsformen, wie die Karreeanordnung, können in der Praxis eine Materialbereitstellung von der Außenseite aufweisen. Das Zentrum dieser Montagesysteme bildet jedoch nicht die Materialversorgung, sondern hauptsächlich Fördertechnik zum Werkstücktransport oder die zum Montageprozess erforderliche Automatisierungstechnik.

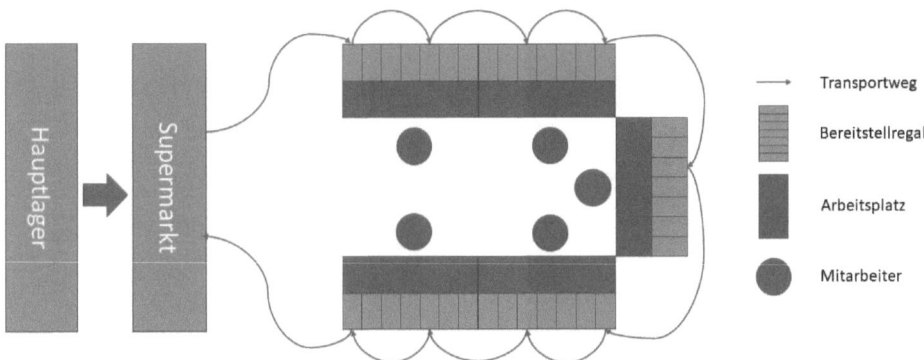

Bild 18.1 Schematische Darstellung einer U-Zelle mit vorgelagerten Lagerstufen

■ 18.3 Schwierigkeiten der U-Form im Kontext einer automatisierten Materialversorgung

Die bisherige Anordnung in U-Form ist für eine manuelle Materialversorgung gut geeignet, erschwert allerdings eine automatisierte Materialversorgung deutlich. Verantwortlich hierfür sind Anordnung und mechanischer Aufbau der Bereitstellungsregale sowie die daraus resultierende Anzahl der dezentralen Materialübergabepunkte. Beispielsweise ergeben sich bei einem Montagesystem mit sieben Arbeitsplätzen, von denen jeder mit acht Bereitstellpositionen für Behälter ausgestattet ist, 56 unterschiedliche Möglichkeiten für die Logistik, Material an das Montagesystem zu übergeben. Ein derart aufgebauter Übergabeprozess erfordert eine sehr hohe Flexibilität. Es müssen nicht nur vergleichsweise weite Distanzen auf der Außenseite zwischen den einzelnen Regalen überbrückt, sondern auch die unterschiedlichen Positionen innerhalb eines Arbeitsplatzes, welche jeweils in

Höhe und Breite variieren, bedient werden können. Dies stellt bei einem manuellen Prozess durch die flexible Arbeitsweise eines Menschen keine Schwierigkeit dar. Im Gegensatz dazu führt diese Anordnungsform bei einer Automatisierung meist zu einer längeren Prozesszeit und hohen Automatisierungskosten. Die benötigte Flexibilität muss entweder durch aufwändige Aufrüstung aller dezentralen Übergabepunkte mit einer zusätzlichen Automatisierungskomponente zur Entladung der Transportsysteme oder durch ein komplexes Transportsystem selbst, beispielsweise durch einen mobilen Roboter, gewährleistet werden.

■ 18.4 Die inverse Anordnungsform mit Materialbereitstellung im Inneren als Lösungsansatz

Diese Problematik kann durch eine inverse Anordnungsform gelöst werden. Dabei befindet sich die Materialbereitstellung im Zentrum und die Mitarbeiter auf der Außenseite des Montagesystems. Durch diese inverse Anordnung von Montagesystemen in Karree-, U- oder O-Form kann die Anzahl der Schnittstellen zwischen Transport- und Montagesystem auf einen einzigen Übergabepunkt reduziert und eine Ein-Punkt-Übergabe zwischen Transport- und Montagesystem realisiert werden (Bild 18.2). Zur Bestückung der einzelnen Bereitstellungsregale kann in der Mitte des Montagesystems eine zentrale Automatisierungskomponente eingesetzt werden, welche in der Lage ist, alle Arbeitsplätze mit Material zu versorgen. Die aufgrund der Vielzahl an Materialbereitstellungspunkten erforderliche Flexibilität wird durch die zentrale Automatisierungskomponente gewährleistet. Die Aufrüstung aller einzelnen Übergabepunkte zur automatisierten Be- und Entladung bzw. der Einsatz komplexer und flexibler Transportsysteme entfällt.

Die inverse Anordnung erfordert keinen Zugang für Personen zum Zentrum der Montagezelle, wodurch die bisherige „U-Form" vollständig geschlossen und die Bezeichnung „O-Zelle" abgeleitet werden kann. Dies ermöglicht wiederum einen geschlossenen Werkstückträgerkreislauf (Bild 18.3). Somit werden aufwendige technische Lösungen bzw. manuelle Transportaufwände zur Werkstückträgerrückführung vermieden.

Ein weiterer Vorteil dieser Variante ist die Möglichkeit der Platznutzung unterhalb und oberhalb der Arbeitsflächen zur Materiallagerung. Diese Bereiche werden aufgrund ihrer Höhen als Bückzone bzw. Reckzone bezeichnet und sind für Personen aus ergonomischen Gründen nur eingeschränkt nutzbar. Daher werden diese Bereiche aktuell hauptsächlich zur Leergutrückführung verwendet (Hompel et al. 2011, S. 255).

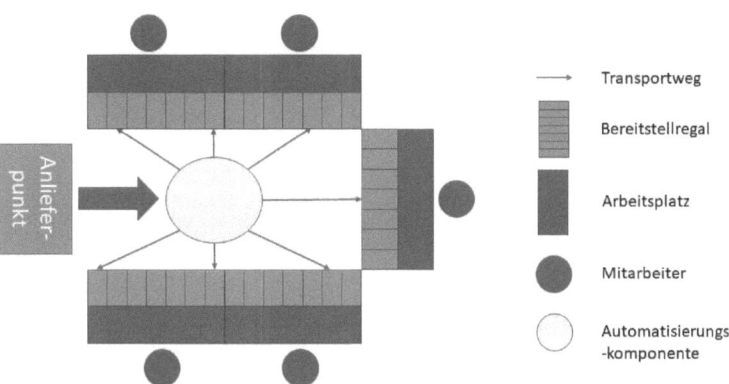

Transportweg

Bereitstellregal

Arbeitsplatz

Mitarbeiter

Automatisierungs
-komponente

Anliefer-
punkt

Bild 18.2 Schematische Darstellung einer inversen U-Zelle mit integrierter Automatisierungskomponente zur Materialbereitstellung

Durch die inverse Anordnung sind diese Bereiche für die zentrale Automatisierungskomponente uneingeschränkt zugänglich. Somit kann die Fläche unterhalb
des Arbeitsplatzes beispielsweise zur vollständigen oder teilweisen Integration
vorgelagerter Nachschublagerstufen verwendet werden (Bild 18.3). Dies führt zu
einer deutlichen Steigerung der Gesamt-Flächenproduktivität und zu einer Reduzierung der innerbetrieblichen Transportaufwände. Außerdem ist das Montagesystem dadurch in der Lage, auf gesteigerte Varianzanforderungen besser zu
reagieren. Die zusätzliche Lagerkapazität in Verbindung mit der zentralen Automatisierungskomponente ermöglicht eine auftragsbezogene Kommissionierung
von Bauteilvarianten, welche aus Platzgründen nicht mehr im unmittelbaren Zu-
griffsbereich des Mitarbeiters gelagert werden können.

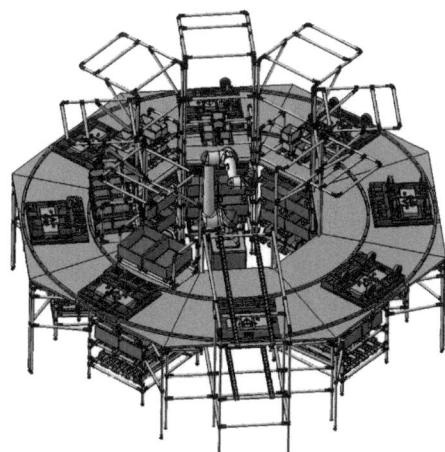

Bild 18.3 Entwurfszeichnung einer „O-Zelle" mit integriertem Supermarkt unterhalb der
Arbeitsbereiche und einem kollaborierenden Roboter als verwendete Automatisierungskomponente (Abbildung aus der Patentanmeldung der Hochschule Landshut (Schneider et al. 2020))

■ 18.5 Einsatzbereiche und Einschränkungen der inversen Anordnungsform

Die inverse Anordnungsform in U-, O- oder Karreeanordnung mit zentraler Automatisierungskomponente zur Materialbereitstellung ist aus Wirtschaftlichkeitsgründen primär für Produktsegmente mit mittlerem bis hohem Behälterdurchsatz und großer Bauteilvarianz geeignet. Bei geringerem Behälterdurchsatz ist der anfallende logistische Aufwand entsprechend niedriger. Daraus resultiert ein wirtschaftlicher Nachteil gegenüber einem mobilen Transport- und Bestückungssystem, da dieses mehrere Montagesysteme bedienen kann und sich die Kosten somit verteilen. Allerdings kann auch in Fällen mit weniger logistischem Aufwand eine inverse Anordnungsform wirtschaftlich sein, da die Automatisierungskomponente unter Umständen auch Produktionsaufgaben übernehmen kann. Hierbei wäre beispielsweise die Übernahme von Montage-, Prüf- oder Rüsttätigkeiten möglich.

Außerdem stellen Bauteilgröße und -gewicht einen limitierenden Faktor dar. Aktuell wird aus Gründen der Handhabbarkeit von einer maximalen Behältergröße von 600 mm · 400 mm und einem Maximalgewicht von 15 Kilogramm ausgegangen. Sofern größere Behälter erforderlich sind, müssen diese den Montagemitarbeitern außerhalb des Montagesystems bereitgestellt werden. Einsetzbare Behältergrößen und -gewichte werden maßgeblich von der jeweiligen Automatisierungskomponente bestimmt.

Nachteilig ist bei der inversen Karreeanordnung die eingeschränkte Flexibilität der Montagemitarbeiter im Zuge einer Mehrfachbedienung im sogenannten „geteilten Hasenjagd-Betrieb", weil dies unter Umständen zu einer Steigerung der Laufwege führt.

■ 18.6 Ausblick

Im Kontext eines gesteigerten logistischen Automatisierungstrends muss die bestehende Unterteilung der Montage-Anordnungsprinzipien bei U-, O- und Karreeanordnung im Hinblick auf die genaue Position des Materialbereitstellbereichs und des Arbeitsbereichs weiter konkretisiert werden.

In einem weiterführenden Forschungsprojekt am Technologiezentrum für Produktions- und Logistiksysteme (TZ PULS) der Hochschule Landshut sollen die Möglichkeiten und Grenzen dieser inversen Anordnungsformen erforscht und eine konkrete Abgrenzung der Einsatzbereiche in Bezug auf Behälterdurchsatz, Bauteilvarianz und wirtschaftliche Rahmenbedingungen erstellt werden. Außerdem sollen Prinzipien für die Planung und den Einsatz von Montagesystemen mit inversen Anordnungsform entwickelt werden. Gegenwärtig wird am TZ PULS ein Prototyp der in Bild 18.3 dargestellten und bereits patentierten „O-Zelle" aufgebaut. Dieser dient als Basis für weiterführende Forschungsaktivitäten.

19 Gesamtkonzept einer Lean Logistic

Die Lean Logistic startet bei der Materialbereitstellung am Arbeitsplatz. Üblicherweise gehört die Gestaltung der Regale am Arbeitsplatz noch zur Montageplanung, die damit aber eng verknüpfte Behälterauswahl obliegt der Logistik. Spätestens außerhalb dieser Grauzone schlägt das Chirurgen-Krankenschwester-Prinzip eine klare Trennung der direkten und indirekten Tätigkeiten vor. In Kapitel 14 wird beschrieben, wie die interne Logistik von den Behältern, über die internen Transporte als Routenzug, den Supermarkt bis zum Wareneingang gestaltet sein sollte. Kapitel 15 zeigt, welche Möglichkeiten ab der Null-Wartezeit-Entladung, über Trailer Yards bis hin zu den verschiedenen Transportkonzepten Direktanlieferung, Gebietsspediteurwesen und Milkrun zur Gestaltung der externen Logistik zur Verfügung stehen. Auch für die Einbindung der Lieferanten werden in Kapitel 16 mit Vendor Managed Inventory und der gelebten Partnerschaft Vorschläge unterbreitet. Nicht zu vergessen ist die Gestaltung der gegenläufigen Informationsflüsse. Kapitel 17 setzt sich intensiv mit dem Thema Kanban auseinander.

Bild 19.1 fasst die Inhalte der Buchteile IV und V in einem Bild zusammen und zeigt den kompletten „Lösungsblumenstrauß", den Lean zu bieten hat. Aus diesem Gesamtüberblick lassen sich dutzende Kombinationen möglicher Logistikkonzepte zusammenstellen. Nutzt der geplante Standardlogistikprozess Cross Docking oder einen Trailer Yard? Soll über das Lager oder den Supermarkt entkoppelt oder direkt an die Arbeitsplätze angeliefert werden? Damit liegt die ideale Basis vor, aus der jedes Unternehmen für sich die passenden, üblicherweise sechs bis acht Standardlogistikkonzepte zusammenstellen kann.

Diese vorbereitete Auswahl steht den operativen Planern dann für den Teiletransport zur Auswahl. Die vorgeschlagenen Logistikkonzepte können nach Komplexität oder Kosten in eine Reihenfolge gebracht werden. Stehen dem Planer noch Parameter zur Auswahl zur Verfügung, ist das ideale Werkzeug vorhanden, um sehr schnell und effizient viele Teile beplanen und standardisierten sowie Lean orientierten Logistikkonzepten zuordnen zu können.

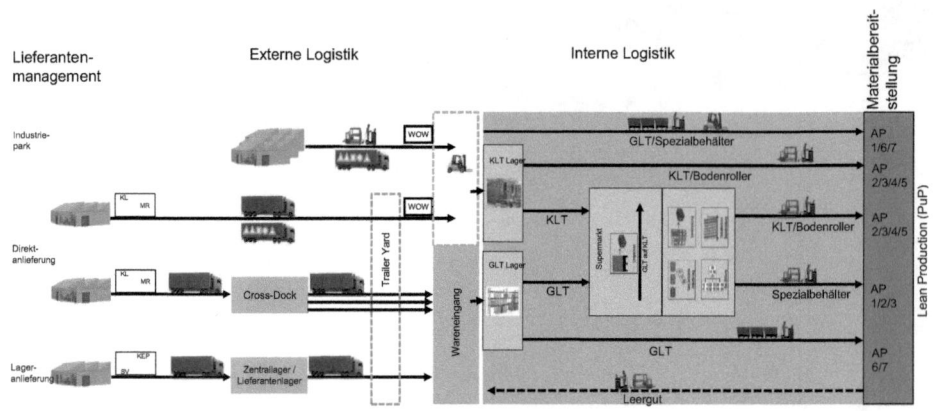

KL = Komplettladung, MR = Milk Run, SV = Sammelladungsverkehr, KEP = Kurier-, Express-, Paketdienste
WOW = Warehouse on Wheels

Bild 19.1 Gesamtkonzept der Lean Logistic

Die Logistik erfüllt im Lean-System eine wichtige Rolle. Eine Aufgabe ist, „Schütze die Produktion" vor den Störungen der Außenwelt durch Entkopplung an den richtigen Stellen. Bildlich dargestellt, errichtet die Logistik „Wellenbrecher" (Bild 19.2). Der Trailer Yard sorgt beispielsweise dafür, dass der Wareneingang vor den „Wellen" der von der Autobahn hereinschwappenden LKW geschützt wird. Die Wellen werden durch die gesteuerte Entladung aus dem Trailer Yard kleiner. Eine weitere Entkopplungsstufe und damit einen Wellenbrecher stellt der Supermarkt dar. Hier werden zu große Anliefermengen abgefangen. Schwankungen in der Lieferzeit abgepuffert, störende Verpackungen entfernt und Fehlteile im besten Fall frühzeitig entdeckt. In der Produktion sollten möglichst keine Wellen mehr ankommen, damit hier ungestört Wertschöpfung vollbracht werden kann.

Die Logistik erfüllt noch eine weitere Aufgabe: Sie bildet das „Getriebe zum One-Piece-Flow". In der Montage wird idealerweise nach dem One-Piece-Flow-Prinzip gearbeitet, und hier sind meistens Taktzeiten von einer Minute bis zu wenigen Stunden üblich. Jedenfalls dreht sich, wiederum bildlich gesprochen, das kleine Zahnrad „Montage" (Bild 19.3) sehr viel schneller, als der externe Transport vom Lieferanten. Der wird vielleicht einmal am Tag, vielleicht aber auch nur einmal in der Woche durchgeführt. Die Aufgabe eines gut gestalteten Lean Logistic-Systems ist, genau diese beiden Extreme möglichst versorgungssicher und dennoch verschwendungsfrei miteinander zu verbinden. Wir finden hier den Vergleich mit einem *Getriebe* sehr passend. Einerseits müssen alle Teilprozesse perfekt ineinandergreifen, ansonsten geht die Energie verloren, und es entsteht Schlupf (Verschwendung). Andererseits hat die Logistik auch eine „Übersetzungsaufgabe". Der externe Transport „dreht sich sehr langsam", nur alle paar Tage. Die Auslagerung aus dem Hochregallager dreht sich schon schneller, vielleicht alle vier Stun-

den. Im Supermarkt wird die Palette vereinzelt, es wird von der Palette herunter-
übersetzt auf vielleicht 16 einzelne KLTs. Damit dreht sich der Routenzug alle
30 Minuten. An der Montagelinie schließlich dreht sich das Zahnrad im One-Piece-
Flow sehr schnell, vielleicht im 60-Sekunden-Takt.

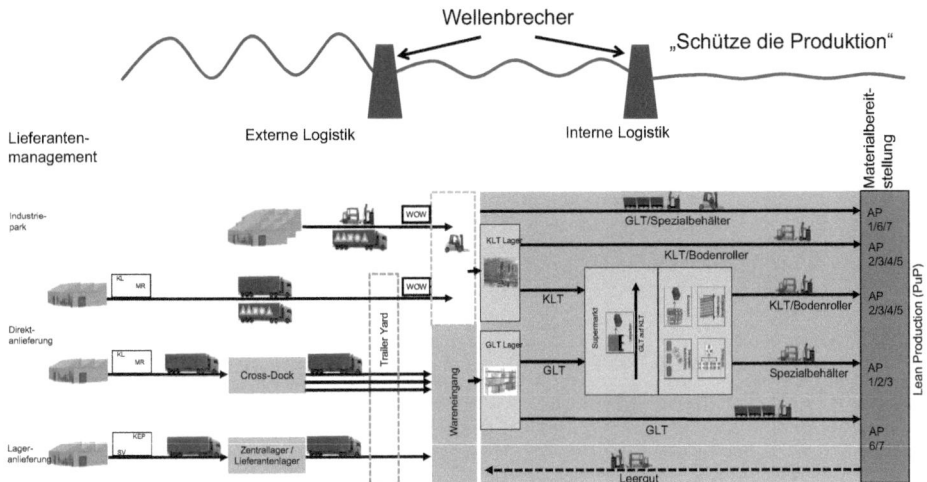

KL = Komplettladung, MR = Milk Run, SV = Sammelladungsverkehr, KEP = Kurier-, Express-, Paketdienste
WOW = Warehouse on Wheels

Bild 19.2 Lean Logistic als „Wellenbrecher"

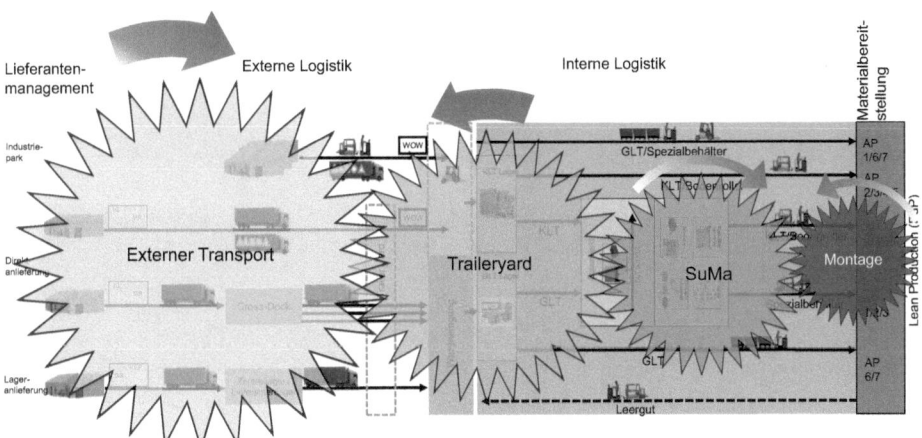

Bild 19.3 Lean Logistic als „Getriebe zum One-Piece-Flow"

Teil V

Handlungsprinzipien

20 Handlungssystem – Prinzipien für richtiges Handeln

Während das Gestaltungssystem auf Basis mehrerer Jahrzehnte Praxiserfahrung beschreibt, wie eine Produktion gestaltet und aufgebaut sein sollte, beschreibt das Handlungssystem, wie die beteiligten Personen ihr Handeln ausrichten und ihr Vorgehen aufbauen sollten. Auch hierfür kann auf jahrzehntelange Erfahrungen aus der Praxis zurückgegriffen werden.

Im LFD wird im Handlungssystem zwischen zwei Handlungsebenen, den Aufgaben der Führung und der Planung einer Produktion unterschieden. Führung und Planung sind als Rollenmodelle zu verstehen und können von ein und derselben Person, oder auch im Wechsel, wahrgenommen werden. Es kann also durchaus sein, dass eine Person in einem Moment eine Planungsaufgabe ausführt und im nächsten Moment als Teamleiter eine Führungsaufgabe übernimmt.

■ 20.1 Führungssystem DATE

Stellen Sie sich bitte die Frage: Was ist der zentralste Faktor für den Erfolg eines Unternehmens (oder auch eines Projekts)?

Häufig kommen Antworten wie:

- Ein sehr gutes Produkt.
- Gute und motivierte Mitarbeiter.
- Gutes Marketing.
- Ausreichend Finanzmittel usw.

Das ist alles durchaus richtig. Aber nun stellen Sie sich bitte die Frage, wer hat das alles geschaffen? Das gute Produkt musste entschieden und entwickelt werden. Wer hat das entschieden? Genau, die Führung.

Wer hat die guten Mitarbeiter ausgewählt und sorgt zumindest durch geeignete Maßnahmen nicht für Demotivation? Genau, die Führung.

Wenn Sie also hinter all die genannten Faktoren sehen, kommen Sie praktisch immer bei der Führung heraus. Somit lassen Sie uns festhalten:

 Für den Erfolg eines Unternehmens ist der zentralste Faktor GUTE FÜHRUNG!

Um diesem Aspekt im LFD Rechnung zu tragen, haben wir ein Lean-kompatibles Führungsmodell entwickelt, das wir DATE nennen. DATE steht für die Führungsaufgaben Detect, Align, Target und Experiment, die Sie in Bild 20.1 erkennen können. Das Modell wurde inspiriert durch das OODA-Modell (Observe, Orient, Decide, Act) von John Boyd, das den militärischen Entscheidungsprozess beschreibt (Matthews 2014, S. 54 f.). *Boyd* postuliert, dass Entscheidungen entsprechend dem OODA-Loop getroffen werden. Zunächst wird der Gegner beobachtet. Basierend auf der wahrgenommenen Situation erfolgt eine Orientierung, anschließend wird eine Entscheidung gefällt und schließlich gehandelt. Diese Grundidee wurde im DATE-Modell auf den Führungsprozess in Lean-Unternehmen übertragen.

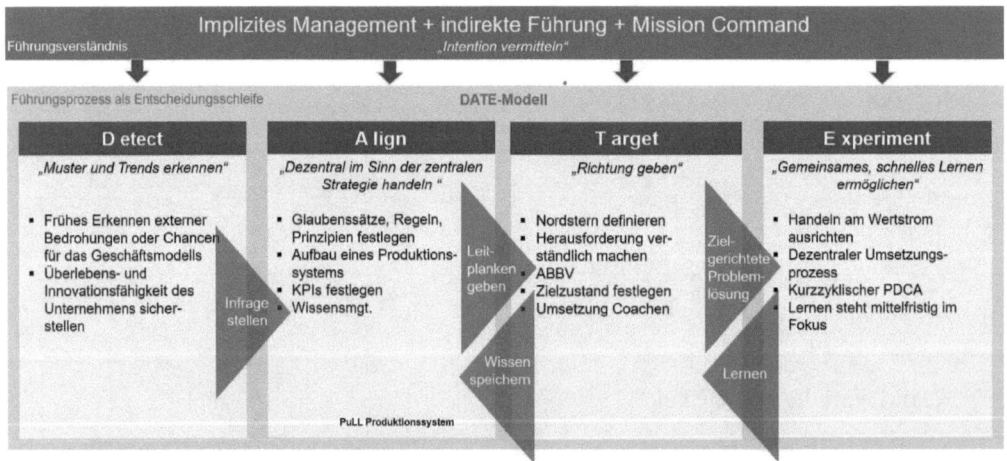

Bild 20.1 Das Führungsmodell DATE hilft dabei, ein gemeinsames Führungsverständnis im Unternehmen aufzubauen

Wie bereits im Kapitel „Weltbild & Werte" beschrieben, verstehen wir im LFD unter einem Unternehmen ein „adaptives System aus Menschen mit gleichem Ziel". Folglich muss ein Hauptziel der Führung die *Verhaltensbeeinflussung* der Menschen sein, gesetzte Ziele gemeinsam zu erreichen.

Dies erfolgreich zu tun, setzt ein gewisses *Führungsverständnis* voraus. Wir gehen davon aus, dass Führung nur in begrenztem Maße explizit erfolgen kann. Nur ein kleiner Teil der vielen täglichen Handlungen und Entscheidungen der Mitarbeiter kann durch Arbeitsanweisungen oder direkte Steuerungseingriffe der Führungskraft erfolgen (zumindest ab einer gewissen Unternehmensgröße).

Der weitaus größte Teil wird durch *implizites Management* gesteuert. Durch das Vorleben durch die Führungskraft und das eigene Handeln. Wenn den Mitarbeitern die Wertewelt der Führungskraft bekannt ist, werden dezentrale Entscheidungen mit viel höherer Wahrscheinlichkeit im Sinne der Führungskraft getroffen.

Ein wichtiges Hilfsmittel zur *indirekten Führung*, sind Regelwerke und Prinzipien. *Reinhard Sprenger* bezeichnet das auch als „institutionellen Führungsansatz" (Sprenger 2012). Um dieses Beispiel zu verdeutlichen und bildlich darzustellen, hilft ein Mensch, der hungert. Gibt man dem Menschen einen Fisch, so hungert er, nachdem er diesen verspeist hat, nach einiger Zeit wieder. Viel hilfreicher wäre es gewesen, dem Menschen zu zeigen, wie man einen Fisch angelt, damit er seinen Hunger selbstständig stillen kann. Die Führungskraft sollte also nicht die Lösung vorgeben und damit direkt eingreifen, sondern dem Mitarbeiter den Weg zeigen, sodass dieser die Lösung selbst finden kann. Die in einem späteren Kapitel noch ausführlich dargestellten Kennzahlen oder KPIs, sind ein wichtiges Instrument für die indirekte Führung über institutionelle Rahmen.

Wir empfehlen den Führungsstil *Mission Command* (Führen mit Auftrag). Wenn den Mitarbeitern die Intention, das Warum hinter einer Aufgabe, vermittelt wurde, können diese selbst im Sinne einer Zielerreichung mitdenken. Der nach wie vor häufig gepflegte Führungsstil Command & Control (Führen mit Befehl) schließt diese Möglichkeit von vornherein aus. Und gerade in volatilen und komplexen Umfeldern, die schnelle und damit zwangsläufig dezentrale, vom Mitarbeiter vor Ort zu treffende Entscheidungen erfordern, führt diese Art der Führung regelmäßig zu schlechteren Ergebnissen.

Der *Führungsprozess* selbst, lässt sich als Entscheidungsschleife (DATE) verstehen, die immer wieder durchlaufen wird.

Detect (Muster und Änderungen erkennen)

Zunächst ist es die Aufgabe der Führung möglichst frühzeitig externe Bedrohungen des Geschäftsmodells oder umgekehrt Chancen zu erkennen und rechtzeitig zu reagieren. Eine abgeleitete Notwendigkeit kann sein, die Anpassung der internen Organisation und/oder des Partnernetzwerks an die Erfordernisse des Geschäftsmodells vorzunehmen.

Allgemein formuliert, ist es die Aufgabe die Innovationsfähigkeit des Unternehmens und damit die *Überlebensfähigkeit* des Unternehmens sicherzustellen.

Aus dieser Perspektive müssen alle Regeln, Prinzipien, Prozesse usw. immer wieder infrage gestellt werden.

Align (die gesamte Organisation ausrichten)

Ist die generelle Unternehmensstrategie festgelegt, gilt es alle Beteiligten auf die gemeinsamen Ziele hin auszurichten. Es soll erreicht werden, dass *die Mitarbeiter dezentral im Sinne der zentral festgelegten Strategie handeln*. Dies wird sehr stark durch gemeinsame Glaubenssätze, Regelwerke oder Prinzipien erreicht. Daher ist es so wichtig, im LPS das gemeinsame Weltbild und die Werte auszuarbeiten. Gerade bei einer Lean Transformation wird offensichtlich, wie tief Glaubenssätze und Werte in den Köpfen der Menschen verankert sind. Wer beispielsweise jahrzehntelang mit der Zielgröße der Auslastung geführt wurde („Alle müssen immer beschäftigt sein"), der tut sich natürlich unglaublich schwer, plötzlich nur noch zu produzieren, was verbraucht wurde und dann zu stoppen.

Ein äußerst wichtiges Hilfsmittel, um Align zu unterstützen, ist ein Produktionssystem. Das LPS gibt den Mitarbeitern genau die Prinzipien und Werkzeuge an die Hand, die nötig sind, um gemeinsam eine Produktion nach Lean-Kriterien aufzubauen und zu betreiben. Diese Prinzipien dienen einerseits als „Leitplanken", sind andererseits aber auch der Weg, um bewährtes Praxiswissen zu speichern.

Target und Experiment (Ziele vorgeben und zur eigenständigen Umsetzung anleiten)

Die Führungsaufgaben Target und Experiment orientieren sich weitgehend an der im Lean-Umfeld etablierten Führungsmethode der KATA. Aus Sicht der Führungskraft ist es wichtig, den Nordstern zu definieren und damit eine Richtung zu geben. Aus dieser langfristigen Vision sollte die Führungskraft gemeinsam mit dem Mitarbeiter eine konkrete Herausforderung erarbeiten, die in einem überschaubaren Zeitraum (meist ein bis drei Jahre) erreicht werden kann. Damit wird die Intention, das Warum, einer Aufgabe klar herausgearbeitet. Auf dieser Basis wird gemeinsam der nächste zu erreichende Zielzustand festgelegt. Es ist nun die Aufgabe des Mitarbeiters sich durch Beseitigen der Hindernisse auf diesen Zielzustand hinzuarbeiten. Dabei wendet der Mitarbeiter den klassischen PDCA-Zyklus an. Wichtig ist, dass die Zyklen kurzfristig, meist sogar innerhalb eines Tages durchlaufen werden.

Die Führungskraft sollte die Umsetzung nur durch gezielte Fragen coachen. Ein direkter Eingriff oder ein Vorgeben der Lösung ist nicht im Sinne der KATA. Das fällt vielen Führungskräften unendlich schwer. Aber das Ziel ist weniger die kurzfristige Lösung des Problems als vielmehr, dass der Mitarbeiter sich selbst die notwendige Problemlösungsfähigkeit aneignen soll.

 DATE ist ein Lean-kompatibles Führungsmodell, das den Führungskräften hilft, sich ein entsprechendes Führungsverständnis anzueignen. Aus dem gemeinsamen Unternehmensverständnis wird das wichtigste Ziel der Führung, die Verhaltensbeeinflussung, abgeleitet. Die Führungsaufgaben sind Detect (Muster und Änderungen erkennen), Align (Ausrichtung der Organisation), Target (Ziele vorgeben) und Experiment (zur eigenständigen Umsetzung anleiten).

20.2 Planungssystem CoMIC

Eine ähnliche Orientierung beim täglichen Handeln soll den Planern durch das „Planungssystem CoMIC" bereitgestellt werden. Aus Sicht des Führenden ist LFD eine wichtige Möglichkeit, das Handeln der Mitarbeiter in eine Richtung auszurichten. Aus Sicht der Geführten (also der Mitarbeiter), stellt LFD einen Handlungsleitfaden dar und gibt gewisse „Leitplanken" vor, innerhalb derer sich der Mitarbeiter aber selbstbestimmt bewegen kann.

Das Planungssystem CoMIC ist im Speziellen auf die Bedarfe der Planer, also der Gestalter der Produktions- und Logistikabläufe zugeschnitten.

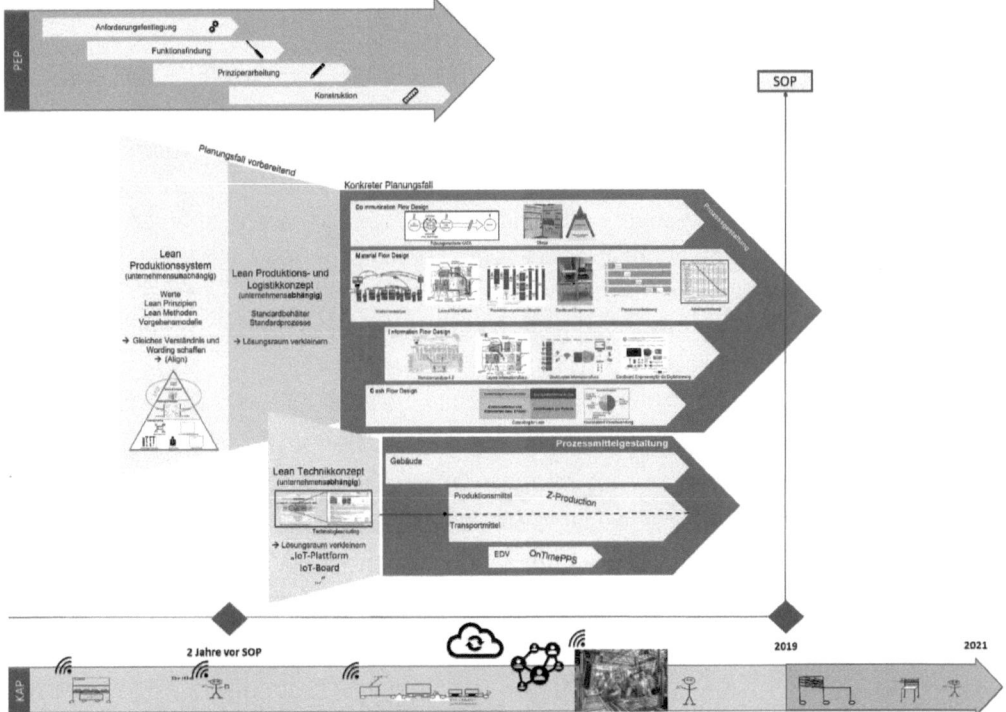

Bild 20.2 Das Planungssystem CoMIC schließt die methodische Lücke zwischen der Produktentwicklung und der darauf basierenden Planung der Produktions- und Logistikprozesse und der Ressourcen und Werksstrukturen

Wie in Bild 20.2 erkennbar ist, schließt das Planungssystem CoMIC die Lücke zwischen der Produktentwicklungsphase und dem Kundenauftragsabwicklungsprozess (KAP) nach SOP. Das Product Lifecycle Management bietet ausreichend Hilfestellung für die Phase der Produktentwicklung. Wie diese Produkte dann hergestellt und logistisch versorgt werden sollen, wird weniger bis gar nicht unterstützt.

Ein weiterer entscheidender Aspekt ist, dass CoMIC bereits lange vor Eintreten eines konkreten Planungsfalls Handlungsvorschläge unterbreitet. Alle Planungsbeteiligten sollten im Vorfeld in der *Lean-Denkweise* ausgebildet werden. Aus Sicht der Führung, können durch ein *unternehmenseigenes Produktionssystem* viele Leitplanken gesetzt werden, um das Planungsergebnis bis zu einem gewissen Grad zu lenken (Align im DATE-Modell). Dieses gemeinsame Verständnis und Wording erleichtert die Kommunikation enorm und beschleunigt den späteren konkreten Planungsablauf enorm und vermeidet viele Diskussionen und Abstimmungsrunden. Dieser positive Aspekt kann gar nicht hoch genug eingeschätzt werden.

Ein Problem für die Planer ist, dass der Lösungsraum zur Gestaltung der Produktions- und Logistikprozesse durch die vielen relevanten Parameter und Kombinationsmöglichkeiten nahezu unendlich ist. Mit dem Planungssystem CoMIC wird kontinuierlich daran gearbeitet, diesen *Lösungsraum zielgerichtet und systematisch einzugrenzen.* Ein wichtiges Hilfsmittel hierzu sind beispielsweise *Standards.* Es können bereits im Vorfeld für ein Werk Standardbehälter ausgewählt und/oder Standardlogistikprozesse festgelegt werden. Tritt dann ein konkreter Planungsfall ein, es muss z. B. ein neues Produkt in dem betroffenen Werk integriert werden, so sind für die Verpackung der neuen Bauteile nicht mehr hunderte oder gar tausende von Verpackungsmöglichkeiten zu prüfen und zu bewerten, sondern es sind, bedingt durch die Einschränkung auf vielleicht acht Standardbehälter und die Bauteilgröße, maximal noch zwei bis drei Verpackungsvarianten zu bearbeiten. Gleiches gilt für die Logistikprozesse. Diese werden nicht mehr von jedem Planer individuell aufgebaut, sondern ein Team legt die vielleicht sechs bis acht Standardlogistikprozesse für dieses Werk fest. Der Planer hat anschließend nur noch auf Basis der Teileparameter den passenden Standardlogistikprozess auszuwählen.

Auch dies führt zu massiven Zeiteinsparungen im Planungsprozess und erhöht gleichzeitig die Qualität des Planungsergebnisses.

Ein Planungssystem strukturiert einzelne Elemente und Methoden der Planung zu einem Gesamtsystem. Die Vorgabe eines verbindlichen Handlungsspielraums dient den Planern zudem als Entscheidungsunterstützung und reduziert auf diese Weise die Komplexität.

CoMIC ist in die beiden Planungsphasen der Prozess- und der Prozessmittelgestaltung aufgeteilt.

Prozessgestaltung

Wie bereits eingangs erwähnt, ist im LFD der physische Materialfluss das wichtigste Optimierungskriterium. Es ist allerdings sehr wichtig, ebenfalls den Kommunikations-, Informations- sowie den Kapitalfluss zu berücksichtigen. Um die Wichtigkeit der ganzheitlichen Betrachtung der Planung zu verdeutlichen, wurde das Planungssystem nach diesen vier Flüssen „CoMIC" benannt (Bild 20.3):

- *Co* mmunication Flow Design
- *M* aterial Flow Design
- *I* nformation Flow Design
- *C* ash Flow Design

Communication Flow Design (CoFD)

Wie bereits die sieben wichtigsten Hebel zur Produktionsoptimierung gezeigt haben, ist die fehlende Vision bzw. die mangelnde Kommunikation der Vision ein häufiger Grund für das Scheitern von Projekten. Auch wir können aus zahlreichen Lean-Transformationsprojekten bestätigen, wie zentral wichtig die Kommunikation einerseits hierarchieübergreifend, aber andererseits auch zwischen den Beteiligten ist. Daher haben wir für den Aspekt der Kommunikation eine eigene Planungsphase vorgesehen.

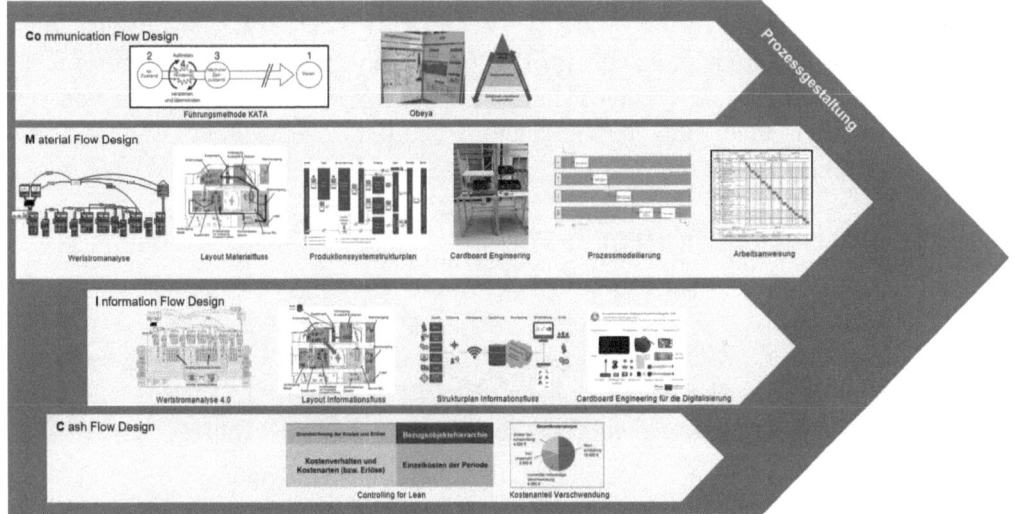

Bild 20.3 Der Kern des Planungssystems CoMIC: die Phase der Prozessgestaltung mit den vier zu gestaltenden Flüssen Kommunikation, Material, Information und Kapital

Zu Beginn eines Optimierungsprojekts misst ein speziell entwickeltes *„Lean-Auditsystem"* den Lean-Reifegrad einer Organisation in Bezug auf diese sieben Stellhebel. In Form einer zweitägigen Begehung wird ermittelt: Wie effizient sind Ihre Unternehmensprozesse heute? Nutzen Sie bereits die wichtigsten Stellhebel zur Produktionsoptimierung? Wo stehen Sie im Vergleich zu anderen Unternehmen? Wo schlummern noch teils erhebliche Potenziale?

Neben der Bestimmung des aktuellen Lean-Reifegrades bildet dies eine optimale Basis um die weiteren Projektschritte planen zu können.

Die Ergebnisse fließen in den „Nordstern-Workshop" ein, um überhaupt eine gemeinsame Vision zu erarbeiten, die dann kommuniziert und heruntergebrochen werden kann. Die *Wertstrommethode* ist ideal geeignet, um diese *Vision/Nordstern* für die Produktion und Logistik abzubilden und zu visualisieren (Rother und Shook 2009, S. 2).

Weitere Themen sind die Einrichtung eines Projektraumes, damit Kommunikation innerhalb des Lean-Teams stattfinden kann. Hierfür wurde das Konzept des „*Obeya*" (Großer Raum, Kommunikationszentrale) aus dem Toyota-Produktentstehungsprozess auf die Produktionsplanung und Steuerung (PPS) übertragen und somit ein Referenzmodell für eine *ganzheitliche „Kommunikationszentrale*" entwickelt (siehe Teil VI des Buches). Besondere Hoffnungen setzen wir hier in unsere Forschungsprojekte zum Thema *Künstliche Intelligenz*, um beispielsweise die PPS-Systematik grundsätzlich weiterzuentwickeln. Verschiedene Arten von Boards sollten in der Produktion eingerichtet werden und auf Leuchtturmprojekte hinweisen oder die tägliche Kommunikation unterstützen. Der Aufbau einer entsprechenden Meetingkultur ist von zentraler Bedeutung. Tägliche, kurze Stehungen an den Boards in der Produktion, also vor Ort, zu implementieren, ist jedoch meist nicht einfach. Auch das Feiern der Erfolge gehört dazu. Ein wichtiger Bestandteil von CoFD ist die Ausbildung der Führungskräfte in der *KATA-Führungsmethodik* und der Aufbau entsprechender Mentor-Mentee-Kaskaden.

Material Flow Design (MFD)

Die zweite Phase innerhalb der Prozessplanung stellt das Material Flow Design dar. Dieses wird in die Produktions- und Logistikperspektive untergliedert. Innerhalb der Produktionsperspektive ist der Fokus auf der Gestaltung des Produktionsprozessablaufs, während innerhalb der Logistikperspektive primär die logistische Verknüpfung der unterschiedlichen Elemente innerhalb der Fabrik interessieren.

Die Planung aus Produktionsperspektive innerhalb des „Planungssystems CoMIC" erfolgt nach dem sogenannten „Gegenstromverfahren". In einem ersten Schritt wird der Makromaterialfluss mit einem Wertstrom und einem 2D-Blocklayout mit einem hohen Abstraktionsgrad vom Wareneingang bis zum Warenausgang betrachtet. Die Materialflüsse werden als Sankey-Diagramm visualisiert. Ein Fabrikstrukturplan visualisiert die Logistikflüsse zusätzlich als gerichteter Graph. Diese Top-down-Betrachtung blendet ganz bewusst viele Details aus und ermöglicht die Erkennung von Mustern und Problemursachen. Der Lösungsansatz wird mithilfe des Wertstromdesigns und einem Ideallayout beschrieben.

Parallel zur Top-down-Betrachtung, wird Bottom-up, hauptsächlich mittels der Methode des Cardboard-Engineerings (Schneider 2016a), auf der Ebene des Arbeitsplatzes optimiert. Hier sollte mit neuralgischen Punkten begonnen werden, die Schlüsse und Ableitungen auf andere Bereiche zulassen. Eine flächendeckende Bottom-up-Analyse aller Bereiche eines Standortes ist aus zeitlichen Gründen meist nicht machbar. Die Einzelprozessgestaltung sollte sich am in Form des Wertstromdesigns formulierten Gesamtoptimum orientieren (Schneider 2016b, S. 44).

Eben dieser Wechsel zwischen der Top-down- und Bottom-up-Perspektive wird als „Gegenstromverfahren" bezeichnet und sollte kurzzyklisch häufig vollzogen werden.

Nach der Planung des Makro- und Mikromaterialflusses sollten die Produktions- und Logistikprozesse mit EPKs (ereignisorientierte Prozesskette) oder BPMN 2.0 (Business Process and Model Notation) modelliert werden. Dies ist ein wichtiges Mittel zur Dokumentation und somit zur Sicherung des Prozess-Know-hows (Herrmann 2012, S. 147).

Abschließend sind aus den definierten Prozessen sogenannte Standardized Work Charts für die ausführenden Mitarbeiter abzuleiten. Sie enthalten u. a. die einzelnen Arbeitsschritte und -zeiten. Sie fungieren als visuelle Kontrollmethode für die Führungskräfte. Auch stellen sie die Basis für die kontinuierliche Verbesserung dar (Liker und Meier 2011, S. 175 – 176). In der Materialflussplanung bewegt uns aktuell besonders der Einsatz von *kollaborativen Robotern und deckengestützten FTS*, die ganz neue Gestaltungsmöglichkeiten in Prozessen zulassen.

Information Flow Design (IFD)

Gerade für die zunehmende Wettbewerbsintensität wird die schnelle Verfügbarkeit von Informationen bzw. Daten als entscheidender Wettbewerbsvorteil gesehen und im Rahmen von Industrie 4.0 intensiv diskutiert.

Die Digitalisierung der Prozesse sollte jedoch nicht ziellos vorgenommen werden. Den Ausgangspunkt bildet das im MFD entwickelte Wertstromdesign. Dieses wird im IFD zum *Wertstromdesign 4.0* weiterentwickelt und ermöglicht so die Synchronisation zwischen dem Material- und dem Informationsfluss. Zum IFD sei auf das Buch „Schneider, M. (2019): Lean und Industrie 4.0 – Eine Digitalisierungsstrategie auf Basis des Wertstroms" im Hanser Verlag verwiesen.

Cash Flow Design (CFD)

CFD ist ein völlig neuartiger Ansatz für ein „Controlling for Lean". Trotz aller Erfahrungen mit der Lean-Produktionsphilosophie haben wir immer wieder beobachtet und in eigenen Projekten erlebt, dass sehr viel Widerstand gegen die Einführung von Lean aus den Controlling-Abteilungen kommt. Die Controller und Kostenrechner können augenscheinlich die Wirkzusammenhänge in einem Lean-Produktionssystem mit ihrer Denkweise nicht gänzlich nachvollziehen und mit ihren Methoden nicht ausreichend kostenrechnerisch bewerten. Spätestens wenn dann die klassische Kostenrechnung eine Erhöhung der Herstellkosten ausweist, bekommt der eine oder andere Entscheider „kalte Füße" und schreckt vor einer Umsetzung der Lean Production zurück.

Ein Grund mag sein, dass unsere heutigen Kostenrechnungsinstrumente, wie die Grenzplankostenrechnung und Einzelkostenrechnung, in den 40er- und 50er-Jahren des letzten Jahrhunderts entstanden und somit logischerweise auf die Bewertung und Steuerung unseres über 100 Jahre alten Massenproduktionssystems ausgerichtet sind. Das Lean Production-System ist viel später entstanden und wird bei uns erst seit den 80er- und 90er-Jahren eingesetzt. Die genannten Controlling- und Kostenrechnungsinstrumente können die in einem Lean Production-System wichtigen Größen, wie beispielsweise Bestand und Durchlaufzeit nicht messen und schon gar nicht bewerten. Man muss objektiv betrachtet wohl zu dem Schluss kommen, dass im Controllingumfeld seit den 60er-Jahren nichts substanziell Neues entwickelt wurde.

Dieses maßgeblich von Dr. Michalicki neu entwickelte Controlling-Verfahren distanziert sich von den klassischen Controlling-Instrumenten, welche die tayloristische Massenproduktion fokussieren. Die klassische Kostenstellen- und Kostenträgerrechnung wird anhand des Wertstroms neu ausgerichtet. Die Zuteilung der Kosten erfolgt ebenfalls wertstromorientiert. Zudem wird ermittelt welche Kosten zur Wertschöpfung, zur notwendigen Verschwendung oder zur nicht-notwendigen Verschwendung zu zählen sind. Zum CFD sei auf das Buch „Michalicki, M.; Schneider, M. (2020): Kostenrechnung in der Lean Produktion – Verschwendung ausweisen, Wertschöpfung ermitteln, Entscheidungen verbessern" im Hanser Verlag verwiesen.

Das Alleinstellungsmerkmal von CoMIC ist, dass alle vier Leistungsbereiche über EINE Methode, das Wertstromdesign, aufeinander ausgerichtet werden. Dies bietet enorme Vorteile bezüglich der Konsistenz der mit diesem Methodenbaukasten erarbeiteten Strategien und Maßnahmen – es ist alles aus einem Guss.

Prozessmittelgestaltung

Wie in Bild 20.2 erkennbar ist, schließt sich an die Phase der Prozessgestaltung mit dem Planungssystem CoMIC die Phase der Prozessmittelgestaltung an. Die Planung und Auswahl der Prozessmittel ist im LFD strikt der Prozessgestaltung untergeordnet. Gebäude werden materialflussorientiert geplant und Technologien werden prozessorientiert ausgewählt. Zur Unterstützung der prozessorientierten Technologieauswahl bietet LFD einen *Technologiekatalog mit über 240 Technologien* rund um die Produktionslogistik (Kapitel 4.1). Dieser Bereich ist aktuell sehr stark durch die Begriffe Industrie 4.0 und Digitalisierung geprägt.

Das Planungssystem CoMIC baut verschiedene Planungsmethoden systematisch aufeinander auf. Neben dem physischen Materialfluss werden auch der Kommunikations-, Informations- sowie der Kapitalfluss berücksichtigt. Das Alleinstellungsmerkmal ist, dass alle vier Flüsse über das Wertstromdesign aufeinander ausgerichtet werden.

21 Systemverständnis und Führungsmethoden

Wie wir bereits bei der Darstellung von unserem Führungsmodell DATE postuliert haben, ist Führung der wichtigste Erfolgsfaktor für ein Unternehmen. Was ist Führung?

 Wir verstehen unter *Führung* die Ausrichtung des Handelns von Individuen und Gruppen auf vorgegebene Ziele verstehen.

Für eine Führungskraft wiederum ist aus unserer Sicht der wichtigste Erfolgsfaktor das *Systemverständnis* für das Umfeld, in dem Führung stattfinden soll. Hierfür liefert der „institutionelle Führungsansatz" nach *Sprenger* wichtige Ideen für Führungskräfte (Kapitel 21.1). Im Kern besagt dieser Ansatz, dass Führung sehr stark durch formelle und informelle Regeln und Glaubenssätze in Unternehmen bestimmt wird. Diese Regelwerke können durch die Führungskräfte zumindest zum Teil verändert und als bisher meist vernachlässigter Teil zur Erbringung einer erfolgreichen Führungsaufgabe genutzt werden. Diese Veränderung wird als Arbeit *AM-System* bezeichnet (Kapitel 21.2). Jede Veränderung dieses Regelwerks wird aber Widerstand hervorrufen. Um sich dessen bewusst zu werden und Lösungsansätze zu vermitteln, befassen wir uns im Kapitel 21.3 mit *Change-Management*. Um das System zu kontrollieren werden häufig *KPIs* (Key Performance Indicators, zu Deutsch: Kennzahlen) eingesetzt. Dieses unbestreitbar wichtige Werkzeug für die Führungskräfte beinhaltet auch erhebliches Fehlsteuerungspotenzial, das es zu beachten gilt (Kapitel 21.4). Mit *KATA* bietet die Lean-Philosophie eine eigene Führungsmethode. Im Kapitel 21.5 wird gezeigt, wie das Wertstromdesign eingesetzt wird, um einen wünschenswerten Zielzustand in der Zukunft zu beschreiben und zur Ausrichtung des Handelns und der Entscheidungen aller Beteiligten im Sinne einer zentralen Strategie genutzt wird. Das *Shopfloor-Management* umfasst eine Vielzahl an Werkzeugen und Methoden, um Führung erfolgreich täglich zu betreiben (Kapitel 21.6). *PPS-Systeme* leiden heute häufig unter überbordender Komplexität und leisten für den Aufwand viel zu geringe Beiträge zu einer termintreuen und effizienten Produktion. Kapitel 21.7 zeigt, wie man ein Lean-PPS aufbauen kann. Mit dem *Konzept des „Obeya"* zeigen wir Ihnen im Kapitel 21.8 den umfassendsten Ordnungsrahmen für Führung, der alle bisherigen Bausteine integriert und in einen Führungsablauf bringt.

■ 21.1 Das System verstehen – der institutionelle Führungsansatz

Während Führungskonzepte in der Vergangenheit lediglich die Individuen betrachteten und Führung im Wesentlichen als psychologische und soziale Fähigkeit verstanden, wurde ein wesentlicher Aspekt vernachlässigt: der *institutionelle Rahmen*, in dem Führung stattfindet.

Das Zusammenspiel (siehe Bild 21.1) zwischen Führung, Institution und Individuum bestimmt im Wesentlichen den Erfolg des Unternehmens. Die Führung ist dafür verantwortlich, die unterschiedlichen Individuen mit den Rahmenbedingungen der Institution in Einklang zu bringen.

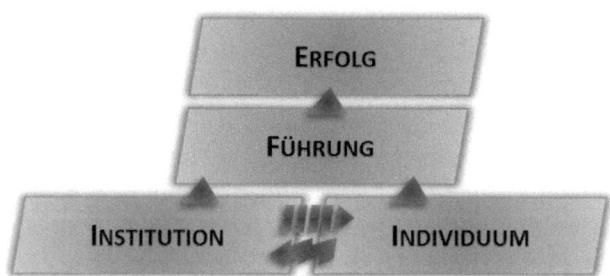

Bild 21.1 Das Zusammenspiel von Führung, Institution, Individuum (Sprenger 2012)

Auf der einen Seite steht das *Individuum* mit seinen Fähigkeiten und persönlichen Eigenschaften (z. B. Charakter, Auftreten und Methodenwissen). Entscheidend für das Ergebnis der Aufgabe oder die Qualität der Entscheidung ist in dieser Betrachtungsweise die jeweilige Kompetenz des Individuums (Sprenger 2012).

Auf der anderen Seite steht die *Institution*. Die Menschen und deren Entscheidungen sind innerhalb des Unternehmens stark von den Rahmenbedingungen, also beispielsweise *formellen und informellen Regelwerken*, Glaubenssätzen, Gremienstrukturen und/oder Entscheidungsprozessen, des Unternehmens abhängig. Davon sind auch Führungskräfte nicht befreit. Bei Entscheidungen sind durch die bestehenden Prozesse, Gremien etc. schon gewisse Lösungsräume vorgegeben. Eine Führungskraft kann dabei noch so „smart" und erfahren sein, das Ergebnis der Projekte oder

der Veränderungen bestimmt letztendlich weitgehend das System. Daher ist es für eine erfolgreiche Führungskraft unumgänglich, die über die Jahre gewachsenen Rahmenbedingungen der Institution zu betrachten und zu verstehen.

Die Institution bestimmt letztendlich auch ob sich eine Führungskraft entfalten kann. Daher ist es wichtig, dass eine Führungskraft in das Umfeld wie beispielsweise der Unternehmenskultur, den Markt und den Kunden passt. Kommt es zu einem Konflikt zwischen Individuum und System, *wird sich im Zweifel das System durchsetzen* (Sprenger 2012).

Wie mächtig derartige, auch informelle Regelwerke sind, mag folgendes Beispiel verdeutlichen: Wir hatten den Auftrag in einem mittelständischen Unternehmen eine Produktionsanlage mit den dazugehörigen Logistikprozessen nach Lean-Kriterien umzugestalten. Dabei ist uns insbesondere aufgefallen, dass die bereits eingesetzten Durchlaufregale an der Wand standen und somit der eigentliche Zweck (von einer Seite entnehmen und von der anderen befüllen, um FIFO einzuhalten) nicht erfüllt wird. Wir haben die Regale dann entsprechend umgestellt.

Als wir nach mehreren Wochen zurückkamen, standen die Durchlaufregale wieder an der Wand. Auf unsere Nachfrage, ob der Zweck der Durchlaufregale nicht verstanden worden sei, erhielten wir zur Antwort: „Doch scho, aber des hod ja koi Buidl net" (Hochdeutsch: „Ja schon, aber das hat ja kein Bild").

Daraufhin haben wir nachgefragt, was das denn „[…] des hod ja koi Buidl net" für ein Materialflussplanungsprinzip sei. Es wurde uns erläutert, dass der CEO mit einem Kunden durch die Produktion gegangen sei und an einer Anlage das Produkt zeigen wollte. Der entsprechende Arbeitsplatz war aber leider durch ein Durchlaufregal kaum einsehbar. Daraufhin kam vom CEO die Aussage, das Regal zur Seite zu räumen „[…] damit's a Buidl hod." Diese Geschichte habe ich im Anschluss, dem mir persönlich gut bekannten CEO erzählt. Er hat bestätigt, dass sich dies vor ca. vier Jahren so zugetragen habe. Er konnte aber nicht fassen, dass die gesamte Firma auf Basis dieser Aussage, sämtliche Anlagen im Unternehmen gestaltet hat.

Wie kann man sich das notwendige Systemverständnis in einer Organisation erarbeiten? Hierfür nutzen wir in unseren zweitägigen *„Lean Audits"* vor allem *Datenanalyse, Beobachten und Interviews.*

Vermutlich würden viele die *Datenanalyse* als den wichtigsten Faktor erachten, denn schließlich „lügen Daten nicht". Das mag sein. Ein großes Problem stellt aus unserer Sicht aber zum einen die Datenverfügbarkeit und zum anderen die Datenqualität dar. Für viele Themen und Bereiche werden Sie in Unternehmen schlicht keine verarbeitbare Datenbasis vorfinden. Zum anderen wissen wir aus über 40 Fabrikplanungsprojekten, dass die Datenqualität in praktisch allen Unternehmen wirklich miserabel ist. Darauf Entscheidungen aufzubauen, ist fragwürdig.

Ein guter Weg ist, Abläufe und Prozesse zu *beobachten*. Im Lean-Umfeld wird dies auch als „Ohno-Kreis" oder „Kreidekreis-Übung" bezeichnet. Man stellt sich in einen am Boden gedachten Kreidekreis und beobachtet sein Umfeld mehrere Stunden lang. Sie werden erstaunt sein, welche Erkenntnisse Sie erlangen können, wenn Sie bewusst hinsehen und hinterfragen.

Nach über zwölf Jahren der Unternehmensanalyse hat sich aber als das mit Abstand am besten geeignete Mittel das *Interview* ergeben. Wir reden an den üblicherweise zwei Tagen mit 20–25 Personen aus verschiedenen Bereichen und Hierarchiestufen, vom Einkauf, über die Produktion bis zur Entwicklung und dem Management. Wir suchen nach Mustern in den Aussagen, um uns ein Bild von der Unternehmenssituation zu machen. Daneben beobachten wir methodisch und mit geschultem Auge die Prozesse. Die Datenanalyse nutzen wir punktuell, um bestimmte Muster auch auf Datenbasis zu bestätigen. Es ist immer wieder erstaunlich, was wir in nur zwei Tagen über eine Organisation erfahren können.

■ 21.2 Das System gestalten – Arbeit im System vs. Arbeit am System

Im vorigen Kapitel haben wir herausgearbeitet, wie wichtig es für eine Führungskraft ist, das System einer Institution, der Regelwerke, Glaubenssätze und Prozesse zu verstehen. Diese gilt es zu akzeptieren und diese ggf. im Sinne eigener Ziele mitzugestalten.

Wir unterscheiden im Weiteren die Ansätze *„Arbeit im System (direkte Führung)"* und *„Arbeit am System (indirekte Führung)"* (Sprenger 2012).

Um dies zu erläutern, stellen wir uns folgende Situation vor: Im Unternehmen herrscht Krisenstimmung. Ein großer Auftrag für einen wichtigen Kunden kann nicht rechtzeitig ausgeliefert werden. Der Chef ist persönlich in der Produktion vor Ort, „krempelt die Ärmel hoch und packt selbst mit an." Dies ist „Arbeit *im* System". Es ist sicher in dieser Situation ein wichtiges Zeichen für die Mitarbeiter, diese Situation mit gemeinsamer Anstrengung noch zu retten.

Wenn aber diese Situation seit Jahren immer wieder kommt, ist das dann die richtige Reaktion? Vielmehr wäre es doch die Aufgabe des Chefs, die Situation mit etwas Abstand zu analysieren und herauszufinden, WARUM die Lieferung nicht rechtzeitig ausgeliefert werden konnte. Dies dann nachhaltig abzustellen, wird als „Arbeit *am* System" bezeichnet.

Die „Arbeit im System" ist geprägt von *direkten* Steuerungseingriffen. Stellen Sie sich vor, ein Trainer einer Fußballmannschaft müsste bei einer Systemumstellung von beispielsweise einer 3er-Kette auf eine 4er-Kette jedem Spieler direkt sagen, was er nun zu tun hat. Das wäre schier unmöglich, es würde ein völliges Chaos entstehen. Gleiches gilt auch für die Produktion, bei der die Führungskraft durch die Produktion geht und die Aufgaben an die jeweiligen Mitarbeiter verteilt.

Direkte Führung ist nur in kleinen Organisationen mit wenig komplexen Aufgaben möglich. Gerade größere Unternehmen, in einem volatilen Umfeld und mit komplexen Prozessen erfordern schnelle, dezentrale Entscheidungen. Dies leisten nur *indirekte* Führungsansätze.

Wichtiger und auf Dauer auch zeitsparender wäre es, den Mitarbeitern innerhalb von festgelegten Rahmenbedingungen einen Raum für die Erledigung der Aufgaben zu lassen und „Leitplanken" zu definieren. Genau diese Rahmenbedingungen und Regelwerke zu schaffen/anzupassen, wird als „Arbeit am System" bezeichnet. Damit ist eine indirekte Führung der Mitarbeiter möglich. Ein direkter Steuerungseingriff erfolgt nur im Notfall (Sprenger 2012).

Erinnern wir uns nochmals an das Beispiel des Trainers einer Fußballmannschaft. Durch die Gestaltung und vorherige Einübung von Regeln, reicht es nun von außen anzuweisen, dass die Mannschaft von der 3er-Kette auf die 4er-Kette umstellen soll.

Ein derartiges Regelwerk im Sinne der indirekten Führung für die Produktion, stellt beispielsweise Kanban dar. Dabei ist klar, dass ein Behälter nur nachproduziert werden darf, wenn ein Behälter verbraucht wurde. Genau diese Regelwerke zeigen dem Mitarbeiter, was er ohne Rücksprachen machen darf, wodurch viele Entscheidungen schnell und dezentral getroffen werden können. Die Führungskraft spart sich viel Zeit und erreicht, dass dezentral im Sinne der zentralen Strategie gehandelt wird (Align im Rahmen des Führungsmodells DATE).

Durch das Setzen von Rahmenbedingungen und das tägliche Training ist kein direkter Steuerungseingriff mehr notwendig. Dies wird durch die Lean-Führungsmethode *KATA* (siehe Abschnitt 21.5) sogar noch einen Schritt weitergeführt. Den Menschen wird durch gezielte Fragetechniken beigebracht, wie ein *Problem selbst gelöst* werden kann. Die Mitarbeiter entwickeln durch tägliches Training Problemlösungsfähigkeiten, wodurch sie befähigt werden, innerhalb der festgelegten Rahmenbedingungen die Themen selbstständig abzuarbeiten.

Im Kontext der Führung geht es um die Verhaltensbeeinflussung der Individuen. Dort spielen sicher persönliche Eigenschaften, wie der Umgang mit Menschen eine wesentliche Rolle (siehe Zusammenspiel zwischen den Individuen). Dabei ist es nicht mehr zeitgemäß, dass die Führungskraft diejenige Person sein muss, welche durch seine Autorität und seine Darstellung Respekt einflößt. Der Fokus der Führungskraft sollte auf der Aufstellung von Regeln, also der „Arbeit am System" liegen. Um Regeln aufzustellen, muss man nicht der autoritäre Charakter sein. Denn am Ende soll die Führungskraft die optimalen Arbeitsbedingungen für die Mitarbeiter herstellen, damit diese ihr Potenzial vollständig ausschöpfen können. Für weiterführende Informationen sei auf das sehr empfehlenswerte Buch „Sprenger, R. (2012): Radikal führen" im Campus Verlag verwiesen.

■ 21.3 Das System verändern – Change-Management

21.3.1 Veränderung heißt immer Widerstand

„Arbeiten am System" bedeutet, dass zwangsläufig neue Regeln erstellt oder bestehende Rahmenbedingungen verändert werden. Dies wird immer den mehr oder weniger starken *Widerstand* der betroffenen Menschen hervorrufen. Eine wichtige Unterstützung bietet hier das „Change-Management".

 Unter *Change-Management* versteht man die ganzheitliche und permanente Gestaltung, Umsetzung, Realisierung und Standardisierung des Veränderungsprozesses in einer Institution (Kostka 2017).

Das Individuum kann sich Gegebenheiten anpassen und stets weiterentwickeln. Jedoch ist der Mensch ein „Gewohnheitstier". Er bevorzugt, seine Gewohnheiten und Handlungen beizubehalten, da ihm die vertrauten Gegebenheiten seines Umfeldes Sicherheit und einen einfachen Ablauf des Alltags ermöglichen. Kommt es zu Veränderungen, beispielsweise durch neue Rahmenbedingungen durch die Führungskraft, verändert sich das gewohnte Umfeld der Betroffenen.

Kostka geht davon aus, dass sich im Verlauf des *Veränderungsprozesses das Selbstwertgefühl* der Betroffenen stark verändert (siehe Bild 21.2). Dieses bestimmt darüber, wie sich das Individuum je nach Zeitpunkt mit Problemen und Unsicherheiten auseinandersetzt und damit umgeht (Kostka 2017).

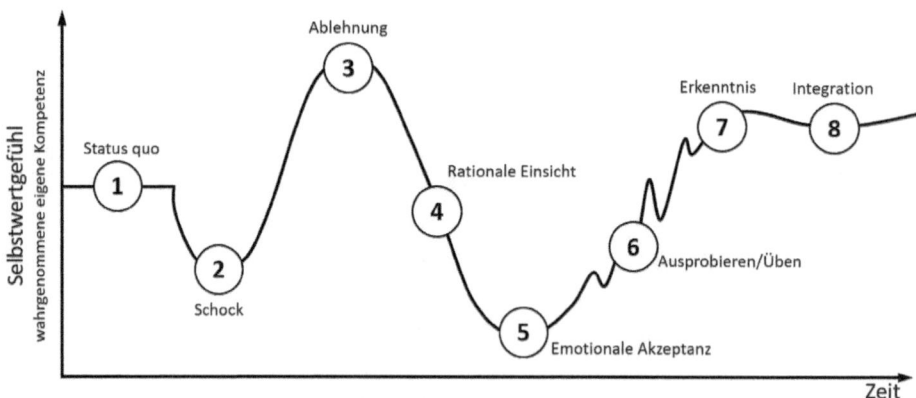

Bild 21.2 Acht Phasen des Veränderungsprozesses (Kostka 2017)

Der Veränderungsprozess wird in acht Phasen unterteilt:

1. Status quo: Menschen sind „Gewohnheitstiere". Gewohnheiten helfen uns bei der Bewältigung des Alltags und geben uns Sicherheit. Veränderungen erfordern das Treffen von für uns ungewohnten Entscheidungen.

2. Schock: Verlässt der Mensch seine Gewohnheiten, begibt er sich in einen unsicheren Zustand. Dies löst Stress aus. Das Gehirn nimmt diesen Zustand als Bedrohung wahr, wodurch eine häufige Reaktion Flucht ist.

3. Ablehnung: Aufgrund der Unsicherheit verfällt der Mensch nach der Fluchtreaktion in eine Verteidigungsreaktion. Damit möchte der Mensch die Sicherheit zurückgewinnen. Häufige Aussagen sind dabei: „Das haben wir schon immer so gemacht." Mit dieser Reaktion wird das Selbstwertgefühl wieder erheblich gesteigert.

4. Rationale Einsicht: Nach einiger Zeit und mit einem gewissen Abstand zur Veränderung kommt die Einsicht. Wichtig hierfür ist der Austausch mit anderen Personen. Da dem Betroffenen aber die Lösung noch nicht bekannt ist, sinkt das eigene Selbstwertgefühl.

5. Emotionale Akzeptanz: Ein wesentlicher Schritt für die Veränderung ist die emotionale Akzeptanz, welche nur stattfindet, wenn der Mensch begreift, dass seine Gewohnheiten in der aktuellen Situation nicht mehr funktionieren. Wichtig für die Veränderung ist die Erkenntnis, ein Teil der Lösung zu sein.

6. Ausprobieren/Üben: Der Mensch tastet sich langsam an eine Veränderung heran. Notwendig sind Ausdauer und das Akzeptieren von Misserfolgen. Die Führungsmethode-KATA unterstützt diesen Lernprozess ideal mit dem täglichen Training, damit Neues zur Gewohnheit wird.

7. Erkenntnis: Ausgelöst von Phase 6 wird mit jedem Schritt ein immer besseres Ergebnis erzielt. Dadurch werden die negativen Gefühle von den Glücksgefühlen überflügelt. Man versteht die Zusammenhänge, wodurch die Motivation enorm steigt.

8. Integration: Mit dem steigenden Glücksgefühl steigt die Akzeptanz der Veränderung. Mit jeder Wiederholung begibt man sich in Richtung der Gewohnheit (Kostka 2017).

Wichtig für Sie als Führungskraft, die „am System" arbeitet, ist, dass JEDE Veränderung Widerstand hervorruft. Jeder Veränderungsprozess durchläuft die o. g. acht Phasen. Die Frage ist nur, wie lange die betroffene Person braucht, um diese Phasen zu durchlaufen. Dies kann bei kleinen Veränderungen nur wenige Minuten dauern. Bei größeren Veränderungen kann eine Person aber auch in der Phase der Ablehnung verbleiben und zum Gegner werden.

Im Weiteren werden wir sehen, welche Gruppen von Personen wir im Veränderungsprozess unterscheiden können und wie mit diesen unterschiedlichen Gruppen umgegangen werden muss.

21.3.2 Umgang mit Widerstand – Bremser, Skeptiker und Gegner

Veränderungen werden nicht von allen Individuen akzeptiert. Je nach Wahrnehmung der *persönlichen und sachlichen Risiken* entstehen vier Gruppen. Die persönlichen Risiken werden mit Verlust des Jobs, weniger Gehalt oder der Herabstufung der Position in Verbindung gebracht. Die Einschätzung der sachlichen Risiken sind mit starken Zweifeln am Neuen verbunden, wodurch kein Handlungsbedarf und auch keine Verbesserung als notwendig gesehen wird (Kostka 2017).

Für die Führungskraft ist es wichtig, die jeweiligen Individuen des Teams in Zusammenhang mit persönlichen und sachlichen Risiken zu identifizieren und einordnen zu können. Hierbei hilft die sogenannte *Akzeptanzmatrix* (Bild 21.3).

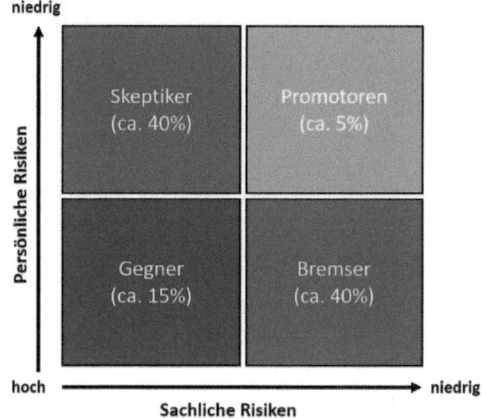

Bild 21.3 Akzeptanzmatrix (eigene Darstellung in Anlehnung an Mohr/Woehe 1998)

Wie bereits erwähnt, entstehen bei der Kategorisierung der Risiken vier Gruppen:

- Gruppe 1 sind die Promotoren mit 5 %. Die Promotoren stehen hinter der Entscheidung der Führungskraft und befürworten die Veränderung. Sie schätzen das sachliche und persönliche Risiko als gering ein. Diese Gruppe muss von Beginn an in den Veränderungsprozess integriert werden.
- Gruppe 2 sind die Skeptiker mit 40 %. Die Skeptiker sind von der Entscheidung *sachlich* nicht überzeugt. Dabei gilt es diese Sachlichkeit durch beispielsweise entsprechende Lean-Schulungen herzustellen. So kann die sachliche Skepsis in eine sachliche Befürwortung umgewandelt werden und eine Überzeugung der Veränderung hervorgerufen werden.
- Der Bremser (40 %) spiegelt Gruppe 3 wider und betrachtet hierbei weniger die sachliche Komponente, sondern mehr die *emotionale Ebene*. Sorgen und Ängste wie beispielsweise der Verlust seines Jobs sind häufige Indizien dafür. Die Bremser kann die Führungskraft durch ein persönliches Gespräch überzeugen und somit die aktive Mitarbeit an der Veränderung hervorrufen.

- Gruppe 4 stellt die Gegner (15 %) da. Sie fürchten sowohl persönliche als auch sachliche Risiken. Die Gegner sind kaum zu überzeugen und können das gesamte Team negativ beeinflussen. Zumeist reagieren sie eher aggressiv und störend gegenüber Veränderungen, weshalb diese Gruppe kritisch beobachtet werden muss. Konsequenzen, wie der Wechsel in eine andere Abteilung sind nicht auszuschließen (Kostka, Mönch 2009).

Was nehmen Sie als Führungskraft aus diesem Kapitel mit?

Machen Sie sich klar, dass 95 % gegen Sie sind, wenn Sie etwas verändern wollen. Keiner wird schreien „Hurra, wieder eine Veränderung." Identifizieren Sie die wenigen Promotoren und holen Sie diese „an Bord", damit Sie nicht mehr ganz allein kämpfen müssen. Wichtig ist es, zwischen Bremsern und Skeptikern zu unterscheiden. Einen Skeptiker können Sie durch eine Schulungsmaßnahme oder durch Pilot- und Referenzprojekte überzeugen. All das wird bei einem Bremser nichts bewirken. Er hat kein Verständnisproblem, er hat ein persönliches Problem. Hier wird nur ein Gespräch mit der Führungskraft helfen. Besonderes Augenmerk erfordern auch die Gegner. Diese agieren häufig verdeckt und „vergiften" immer wieder die Stimmung. Je nach formeller oder auch informeller Machtposition können Gegner den kompletten Veränderungsprozess zum Erliegen bringen oder zumindest stark verzögern. Hier sind hin und wieder harte Entscheidungen notwendig, die auch bis zur Kündigung gehen können. Führungskraft sein ist eben kein „Ponyhof". Ich bin immer wieder erstaunt, wie lange in Unternehmen dem offensichtlichen Treiben von Gegnern zugesehen wird, ohne konsequente Maßnahmen zu ergreifen.

21.3.3 Das System auf Veränderung vorbereiten

Sollen in einem System weitreichende Veränderungen vorgenommen werden, so sollte dies mit dem in Bild 21.4 dargestellten Drei-Phasen-Modell nach *Lewin* durchgeführt werden.

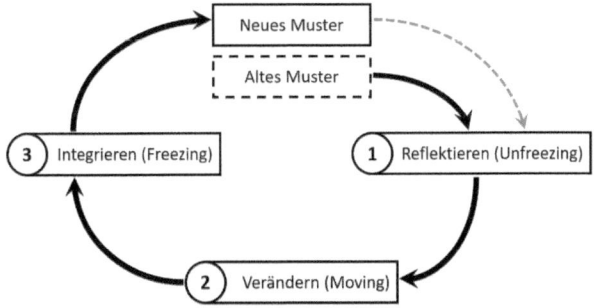

Bild 21.4 Phasen der Implementierung von Veränderungen (Kostka, Mönch 2009)

Dabei geht es im ersten Schritt „Unfreezing", um das Wecken und Stärken des Bewusstseins für die Notwendigkeit der Veränderung. Wichtig ist hierbei, den Mitarbeitern das „Warum" zu erklären. Jede Veränderung hat einen Grund und genau diesen muss der Mitarbeiter verstehen. Für den Mitarbeiter beginnt hier das Analysieren und Reflektieren der neuen Veränderung. Wir erinnern uns, gegen die Institution kommt man auch als noch so gute Führungskraft nicht an. Man muss die Rahmenbedingungen der Institution annehmen und die Individuen mitnehmen. Wichtig in der „Unfreeze"-Phase ist auch das „Auftauen" von bestehenden Prozessen. Nur wenn man bestehende Prozesse verlässt, ist man gegenüber neuem offen.

In der Phase „Moving" beginnt der erste Schritt aus der Gewohnheit. Der Mitarbeiter verlässt bestehende Standards und tastet sich vorsichtig an die neue Veränderung heran. Es werden tragfähige Konzepte in Zusammenhang mit der Veränderung generiert und getestet. Mit jedem Test gelangt man der Finalisierung der Veränderung näher. Zum Abschluss der Veränderung eignet sich die Phase „Freezing". Die Ergebnisse aus dem Veränderungsprozess werden als Standard definiert und nachhaltig implementiert. Zur Überprüfung der Einhaltung sind Kennzahlen (KPIs) hilfreich.

Das Drei-Phasen-Modell sei wieder anhand eines Beispiels erläutert:

Bei einem großen Konzern mit vielen formalen Genehmigungsprozessen, sollte in der Produktion Lean eingeführt werden. Man hat mit Lean-Workshops mit der Montage, Logistik und den Planungsabteilungen unter Anleitung von Lean Experten begonnen. In einem der ersten Workshops wurde u. a. ein kleiner Wagen erdacht, auf dem Teile transportiert werden sollten.

Nun wurde stundenlang diskutiert, welche Abteilung, aus welchem Budget diesen Wagen für wenige hundert Euro finanzieren sollte. Keine Abteilung hatte offene Budgets für so ein Projekt.

Im Weiteren musste das Material für den Wagen beschafft werden. Das Controlling verweigerte zunächst die Freigabe ohne eine Wirtschaftlichkeitsbewertung. Dann verweigerte der Einkauf die Beschaffung ohne genaue Zeichnungen und Teilenummern. Als dies alles nach unendlichen Diskussionen geschafft war und der Wagen nach über vier Monaten in der Abteilung ankam, in der der Workshop stattgefunden hatte, konnte sich dort keiner mehr erinnern, wofür der Wagen eigentlich gedacht war.

Sie sehen, hier wurde der „Unfreeze" des Systems vergessen. Es waren keine Budgets für abteilungsübergreifende Optimierungen vorhanden. Die Abteilungen wie Controlling, Einkauf etc. waren auf ihre Aufgaben, bestehende Abläufe und Regeln exakt einzuhalten, eingestellt. Wie nicht anders zu erwarten, ist der erste Lean-Einführungsansatz in diesem Umfeld komplett gescheitert. Keiner wollte mehr irgendetwas von Lean-Workshops wissen.

Die Lehren aus diesem ersten Desaster waren, dass große Mengen von Baumaterial für Regale, Wagen etc. angeschafft und bereitgestellt wurden. Dazu wurde das entsprechende Personal bereitgestellt, das ohne vorherigen Antrag o. Ä. sofort im Rahmen der Lean-Workshops unterstützt hat. So konnte dann sehr schnell die Umgestaltung der Produktion durchgeführt werden (Move). Nach ca. einem Jahr wurden dann wieder die alten Genehmigungs- und Beschaffungsprozesse eingesetzt. Es wurde ein „Re-freeze" durchgeführt.

Was nehmen Sie als Führungskraft aus diesem Kapitel mit?

Wenn Sie einen Change-Prozess durchführen wollen, achten Sie darauf, dass ein „Unfreeze" durchgeführt wurde. Ansonsten wird Ihr Projekt zum Himmelfahrtskommando. Sie erinnern sich? Im Zweifel gewinnt das System!

Nach einem „Re-freeze" eignen sich besonders *Kennzahlen (KPIs)*, um die Einhaltung der Standards zu überprüfen.

■ 21.4 Das System kontrollieren – Kennzahlen und Kostenrechnung

Kennzahlen oder auch Key Performance Indicator (KPI) sind quantitative Daten, die durch bewusste Verdichtung der komplexen Realität über zahlenmäßig erfassbare betriebswirtschaftliche Sachverhalte informieren (Schäffer, Weber 2011).

Sie geben Informationen über den Erfolg bzw. Misserfolg eines Prozesses oder der Einhaltung von festgelegten Rahmenbedingungen und dienen der Führungskraft zur Kontrolle des Systems. In unserem Kontext dienen sie im Wesentlichen der Verhaltensbeeinflussung der Individuen und daraus resultierend der Anregung einer Diskussion. Der damit verbundene Austausch ist wichtig für das Verständnis des Wertes einer Kennzahl. Erreicht diese beispielsweise einen negativen Wert ist es wichtig, dass die Mitarbeiter zum einen den Wert und die damit verbundenen Hintergründe verstehen und zum anderen darauf aufbauend im Team Lösungen für die Behebung des negativen Wertes erarbeiten. Denn am Ende soll immer die Ursache und nicht das Symptom bekämpft werden.

21.4.1 Die richtigen Kennzahlen finden

Allgemein müssen Kennzahlen dort eingesetzt werden, wo sie Sinn ergeben. Eine Überflutung der Boards (beispielsweise Shopfloor-Management-Board) ist nicht zielführend. Denn spätestens dann kann kein Mitarbeiter die Kennzahlen nachvollziehen, wodurch auch die zielgerichtete Behebung der Problemursache schwierig wird. Darüber hinaus würde der Aufwand, der für die Erstellung bzw. Pflege der Kennzahlen anfällt, nicht im Bezug zum tatsächlichen Nutzen stehen. Als wichtige Hilfe zur Definition sinnvoller und zielführender Kennzahlen dienen die zwölf Fragen nach *Schäfer* und *Weber* (Bild 21.5).

Messen Sie die richtigen Dinge?
1. Haben Sie den Strategiebezug Ihrer Kennzahlen sichergestellt?
2. Haben Sie eine angemessene Balance aus Leistungstreibern und Ergebniskennzahlen realisiert?
3. Wie viele Kennzahlen brauchen Sie?
4. Welche Kennzahlen stehen im Fokus der Betrachtung?

Messen Sie die Dinge richtig?
5. Decken Ihre Kennzahlen das zu messende hinreichend ab?
6. Sind Ihre Kennzahlen so objektiv wie möglich?
7. Ist die Qualität der zugrunde liegenden Daten ausreichend?
8. Sind die Informationserfassung und –bereitstellung wirtschaftlich?

Erzielen Ihre Kennzahlen (die richtige) Wirkung?
9. In welchem Maße sollen Ihre Kennzahlen von der Verantwortlichen beeinflussbar sein?
10. Haben Sie Ihre Kennzahlen auf mögliche dysfunktionale Verhaltenswirkungen geprüft?
11. Sind Ihre Kennzahlen nachvollziehbar und gut verständlich?
12. Haben Sie die Verantwortlichen hinreichend in die Definition der Kennzahlen eingebunden?

Bild 21.5 Zwölf Fragen zur Definition einer Kennzahl (Schäfer, Weber 2011)

Erster Schritt zur Erstellung einer Kennzahl ist die Beantwortung der Frage „*Messen Sie die richtigen Dinge?*". Wichtig hierbei ist stets die Verbindung zur Zielerreichung. Im Kontext zur Führungsmethode KATA muss die Kennzahl zur Erreichung der übergeordneten Herausforderung dienen. Zusätzlich muss bei der Definition von Kennzahlen zwischen *Ergebniskennzahl und Prozesskennzahlen* unterschieden werden. Ergebniskennzahlen sind Vergangenheitswerte und spiegeln nicht den aktuellen Stand wider (Schäffer, Weber 2015). Sie zeigen lediglich das Ergebnis des vorherigen Tages. Somit kann beispielsweise während des Shopfloor-Managements kein unmittelbarer Einfluss auf die Kennzahl genommen werden, da die Probleme zu spät erkannt werden, „das Kind liegt bereits im Brunnen". Aus diesem Grund sind Prozesskennzahlen zu empfehlen, die das gesamte System betrachten. Dabei erkennen wir sofort, wenn beispielsweise die Zykluszeit den Kundentakt überschreitet, wodurch umgehend in den Prozess eingegriffen und die Problemursache nachhaltig gelöst werden kann.

Im nächsten Schritt muss die Frage „*Messen Sie die Dinge richtig?*" beantwortet werden. Bei der Betrachtung von Kennzahlen spielt die *Datenqualität*, aus der die Kennzahl hervorgeht, eine wesentliche Rolle. Dabei müssen die Daten fehlerfrei, nachvollziehbar und manipulationsfrei sein. In Deutschland sehen ca. 60 % der Unternehmen einen enormen Nachholbedarf bei ihrer Datenqualität (Lorenzen 2013). Je schlechter die Datenqualität ist, desto geringer ist die Aussagekraft der Kennzahl. Als Reaktion greifen viele Unternehmen besonders im Zuge der Digitalisierung auf IT-Systeme zurück, mit dem Irrglauben, die Datenqualität dabei zu erhöhen. Diese Annahme ist falsch, da IT-Systeme weiterhin auf die bereits bestehende Datenbasis zurückgreifen. Es gilt die Regel „Shit-In-Shit-Out". Im Lean-Umfeld wollen wir daher mit wenigen Daten, aber dafür mit den richtigen Daten auskommen. Abhilfe leistet beispielsweise die Entwicklung einer Fließfertigung durch die Integration von Arbeitsplätzen. Während in der klassischen Werkstattfertigung jeder Arbeitsplatz einzeln angesteuert werden muss, muss entlang einer Fließfertigung lediglich der erste Arbeitsplatz angesteuert werden, wodurch sich der Steuerungsaufwand und somit auch die Datenvielfalt enorm reduziert. Das hat nicht nur Auswirkungen auf die Datenqualität, sondern auch auf die Komplexität und folglich auf die Qualität der Kennzahl.

Abschließend ist zu überprüfen, ob die *„Kennzahlen die richtige Wirkung erzielen"*. In diesem Zusammenhang ist die *Controllability* zu beachten. Eine Person darf nur für das verantwortlich gemacht werden, was sie auch hinreichend beeinflussen kann (Schäffer, Weber 2015). Zur Überprüfung eignet sich das *ABBV-Schema*. ABBV steht für Aufgabe, Befähigung, Befugnis und Verantwortung. So ist zunächst zu prüfen, ob der Mitarbeiter die Aufgabe verstanden hat. Dabei muss die Aufgabe ausreichend erklärt werden, damit der Mitarbeiter das „Warum" versteht. Als Nächstes muss überprüft werden, ob der Mitarbeiter die Befähigung, also die geforderten Qualifikationen zur Durchführung der Aufgabe hat. Ein wichtiger Punkt und oftmals auch der Grund, weshalb Aufgabenverteilungen nicht funktionieren, ist die *fehlende Befugnis*.

Wer bekommt Ihrer Meinung nach in einem Unternehmen die *Aufgabe den Bestand zu senken*?

Natürlich der Logistikleiter, schließlich handelt es sich ja um das Lager. Unter dem Aspekt der Controllability ist diese Aufgabenzuordnung aber äußerst fragwürdig.

Welche Faktoren beeinflussen die Bestände im Lager? Dies ist zum einen die Wiederbeschaffungszeit, die überbrückt werden muss, bis im Falle einer Bestellung neue Ware eintrifft. Dieser Faktor wird aber vom Einkauf durch die Lieferantenauswahl bestimmt. Ein weiterer wichtiger Faktor sind die Materialkosten. Dieser Wert wird aber von der technischen Entwicklung und vom Einkauf bestimmt. Ebenfalls Eingang in die Berechnung der Bestände findet der durchschnittliche und der maximale Verbrauch. Diese werden aber vom Markt, also von außen, bestimmt und sind, wenn überhaupt, vom Vertrieb zu beeinflussen. Ein weiterer wichtiger Faktor, der Varianzbildungspunkt, wird ebenfalls von der technischen Entwicklung bestimmt.

Es bleibt die Höhe der Sicherheitsbestände, aber auch hier haben die Situation der Lieferanten und die Wünsche des Vertriebs erheblichen Einfluss. Somit verbleiben als einzige die von dem Logistikleiter zu beeinflussenden Faktoren der Behälter und die Lagertechnik. Diese haben aber keinen Einfluss auf die Bestandshöhe. Da dem Logistikleiter die Befugnis zur Beeinflussung praktisch aller relevanten Faktoren fehlt, kann konsequenterweise auch die Verantwortung nicht an diese Person übertragen werden.

Die fehlende Controllability ist unserer Meinung nach der Grund, warum sich viele Mitarbeiter nicht für die Kennzahlen verantwortlich fühlen und sich auch nicht um deren Einhaltung kümmern.

Ein in Zusammenhang mit Kennzahlen in der Praxis häufig unterschätztes Phänomen sind sogenannte *Dysfunktionen*. Eine Dysfunktion ist ein Effekt, der so eigentlich nicht beabsichtigt war. Wir sind bereits im Kapitel 2.1 in Zusammenhang mit der REFA-Formel auf eine klassische Dysfunktion getroffen. Die Absicht, den Zielwert der Auftragszeit zu reduzieren, kann man auch erreichen, indem man an dem einfachsten zu beeinflussenden Faktor, der Anzahl, dreht. Wir haben ausgeführt, dass dies der Grund für unsere vielfältigen Ansätze zur Losgrößenoptimierung ist. Leider wird dadurch aber die eigentliche Problemursache, die Rüstzeit, verdeckt. Wir optimieren an Symptomen.

Lassen Sie uns ein weiteres Beispiel für eine Dysfunktion aus dem Einkaufsbereich betrachten. Die Beschaffungskosten ergeben sich aus der Multiplikation der *Kosten pro Beschaffungsvorgang und der Anzahl der Beschaffungsvorgänge*. Erhält nun der Mitarbeiter des Einkaufs die Aufgabe, die Kosten zu reduzieren, geht der Mitarbeiter zunächst vermutlich den einfachsten Weg und reduziert die Anzahl der Beschaffungsvorgänge. Dies bedeutet nichts anderes, als dass die Bestellmenge erhöht wird. Dies hat fatale Folgen für die Logistik, da die erhöhte Bestellmenge nun gelagert werden muss. Dies verursacht hohe Kapitalbindungen, mehr notwendige Fläche, mehr Handlingsaufwand, eventuelle Materialschäden aufgrund der großen Reichweite usw.

Die Kennzahl der Beschaffungskosten wurde zwar optimiert, aber die lokale Optimierung hat in der Logistik zu erheblichem Mehraufwand geführt, eine klassische Dysfunktion. Zielführender wäre die Optimierung der *Kosten pro Beschaffungsvorgang* durch beispielsweise die Einführung von Kanban gewesen.

Allgemein ist anzumerken, dass die Optimierung von Auslastungs- und Produktivitätskennzahlen (siehe Beispiel Einkauf) fast immer zu Dysfunktionen führen. Diese führen wiederum zu Engpässen, einer schlechten Termintreue und folglich zu unzufriedenen Kunden.

21.4.2 Die sieben Todsünden der Leistungsmessung

Damit Ihre Kennzahlen nicht zum Rohrkrepierer werden und stattdessen nachhaltig die gewünschten Ergebnisse liefern, helfen uns die sieben Todsünden der Leistungsmessung nach *Hammer* (2007):

1. Vanity (Eitelkeit): Kennzahlen, die nur da sind, um Manager gut aussehen zu lassen (z. B. lokale Ausweisung der Verbesserung der Durchlaufzeit).

2. Provincialism (Provinzialismus): Kennzahlen werden nur innerhalb Abteilungsgrenzen erhoben, wodurch lokale Optimierungen entstehen (z. B. Optimierung der Beschaffungskosten).

3. Narcissism (Egoismus): Kennzahlen werden aus der eigenen Sicht, anstatt aus der Kundensicht erhoben (z. B. Liefertermintreue wird auf Basis des Zeitpunktes des Verlassens der Ware des Werkes gemessen und nicht auf Basis der tatsächlichen Ankunft beim Kunden).

4. Laziness (Faulheit): Es werden Kennzahlen verwendet, von denen vermutet wird, dass sie die richtigen sind, ohne jedoch klar zu erheben, was der Kunde tatsächlich für Anforderungen hat (z. B. Auslastung Stapler).

5. Pettiness (Eingeschränktheit): Es werden nur Ausschnitte gemessen, dies kann auf Lasten des Gesamtsystems gehen (z. B. Ausschuss Maschine A).

6. Insanity (Unsinnigkeit): Die Auswirkung der Kennzahlen auf das Verhalten der Mitarbeiter und letztlich des Untersuchungsergebnisses sind nicht bedacht (z. B. Anzahl an Kaffeepausen pro Schicht).

7. Frivolity (Leichtsinnigkeit): Die Kennzahl wird nicht genutzt, um Ursachen zu bekämpfen, sondern stattdessen Schuldige zu finden und Abweichungen halbherzig hinzunehmen (z. B. der Mitarbeiter aus Schicht A mit den häufigsten Fehlern wird gesucht).

Mit der richtigen Definition der Kennzahl und der Vermeidung der sieben Todsünden, steht einer erfolgreichen Implementierung der Kennzahl nichts mehr im Wege.

Was nehmen Sie als Führungskraft aus dem Kapitel Kennzahlen mit?

Widmen Sie der Auswahl und dem Umgang mit Kennzahlen mehr Aufmerksamkeit als meist üblich.

Es werden sehr gerne Ergebniskennzahlen genutzt, da diese einfach zu erfassen und zu verstehen sind. Aber Vorsicht, Ergebniskennzahlen sind immer vergangenheitsorientiert. Das „Kind liegt dann schon im Brunnen". Weiterhin wird häufig Mitarbeitern die Verantwortung für Kennzahlen übertragen, die diese gar nicht oder nicht zur Gänze beeinflussen können. Dies führt zu Frust und „innerer Kündigung". Eine kurze Prüfung mit dem ABBV-Schema hilft, dies zu vermeiden.

Besonders möchten wir noch auf die häufig mit Kennzahlen verbundenen Dysfunktionen hinweisen. Diese sind besonders gefährlich, da Sie u. U. mit einer Kennzahl für das Gesamtsystem das Gegenteil erreichen, was Sie eigentlich im Sinn haben. Sie steuern mit viel Aufwand und Energie direkt auf den Abgrund zu.

Um alle Handelnden und auch die Kennzahlen auf EIN Ziel auszurichten, hilft die Führungsmethode *KATA* mithilfe des Nordsterns. Hätte der Nordstern das Ziel, der Erhöhung der Beschaffungsvorgänge, wäre der Mitarbeiter sofort auf die Optimierung der Kosten gegangen.

21.4.3 Kostenrechnungssysteme zur Kennzahlenermittlung in Lean-Unternehmen

mit Dr. Mathias Michalicki

Nachdem viele Kennzahlen auf Kosten basieren und vom Controlling zur Unternehmenssteuerung genutzt werden, soll hier ein Blick auf die Probleme unserer aktuellen, aus den 1950er-Jahren stammenden Kostenrechnungssysteme geworfen werden. Wenn die Kennzahlen auf Basis falscher Annahmen und Systeme ermittelt werden, ist auch deren Steuerungs- und Verhaltensbeeinflussungspotenzial infrage zu stellen. Im Rahmen der Dissertation von Dr. Mathias Michalicki wurde am Technologiezentrum Produktions- und Logistiksysteme ein Lean-kompatibles Kostenrechnungssystem entwickelt.

21.4.3.1 Hürden klassischer Kostenrechnung in Lean-Unternehmen

Aktuelle Kostenrechnungssysteme wurden für Massenproduktionssysteme in Verkäufermärkten entwickelt und haben sich seit den 1950er-Jahren nicht mehr verändert. Sie erfüllen in modernen Lean-Produktionsunternehmen in Käufermärkten mit kurzen Produktlebenszyklen, hoher Varianz und Wettbewerbsdruck nicht mehr ihren Zweck. Dadurch provozieren sie Widersprüche, Konflikte und verlieren ihre Steuerungswirkung. Die Konsequenz daraus:

- Das klassische Controlling hindert moderne Produktionssysteme daran, betriebliche Exzellenz zu erreichen.
- Es kann Verantwortlichen in Produktionsunternehmen nicht sagen, an welchen Stellen im Unternehmen Geld für Verschwendung ausgeben wird und wo die größten Potenziale für Optimierungen liegen.
- Durchschnittlich werden nur 1,5 Verbesserungsvorschläge pro Jahr und Mitarbeiter in deutschen Industriebetrieben eingereicht. Vieles versandet, weil es sich nicht „rechnet", wodurch Demotivation entsteht.
- Entscheider treffen falsche Entscheidungen aufgrund eines nicht zum Produktionssystem passenden Kostenrechnungsansatzes.

Folgendes Beispiel soll den Konflikt zwischen klassischer Kostenrechnung und den Prinzipien der Lean Production verdeutlichen:

Es soll die Umstellung des Layouts und des Materialflusses von einer Werkstattfertigung mit zwischengeschaltem Lager hin zu einer Fließproduktion monetär bewertet werden. Bild 21.6 visualisiert die Situation.

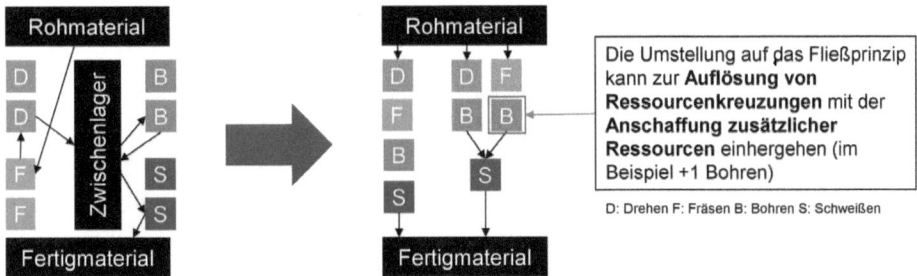

Bild 21.6 Bewertung einer Umstellung von Werkstatt- (links) auf Fließprinzip (rechts)

Eine klassische Werkstattfertigung strebt eine hohe Auslastung der einzelnen Betriebsmittel an. Dadurch werden Aufträge gebündelt und Prozessketten entkoppelt, um auslastungsorientiert optimieren zu können (links im Bild 21.6). Aus Lean-Gesichtspunkten ist das jedoch der Worst Case. Lean strebt niedrigste Durchlaufzeiten und geringe Verschwendung durch eine hohe Flussgeschwindigkeit des Materials an.

Um eine hohe Flussgeschwindigkeit zu erreichen, ist es in der Praxis häufig nötig, Ressourcenkreuzungen aufzulösen und den jeweiligen Wertströmen Ressourcen direkt zuzuweisen. Das kann, wie im rechten Teil von Bild 21.6 mit der Anschaffung zusätzlicher Ressourcen einhergehen (im Beispiel eine Bohranlage).

Warum favorisiert der Lean-Manager das Fließprinzip? Für die Produktionsfunktion ergeben sich aus dem Fließprinzip und der zusätzlichen Ressource einige Vorteile. Dazu zählen erheblich kürzere Durchlaufzeiten und damit höhere Reaktionsgeschwindigkeit und kundenseitige Flexibilität wie auch ein erheblich geringerer Bestand unfertiger Erzeugnisse. Die Verschwendung sinkt, da nicht-wertschöpfende Tätigkeiten wie Ein- und Auslagern, Buchen und Abschreiben von Beständen entfällt. Dem gegenüber steht die Bewertung der Veränderung durch die traditionelle Kostenrechnung:

Die zusätzliche Bohranlage führt zu einer geringeren durchschnittlichen Auslastung aller Bohranlagen. Damit steigen die Maschinenstundensätze und so die Fertigungskosten des Produktes. Am Ende führen gestiegene Herstellkosten zu geringeren Gewinnen. Den positiven Veränderungen aus Produktionssicht stehen sinkende Stückmargen gegenüber.

Als Fazit erscheint die Umstellung im Rahmen der Produktionssystemanpassung nicht wirtschaftlich. Das Resultat sind in der Praxis schleppend verlaufende oder stellenweise komplett stoppende Lean-Vorhaben, da ein Erfolg nicht oder kaum kalkulierbar ist.

Eine Vielzahl an Quellen beschreibt klassische Bewertungssysteme als eine der wesentlichen Hürden bei der Einführung ganzheitlicher Produktionssysteme. Doch woher kommen diese Unsicherheiten und die fehlende Eignung klassischer Bewertungssysteme?

Klassische Kostenrechnungssysteme basieren auf einer Reihe von Annahmen, die in Lean-Produktionssystemen nicht mehr zutreffen (siehe Michalicki, Schneider 2020). Beispielhaft sollen das die Annahmen klassischer Kostenrechnung bezüglich des Produktionssystems verdeutlichen: Klassische Kostenrechnung wurde zur Unterstützung anonymer einstufiger Massenfertiger mit niedrigem Automatisierungsgrad entwickelt. Ziel sind die Förderungen tayloristischer Massenproduktionssysteme in Verkäufermärkten, die sich unter anderem mit hoher Arbeitsteilung und großen Losgrößen charakterisieren lassen. Dies ist jedoch dem vorher dargestellten Flussprinzip von Lean-Produktionssystemen für den Einsatz in Käufermärkten diametral entgegengesetzt. Werden diese Annahmen nicht hinterfragt und angepasst, so führen die klassischen Bewertungssysteme in Lean-Produktionssystemen zu erheblichen Widersprüchen zwischen Produktion und Controlling. Auch hierfür möchte ich zwei Beispiele geben:

Überproduktion und Bestandsaufbau durch Fokus auf maximale Auslastung senkt in klassischen Bewertungssystemen Stückkosten und verbessert Periodengewinne. Die Urväter des Toyota Produktionssystems stellen Überproduktion jedoch als die schlimmste Verschwendungsart dar. Und auch bezüglich des Kalkulationsobjekts bestehen Widersprüche. Klassische Systeme fokussieren einzelne Kostenträger oder lokale Kostenstellen, während in ganzheitlichen Produktionssystemen Wertströme das Objekt der Optimierung sind. Welchen Grundsätzen muss daher eine Kostenrechnung für Lean-Unternehmen folgen?

21.4.3.2 Prinzipien einer Kostenrechnung für Lean-Unternehmen

Um das Kostenrechnungssystem den Anforderungen eines Lean-Produktionssystems anzupassen, sind fundamentale Änderungen nötig. Folgende, empirisch ermittelte Prinzipien zeigen dabei den Weg (ausführlicher in Michalicki, Schneider 2020):

- *Wertstromorientierung*: Die empirisch geforderte und von der Literatur gestützte Wertstromorientierung der Kostenrechnung stellt ein Grundprinzip der ganzheitlichen Profitabilitätsanalyse in Lean-Unternehmen dar. Sowohl in laufenden periodenbezogenen Ergebnisrechnungen als auch zur Beurteilung von Entscheidungsrechnungen stellen möglichst weit gefasste Wertströme (horizontale Integration) das fokussierte Betrachtungsobjekt dar. Dies steht im Kontrast zu den in klassischen Systemen fokussierten lokalen oder funktional gegliederten Kostenstellen.

- *Gesamtkostenfokus*: Die sinkende Relevanz von Stückkosten in Käufermärkten sowie die Gefahr der Erzeugung von Verschwendung durch Stückgrößen-Betrachtungen führen zur Notwendigkeit des Prinzips des Gesamtkosten- und Gesamterlösfokus. Bei den heutigen Kostenstrukturen mit hohen Fixkosten- und Gemeinkostenanteilen lassen sich Stückkosten nicht ermitteln und unterliegen völliger Willkür. Zudem motivieren Stückkosten hohe Auslastung und große Losgrößen: Wir werden ja günstiger, je mehr wir produzieren. Obwohl das mathematisch richtig ist, ist es nicht für den häufigen Käufermarkt mit kurzen Produktlebenszyklen oder hoher Varianz entwickelt worden. Daher fokussiert der Lean-Manager nicht Stückkosten, sondern Gesamtkosten und strebt an den Anteil an, Kosten für nicht wertschöpfenden Ressourceneinsatz zu reduzieren.

- *Wertschöpfungsorientierung*: Die Wertschöpfungsorientierung aus Kundensicht stellt ein weiteres Novum als Kostenrechnungsprinzip dar. Wertschöpfung und Verschwendung müssen sich in der Kostenrechnung wiederfinden und zu neuen Kostenkategorien etabliert werden. Der Kapitaleinsatz ist hinsichtlich der Effizienz und damit bezüglich der Wertschöpfung und Nicht-Wertschöpfung aus Sicht des Endkunden zu beurteilen. Dies ermöglicht die Analyse langfristiger Trends in periodenbezogenen Ergebnisrechnungen (z. B.: Steigt der Anteil wertschöpfender Kosten an den Gesamtkosten an?). Zudem können Entscheidungen dahingehend klar beurteilt werden, ob Verschwendung monetär reduziert oder in der Ausprägungsform nur verschoben wurde.

- *Shopfloororientierung*: Um den Bezug zum Produktionssystem und den tatsächlichen Abläufen auf dem Shopfloor auch realistisch abbilden zu können, sind nicht nur Standardzeiten, sondern auch Shopfloordaten aufzunehmen. Das Prinzip der Shopfloororientierung stellt sicher, dass sich die Geschehnisse im Leistungserstellungsprozess (Stillstände, Störungen, Fehler etc.) auch in der Kostenrechnung wiederfinden.

- *Verhaltensorientierung*: Die Verhaltensorientierung und -beeinflussung in Richtung der Ziele des Produktionssystems stellt ein konstituierendes Hauptprinzip des Lösungsansatzes dar. Damit geht unmittelbar auch die Entscheidungsorientierung und gerichtete Entscheidungsbeeinflussung einher. Die Kostenrechnung ist nach wie vor in der Praxis eines der am weitesten verbreiteten Modelle zur Optimierung des Mitteleinsatzes. Es ist daher wichtig, dass die Führung ein transparentes und nachvollziehbares Kostenrechnungssystem verwendet, das die Prinzipien von Lean-Produktionssystemen fördert. Ziele zur monetären Reduzierung von Verschwendung können nun ausgegeben und gemessen werden, sowie Entscheidungen bezüglich deren Auswirkung auf die Wertschöpfung bewertet werden.

- *Kapitalflussorientierung*: Die Kapitalflussorientierung führt als Prinzip zur Verwendung eines ausgabeorientierten Kostenbegriffs und bildet die Grundlage für den Übertrag des Fließprinzips der Produktion in die Kostenrechnung. Realisiert ein Unternehmen, dass Überproduktion und Bestände die schlimmsten Verschwendungsarten darstellen, so müssen diese auch in der Kostenrechnung transparent gemacht werden und nicht wie in klassischen Systemen in der Bilanz zwischengeparkt werden. Nur durch ein kapitalflussorientiertes Kostenrechnungssystem werden Ausgaben für Bestände wirklich transparent.

- *Relatives Einzelkostenprinzip*: Zur Vermeidung der intransparenten und willkürlichen Schlüsselung von Gemeinkosten, welche Verschwendung eher fördern als aufzeigen, sollte das relative Einzelkostenprinzip umgesetzt werden. Eine Schlüsselung oder Umlage wird durch die Relativierung des Einzelkostenbegriffs und der eindeutigen Zuweisung von Ausgaben zu Elementen einer Bezugsobjektehierarchie transparent.

- *Kostenrelevanz*: Das Kostenrelevanz-Prinzip besagt, dass für unterschiedliche Informationsbedürfnisse und Entscheidungsarten auch unterschiedliche Kosten relevant sind. Die Einführung einer zweckneutralen Grundrechnung der Kosten und Erlöse sowie einer Grundrechnung der Kapazitäten unterstützt bei der Gestaltung von Auswertungsrechnungen, die nur relevante Kosten berücksichtigen.

- *Deckungsbeiträge*: Das Deckungsprinzip verfolgt mit dem Ausweis verschiedener Deckungsbeiträge das Ziel, die Änderungen des Erfolgs und seiner Komponenten offenzulegen, die als Folge von Entscheidungen oder Veränderungen eingetreten sind bzw. eintreten werden. Komplexe Erfolgsquellenstrukturen heutiger Produktionsunternehmen erfordern die Abbildung mehrerer rechnerischer Sichten in Form von Deckungsbeiträgen. Als Deckungsbeitrag wird hierbei die Differenz der Einzelerlöse über den Einzelkosten eines Bezugsobjektes verstanden. Wichtigste Objekte der Deckungsbeitrags- und Profitabilitätsberechnung sind die Wertströme eines Unternehmens, die die Kosten zentraler Funktionen decken müssen.

- *Ressourcenverwendung*: Die Ressourcenverwendungsorientierung ist von erheblicher Bedeutung für die Analyse, Kategorisierung und Planung von Bereitschaftskosten. Verbesserungen im Leistungserstellungsprozess gehen nicht automatisch mit Veränderung bezüglich der Gesamtkosten oder Gesamterlöse einher. Erst die Entscheidung über die Höhe oder Art der Kapazitätsnutzung der Ressourcen beeinflusst die Kosten- oder Erlösentstehung, wodurch Kapazitätsbetrachtungen für aussagekräftige Planungs- und Kontrollrechnungen notwendig sind.

Die Berücksichtigung dieser Prinzipien hilft dabei, dass das Controlling und die Produktion wieder eine Sprache sprechen und an einem Ziel arbeiten: Der kontinuierlichen Reduzierung von Verschwendung und Steigerung der Wertschöpfung im Unternehmen. Weitergehende Informationen zur Kostenrechnung in Lean Unternehmen finden sich in Michalicki, Schneider 2020.

■ 21.5 Das System führen – die Führungs-methode KATA

Mit dem Begriff *KATA* wird die Führungsmethode im Lean-Umfeld bezeichnet. Zentrale Elemente sind der *Nordstern* (langfristige Vision), die darauf basierenden heruntergebrochenen Herausforderungen sowie dazwischenliegenden Zielzustände.

21.5.1 Das Wertstromdesign zur Beschreibung des Nordsterns

Ausgehend vom Ist-Zustand, werden *kurzzyklische Zielzustände* zur Erreichung der übergeordneten Herausforderungen definiert, um nicht vorhersehbare Hindernisse zielgerichtet zu überwinden. Die übergeordnete Herausforderung beschreibt den angestrebten Zustand des Unternehmens, welchen man innerhalb der nächsten ein bis drei Jahre erreichen möchte. Diese übergeordnete Herausforderung wird durch die Unternehmensleitung auf Basis des Nordsterns festgelegt und in Form eines *Wertstromdesigns* beschrieben (Aulinger, Rother 2017).

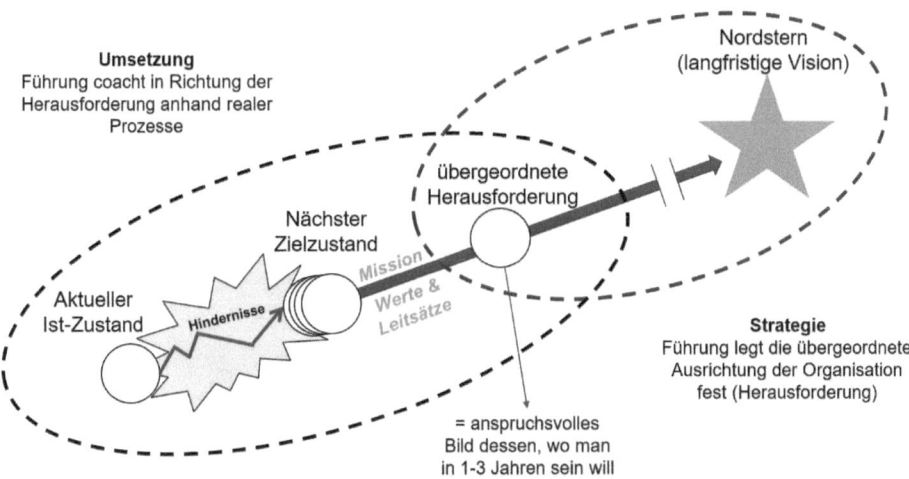

Bild 21.7 Der Weg vom Ist-Zustand zum Nordstern (in Anlehnung an Aulinger und Rother 2017)

Der Sinn und der Nutzen der Vorgehensweise, zunächst die Herausforderung zu beschreiben und daraus Zielzustände abzuleiten, mag sich zunächst nicht sofort erschließen. Aber dieses Vorgehen hat zwei ganz zentrale Vorteile: zum einen wird dadurch die *Ausrichtung der Entscheidungen* im Unternehmen maßgeblich beeinflusst und zum anderen wird dadurch die *Problemlösungsfähigkeit der Mitarbeiter* entscheidend erhöht, da überhaupt erst eine Zielrichtung bekannt ist.

21.5.2 Klassischer Entscheidungsprozess vs. KATA-basierte Entscheidungen

Lassen Sie uns zunächst einen *klassischen Entscheidungsprozess* betrachten, wie er wohl in den meisten Unternehmen so oder so ähnlich ablaufen würde.

Wir haben eine Ist-Situation, die eine Entscheidung erfordert. Nachdem meist sehr schnell Aktionen gefordert werden, ist die Analysephase sehr kurz. Nach kurzem Hinsehen glauben die Mitarbeiter ohnehin zu wissen, was zu tun ist. Dies führt häufig dazu, dass das Problem nicht ganz erfasst und an Symptomen kuriert wird. Auch haben die Mitarbeiter meist nur diffuse Zielvorstellungen, die auch von Abteilung zu Abteilung voneinander abweichen können.

Es werden dann verschiedene Lösungsvarianten erzeugt. Die Auswahlentscheidung findet zentral und sehr stark kostenorientiert statt. Im Verlauf des Projekts greifen die Führungskräfte dann häufig direkt steuernd ein. Dies lässt unbeachtet, dass mit jedem Eingriff die Autorität und das Ansehen des Projektleiters beschädigt wird (Bild 21.8).

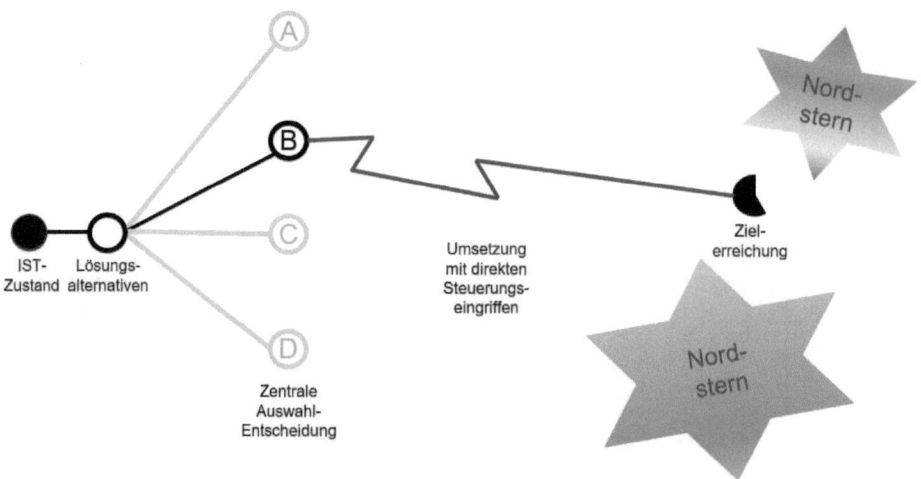

Bild 21.8 Klassischer Entscheidungsprozess

Im Gegensatz dazu, ist in einem *Entscheidungsprozess im Lean-Umfeld* die Analysephase länger und auch methodisch gestützt, beispielsweise auf das A3-Problemlösungsblatt.

Nun kommt aber der entscheidende Unterschied: VOR der Erzeugung von Lösungsvarianten wird gemeinsam der Zielzustand definiert.

Was ist das übergeordnete Ziel? Wie soll das System am Ende aussehen? Erst dann werden im Rahmen eines sinnvoll begrenzten Lösungsraumes Alternativen erzeugt. Aus diesen wird dann zielorientiert und unter Berücksichtigung der Wirtschaftlichkeit ausgewählt (Bild 21.9).

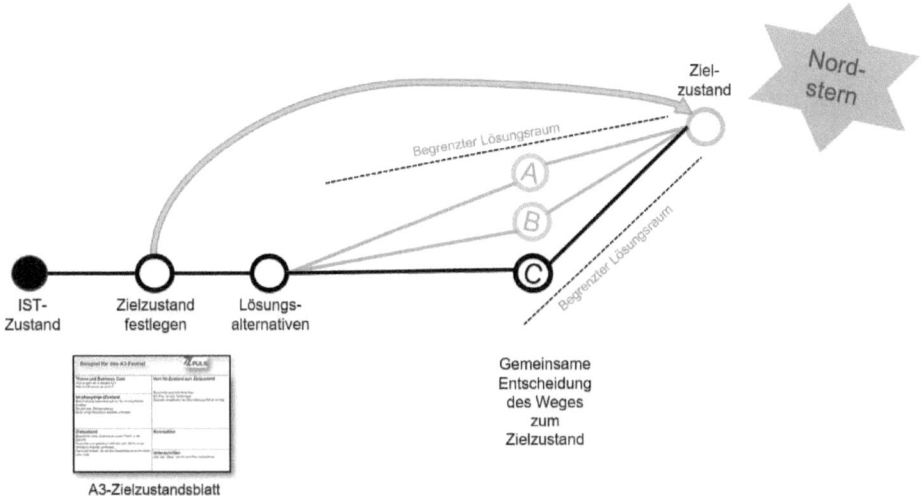

Bild 21.9 KATA-Entscheidungsprozess mit Zielzustand

Lassen Sie uns an einem Beispiel den Unterschied der beiden Vorgehensweisen herausarbeiten: Sie erinnern sich, dass wir im Kapitel zum Gestaltungsprinzip „Rüstzeit Null" diskutiert haben, was mit der durch die Rüstzeitoptimierung eingesparten Zeit passieren soll?

In der klassischen Entscheidungsfindung werden hier Lösungsvarianten erzeugt, wie „die Leute früher nach Hause schicken und Personalkosten sparen" oder „ein weiteres Produkt auf die Anlage legen und den Maschinenstundensatz reduzieren". Aus rein kostenrechnerischer Sicht werden Sie vermutlich wählen, ein weiteres Produkt auf die Anlage zu legen. Hand aufs Herz, Sie würden mit diesem Vorgehen niemals die Entscheidung treffen, die eingesparte Zeit in mehr Rüstvorgänge zu investieren.

Im Unterschied dazu, legen wir im KATA-Entscheidungsprozess zunächst den Zielzustand fest. Wir wollen ein durchlaufzeitoptimales „One-Piece-Flow"-System aufbauen.

Die Leute früher nach Hause zu schicken, bringt uns diesem Ziel nicht näher und ein weiteres Produkt auf die Anlage zu legen, würde dazu führen, dass wir uns von diesem Ziel sogar noch weiter entfernen. Es bleibt also nur die Entscheidung, öfter zu rüsten. Welche Maßnahme hier nun die richtige ist, wird dann durchaus auch kostenorientiert entschieden. Sie sehen, dies ist eine geniale Möglichkeit das Ziel zu erreichen, dass auch dezentral im Sinne Ihrer zentralen Strategie entschieden wird (vgl. DATE-Modell).

21.5.3 Ausbildung der Mitarbeiter zu selbstständigen Problemlösern

Es wird zwischen der Verbesserungs-KATA und der Coaching-KATA unterschieden. Die *Führungskräfte übernehmen die Rolle des Mentors,* die Mitarbeiter die Rolle des Mentee. Die *Verbesserungs-KATA* setzt sich aus vier wesentlichen Schritten (Bild 21.10) zusammen. Zunächst muss der Mentee das „Warum" verstehen. Um dieses Verständnis zu erhalten, muss die übergeordnete Herausforderung klar sein. Dadurch weiß der Mentee, in welche Richtung sich das Projekt entwickeln soll. Erst dann kann die Ist-Situation zielgerichtet erfasst und verstanden werden. Nur wer die Ist-Situation kennt und versteht, kann auch den nächsten Zielzustand definieren. Danach erfolgt die kurzzyklische Umsetzung in Richtung des Zielzustandes. Aufgrund der Hindernisse ist hier ein gewisses Experimentieren notwendig, um zielgerichtet auf Veränderungen reagieren zu können. Durch diese Vorgehensweise entwickelt der Mentee ein Muster, dass er in jeder Situation anwenden kann (Aulinger, Rother 2017). Dieser Ablauf wurde auch in das DATE-Modell übernommen.

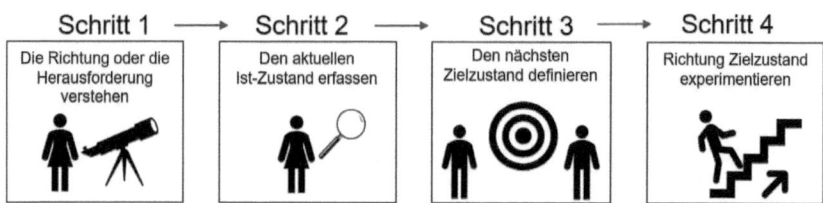

Bild 21.10 Die Schritte der Verbesserungs-KATA

Unterstützt wird der Mentee durch den Mentor mithilfe der *Coaching-KATA.* Durch ein tägliches Feedback in Form von gezielten Fragetechniken (Bild 21.11) wird der Mentor darin unterstützt, den Prozess der Verbesserungs-KATA zu üben, um selbstständig Probleme lösen zu können. Der Mentor übernimmt die Problemlösung dabei nicht (vgl. Aulinger, Rother 2017). Ganz nach Laotse: Wenn jemand Hunger hat, gib ihm keinen Fisch, sondern eine Angel und er wird sich selbst mit Fisch versorgen können.

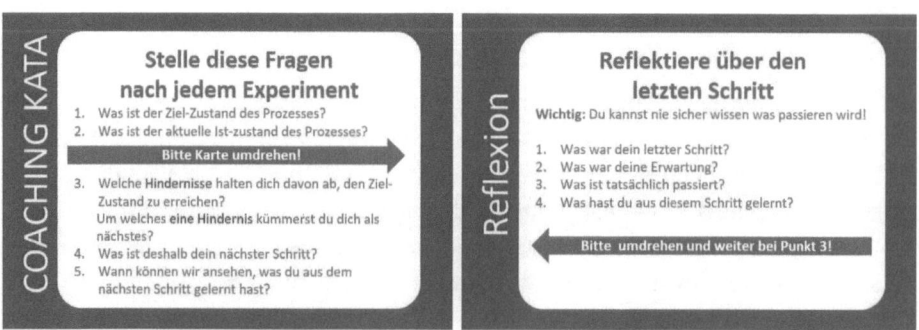

Bild 21.11 Coaching-KATA (Aulinger, Rother 2017)

Zur Dokumentation des Coaching-Gesprächs eignet sich eine Coaching-Tafel (Bild 21.12). Dabei sollte jeder Mentee eine eigene Coaching-Tafel verwenden, die er selbstständig pflegt. Der Aufbau der Coaching-Tafel richtet sich an die Fragetechniken des Mentors (vgl. Aulinger, Rother 2017).

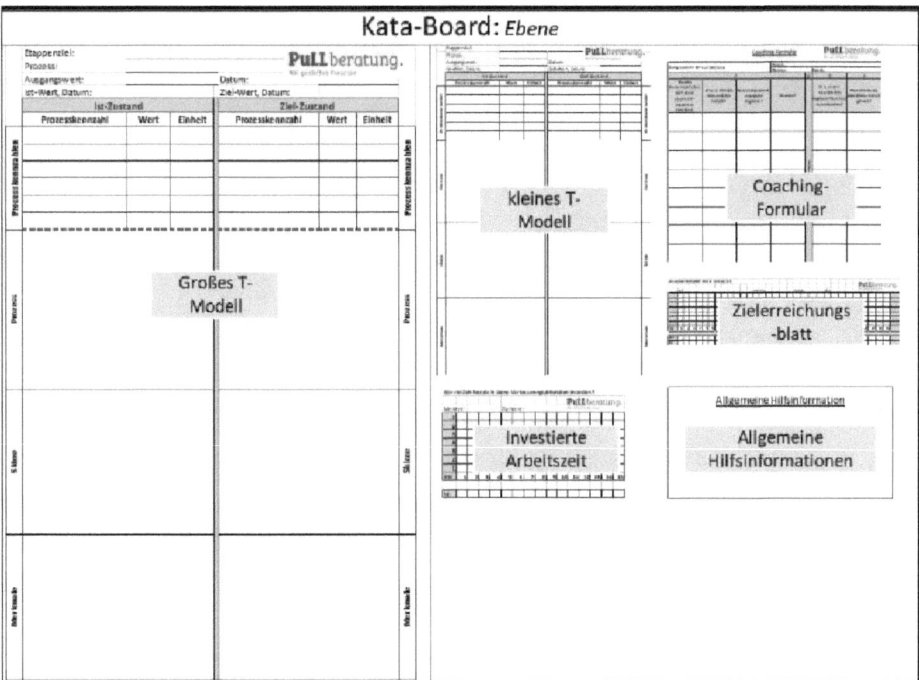

Bild 21.12 Schemenhafte Darstellung des KATA-Boards

Was nehmen Sie als Führungskraft aus diesem Kapitel mit?

Zum einen dient das *Wertstromdesign* als eine Möglichkeit Ihre Vision/Nordstern für das Unternehmen zu beschreiben und für Ihre Mitarbeiter verständlich zu formulieren. Wie Sie im Kapitel 22 zum Planungssystem sehen werden, dient das Wertstromdesign zur Ausrichtung ALLER Planungstätigkeiten von der Kommunikation, über die Material- und Informationsflüsse, bis hin zur Kostenrechnung und den Kapitalflüssen.

Zum zweiten hat die Definition eines Zielzustands erhebliche Auswirkung auf die Entscheidungsprozesse in Ihrem Unternehmen. Das ist genau die Steuerungsmöglichkeit, die Sie benötigen, um sicherzustellen, dass *dezentral im Sinne Ihrer zentralen Strategie entschieden* wird (vgl. DATE-Modell).

Zum dritten gibt Ihnen die KATA hilfreiche Tipps, wie Sie die *Problemlösungsfähigkeit* Ihrer Mitarbeiter verbessern können. Sie verteilen „Angeln" und keinen „Fisch".

■ 21.6 Das System täglich betreiben – Shopfloor-Management

Mit KATA bekommt die Führungskraft eine Methode zur Führung an die Hand. Shopfloor-Management ist nicht nur ein schwarzes Board oder eine Informationstafel, sondern ein Führungsinstrument über alle Hierarchieebenen hinweg. Dabei gelangen die notwendigen Informationen in kürzester Zeit vom Mitarbeiter bis hin zum Leiter der Produktion und wieder zurück

21.6.1 Shopfloor-Management – die Brücke zwischen Produktions- und Führungssystem

Durch das Shopfloor-Management entsteht ein täglicher Austausch zwischen den Mitarbeitern und den Führungskräften, wodurch sich folgende Vorteile ergeben:

■ Führungskräfte werden näher ans Tagesgeschäft herangeführt,

■ aktive, interdisziplinäre Führung vor Ort,

■ Förderung und Weiterentwicklung der Mitarbeiter,

■ umgehende Identifikation von Problemen und Abweichungen vom Soll (Standard) (Peters 2009).

Bei der Gestaltung eines ganzheitlichen Produktionssystems wird häufig eine sehr wesentliche Komponente vernachlässigt – das Führungssystem (Peters 2009). Zu einer nachhaltigen Umsetzung von Verbesserungspotenzialen nach Lean-Prinzipien ist es zwingend notwendig, am Ort der Wertschöpfung zu führen. Dabei bildet das Shopfloor-Management die *Brücke zwischen dem Produktionssystem und dem Führungssystem* (Bild 21.13) (Peters 2009).

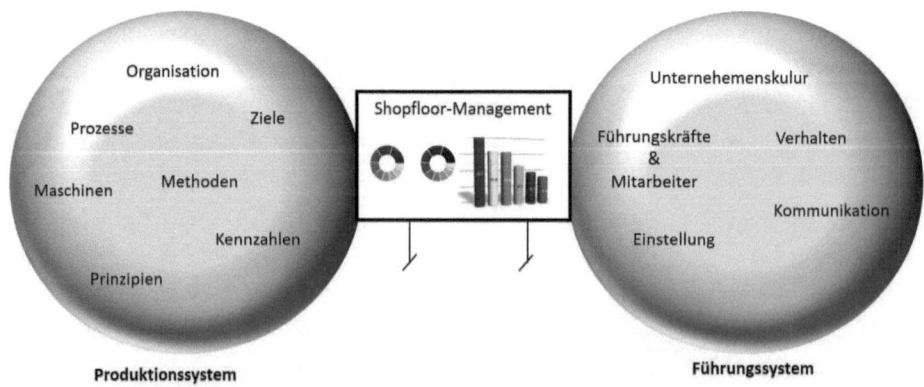

Bild 21.13 Shopfloor-Management als Brücke zwischen Produktionssystem und Führungssystem (vgl. Peters 2009)

Die erfolgreiche Umsetzung des Shopfloor-Managements setzt voraus, dass im Rahmen der KATA ein Nordstern erarbeitet und daraus Ziele abgeleitet wurden (siehe KATA-Managementmethode) (Peters 2009). Führungskräfte müssen das Shopfloor-Management vorleben, dies beinhaltet eine offene und transparente Kommunikation (Peters 2009).

Ziel des Shopfloor-Managements ist eine *strukturierte und auf die notwendigen Informationen reduzierte Besprechung über alle Hierarchieebenen* hinweg durchzuführen. Dies führt zu einer erheblichen Beschleunigung der Umsetzung von Verbesserungspotenzialen. Durch die täglichen Regeltermine werden Entscheidungen auf Basis der Daten vor Ort schnell getroffen und es muss nicht wochenlang auf die nächste Managementsitzung gewartet werden (Peters 2009).

Viele Unternehmen gehen bei der Umsetzung des Shopfloor-Managements davon aus, dass es sich lediglich um den Aufbau des Shopfloor-Management-Boards und den dazugehörigen Besprechungen handelt. In Wirklichkeit steckt jedoch ein langer Veränderungsprozess der Führung, des Verhaltens und der Einstellungen der Beteiligten dahinter. Erst wer diese Faktoren lebt, kann nachhaltig auf das Shopfloor-Management setzen. Bild 21.14 zeigt diesen Weg in Analogie zum Eisbergmodell.

> › **Strukturen und Prozesse**
> * SFM-Regelkommunikation
> * SFM-Boards
>
> › **Führung, Verhalten, Einstellungen**
> * Fehlerkultur und Respekt
> * Kultur des Anhaltens, Lernens und Reflektierens
> * Coaching und Feedback
> * Gemba / Go and See
> * Kontinuierliche Verbesserung
> * Führung durch Fragetechniken und aktives Zuhören
> * Muda-Bewusstsein
> * Strukturierte Problemlösung

Bild 21.14 Das Shopfloor-Management ist mehr als nur ein Board

21.6.2 Elemente des Shopfloor-Managements

Die zentralen Elemente des Shopfloor-Managements sind:

- vor Ort führen,
- Abweichungen erkennen,
- Probleme nachhaltig lösen und
- die Optimierung des Ressourceneinsatzes.

Die meisten Lean-Transformationen kranken am gleichen Phänomen – *der fehlenden Präsenz der Führungskraft vor Ort*. Wie bereits zu Beginn angemerkt, muss ein Produktionssystem sowohl von den Mitarbeitern als auch von den Führungskräften gelebt werden. Hierfür müssen auch die Führungskräfte an den Besprechungen vor Ort teilnehmen. Nur so können Prozesse hinterfragt und Probleme vor Ort betrachtet werden, um dann die notwendigen Entscheidungen zu treffen. Dies ausschließlich auf Basis von täglichen schriftlichen Berichten, Excelsheets und SAP-Reports im Büro zu versuchen, ist nicht zielführend (Peters 2009). Das Shopfloor-Management-Board unterstützt bei der täglichen und strukturierten Kommunikation mit maximaler Transparenz durch entsprechende Berichte, Kennzahlen und Visualisierungen direkt am „Gemba", am Ort des Geschehens.

Ein Ziel ist, *Abweichungen* vom Soll (Standard) möglichst schnell zu erkennen. Die tatsächlichen Problemursachen werden methodengestützt ermittelt und Probleme beispielsweise durch die 5W-Methode, das A3-Problemlösungsblatt oder einen KVP-Prozess *nachhaltig gelöst*. Ein reines „kurieren an Symptomen" soll vermieden werden (Peters 2009).

Shopfloor-Management dezentralisiert die Steuerung und die Verantwortung. Den jeweiligen Bereichsleitern und Meistern wird mehr Verantwortung hinsichtlich der Steuerung von Ressourcen (Mitarbeiter, Maschinen und Anlagen) übertragen. Damit die Ressourcen optimal eingesetzt werden können, muss der *aktuelle Zustand*, wie beispielsweise die Auslastung oder die Anlagen- und Personalverfügbarkeit, bekannt sein. Nur so kann jede einzelne *Ressource zielgerichtet und optimal eingesetzt* werden (Peters 2009). Wie wir in Kapitel 21.7 noch darstellen werden, krankt genau daran der zentrale, alles optimieren wollende Ansatz der PPS-Systeme: Die notwendigen Daten sind nicht in der ausreichenden Qualität und Aktualität vorhanden. Daher schlagen wir vor, das Wissen und die Expertise der Meister vor Ort zu nutzen. Dies wird in unserem Konzept des „Obeya" in Kapitel 21.8 ausgeführt.

21.6.3 Gestaltung eines strukturierten Tagesablaufs und Shopfloor-Management-Boards

Für einen schnellen Austausch der notwendigen Informationen ist ein strukturierter Tagesablauf notwendig. Dadurch können in kürzester Zeit sowohl Bottom-Up als auch Top-Down (Bild 21.15) die Informationen innerhalb des Unternehmens verteilt werden. Vereinfacht kann bei der Informationsverteilung zwischen den Ebenen Leitungsebene, Wertstromebene und beispielsweise Gruppenebene unterschieden werden. Zunächst trifft sich der Meister mit seinen Mitarbeitern (Gruppenebene), um die entsprechenden Themen durchzusprechen. Im Anschluss treffen sich alle Meister aus der jeweiligen Gruppenebene mit jeweiligen Wertstrommanagern (Wertstromebene). Der Wertstrommanager trifft sich im Anschluss mit dem Produktionsleiter (Leitungsebene). Dadurch werden die Informationen in kürzester Zeit von unten nach oben getragen. Sind weitreichende Entscheidungen zu treffen, werden diese dann ebenso in kürzester Zeit wieder von oben nach unten verteilt. Mithilfe eines fixen Zeitfensters, einer klaren Agenda sowie dem notwendigen Teilnehmerkreis kann hierdurch ein *strukturierter Tagesablauf* ermöglicht werden.

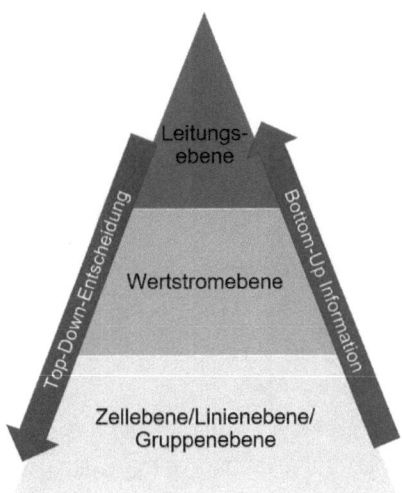

Bild 21.15 Kommunikationswege über die verschiedenen Hierarchieebenen hinweg

Damit Führungskräfte und Mitarbeiter (siehe Bild 21.15) zielgerichtet vor Ort kommunizieren können, muss ein entsprechendes Board gestaltet werden. Dabei sind folgende Hinweise hilfreich:

- einfache manuelle Aufzeichnungen,
- einfache Gestaltung des Boards,
- möglichst visuelle Gestaltung der Inhalte,
- Inhalte dynamisch gestalten,
- gemeinsam (interdisziplinäres Team) die Inhalte des Shopfloor-Managements festlegen.

Bild 21.16 Shopfloor-Management-Board am Technologiezentrum Produktions- und Logistiksysteme

Was nehmen Sie als Führungskraft aus diesem Kapitel mit?

Es hilft nicht, Sie müssen vor Ort sein. Legen Sie so viele Besprechungen wie möglich direkt in die Produktion. Ein Unternehmen nur vom Schreibtisch aus, über Reports und Excelanalysen zu führen, wird nicht funktionieren. Ich bin immer wieder erstaunt, wie wenig selbst die Führungskräfte auf den unteren Hierarchiestufen über die Produktions- und Logistikabläufe vor Ort wissen. Damit dieser Ansatz funktioniert, liefert das Shopfloor-Management mit den Methoden und Werkzeugen, wie den SFM-Boards, wichtige Hilfsmittel. Die Einführung eines Shopfloor-Managements ist heute bei allen Lean-Transformationen einer der zentralsten Punkte.

Eine Gegenfrage könnte lauten: Wozu habe ich dann eigentlich ein PPS-System? Sollte das nicht alle diese Probleme lösen?

■ 21.7 Das System steuern – ein Lean-PPS aufbauen

Um weiterhin die Wettbewerbsfähigkeit der deutschen Industrie an einem Hochlohnstandort sicherzustellen, ist die Termintreue einer der wichtigsten Faktoren (Jünemann et al. 1998; Friedli et al. 2012). Zur Beherrschung der hierfür notwendigen Zeit- und Materialwirtschaft rückte seit den 1980er-Jahren die Produktionsplanung und -steuerung (PPS) als zentrales Konzept in den Fokus und bildet das „Gehirn" produzierender Unternehmen. Jedoch ist trotz des beinahe flächendeckenden Einsatzes von PPS-Systemen die Termintreue der Unternehmen meist nicht zufriedenstellend (Fuchs 2013; Zsifkovits et al. 2013).

In diesem Kapitel wird daher die These vertreten, dass die im Kern über 60 Jahre alten Ideen, die die Basis der meisten PPS-Systeme bilden, nicht mehr für die Probleme heutiger Produktionssysteme geeignet sind und eine Anpassung der vielen jahrzehntealten Denk- und Vorgehensweisen der PPS notwendig ist. Im Weiteren werden zunächst die Kritikpunkte an aktuellen PPS-Systemen herausgearbeitet und ein hybrider Steuerungsansatz aus einer zentralen Grobplanung und einer dezentralen Feinplanung als Lösungsvorschlag skizziert.

21.7.1 Kritikpunkte an den aktuellen PPS-Systemen

Für ein umfassenderes Verständnis der nachfolgenden Kritikpunkte, wird zunächst das Aufgabenspektrum eines PPS-System definiert. Ein PPS-System unterstützt die Gestaltung und Durchführung des Produktionsprogramms. Im Rahmen der Produktionsplanung und -steuerung ist insbesondere festzulegen:

- welche Produkte in welcher Stückzahl innerhalb eines definierten Zeitraums hergestellt werden müssen (Primärbedarfsplanung),
- welche Mengen an fremdbezogenen und eigengefertigten Einsatzgütern benötigt werden (Sekundärbedarfsplanung),
- in welchen Losen die jeweiligen End-, Zwischen- und Vorprodukte produziert oder beschafft werden (Losgrößenplanung),
- wann die Herstellung der einzelnen zu Fertigungsaufträgen zusammengefassten End- und Zwischenprodukte unter Berücksichtigung der verfügbaren Ressourcen produziert werden (Termin- und Kapazitätsplanung),
- wann welche Fertigungsaufträge in der Produktion physisch durchgeführt werden (Auftragsfreigabe) und
- in welcher Reihenfolge die Fertigungsaufträge am jeweiligen Arbeitsplatz bearbeitet werden sollen (Ablaufplanung) (Schulte 2017).

21.7.1.1 Kritikpunkt: Die Systemgestaltung ist heute nicht Aufgabe der PPS

Wie der vorstehenden Definition der PPS entnommen werden kann, wird heute die Systemgestaltung nicht als Teil der PPS gesehen. In der aktuell üblichen Vorgehensweise wird basierend auf Faktoren wie der Art des Teileflusses, der Material- und Produktkomplexität und der Schwankungen des Kundenbedarfs, das passende PPS-Konzept *ausgewählt* (Lödding 2016). Das Problem dabei ist, dass die aktuellen Ausprägungen des zu steuernden Produktionssystems als gegeben hingenommen und nicht hinterfragt werden. Die Komplexität wird nicht durch entsprechende Gestaltung der Strukturen reduziert. Es wird lediglich versucht, die IST-Situation möglichst detailgetreu abzubilden.

Dies führt zu den extrem komplexen PPS-Systemen in der Praxis, die kaum einen strukturierten Überblick erlauben und deren Planungsergebnisse für die Mitarbeiter nicht mehr nachvollziehbar sind, wie in Bild 21.17 dargestellt ist.

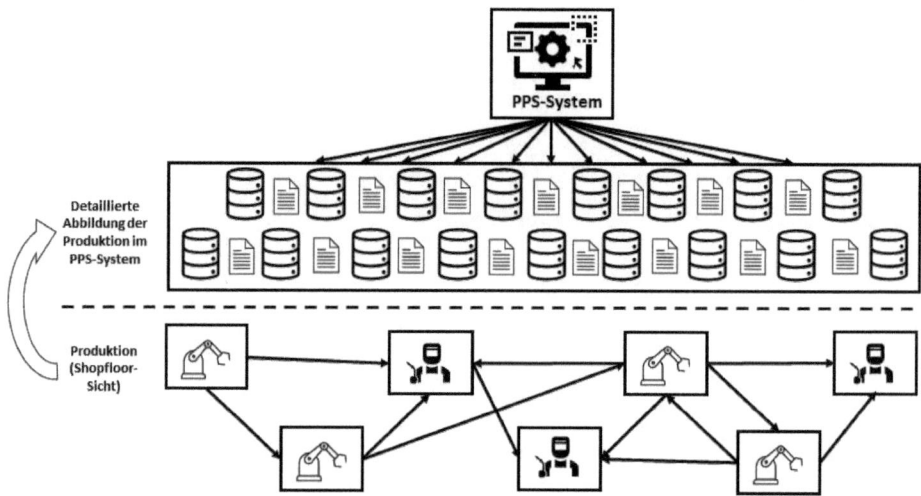

Bild 21.17 Die Produktion wird möglichst detailliert im PPS-System abgebildet. Die bestehenden Strukturen werden nicht hinterfragt

Da die Komplexität des Steuerungssystems maßgeblich von der Komplexität des zu steuernden Systems abhängt, führt der Weg zum Aufbau eines einfachen Steuerungssystems nur über eine Vereinfachung des Produktionssystems. Das heutige PPS-Verständnis muss erweitert werden. Die Möglichkeiten einer ganzheitlichen und interdisziplinären Systemgestaltung können nur durch die Zusammenarbeit von Prozessplanern und IT-Experten realisiert werden.

21.7.1.2 Kritikpunkt: Mangelnde Qualität der Eingangsdaten und Fehlerfortpflanzung

Es ist problematisch, dass die Ergebnisqualität der PPS-Systeme erheblich von der Qualität der Eingangsdaten abhängt (Teich 2015), diese aber meist mangelhaft sind.

Eine wichtige Planungsbasis für PPS-Systeme bilden die Stücklisten. Sind diese nur mangelhaft gepflegt oder veraltet, stimmen alle in Folge ermittelten Berechnungen nicht. Es kommt zur *Fehlerfortpflanzung*. Nicht umsonst wird die Stückliste als „Mutter aller Informationen" in einem Unternehmen bezeichnet.

Die Durchlaufterminierung findet auf Basis der *Arbeitspläne* statt. Diese enthalten meist relativ genau ermittelte Bearbeitungszeiten, da diese zur Kalkulation der Fertigungskosten genutzt werden. Bis zu 95 % der Durchlaufzeiten machen aber die Übergangszeiten für Qualitätssicherung und Logistik aus. Diese werden meist nur grob geschätzt und mit erheblichen Sicherheitspuffern einmalig in das PPS-System eingetragen. Diese Zeiten werden weder exakt gemessen noch systematisch reduziert. Damit bleiben durch den heute üblichen PPS-Einsatz erhebliche Potenziale zur Durchlaufzeitreduzierung ungenutzt. Die gesamte Detailplanung fokussiert sich somit lediglich auf circa 5 % der gesamten Durchlaufzeit (Wiendahl 1997; Schneider 2016).

Plant ein PPS-System gegen *unendliche Kapazitäten*, so ist das Ergebnis kein Plan, sondern ein Wunsch. Wird gegen verfügbare Kapazitäten geplant, so sind diese im Normalfall nicht exakt bekannt. Es wird ein einmal ermittelter, statischer Wert und eine angenommene Verfügbarkeit von beispielsweise 85 % in das System eingetragen. Dies führt zu ständiger Überplanung, wodurch ein manueller Kapazitätsausgleich notwendig ist, der enorme personelle Aufwände erfordert und die Termintreue gefährdet (Suri 1998; Wienecke 2003).

Die heute meist verwendeten deterministischen Modelle gehen davon aus, dass die Eingangsdaten mit Sicherheiten belegt sind (Habicht 2008). Dies ist jedoch im heutigen PPS-Umfeld kaum anzunehmen, wie obige Beispiele zeigen.

Das heute übliche *hierarchisch-sequentielle Planungsvorgehen* (Zelweski et al. 2010) verschleiert die mangelnde Datenqualität auf jeder Planungsstufe. Am Ende des Planungsprozesses wird die Qualität der Eingangsdaten und das vermeintlich exakte Planungsergebnis nicht mehr hinterfragt.

Es müssen Wege gefunden werden, wie wir mit weniger Planungsdaten ausreichend gute Planungsergebnisse erzielen können. Nur für eine stark reduzierte Datenbasis kann der Pflegeaufwand bewältigt werden. Auch muss die Planung ohne die Anforderungen an höchste Datengenauigkeit auskommen. Auf jeden Fall sollten wir uns der Unzulänglichkeiten unserer Planungsdaten bewusst sein und die Ergebnisse mit entsprechender Vorsicht nutzen.

21.7.1.3 Kritikpunkt: Eine Ergebniskontrolle und ein Lernen finden nicht statt

Obwohl sich viele Unternehmen der schlechten Datenqualität in ihren EDV-Systemen durchaus bewusst zu sein scheinen, ist es umso erstaunlicher, dass es meist keine Lernstrategie zur kontinuierlichen Verbesserung der Planungsdatenbasis in Unternehmen gibt.

Die Planergebnisse der PPS-Systeme werden nicht systematisch mit den tatsächlich im laufenden Betrieb am Ende des Tages erreichten Durchlaufzeiten und der Termintreue der Aufträge verglichen. Es findet meist *kein Plan-/Ist-Vergleich* statt.

Die PPS-Systeme liefern zwar ein stimmig und exakt wirkendes Ergebnis, aber ob dieses jemals in der Realität umsetzbar ist und/oder auch tatsächlich jemals so erreicht wird, wird bewusst oder unbewusst nicht kontrolliert (Suri 1998; Neumann 1996).

Entscheidende Planungsparameter, wie die Durchlaufzeit und die aktuelle Verfügbarkeit von Anlagen, werden meist aufgrund des erheblichen Erfassungsaufwands nur einmal manuell erfasst und als statischer Wert in das System eingetragen. Die Daten werden nicht durch einen systematischen Prozess kontinuierlich überwacht und verbessert.

In unseren auf Effizienz getrimmten Unternehmen wird sehr vieles kontrolliert und kontinuierlich verbessert. Gerade wegen des erheblichen finanziellen und personellen Aufwands und der Wichtigkeit für die Unternehmen muss die Effizienz und Effektivität der PPS-Systeme gemessen und entsprechend verbessert werden.

21.7.1.4 Kritikpunkt: Mängel der meist angewendeten MRP II-Logik

Ein Großteil der in der Industrie eingesetzten PPS-Systeme greift auf die MRP II-Logik zurück (Hellmich 2003). Folgende Kritikpunkte sind anzubringen:

Der heute meist etablierte *PUSH-Ansatz* sieht vor, jeden Arbeitsplatz einzeln zu planen und anzusteuern. Diese *detaillierte Planung* verbessert jedoch keineswegs die Planungsqualität, erzeugt aber erhebliche Planungskomplexität. Hier die Lösung in der immer weiteren Detaillierung der Planung zu suchen, ist genau der falsche Weg.

Außerdem erfordert dieser Planungsansatz sehr große Datenmengen. Diese werden auf Basis eines hierarchisch-sequentiellen Modells im Rahmen eines MRP-Laufs zur Ermittlung des Materialbedarfs weiterverarbeitet. Aufgrund des meist enormen Umfangs, kann dieser nur einmal über Nacht durchgeführt werden (Zelweski et al. 2010).

Kommt es während der Durchführung des MRP-Laufs zu kurzfristigen Änderungen oder unvorhersehbaren Störungen, ist der aktuelle Plan obsolet. Das Ergebnis ist eine Bedarfsermittlung, die mit der Realität nicht übereinstimmt (Suri 2017). Für die Produktion, insbesondere die Meister, entsteht ein sogenannter untertägiger „Blindflug". Daher werden PPS-Systeme benötigt, die mit häufigeren Planläufen auch kurzzyklisch auf Veränderungen reagieren können.

Um das komplexe System des in viele einzelne Arbeitsfolgen zerlegten Produktionsprozesses überhaupt noch steuern zu können, wird zwischen den Arbeitsplätzen ein hoher Bestand an Material und Zwischenprodukten eingeplant. Probleme bei der Termintreue und Fehlteile werden regelmäßig mit noch höherem Bestand kompensiert, der zu einer noch höheren Durchlaufzeit führt. Dieser Teufelskreis wird als *Durchlaufzeitsyndrom* bezeichnet (Schneider 2016). Durch die aktuellen PPS-Systeme wird dieses in der Praxis häufig festzustellende Problem nicht gelöst (Suri 2017), sondern teilweise sogar noch verschlimmert.

Weiterhin treten in vielen Produktionssystemen *Bullwhip-Effekte* auf (Schneider 2016). Auslöser von Bullwhip-Effekten sind zum einen mehrstufige Produktionssysteme und zum anderen sogenannte Time Lags. Häufig sind für ein PPS-System notwendige Informationen erst mit erheblichen Verzögerungen verfügbar, beispielsweise durch manuelle Rückmeldeprozesse oder Datenverarbeitungen im Nachtlauf (Erlach 2010).

Ein weiteres Problem der MRP II-Logik ist, dass die Systemdynamik, die Wechselwirkungen innerhalb des Systems, bei den Berechnungen und Auswertungen aktuell nicht berücksichtigt werden (Suri 2017). Die gängigen Systeme verwenden nur statische Werte. Beispielsweise werden die Durchlaufzeit und die Verfügbarkeit manuell in das System eingetragen und sind nicht Teil des Planungsprozesses, sondern ein fixes Eingangsdatum! Dadurch treten in einer Produktion *Warteschlangen* auf.

Kingman führt die Entstehung von Warteschlangen vor allem auf den sogenannten Dehnungseffekt der Auslastung in der Produktion zurück. Dieser beschreibt, dass es einen Zusammenhang zwischen der Auslastung eines Systems und der Warteschlangenzeit (beispielsweise der Durchlaufzeit) gibt. Bei einer Auslastung über circa 85 % nimmt die Durchlaufzeit durch Variation der Prozess- und Ankunftszeiten exponentiell zu (Suri 2018; Bicheno 2019).

Uns ist heute kein PPS-System bekannt, das diese während der 60 Jahre ermittelten Erkenntnisse berücksichtigt. Dies ist jedoch von nicht zu unterschätzender Wichtigkeit zur Erklärung der mangelhaften Leistung unserer PPS-Systeme. Mit dem Ziel der meisten Planungssysteme eine Auslastung der Ressourcen zu 100 % zu erzielen, wird dem Dehnungseffekt maximaler Vorschub geleistet.

Die Reaktion der Disponenten auf all diese Probleme ist, als „Terminjäger" zu agieren, damit wichtige Aufträge doch noch innerhalb des zugesagten Zeitfensters fertiggestellt werden können (Suri 2017). Dies geschieht jedoch auf Kosten der restlichen Aufträge im Umlaufbestand (WIP), deren Wartezeit und somit Durchlaufzeit weiter steigt – auch hier ein Teufelskreis. Das Ergebnis einer Umsortierung der Auftragsreihenfolge führt zu schwankenden und unvorhersehbaren Durchlaufzeiten. Aufträge sind nicht mehr planbar und eine akzeptable Termintreue ist nur bedingt und mit einem sehr hohen manuellen Steuerungsaufwand erreichbar.

Die MRP II-Logik in Verbindung mit unserem auf REFA basierenden Produktionsverständnis schafft sich paradoxerweise selbst die denkbar schlechtesten Voraussetzungen für eine hohe Termintreue. Wird die Termintreue als wichtigstes Planungsergebnis akzeptiert, muss die althergebrachte Vorgehenslogik in Frage gestellt und neu gedacht werden. Es muss ein Weg gefunden werden, wie die Planungsläufe kurzzyklisch untertägig durchgeführt werden können. Dabei sollten seit Jahrzehnten bekannte Effekte wie das Durchlaufzeitsyndrom, der Bullwhip- und Dehnungseffekt weitgehend vermieden und die Systemdynamik angemessen berücksichtigt werden, um realistische Planungsergebnisse zu erhalten.

21.7.2 Aufbau eines hybriden PPS-Systems als Lösungsansatz

21.7.2.1 Systemgestaltung als Teil der PPS

Auf Basis der Erfahrungen aus dem Forschungsprojekt „Layout based Order Steering – LOS1" (Schneider 2012) wird vorgeschlagen, dass ganz bewusst die Gestaltung des zu steuernden Systems als Teil der PPS gesehen wird. Die Ziele müssen sein, die Komplexität zu reduzieren und die Steuerbarkeit des Systems zu verbessern.

Die Steuerbarkeit des Systems kann durch folgende Ansatzpunkte in geeigneter Weise beeinflusst werden:

- Als erster Schritt wird vorgeschlagen möglichst viele Baugruppen aufzulösen. Im Lean-Umfeld wird dies mit dem Prinzip *„flache Stückliste"* umschrieben. Der Effekt ist, dass sehr viele bisher einzeln zu planende und zu steuernde Zwischenzustände mit eigenen Teilenummern entfallen. Das System wird dadurch entschlackt und stark vereinfacht (Schneider 2016). Durch die Reduzierung der Planungsstufen wird zudem der Bullwhip-Effekt reduziert.

- Ein zweiter Schritt ist die zielgerichtete *Gestaltung der Fertigungs- und Materialflüsse.* Es können beispielsweise mehrere Arbeitsplätze zu einer U-Zelle oder Produktionsinsel zusammengefasst werden (Suri 2018). Dies reduziert die Anzahl der zu steuernden einzelnen Arbeitsplätze nochmals erheblich. In der Lern- und Musterfabrik des Technologiezentrum Produktions- und Logistiksysteme (TZ PULS) wird im Planspiel „Von der Werkstatt zur Fließfertigung" aus vormals sieben einzeln zu steuernden Arbeitsplätzen eine verkettete U-Zelle mit einem Einsteuerungspunkt gestaltet. Auch im PPS-System reduziert sich der Pflegeaufwand von sieben Teilprozessen auf einen höher aggregierten Prozess.

- Die bisher beschriebenen Schritte leisten einen enormen Beitrag, das ansonsten häufig auftretende Durchlaufzeitsyndrom zu verringern.

- Für die verbliebenen zu planenden Prozesse wird vorgeschlagen, anstatt der Arbeitspläne *Prozessprofile* zu nutzen. Dieser neue Begriff soll verdeutlichen, dass die Durchlaufzeit des gesamten Prozesses die ausschlaggebende Größe ist. Für die Bearbeitungszeiten sind heute meist viel zu detaillierte Informationen vorhanden, für die Übergangszeiten viel zu grobe Schätzungen. Es muss auch diskutiert werden, dass Arbeitspläne heute in der Praxis allerlei „unternehmenspolitischen Ballast" beinhalten (wie Leistungsgrade, Pausenvereinbarungen usw.), der die Tauglichkeit vieler Arbeitspläne als Grundlage für die PPS fragwürdig erscheinen lassen.

- Ein neuralgischer Punkt zur Steuerung von Prozessen ist der *Engpass.* Als Engpass wird meist die Ressource mit der geringsten Kapazität bezeichnet. Es kann aber auch ein „restiktiver Engpass" in der Systemgestaltung festgelegt werden (Erlach 2010). Für die Aufgabe der Planung und Steuerung legt ein Engpass ein-

deutig den Fokus fest und trägt zur Lösung vieler in der PPS auftretender Zielkonflikte bei.

- Ein weiterer neuralgischer Punkt ist der *Kundenentkopplungspunkt*. Ab diesem
  Punkt wird das Produkt kundenspezifisch. Ein Produktionssystem muss vor und
  nach diesem Punkt jeweils anders gesteuert werden. Außerdem wird durch die
  Lage dieses Punktes im Wertschöpfungsprozess die Lieferzeit zum Kunden maßgeblich beeinflusst (Make to Stock vs. Make to Order). Viele PPS-Systeme, die
  nur von IT-Experten eingerichtet werden, steuern mangels Produktionssystem-
  wissen alle Systemteile gleich.
- Der Kundenentkopplungspunkt wird durch die Produktkonstruktion festgelegt.
  Soll dieser bewusst zur Gestaltung eines Produktionssystems festgelegt werden,
  ist eine enge Zusammenarbeit mit der technischen Entwicklung unabdingbar.
  Gleiches gilt für die *Varianzbildungspunkte*, die den Aufwand vor allem für die
  Logistik in einem Produktionssystem beeinflussen.

Durch das zielgerichtete Zusammenspiel aller o. g. Gestaltungsmaßnahmen, kann
die Komplexität des zu steuernden Systems durch die Reduzierung der Planungs-
elemente und der Anzahl notwendiger Schnittstellen erheblich reduziert werden.
Wie in Bild 21.18 erkennbar ist, wird erst das stark vereinfachte Produktionssystem im PPS-System abgebildet.

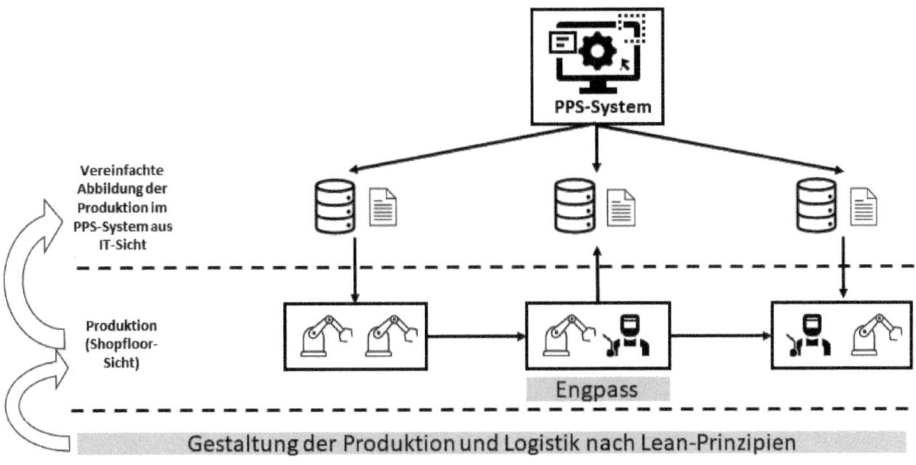

Bild 21.18 Durch entsprechende Gestaltungsmaßnahmen wird die Steuerbarkeit des
Produktionssystems erhöht und die Komplexität des PPS-Systems stark reduziert

Der Pflege-, Planungs- und Steuerungsaufwand wird entsprechend geringer.

Dieser Schritt, die Systemgestaltung als Aufgabe der PPS zu sehen, bringt die
nachhaltigsten Ergebnisse, da direkt an der Ursache des Problems gearbeitet wird.
Viele andere Maßnahmen sind nur eine Symptombehandlung.

21.7.2.2 Verbesserung der Datenqualität

Natürlich wäre es viel zu einfach, bei mangelnder Datenqualität lapidar vorzuschlagen, die Daten doch einfach besser zu pflegen. Es sind so viele Daten für ein PPS-System nötig, dass die Ressourcen dazu meist nicht vorhanden sind. Es ist auch nicht erkennbar, an welcher Stelle man mit der Pflege beginnen sollte und welche Daten am wichtigsten sind.

Die Reduzierung der Komplexität des Systems durch gezielte Systemgestaltung bildet die Grundlage für die Verbesserung der Datenqualität.

Die Planung und Steuerung sollte sich bei der Pflege der Prozessprofile und der Planung auf die *kritische Kette* konzentrieren. Dies ist der längste (manchmal auch der fehleranfälligste) Teilprozess. Wenn dieser Prozess richtig geplant und im Zeitrahmen ist, sollten es alle anderen Teilprozesse, die schneller sind, auch schaffen. Der Aufwand für die Datenpflege der anderen Prozesse kann geringer priorisiert werden.

Innerhalb der kritischen Kette sollte der Fokus auf den Engpass gerichtet werden. Gerade die *verfügbaren Kapazitäten* zu ermitteln, ist sehr aufwendig. Da der Engpass per Definition, die Ressource mit der geringsten Kapazität darstellt, sollten auch hier bei entsprechender Planung und Steuerung des Engpasses alle anderen Teilprozesse in der Lage sein, dem Produktionsprogramm zu folgen. Es wird daher vorgeschlagen nur noch den Engpass im Detail zu planen und die Auswirkungen auf die anderen Teilprozesse lediglich grob zu simulieren. Dies reduziert den Ermittlungs- und Pflegeaufwand, im Speziellen für die verfügbare Kapazität, enorm.

Auf diese Weise sollte es gelingen, eine für eine gute Planung ausreichende Datenqualität zu erreichen.

21.7.2.3 Mit Industrie 4.0 Transparenz in Echtzeit schaffen

Einen weiteren Beitrag zur Verbesserung der Datenqualität können Industrie-4.0-Technologien leisten. Die realen Produktionsgegebenheiten sollen mithilfe von Sensorik wesentlich schneller und exakter erfasst werden, als dies in heutigen PPS-Systemen möglich ist. Das Ziel ist, möglichst echtzeitnah den aktuellen Zustand der Produktion und Logistik zu erfassen.

Die beiden wichtigsten Daten für ein PPS-System sind die Durchlaufzeiten der Prozesse und die aktuellen Kapazitätsauslastungen der zu planenden Ressourcen. Beides sind Daten, die in aktuellen PPS-Systemen im Vorfeld auf Basis von Schätzungen fixierte Eingangsdaten der Planung sind.

Durch eine geschickte Systemgestaltung der gezielten Auswahl geeigneter Datenmesspunkte mit entsprechenden Technologien und der Kombination der Daten aus verschiedenen Quellsystemen, lassen sich Daten echtzeitnah erfassen und verarbeiten. Diese drastische Verkürzung vieler heute noch vorhandener Time Lags, trägt zur Reduzierung der Bullwhip-Effekte in einem Produktionssystem bei.

21.7.2.4 Aufbau einer Lernstrategie

Die Effizienz und Effektivität der PPS-Systeme muss gemessen und entsprechend verbessert werden.

Es gilt eine *Lernstrategie für PPS-Systeme* zu entwickeln, die einerseits die Eingangsdaten kontinuierlich verbessert und andererseits einen Plan-/Ist-Vergleich der Planungsergebnisse aus dem PPS-System mit dem Erfüllungsgrad in der Realität vornimmt.

Die entsprechenden Methoden und Mechanismen sind in vielen Unternehmen mit dem täglichen Shopfloor-Management und KVP-Prozessen bereits vorhanden, müssen aber adaptiert werden.

Es können täglich Maßnahmen zur Stabilisierung der Durchlaufzeit und gezielten Verkürzung der Planzeiten diskutiert und umgesetzt werden. Einen ähnlichen Vorschlag unterbreiten Stanula et al. (2019). Die Einbindung der PPS-System-Verantwortlichen in das tägliche operative Produktionsmanagement ist noch im Detail zu entwickeln und in der Praxis zu testen. Es erscheint äußerst vielversprechend, die heute oft zu beobachtende Lücke zwischen der operativen Steuerung auf dem Shopfloor und der IT-basierten Planung mit der vorgeschlagenen Vorgehensweise zu überbrücken und ein gegenseitiges Lernen zu ermöglichen.

21.7.2.5 High Level MRP und hybrider Steuerungsansatz mit Obeya (Kommunikationszentrale)

Es wird befürwortet, die Programmplanung zentral nur auf einem sehr hohen Aggregationsgrad durchzuführen. *Suri* bezeichnet dies als *„High Level MRP"* (Suri 2018). Wir schlagen zusätzlich noch die Fokussierung auf die kritische Kette und den Engpass vor.

Somit wird es möglich die notwendige Datenqualität sicherzustellen. Die mit Industrie-4.0-Technologien zusätzlich echtzeitnah vorhandenen Daten aus der Produktion in Kombination mit den häufigen Planungsläufen (durch das High Level MRP) ermöglichen auch untertägig eine kurzfristige Neu- und Umplanung in der Steuerung. Der bisherige untertägige „Blindflug" der Meister nach den ersten Änderungen oder Störungen, kann somit verhindert werden.

Die Reduktion auf eine zentrale Grobplanung setzt voraus, dass die Detailplanung dann anderweitig durchgeführt werden muss. Um eben diese *dezentrale Feinplanung* zu ermöglichen wurde am TZ PULS das Konzept des Obeya aus dem Produktentstehungsprozess von Toyota auf das PPS-System übertragen (Jeffrey 2006).

Was Sie als Führungskraft aus diesem Kapitel mitnehmen?

Die positive Nachricht ist, dass die Unternehmen das bestehende PPS-System weiterhin nutzen können. Alle bisherigen Verbesserungsvorschläge setzen außerhalb des Kerns aktueller PPS-Systeme an, wirken also indirekt. Die Lösung liegt also nicht in der Anschaffung einer neuen Software, sondern in der *Reduzierung auf eine zentrale Grobplanung (High Level MRP)*. Alles Übrige kann *dezentral über Shopfloor-Management und das Obeya-Konzept* gesteuert werden, wie es der hybride Steuerungsansatz vorschlägt. Das Ziel ist ein einfaches Steuerungssystem mit untertägigen Planungsläufen. Ein einfaches Steuerungssystem setzt ein *„einfach zu steuerndes System"* voraus. Die beschriebene gezielte Gestaltung des Produktionssystems setzt an der Problemursache an und schafft nachhaltige Problemlösungen. *Industrie 4.0*-Technologie wird eingesetzt, um ein möglichst reales Abbild der Produktion echtzeitnah zu erhalten. Um die Effizienz und Effektivität der Planung und Steuerung zu erhöhen, sollte eine Lernstrategie für PPS eingeführt werden, um die Datenqualität und die Planungsergebnisse zu messen und kontinuierlich zu verbessern.

Lediglich für die Berücksichtigung der Systemdynamik und einer weiteren Performanceverbesserung muss das hierarchisch-sequentielle Optimierungsmodell der MRP II-Logik in Frage gestellt werden. Im Rahmen weiterer Forschungsarbeiten soll hierfür ein neuer Kern beispielsweise auf der Basis von künstlicher Intelligenz entwickelt werden.

■ 21.8 Die Kommunikationszentrale der Führung – der Obeya

Wie wir im Verlauf des Kapitels gesehen haben, ist Führung ein komplexes und vielschichtiges Thema, das eine ganze Reihe von Methoden und Werkzeugen zur erfolgreichen Umsetzung benötigt.

Daher haben wir am TZ PULS das Konzept des Obeya (siehe Bild 21.19) aus dem Produktentstehungsprozess von Toyota auf die Führung eines Produktionssystems übertragen (Jeffrey 2006). *Obeya liefert einen bisher fehlenden, pragmatischen und praxisnahen Ordnungsrahmen für den gesamten Führungsprozess.*

Diese Kommunikationszentrale beinhaltet analoge Mittel aus dem Lean-Baukasten, wie Shopfloor-Management und KATA, aber auch digitale Hilfsmittel, wie ein PPS-System, Ortungssysteme und ein digitales KVP-Tool.

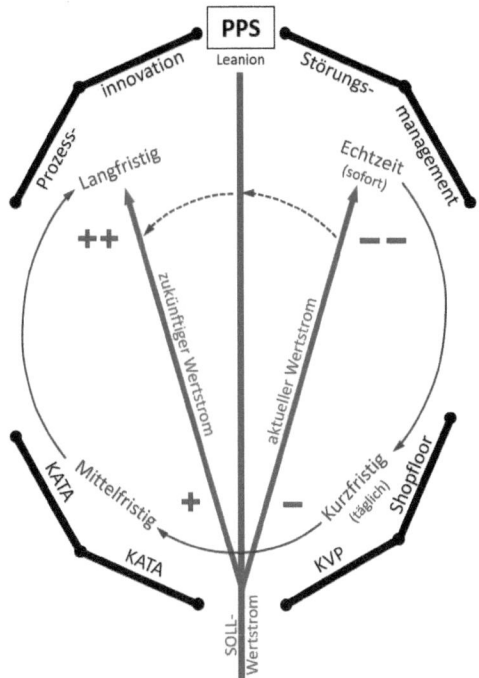

Bild 21.19 „Obeya" (Kommunikationszentrale) beinhaltet analoge Mittel aus dem Lean-Baukasten, wie Shopfloor-Management und KATA, aber auch digitale Hilfsmittel, wie Ortungs-systeme und ein digitales KVP-Tool zur dezentralen Feinplanung

Der Führungsablauf beginnt mit dem PPS-System, das festlegt, welche Aufträge an diesem Tag abzuarbeiten sind. Wir schlagen vor, im PPS-System nur eine sehr hochaggregierte Planung durchzuführen. Die Kombination aus einer zentralen Grobplanung (High Level MRP) mit dem auf dem Obeya-Konzept basierten Vor-schlag zur dezentralen Feinplanung wird als „hybrider PPS-Ansatz" bezeichnet, der vollständig in Bild 21.20 dargestellt wird.

Wenn man dem Ablauf im Uhrzeigersinn folgt, ist der nächste Schritt das *Störungs-management*. Abweichungen sollen schnellstmöglich erkannt und innerhalb weni-ger Minuten behoben werden.

Das nächste Board ist dem klassischen Shopfloor-Management gewidmet.

An jedem Board des Obeya wird unterschieden, ob es sich um „Arbeit im System" oder *„Arbeit am System"* handelt. Ersteres wäre beispielsweise das Störungsma-nagement und die Fehlerbehebung an einem konkreten Produkt oder Kundenauf-trag. Zweiteres wäre beispielsweise die Definition von übergeordneten kundenauf-tragsunabhängigen Maßnahmen zur dauerhaften Vermeidung von Fehlern. Es hat sich in der Praxis als äußerst hilfreich erwiesen, diesen Unterschied den Beteilig-ten immer wieder vor Augen zu führen, um gute Ergebnisse zu erzielen.

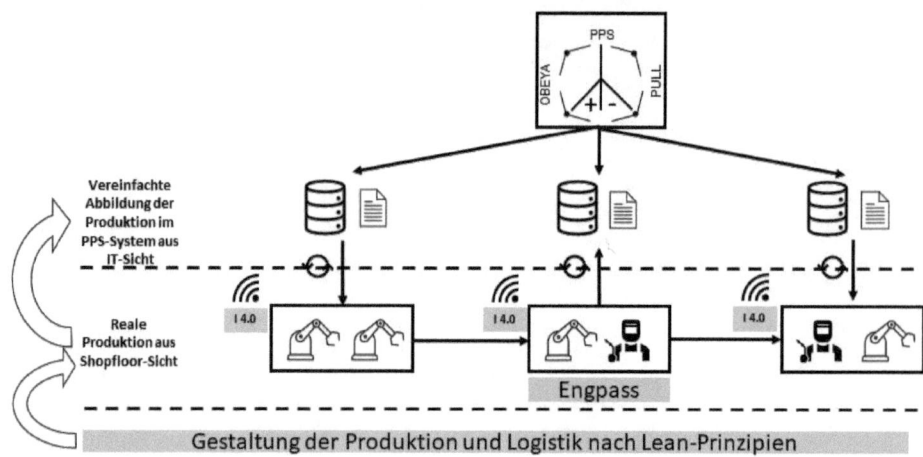

Bild 21.20 Ergänzung des PPS-Systems um den Obeya, der die Reduzierung auf eine zentrale High-Level-Planung und die Einbindung einer Lernstrategie für das PPS ermöglicht

Die analogen Kennzahlen und Visualisierungen an den Boards werden punktuell durch digitale Tools sinnvoll unterstützt. Beispielsweise ist in den Prototypen am TZ PULS ein digitales KVP-Tool integriert. An der Entwicklung eines *digitalen Shopfloortools* vom Vertrieb, über die technische Entwicklung und die Produktion bis zur Baustelle, wird aktuell mit externen Partnern gearbeitet.

Die rechte Seite des Obeya dient dazu, die Produktion wieder auf den Soll-Zustand zu bringen, also auf *Abweichungen schnell zu reagieren und diese dauerhaft zu verhindern.*

Die linke Seite des Obeya bezieht sich *auf die zukünftige Weiterentwicklung des Produktionssystems.* Das dritte Board dient der Definition der Zielzustände, die im nächsten Jahr erreicht werden sollen und der Umsetzung mithilfe der *KATA-Methodik.*

Das vierte Board, das den Kreis schließt, beschäftigt sich mit Prozessinnovationen und der systematischen Analyse und Integration neuer Technologien in das eigene Produktionssystem.

Was nehmen Sie als Führungskraft aus diesem Kapitel mit?

Alle im Führungssystem benötigten Bausteine werden im Obeya (Kommunikationszentrale) zu einem Gesamtkonzept integriert und in einem Führungsablauf dargestellt. Es werden analoge Elemente vor Ort mit digitalen Hilfsmitteln ergänzt, wo dies sinnvoll ist. Dieses Konzept hilft bei der Umsetzung des „hybriden Steuerungsansatzes", der notwendig erscheint, um die völlig überbordende Komplexität der PPS-Systeme in den Griff zu bekommen und eine termintreue Produktion zu erreichen.

Wir sind überzeugt, dass unser Obeya ein äußerst hilfreiches Mittel zur Umsetzung erfolgreicher Führung und somit zum Gesamterfolg eines Unternehmens darstellt.

Teil VI

Methoden und Werkzeuge

22 Systemgestaltung und Planungsmethoden

Die Aufgabe, ein komplettes Werk mit Fertigung, Montage und allen logistischen Prozessen inkl. der Informationsflüsse zu planen, ist eine komplexe Aufgabe, die eine Vielzahl verschiedener Methoden und Werkzeuge benötigt. In der Praxis stellen wir immer wieder fest, dass eines der Hauptprobleme ist, dass die Beteiligten viel zu weit im Detail stecken und den Überblick verlieren. Da es unmöglich ist, im Rahmen dieses Buches einen umfassenden Überblick über alle Planungsmethoden zu geben, wollen wir uns auf die Methoden konzentrieren, die genau diesen Blick auf das große Ganze ermöglichen und zu sinnvollen Planungsergebnissen führen.

Zunächst stellen wir die *Wertstrommethode* (Kapitel 22.1) dar. Diese wird als eine der, wenn nicht als DIE wichtigste Methode im Lean-Umfeld bezeichnet. Ein Wertstrom ermöglicht eine überschaubare Visualisierung eines gesamten Wertschöpfungsprozesses, zur IST-Analyse (Wertstromanalyse), wie auch zur Zielbeschreibung (Wertstromdesign).

70 – 80 % der Kosten sind in die Strukturen einer Fabrik hineingeplant. Den größten Hebel zur Kostenreduzierung haben wir also durch die entsprechende Gestaltung dieser Strukturen. Daher widmen wir der *Fabrikplanung* ein sehr ausführliches Kapitel 22.2. Die klassische Fabrikplanung muss weiterentwickelt werden, um Lean-kompatible Ergebnisse zu erzielen.

Neben diesen beiden „Top-down-Planungsansätzen", betrachten wir in Kapitel 22.3 die *Montagereihenfolgeplanung* zur „Bottom-up-Planung". Die optimale Reihenfolge bestimmt maßgeblich die Montagezeiten und -kosten. Außerdem wird hier festgelegt, ob und inwieweit eine Fließfertigung, das Ziel jeder Lean Production, realisierbar ist.

Gerade durch Industrie 4.0 und IIoT haben wir in den letzten Jahren eine erhebliche Fokussierung auf Technologie und Automatisierung erlebt. Im Kapitel 22.4 stellen wir vor, wie wir mit dem *Technologiescouting* die Auswahl zu den Prozessen passender Technologien unterstützen.

■ 22.1 Das System visualisieren – die Wertstrommethode

Eine der wichtigsten Methoden in der Lean Production zum Erkennen struktureller Ursachen von Verschwendung ist die *Wertstrommethode*. Dies ist, um im Bild unseres *Abraham Lincoln* in der Einleitung zu bleiben, die Methode, die analog zum Zusammenkneifen der Augen Unschärfe zulässt und dabei hilft, das gesamte System zu überblicken. Erst die Zusammenhänge zwischen den einzelnen Quadraten, den Systemteilen, führen zur Mustererkennung und zur Lösung des Problems. Dies ist die Basis für ein ganzheitliches Prozessmanagement.

Ein Wertstromdesign stellt die Vision, den Sollzustand der späteren Produktion, dar und gibt eine Art Richtlinie an die Hand, deren Anwendung sich in der Vergangenheit bewährt hat. Im Folgenden werden die „acht Leitlinien" für die Gestaltung einer „schlanken Produktion" vorgestellt, die sich weitestgehend an *Rother* und *Shook* orientieren (Rother, Shook 2011, S. 40 – 50):

Leitlinie 1: Ausrichtung am Kundentakt.

Die Produktion ist am Kundentakt auszurichten, da dieser die Voraussetzung für eine kontinuierliche Fließfertigung mit geringen bzw. gar keinen Beständen zwischen den einzelnen Prozessen darstellt. Dieser wird auch als „Schlagzahl der Produktion" bezeichnet. Halten gewisse Prozesse den Kundentakt nicht ein, kann entweder bei einer Unterschreitung der Kundenbedarf nicht erfüllt werden, oder bei einer Überschreitung sammeln sich Bestände. Es entstehen lange Liege- und Durchlaufzeiten (Klevers 2007, S. 77f.).

Berechnet wird der Kundentakt mit folgender Formel:

Verfügbare Betriebszeit pro Zeitraum/Kundenbedarfe pro Zeitraum (Erlach 2007, S. 48).

Leitlinie 2: Entwickeln Sie, wo immer möglich, eine kontinuierliche Fließfertigung, integrieren Sie die Prozesse.

Ein kontinuierlicher Fluss bedeutet

■ keine Unterbrechung des Ablaufs,
■ stabile Reihenfolge von Anfang bis Ende,
■ geringe Bestände,
■ kurze und definierte Durchlaufzeit,
■ gleichmäßige Auslastung der Ressourcen und
■ geringen Steuerungsaufwand (vgl. Klevers 2007, S. 72).

Das Optimum einer kontinuierlichen Fließfertigung stellt der „One-Piece-Flow" dar. Hier wird jedes Teil einzeln zum nächsten Prozessschritt weitergegeben, ohne zwischen den Prozessschritten auf die weitere Bearbeitung warten zu müssen. Ein weiteres Kennzeichen ist das Vorhandensein von nur einem angearbeiteten Teil am Arbeitsplatz. Die Auswirkungen einer kontinuierlichen Fließfertigung sind eine minimale Durchlaufzeit, erhöhte Flexibilität und erhöhte Wirtschaftlichkeit aufgrund von Einsparungen wie Lagerflächen und -verwaltung. Demzufolge stellt sie die effektivste Art der Fertigung dar (Erlach 2007, S. 134–136). Das Ziel sollte also sein, möglichst viele Prozesse in einer kontinuierlichen Fließfertigung zu organisieren.

Die Fließfertigung stellt die effektivste Art der Fertigung dar.

Leitlinie 3: Aufeinanderfolgende Produktionsprozesse, die aus technologischen Gründen nicht in die Fließfertigung integriert werden können, sind so weit möglich in einer Reihenfertigung mit FIFO-Verkopplung und Bestandsobergrenze zu gestalten.

Falls eine kontinuierliche Fließfertigung, beispielsweise wegen unterschiedlicher Taktzeiten, nicht realisierbar ist, müssen die Prozessschritte über einen festen Transportweg, z. B. eine Rollbahn, verkettet werden. Die Rollbahn oder auch ein Durchlaufregal stellt sicher, dass First-in-first-out eingehalten wird. Des Weiteren muss ein Maximalbestand festgelegt werden. Dadurch ist der Bestand begrenzt und die Durchlaufzeit kalkulierbar (Klevers 2007, S. 72 ff.).

Leitlinie 4: Verwenden Sie Supermarkt-Pull-Systeme zur Produktionssteuerung, bei der sich die kontinuierliche Fließfertigung nicht bis zu den vorgeschalteten Prozessen ausdehnt.

Zwischen Prozessschritten, bei denen keine Reihenfertigung mit FIFO-Logik anwendbar ist, soll mit Supermarkt-Pull-Systemen gearbeitet werden. Dies ist beispielsweise bei hohen Rüstzeiten, größerer Lieferantenentfernung oder unzuverlässigen Anlagen und Maschinen notwendig und mag eine Losgrößenfertigung erfordern. Der Vorteil dieses Systems sind die selbststeuernden Regelkreise. Durch den Einsatz von Kanban ist eine übergeordnete Steuerung nicht mehr notwendig, und das Auftreten von Planungsfehlern wird vermieden. Ferner wird der Bestand weitgehend gering gehalten, da sich nur eine definierte Menge im Prozess befindet (Klevers 2007, S. 100f.).

Leitlinie 5: Versuchen Sie, die Produktionsplanung nur an einer Stelle im Wertstrom anzusetzen.

Die Voraussetzung für eine stabile Reihenfolge in der gesamten Produktion ist die Ansteuerung nur eines Prozesses, des sogenannten „Schrittmacher-Prozesses". Somit werden der Steuerungsaufwand minimiert und sich widersprechende Steuerungsanweisungen, die unweigerlich zu Beständen und Fehlmengen führen, vermieden (Erlach 2007, S. 198). Der Schrittmacher-Prozess gibt die Aufträge im Kundentakt frei und legt den Produktionsrhythmus fest. Er ist der Teilprozess, ab dem das Produkt kundenspezifisch wird (= Kundenentkopplungspunkt).

Leitlinie 6: Schaffen Sie in Ihrem Wertstrom ein „Anfangs-Pull" durch die Freigabe und Entnahme kleiner, gleichmäßiger Arbeitsportionen am Schrittmacher-Prozess (Produktionsvolumen ausgleichen).

Am Schrittmacher wird ein definiertes Arbeitsvolumen in einem gleichmäßigen Rhythmus freigegeben. Diese Zeiteinheit wird „Pitch" genannt und muss ein ganzzahliges Vielfaches des Kundentakts sein. Der Pitch setzt sich üblicherweise aus dem Produkt von Taktzeit und Behälterinhalt zusammen. Das Ziel ist eine gleichmäßig fließende Produktion, die durch eine möglichst kleine Freigabeeinheit erreicht wird (Erlach 2007, S. 206 f.).

Nach jedem Pitch soll die Variante gewechselt werden, damit ein ausgeglichener Fluss entsteht und möglichst kurzfristig auf Auftragsänderungen reagiert werden kann. Dieser Vorgang wird als „Produktionsnivellierung" bezeichnet.

Leitlinie 7: Verteilen Sie die Herstellung verschiedener Produkte beim Schrittmacher-Prozess gleichmäßig über die verfügbare Zeit (Produktionsmix ausgleichen).

In Nicht-Lean-Unternehmen umfasst ein Produktionsplan immer noch regelmäßig mindestens eine Woche und enthält große Losgrößen. Dies bedeutet große Bestände, eine eingeschränkte Flexibilität und eine geringe Reaktionsfähigkeit bei kurzfristigen Auftragsänderungen. Allerdings werden die Rüstvorgänge minimal gehalten.

Kleinere Losmengen ermöglichen eine schnellere Lieferfähigkeit, die sich wiederum positiv auf die Kundenzufriedenheit auswirkt. Außerdem werden Flächen und Bestandskosten eingespart. Diesen Vorteilen ist fairerweise die geringere Wirtschaftlichkeit durch häufigeres Rüsten gegenüberzustellen. Aber eine höhere Kundenzufriedenheit ist im Vergleich dazu wichtiger.

Die optimale Losgröße wird mit dem EPEI-Wert berechnet. „EPEI" steht für „Every Part Every Intervall" und gibt an, welchen Zeitraum ein Prozess braucht, um alle Varianten einmal zu fertigen. Ein erstes Ziel ist häufig, „jedes Teil jeden Tag" zu fertigen (Rother, Shook 1998, S. 50).

Leitlinie 8: Die Freigabe von Produktionsaufträgen ist gegebenenfalls abhängig von den nachgelagerten Engpass-Prozessen zu regeln.

Der Engpass ist definiert als der Teilprozess einer Produktion mit der längsten Zykluszeit. Er ist für die Ausbringung des Gesamtprozesses ausschlaggebend, da er die geringstmögliche Taktzeit über alle Teilprozesse festlegt. Aufträge, die in einem kürzeren Intervall als diesem Takt entsprechend freigegeben werden, erhöhen die Ausbringung nicht, sondern verursachen lediglich Bestände. Nur eine Verbesserung des Engpass-Prozesses ergibt eine Verbesserung des gesamten Prozesses!

Im besten Fall ist der Engpass-Prozess der erste Prozessschritt einer Produktion. Dann können alle nachgelagerten Teilprozesse nach seinem Takt produzieren. Ist dies nicht der Fall, muss eine Steuerung, die Drum-Buffer-Rope-Steuerung, einge-führt werden. Der Takt am Engpass („drum") wird z. B. über eine datentechnische Verbindung („rope") auf den Schrittmacher übertragen. Vor dem Engpass liegt ein Puffer („buffer"), der die stetige Materialversorgung sicherstellt. Somit können Störungen vor dem Engpass abgefangen werden. Dies führt zu einem ausgeglichenen Produktionsrhythmus mit geringen Beständen (Erlach 2007, S. 220 – 223).

Was nehmen Sie als Planer aus diesem Kapitel mit?

Wir empfehlen Ihnen in jedem Planungsprojekt einen Wertstrom zu zeichnen. Wenn es sich um ein „Greenfield-Projekt" handelt, dann zeichnen Sie ein Wert-stromdesign, um das *Gesamtziel für den Wertschöpfungsprozess zu beschreiben* und dann die Anforderungen an die Einzelprozesse ableiten zu können. Im Falle eines „Brownfield-Projekts" macht es Sinn, den IST-Zustand in Form einer Wertstrom-analyse zu beschreiben und zu analysieren, um *das aktuelle System zu verstehen*.

Für die Systemgestaltung, die Sie in Form eines Wertstromdesigns beschreiben, geben Ihnen neben den „sieben Hebeln" und den „acht systemischen Gestaltungs-prinzipien", die hier beschriebenen *acht Leitlinien*, wichtige und äußerst hilfreiche Hinweise.

■ 22.2 Das System Top-down planen – Lean-orientierte Fabrikplanung

Die Fabrikplanung ist eine ingenieurswissenschaftliche Königsdisziplin. Zu Recht, denn hier werden Strukturen festgelegt, die über Jahre, meist sogar Jahrzehnte maßgeblich über die Effizienz des Produktionssystems entscheiden. Später gege-bene Strukturen oder Layouts anzupassen ist meist nicht mehr möglich oder mit erheblichem Kostenaufwand verbunden. Greenfield- oder Brownfield-Planungen stehen meist nur alle paar Jahre an – bei Neuanläufen, Verlagerungen oder Erwei-terungen. Diese seltenen Chancen bieten erhebliche Möglichkeiten eine Lean-ori-entierte Fabrik auch physisch im Layout zu verankern. Im Folgenden sollen auf Basis von mehr als zehn Jahren Fabrikplanungserfahrung mit über 40 Projekten wesentliche Kernelemente Lean-orientierter Fabrikplanung erläutert werden.

22.2.1 Einordnung und Definition

Zunächst gilt es zwischen zwei verwandten, aber nicht identischen Begriffen zu unterscheiden: der Fabrikplanung und der Layoutplanung. Zuerst folgt die Definition der Fabrikplanung:

> „Die Fabrikplanung ist ein vielseitiges, komplexes und weitläufiges Planungsfeld, in dem die verschiedenen Teilaufgaben durch eine einheitliche Zielstellung zu einem geschlossenen Ganzen zusammengefasst werden." (Aggteleky 1987)

Das Ziel der Fabrikplanung ist dabei unter Berücksichtigung zahlreicher Rahmen- und Randbedingungen eine Fabrik zu schaffen, die einerseits der optimalen Erfüllung betrieblicher Ziele dient, andererseits aber auch gewisse soziale und volkswirtschaftliche Funktionen leisten muss (Kettner et al. 1984).

Einen Überblick über die Einflussbereiche der Fabrikplanung gibt Bild 22.1.

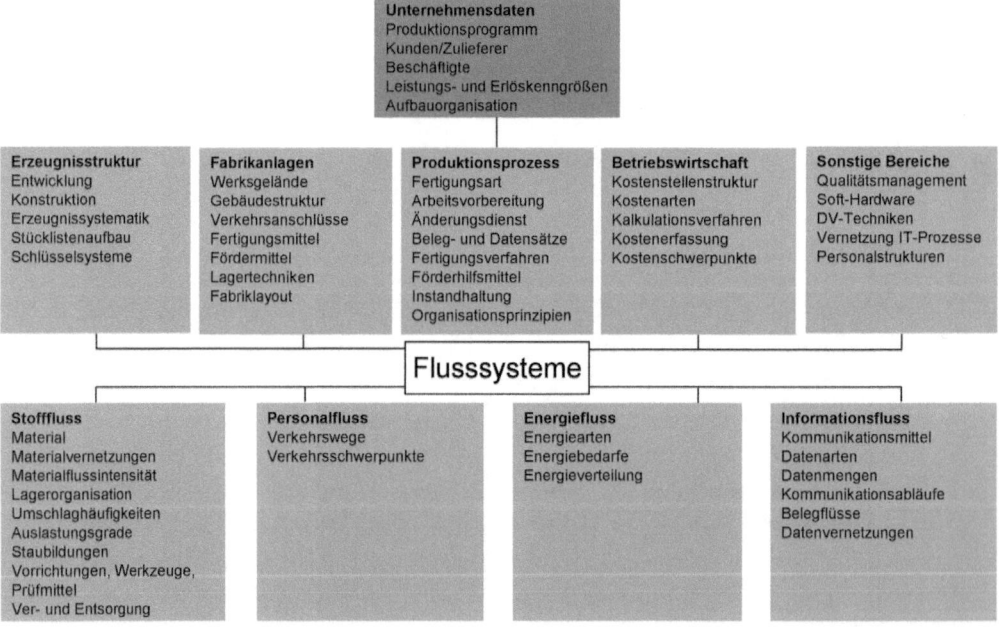

Bild 22.1 Einflussbereiche der Fabrikplanung (in Anlehnung an Grundig 2009, S. 59)

Die vollständige Erläuterung aller Punkte ist nicht möglich, jedoch soll auf Basis der Erfahrung des Autors beispielhaft die Bedeutung einzelner zentraler Einflussbereiche dargestellt werden:

- *Unternehmensdaten*: Von entscheidender Bedeutung für die Fabrikplanung ist es, trotz aller Volatilitäten des Marktes, Entscheidungen und Annahmen über das Produktionsprogramm zu treffen. Kernfragen sind dabei: Was soll produziert werden? Wie segmentieren wir die Fabrik? Welche Prozesse sollen inhouse stattfinden? Welche Stückzahlen werden ungefähr erwartet? Welche Produktionsstrategie (make-to-order, make-to-stock, assemble-to-order) etc. soll geplant werden? Diese Fragen sind insbesondere auf Grund der langen Wirkung nicht alle zum Planungszeitpunkt für die Zukunft vorherzusagen, wodurch eine gewisse Wandlungsfähigkeit der Fabrik zu berücksichtigen ist. Aus der Praxiserfahrung ist jedoch entscheidend, frühzeitig Leitplanken zu setzen. Das Management muss gewisse Annahmen treffen und dadurch Leitplanken setzen, um die Komplexität für die Planungen nicht völlig ausufern zu lassen. Zu viele für den Planer unbekannte Variablen machen am Ende die Gleichung (die Fabrikplanungsaufgabe) nicht lösbar!

- *Erzeugnisstruktur*: Die Produkt- und Prozessentwicklung legt nicht nur ca. 70 % der Herstellkosten in der Produktionsphase des Erzeugnisses fest. Sie beeinflusst auch maßgeblich spätere Fabrikstrukturen. Beispiele hierfür sind die Wahl des Produktionsverfahrens inkl. der Produktionsprozesse, die Modularität des Aufbaus zum Handling hoher Varianz oder die Lage des Kundenentkopplungspunktes im jeweiligen Wertstrom.

  Ein nicht zu unterschätzender Einflussbereich ist der Stücklistenaufbau für die Produktion. Je mehr Stufen die Stückliste hat, desto mehr wird in Baugruppen und damit in einzelnen „lokalen" Einheiten gedacht. Bezogen auf die Fabrik heißt das meist, je mehr Stufen eine Stückliste hat, desto weniger Integration findet statt. Es werden mehr Kostenstellen, Flächen und Organisationseinheiten benötigt, als in einer integrierten Fließproduktion. Daher unser Credo: Prüfen Sie im Rahmen des Fabrikplanungsprojekts auch den Stücklistenaufbau Ihrer Renner-Produkte. Aus Lean-Gesichtspunkten gilt: Je flacher desto besser!

- *Produktionsprozess*: Neben der angemerkten Entscheidung über generelle Produktionsverfahren gilt es sich frühzeitig auch Gedanken über die logistischen Prozesse zu machen. Die Entscheidung bezüglich einer Fördertechnologie kann massive Auswirkungen auf die Fabrikstruktur haben. Das beginnt bei grundlegenden Entscheidungen wie manueller, teilautomatisierter oder automatisierter Transport. Aber auch die Frage nach boden- oder deckengeführter Produktion (z. B. Hängeförderer, Schwarmroboter an der Hallendecke etc.) beeinflussen ein Layout erheblich. Auch für produktionsnahe indirekte Bereiche wie Instandhaltung, Qualitätssicherung oder Arbeitsvorbereitung gilt es frühzeitig eine Entscheidung über Zentralisierung (z. B. komplette Instandhaltung des Werkes zusammengefasst) oder Dezentralisierung (z. B. kleinere, weitgehend autonome Instandhaltungseinheiten in den jeweiligen Bereichen) zu treffen.

- *Betriebswirtschaft*: Auch die Themen Kostenrechnung und Controlling beeinflussen bewusst oder unbewusst die Fabrikplanung. So werden über eine festgelegte Kostenstellenstruktur meist auch Verantwortungsbereiche, Budgets oder auch gewisse Planungsumfänge in der Fabrikplanung vergeben. Ein funktional strukturierter und hoch detaillierter Kostenstellenaufbau verursacht in der Praxis nicht nur Umlage- und Schlüsselungsprobleme, sondern führt vielmehr zur lokalen Betrachtung und Optimierung einzelner Elemente. Je näher die Kostenstellenstruktur an den Wertströmen – inkl. aller indirekten Bereiche – orientiert ist, desto ganzheitlicher ist auch die Fabrikplanung.

- *Stofffluss*: Unter Berücksichtigung des Materialwertes (ABC-Analyse), der Verbrauchsstetigkeit (XYZ-Analyse) und der Varianz (LMN-Analyse) sowie ggfs. weiterer Kriterien wie der Teilegröße, müssen frühzeitig Planungsleitplanken in Form von Teileklassen gebildet werden. So könnte für die Teileklasse AXL eine Just-In-Time (JIT)- oder Just-In-Sequence (JIS)-Strategie verfolgt werden. Bild 22.2 zeigt das exemplarisch in einer Würfeldarstellung mit den drei genannten Dimensionen. Dies hat wiederrum massive Auswirkungen auf die Bestandshöhe, den Lagerumschlag und letztlich auf den Flächenbedarf in der Fabrik. Je konkreter Teileklassen gebildet werden können, desto eher können Standardlogistikprozesse definiert werden (siehe Schubel 2017). Diese Standards reduzieren die Planungskomplexität und führen daher zu besserer Projekteffizienz.

  Weiterhin zeigt sich, dass auch das Thema Behälterkreisläufe/-management, und Ver- und Entsorgung von Stoffen oft zu wenig Beachtung findet und letztlich durch gewisse Fabrikstrukturen zu Ineffizienz oder schlimmer zur Einschränkung von Handlungsmöglichkeiten führt.

- *Personenfluss*: Je größer die Fabrik, desto wichtiger wird es auch, den Personalfluss zu betrachten. So muss ein Schichtwechsel von mehreren hundert oder tausend Mitarbeitern entsprechend verkehrswegbezogen berücksichtigt sein. Aber auch die Positionierung von Kantine, Kaffeeautomat und Führungskräftebüros wirkt sich auf die Kommunikation im Betrieb aus und ist ein langfristig nicht zu unterschätzender Faktor.

- *Energiefluss*: Je energieintensiver die Produktion ist, desto wichtiger ist es, bereits früh die Energiewertströme zu gestalten. Um beispielsweise Verlustleistungen zu vermeiden, können gewisse Fabrikstrukturen von Vorteil oder auch energetisch notwendig sein.

- *Informationsfluss*: Aus Lean-Gesichtspunkten ist hier u. a. die Frage nach dezentralen Dialogplätzen und dem Shopfloor-Management zu beantworten.

So viel zu den Einflussbereichen der Fabrikplanung und einigen Hinweisen aus der Lean-Philosophie. Im Folgenden finden noch die Abgrenzung und Definition der Layoutplanung statt.

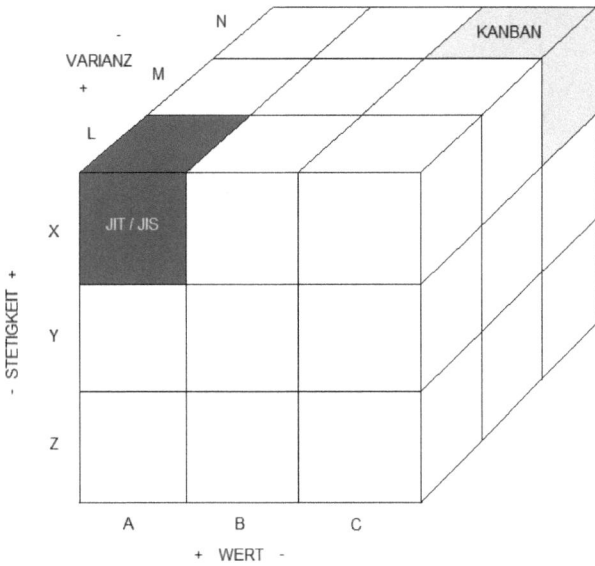

Bild 22.2 Bildung von Teileklassen für die Fabrikplanung

 Die Layoutplanung ist eine Teilaufgabe der Fabrikplanung. Sie umfasst die grafische Darstellung der räumlichen Anordnung der betrieblichen Funktions- und Struktureinheiten (Fertigungs- und Montageplätze, Lager, Produktionsbereiche u. a.) (Schenk et al. 2014).

Das Hauptziel der Layoutplanung ist, durch die richtige Anordnung von Struktureinheiten (z.B. Fertigungsinseln) und deren Verbindungselementen (z.B. Transportwege) den Fertigungsablauf wirtschaftlich und störungssicher zu gestalten (vgl. VDI 2385).

Typische Unterziele sind:

- Verfolgung moderner, flussgerechter Fertigungsprinzipien,
- materialflussgerechte Anordnung der Bereiche und Maschinen,
- Erweiterungs- und Wandlungsfähigkeit,
- logistisch günstige Transportwege,
- gute Flächen- und Restflächennutzung,
- Ergonomie und Zugänglichkeit zu Anlagen und Arbeitsplätzen (z.B. Mehrmaschinenbedienung),
- Übersichtlichkeit und Transparenz des Materialflusses.

Aus einer kulturell japanisch geprägten Sichtweise sieht *Taiichi Ohno*, Vater des Toyota Produktionssystems, auch die „Harmoniesteigerung" als Layoutplanungsaufgabe: „Für eine Produktionsanlage ist ein Layout entscheidend, das die Tätigkeiten der Arbeiter mit dem Produktionsfluss in Harmonie bringt und diesen nicht behindert. Wir können eine solche Harmonie oft auch durch eine Änderung der Arbeitsabfolge erreichen" (Ohno 1993, S. 83).

22.2.2 Planungsobjekte und Strukturebenen

Die Fabrikplanung kann bezüglich der Planungsobjekte, der Planungsphasen, der Planungsstufen und der Planungsinstrumente differenziert werden. Bild 22.3 visualisiert den Zusammenhang zwischen den genannten Elementen (Schenk et al. 2014, S. 146).

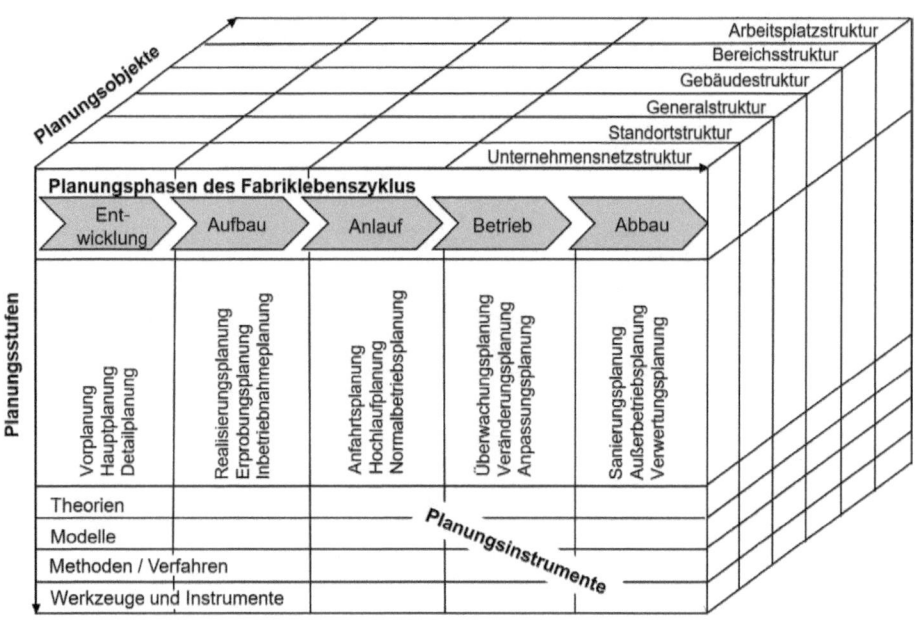

Bild 22.3 Elemente der Fabrikplanung

Die *Planungsphasen* beinhalten die zeitliche Zuordnung der Planungsaufgaben in den Fabriklebenszyklus. In den folgenden Teilkapiteln beziehen uns vor allem auf die Entwicklungsphase der Fabrik.

Die *Planungsstufen* untergliedern die Planungsphasen und stellen gewissermaßen Meilensteine dar. Die fokussierte Entwicklungsphase der Fabrik unterteilt sich in eine Vor-, Haupt- und Detailplanung. Eine weitere Gliederungsmöglichkeit wäre Aufgabenanalyse, Dimensionierung, Strukturierung, Gestaltung und Detaillierung (Grundig 2009).

In den jeweiligen Planungsstufen werden spezifische *Planungsinstrumente* einge-setzt. So werden in der Planungsstufe „Aufgabenanalyse" beispielsweise ABC-/XYZ-Analysen eingesetzt.

Die *Planungsobjekte* fixieren schließlich den Umfang der Planungsaufgabe. Bild 22.4 zeigt eine gängige strukturbezogene Gliederung der Planungsobjekte von der hoch aggregierten Netzstruktur bis hin zum Detail, der Arbeitsplatzstruktur.

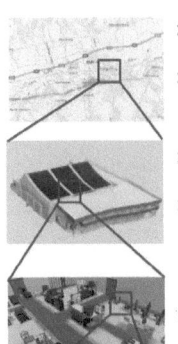

> **(Unternehmens-) Netzstruktur:** Anordnung der Leistungseinheiten im Netz

> **Standortstruktur:** Anordnung des Werksgeländes im Wirtschaftsraum (Region) einschließlich Infrastruktur

> **Generalstruktur:** Anordnung der Gebäude innerhalb des Werksgeländes (Fabrik)

> **Gebäudestruktur:** Klärung der Gebäudeanforderungen und Festlegung der Gebäudeeigenschaften

> **Bereichsstruktur:** Verknüpfung und Anordnung der Arbeits- und Fertigungsplätze über die Flusssysteme

> **Arbeits- und Fertigungsplatzstruktur:** Elemente der Betriebsmittel sowie Aufstellung und Anordnung der Elemente/Maschinen

Bild 22.4 Planungsobjekte und Strukturebenen der Fabrikplanung

Man kann die Planungsobjekte auch in einer anderen Darstellungsform als „Zwie-bel" sehen. Die inneren Schichten bilden die Arbeitsplätze mit der Feinplanung von Ergonomie, Material- und Werkzeuganordnung. In den nächsten Schichten gilt es die Inseln (bestehend aus mehreren Arbeitsplätzen) sowie weiter außen die Be-reiche (bestehend aus mehreren Inseln) zu planen. Bild 22.5 verdeutlicht dies.

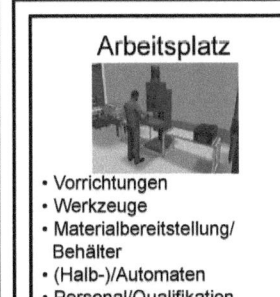

Arbeitsplatz	Zelle/Insel	Bereich
• Vorrichtungen • Werkzeuge • Materialbereitstellung/ Behälter • (Halb-)/Automaten • Personal/Qualifikation • Hilfsmittel (Hebehilfen, etc.)	• Inselorganisation/-steuerung • Layout (modular) • Fördermittel/Förderhilfsmittel • Materialandienung • Bearbeitungslos	• Grundlayout • Planung und Steuerung • Fördermittel/Förderhilfsmittel • Materialtransport • Personalorganisation • Verkehrswegeplanung

Bild 22.5 Fabrikplanung als Zwiebelschichten-Modell

In welcher Reihenfolge soll der Fabrikplaner vorgehen? Top-down, das heißt von der Generalstruktur sukzessive zur Arbeitsplatzstruktur. Oder doch Bottom-up, beginnend vom Arbeitsplatz zur Fabrik?

Eine reine Top-down-Planung ist in der Theorie der Fabrikplanungsvorgehensweisen verbreitet. So soll durch die Zerlegung des Ganzen (Fabrik) in Elemente systematisch bis zu den Einzelkomponenten geplant werden. In der Praxis ist dies meist nicht möglich. Um beispielsweise den Flächenbedarf eines Bereiches zu kennen, muss früher oder später eine Tiefenbohrung bis zum Arbeitsplatz oder der Technologie erfolgen. Erst danach kann der Bereich weiter geplant werden. Die entstehende Wechselwirkung zwischen Top-down und Bottom-up ist anzustreben und wird als *Gegenstromverfahren* bezeichnet.

Die Layoutplanung umfasst üblicherweise General-, Gebäude-, Bereichs- und Arbeitsplatzstruktur.

Auf der Gestaltungsebene der *Generalstruktur* ist zunächst eine *Segmentierung* der Produktion durchzuführen. Die Segmentierung dient der Komplexitätsreduzierung des Planungsfalls, der Vereinfachung und Entflechtung der Beziehungsstrukturen in der Fabrik sowie der Optimierung des Materialflusses. Dieser Schritt muss gut überlegt sein, da eine festgelegte Segmentierung erstens in der Regel für Jahre und Jahrzehnte bestehen bleibt und zweitens sich auf alle Strukturebenen bis zum Arbeitsplatz auswirkt. Folgende Möglichkeiten existieren (in Anlehnung an Fraunhofer IPA 2008):

- produktorientierte Segmentierung: 1. Kochtöpfe, 2. Pfannen;
- funktionsorientierte Segmentierung: 1. Blechbearbeitung, 2. Montage, 3. Verpacken;
- komponentenorientierte Segmentierung: 1. Körper, 2. Deckel, 3. Griff;
- fertigungsartorientierte Segmentierung: 1. Serie/Renner, 2. Exoten;
- automatisierungsorientierte Segmentierung: 1. Vollautomatisiert, 2. Teilautomatisiert, 3. Manufaktur;
- kundenorientierte Segmentierung: 1. Kunde A, 2. Kunde B.

Eine allgemeingültig optimale Segmentierungsart für alle Unternehmen existiert nicht. Fordert der Kunde, wie in der Automobilzulieferindustrie üblich, eine strikte Trennung „seiner" Produktionsbereiche von denen der Konkurrenz, so ist der Rahmen bereits wesentlich gesetzt.

Ist der Lösungsraum noch völlig offen, so bietet sich aus Lean-Gesichtspunkten eine produkt(-familien)-orientierte Segmentierung an. Die Produktfamilien teilen sich ähnliche Ressourcen, im Ideal von Rampe zu Rampe, und bilden so autarke Wertströme, die eine hohe Materialflussgeschwindigkeit ermöglichen. In vielen Fällen ist auch eine, aus der Produktorientierung abgeleitete Trennung in Fertigungsarten oder Automatisierungsstufen sinnvoll. So hat eine vollautomatisierte

Produktion von Rennern der Produktfamilie völlig andere Anforderungen als die manuelle Produktion von Exoten im Sinne einer Manufaktur.

In der Praxis werden sich Mischformen der Segmentierung ergeben. Die Segmentierung nach Funktionen sollte die letzte Möglichkeit sein. Die Funktionsorientierung ist das Gegenteil einer schlanken, integrierten Prozesskette mit kurzen Durchlaufzeiten und hoher Effizienz. Die Funktionsorientierung führt letztlich in eine Werkstattfertigung mit den bekannten Problemen aus Kundensicht: lange Durchlaufzeiten, hohe Bestände, lange Qualitätsregelkreise, lokale Optimierungen und vieles mehr.

Ist die Segmentierung beschlossen, gilt es im Rahmen der Generalstrukturplanung das *Materialflussprinzip auf Makrostrukturebene*, d. h. für das jeweilige Segment, festzulegen. Bild 22.6 zeigt die gängigsten Möglichkeiten der Makroflussgestaltung (Fraunhofer IPA 2008):

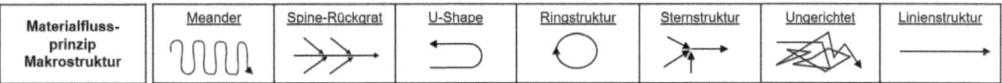

Bild 22.6 Materialflussprinzipien auf Makrostrukturebene

Die dargestellten Materialflussstrukturen werden in der Literatur häufig mit jeweiligen Vor- und Nachteilen diskutiert. In dieser noch sehr frühen Projektphase kann die Entscheidungsfindung jedoch nicht auf Kosten- oder Nutzwertbasis erfolgen, sondern muss sich an Prinzipien und Logik orientieren.

Um eine geeignete Makrostruktur zu definieren, ist ein Blick auf den jeweiligen Wertstrom sinnvoll. In keiner Fabrikplanungsliteratur spielt die Anordnung der Prozesse orientiert an der Wertstromanalyse bisher eine nennenswerte Rolle. Die in der Wertstromanalyse visualisierten Prozesse und Materialflussbeziehungen erlauben jedoch, erste sinnvolle Rückschlüsse auf die Makrostruktur zu ziehen. Folgende Beispiele erläutern dies:

- Fließen mehrere Nebenstränge an unterschiedlichen Stellen in den Hauptstrang ein, so sollte das Spine-Rückgrat-Materialflussprinzip geprüft werden.
- Fließen die Nebenstränge dagegen an einem spezifischen Punkt zusammen, so kann die Sternstruktur angeraten sein.
- Für Kreisläufe mit geschlossenen Werkstückträgern im Wertstrom empfiehlt sich grundsätzlich eine Ringstruktur.

An dieser Stelle wird erneut die Bedeutung des Wertstroms für sämtliche Gestaltungsprozesse im Unternehmen klar. Insbesondere in der Fabrikplanung gilt:

Planen Sie erst Ihre Prozesse und gestalten die Wertströme, bevor Sie das Layout planen!

Dieser logische Schritt, wird in der Praxis nicht immer beherzigt.

Gemäß Gegenstromverfahren ist eine genaue Planung der Makrostruktur zu Beginn nicht auf einmal möglich. Daher empfiehlt es sich einen Schritt tiefer zu gehen, d. h. die *Gebäudestrukturplanung* zu beginnen. Für die Anordnung von Gebäuden auf der Fläche sowie der Gebäudestruktur in der Höhe existieren unterschiedliche Möglichkeiten (siehe Bild 22.7).

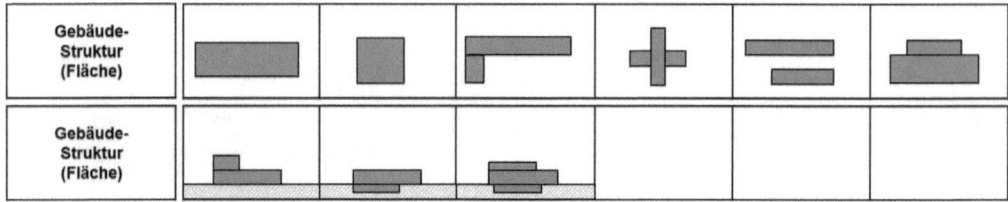

Bild 22.7 Möglichkeiten der Gebäudestruktur

Auch bei der Auswahl der Gebäudestruktur sollte man sich an den Erfordernissen der Wertströme und Prozesse orientieren. Ein Grundsatz dabei ist, dass je niedriger die *Fertigungstiefe* ist, desto mehr Gebäudeaußenfläche für Anlieferungen ist sinnvoll. Daher eignet sich die L-Form oder Stern-Form besonders für eine geringe Fertigungstiefe. Eine rechteckige Struktur kann bei einem Spine-Rückgrat-Makrofluss in Betracht gezogen werden. Bei hoher Fertigungstiefe wiederum kommt es häufig zu quadratischen Gebäudestrukturen, um Transportwege zu einer Endmontage kurz zu halten.

Aus der Erfahrung mit zahlreichen Wertstromanalysen und Fabrikplanungsprojekten zeigt sich, dass sich Wertströme im Ideal in EINEM Gebäude und EINER Geschossebene befinden sollten. Eine Entkopplung in Form von Teilprozessen in einem separaten Gebäude oder auf anderen Stockwerken führt meist zu erheblicher Intransparenz, höheren Beständen und mehr Transportaufwand.

Achtung, auch hier gilt das Gegenstromverfahren: Spätere Prozesserkenntnisse unterer Gestaltungsebenen können sich wieder auf die Gebäudestruktur auswirken

Ist die Gebäudestruktur geklärt, stellt sich die Frage nach der Strukturierung und Anordnung der Wareneingänge und -ausgänge, der Lager und der indirekten produktionsnahen Bereiche. Bild 22.8 visualisiert die Möglichkeiten:

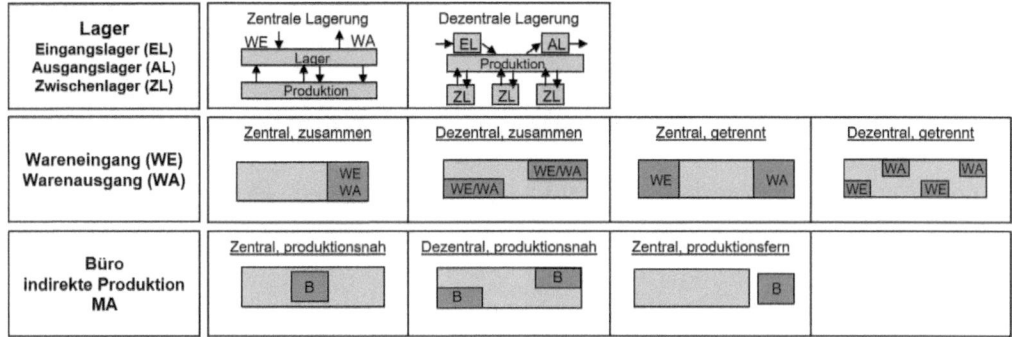

Bild 22.8 Anordnungsmöglichkeiten von Lager, Wareneingängen, Warenausgängen und indirekter produktionsnaher Bereiche

Auch hier kann man sich von der Makrostruktur und den zugrunde liegenden Wertströmen leiten lassen:

Besteht ein U-Shape oder eine Ringstruktur als Makro-Materialfluss, so ist es schlüssig, wenn Wareneingang und Warenausgang zusammenliegen. Im Falle eines gerichteten Makroflusses (Linienstruktur, Spine, Stern) sollte eine Trennung von Wareneingang und Warenausgang versucht werden.

Bei den übrigen Möglichkeiten von Lager und indirekten produktionsnahen Bereichen gilt folgender Grundsatz:

So dezentral wie möglich und so zentral wie nötig!

Dezentralisierung schafft gemäß der Lean-Philosophie kleinere, agilere und flexiblere Einheiten. Je näher alle Bestandteile eines Wertstroms inkl. der Unterstützungsfunktionen zusammen sind, desto effektiver und effizienter agieren sie.

Nach der Gebäudestruktur folgt die Festlegung der *Bereichsstruktur sowie der zugehörigen Materialflussprinzipien auf Mikroebene*. Die generellen Möglichkeiten zur Gestaltung der Bereichsstruktur ähneln denen der Generalstruktur, jedoch auf tieferer Flugebene. Es geht hierbei um die Anordnung der Bereiche und Wertströme innerhalb eines Gebäudes. Bild 22.9 zeigt die Varianten der Materialflussgestaltung auf Makro- und Mikrostrukturebene.

Materialfluss-prinzip Makrostruktur	Meander	Spine-Rückgrat	U-Shape	Ringstruktur	Sternstruktur	Ungerichtet	Linienstruktur

Materialfluss-prinzip Mikrostruktur	Meander	Spine-Rückgrat	U-Shape	Ringstruktur	E-Form	Matrix	Linienstruktur

Bild 22.9 Materialflussprinzipien auf Mikrostrukturebene

Ist der Lösungsraum noch sehr offen, helfen folgende Gestaltungsprinzipien bei der Entwicklung einer Lean-orientierten Bereichsstruktur:

- *Ganzheitliche Arbeitsinhalte*: Möglichst produktorientierte Strukturen und ein daraus abgeleitetes materialflussorientiertes Layout sind die Basis für geringe Verschwendung.

- *Integration von Aufgaben der Produktionssteuerung*: Teambezogene Bereitstellungsflächen und dezentrale Kleinteilelager reduzieren die Komplexität und den Aufwand in der Logistik.

- *Integration von Aufgaben der Qualitätssicherung*: Teambezogene Mess- und Prüfplätze sorgen für kurze Qualitätsregelkreise.

- *Integration von Aufgaben der Instandhaltung*: Dezentrale Werkstätten fördern in der Regel die Reaktionsschnelligkeit bei der Wartung und Instandhaltung von Anlagen.

- *Kontinuierlicher Verbesserungsprozess*: Teamräume, dezentrale Besprechungsmöglichkeiten und Shopfloor-Management-Plätze vor Ort fördern die Kommunikation und Führung der Mitarbeiter.

Auf unterster Ebene gilt es nach der Bereichsstruktur noch die Arbeitsplatz- und Fertigungsplatzstruktur zu entwickeln. Die zugehörigen Gestaltungsprinzipien sind im Detail im Kapitel zur Arbeitsplatzgestaltung beschrieben.

- Nachdem die einzelnen Planungsobjekte und zugehörigen Gestaltungsprinzipien erläutert wurden, werden im Folgenden die Planungsinstrumente und die „goldenen" Planungsregeln erläutert.

22.2.3 Planungsregeln und Planungsinstrumente

Fabrikplanungsprojekte sind typischerweise von einem hohen Freiheitsgrad und einem nahezu unendlich großen Lösungsraum gekennzeichnet. Eine detaillierte Vorgehensbeschreibung zur Fabrik- und Layoutplanung für alle Planungsfälle und Rahmenbedingungen ist daher kaum zielführend möglich.

Es hilft jedoch enorm, dem Planer gewisse Leitlinien in Form von Prinzipien vorzugeben. Diese Planungsprinzipien liefern Entscheidungskriterien und kein Regelwerk. Sie geben eine Richtung vor, lassen aber auch begründete Abweichungen zu. Die „goldenen Planungsregeln" der Fabrik- und Layoutplanung lauten:

- *Gegenstromverfahren aus Top-down und Bottom-up*:
  - Top-down: Vom Allgemeinen zum Einzelnen; vom Aggregierten zum Detaillierten; vom Globalen zum Konkreten; vom Typischen zum Individuellen; vom Groben zum Feinen.
  - Bottom-up: Vom Element zum System; von der Einzelheit zur Gesamtheit; vom Einzelwert zur Summe.

- Die Fabrikplanung ist in ihrer generellen Ausrichtung Top-down orientiert. So wird man bei globalen Zielen starten und mit steigendem Planungsfortschritt sich mehr mit Details und Feinheiten beschäftigen. Jedoch ist es lieber früher als später nötig, Annahmen durch „Detailbohrungen" zu verifizieren und entsprechendes Fachwissen von Spezialisten auch zu nutzen. Ein Fabrikplanungsteam aus reinen Generalisten wird genauso scheitern, wie das aus reinen Spezialisten.

- *Von Innen nach Außen (line back)*: Vom Element zum Teilsystem; vom Teilsystem zum System; vom System zur Umgebung. In der Fabrikplanung bedeutet dies beispielsweise, aus der Kundensicht rückwärts zu denken. D. h. von der Verpackung über die Endmontage zu den Vormontagen und der Fertigung zu gehen. Oder Behältergrößen ausgehend von Kundenbehältern mit sinnvollen und durchgängigen Mengen flussaufwärts zu planen.

- *Vom Zentralen zum Peripheren*: Vom Fertigungsprozess zur Ver- und Entsorgung; vom Hauptprozess zum Nebenprozess. In der wertstrombezogenen Denkweise heißt dies, zuerst den Hauptstrang zu planen und zu dimensionieren und sich dann den Nebensträngen zu widmen.

- *Vom Idealen zum Realen*: Vom uneingeschränkten Projekt zum Projekt mit Randbedingungen. Insbesondere in den frühen Planungsphasen ist es wichtig sich von bestehenden Denkmustern, Annahmen und Restriktionen zu lösen. Dies fällt ohne externe Workshopunterstützung in der Praxis sehr schwer. Wird die Kreativität jedoch zu früh eingeschränkt und sich zu wenig vom Bestehenden gelöst, so sind die Planungsergebnisse meist auch nur evolutionär statt revolutionär. Eine optimale Real-Planung leitet sich stets aus dem Ideal ab und nicht aus dem Ist.

- *Optimieren und Variieren*: Von der Basislösung zur verbesserten Lösung; von einem Konzept zu alternativen Konzepten. Aufgrund hoher Freiheitsgrade in der Planung empfiehlt es sich, stets in Varianten zu planen und diese dann kurzzyklisch zu verbessern. Kein Fabrikplanungsprojekt erzielt im ersten Anlauf das „perfekte" Layout. Japaner gehen von mindestens sieben Layouts aus, ehe eine optimale Lösung gefunden ist. Gute Fabrikplanungen entstehen durch Agilität, d. h. schnelles und stufenweises Anpassen der Planungen.

Diese Planungsregeln sind universell für die jeweilige Planungsstufe, Planungsphase und Planungsobjekt einsetzbar. Um nicht nur regelbasiert zu planen, sondern einen gewissen Referenzrahmen für den Planungsfall zu haben, eignet sich ein Blick auf die Kernfunktionen der Layoutplanung in Bild 22.10. Die Kernfunktionen sind die Segmentierung, die Dimensionierung, die Strukturierung, die Gestaltung und die Detaillierung.

Klassische Fabrikplanungsleitfäden sind teilweise nicht kompatibel zu Lean-Ansätzen. Während beispielsweise durch Anwendung von Lean-Prinzipien – wie der Fließfertigung – stabile und kurze Durchlaufzeiten sowie ein geringer Steuerungsaufwand verfolgt werden, führen klassische Methoden der Fabrikplanung teilweise zur Werkstattfertigung, was wiederrum den permanenten Steuerungsaufwand und die Komplexität erhöht. Werden beispielsweise Konstruktionsstücklisten direkt in Arbeitspläne übernommen, gehen diese als zu planende Baugruppen auch oft unverändert in die Materialflussanalyse ein. Eine Prozessintegration (z. B. Baugruppe wird direkt in der Endmontage gebaut und direkt verbaut) bleibt so oft völlig unberücksichtigt, wird aber eigentlich aus Lean-Gesichtspunkten angestrebt.

Daher muss in den einzelnen Kernfunktionen der Layoutplanung auf konsistenten und Lean-orientierten Instrumenteneinsatz geachtet werden.

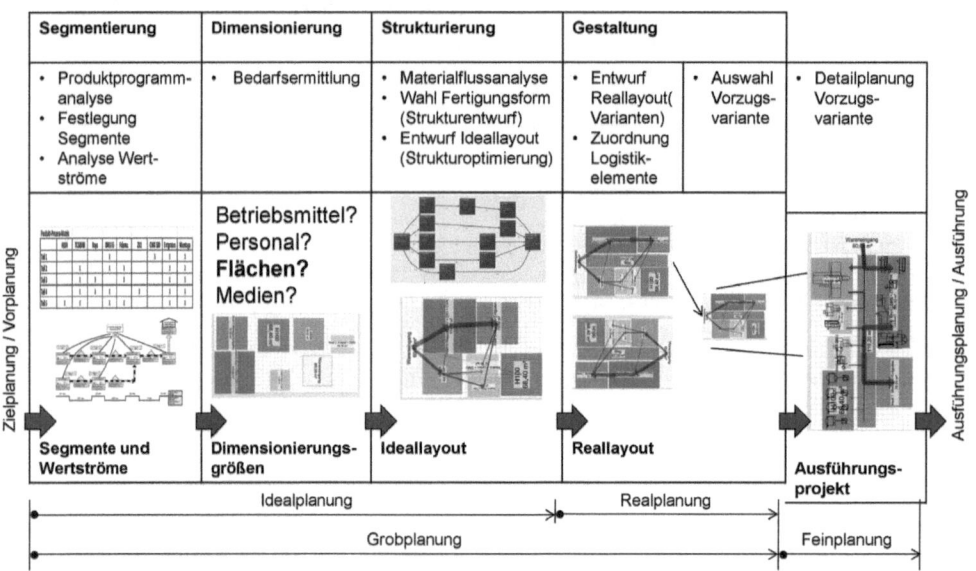

Bild 22.10 Kernfunktionen schlanker Layoutplanung

In der *Segmentierung* ist das Ziel die Komplexität einer Fabrik durch Einteilung in Segmente beherrschbar zu machen. Die Hinweise zur Segmentierung finden sich bereits in Kapitel 22.2.2. Als Instrumente aus dem Lean-Werkzeugkasten kommt hierbei insbesondere Folgendes zum Einsatz:

■ *Produkt-Prozess-Matrix*: Eine Produkt-Prozess-Matrix stellt in einer Tabellenstruktur in den Zeilen die Produkte/Produktgruppen und in den Spalten die Prozesse in der Fabrik dar. Für jede Produktgruppe werden die relevanten Prozesse markiert. Dies ermöglicht letztlich einerseits Produktfamilien zu erkennen, d. h. mehrere Produkte, die sich die gleiche Ressource teilen und so einen Wertstrom bilden, der zum Fließen gebracht werden kann. Andererseits können auch mögliche Fertigungsinseln identifiziert werden, also Teil-Prozessketten, die sich für mehrere Produkte eignen.

- *Wertstromanalyse und -design*: Sind die Segmente erarbeitet und Produktfamilien bzw. -inseln erkannt, gilt es dafür die Wertströme zu erarbeiten und jeweils für den Planungsfall ein Wertstromdesign zu entwickeln. Dies stellt eine ganzheitliche Planungsvorgehensweise in den folgenden Kernfunktionen sicher und liefert die Basis für die Dimensionierung.

Die *Dimensionierung* dient der Quantifizierung verschiedener Größen innerhalb der Segmente, darunter der Ausrüstungsstrukturen (Betriebsmittel), des Personals, der Medienver- und -entsorgung sowie der gesamten Flächen. Wesentliche Eingangsgrößen sind dabei erwartete Stückzahlen und Produktionszeiten, um durch Gegenüberstellung von Kapazitätsangebot und Kapazitätsnachfrage die Anzahl benötigter Ressourcen des Segments bzw. des Wertstroms zu ermitteln. Zur Flächendimensionierung sind folgende Verfahren möglich:

- Bottom-up-Prinzip:
  - Flächenermittlung mittels Zuschlagsfaktoren (z. B. auf Maschinengrundflächen oder Lagerflächen)
  - Flächenermittlung mittels Ersatzflächen (allen Objektseiten werden Zusatzflächen zugeordnet, z. B. jeder Anlagenseite 1 m Abstand)
  - Flächenermittlung mittels Probelayout (z. B. real im Rahmen eines 3P-Workshops oder digital mittels maßstäblicher CAD-basierter Layoutplanung (2D/3D))
  - Flächenermittlung mittels der Methode funktionaler Flächenermittlung nach Nestler für mechanische Werkstätten.
- Top-down-Prinzip:
  - Ableitung Flächengrößen aus Bezugsgrößen (z. B. Produktionsvolumen, Beschäftigtenzahl, Gebäudeart …)
  - Einsatz von Kennzahlen, Richtwerten aus der Branche
  - Benchmarking im Produktionsverbund oder mit der Konkurrenz, falls Informationen verfügbar sind.

Am Ende der Dimensionierung steht die Gesamtfläche der benötigten Fabrik inkl. der Blockflächen der einzelnen Elemente gemäß der Segmentierung.

Um zu einem Ideallayout zu kommen, müssen die Einzelelemente in eine Beziehung gesetzt werden. Dies geschieht mit der *Strukturierung* anhand einer Materialflussanalyse. Im Rahmen der Materialflussanalyse werden die Quelle-Senke-Beziehungen in den Wertströmen untersucht und mit erwarteten Transportintensitäten (Anzahl Transporten) versehen. Hierbei gilt das Pareto-Prinzip: 80 % Genauigkeit ist völlig ausreichend. Eine genauere Planung der Materialflussintensitäten ist aufgrund zahlreicher Unsicherheiten nicht möglich und verbessert das Planungsergebnis in der Regel auch nicht.

Bild 22.11 zeigt eine Materialflussanalyse in einer der Wertstromdarstellung angelehnten Form für ein Segment. Die Zahlen zwischen den Elementen repräsentieren die Intensitäten des Materialflusses.

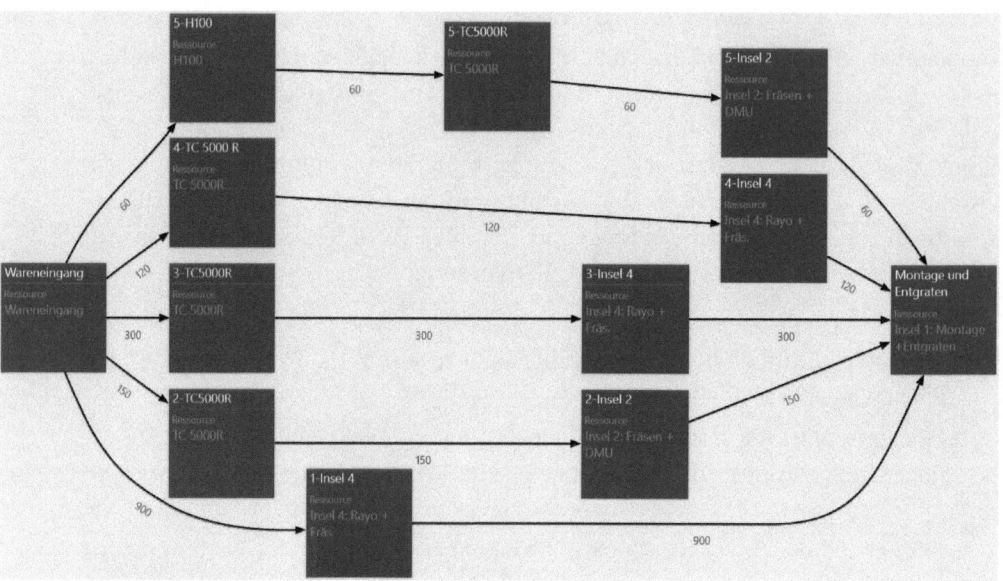

Bild 22.11 Materialflussanalyse mit der Software visTable

Werden die Prozesse der Materialflussanalyse nun mit den Objekten im Layout verknüpft, entsteht ein sogenanntes Sankey-Diagramm. Die Dicke der Pfeile in Bild 22.12 steht für die Stärke des Materialflusses.

Um zu einer idealen Flächenanordnung zu kommen können analytische oder heuristische Verfahren verwendet werden. Problematisch an dem ausschließlichen Einsatz solch mathematischer Verfahren ist meist die Planungskomplexität in Kombination mit nicht vorhandenen oder ungenügenden Daten. Eine komplett analytische Erfassung ist in der Praxis nahezu unmöglich, da die Anzahl an Variablen gegen unendlich tendiert.

Eine grobe Orientierungshilfe zur Flächenanordnung bietet das Aufbauverfahren nach *Schmigalla*. Basierend auf den Ergebnissen der Materialflussanalyse wird zunächst das Objektpaar mit der größten Transportintensität angeordnet. In den Folgeschritten werden dann Objekte mit hoher Transportintensität zu den bereits angeordneten Objekten positioniert. So „umkreisen" die Objekte den wachsenden Kern.

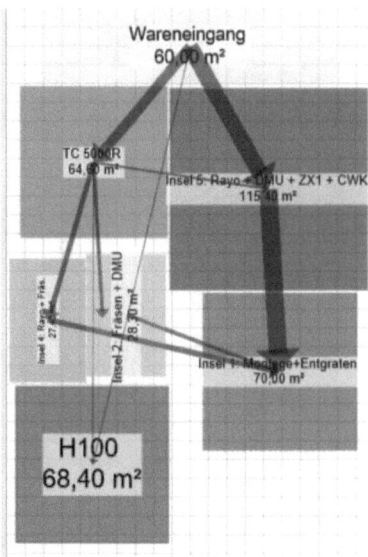

Bild 22.12 Ideallayout inkl. Materialflussintensitäten

Das in der Strukturierung entstehende Ideallayout ist zunächst weitgehend frei von jeglichen Restriktionen, um maximale Kreativität zu ermöglichen. In der darauffolgenden Phase der *Gestaltung* werden nun schrittweise Restriktionen eingeführt. Es folgt eine Anpassung der Ideallayouts unter Beachtung von Anpassungsfaktoren und Materialflussgrundsätzen an reale Flächen- und Raumstrukturen durch Entwurf verschiedener Lösungsvarianten. Weiterhin erfolgt spätestens jetzt die Zuordnung von Logistikelementen (Förder- und Lagerhilfsmittel) zur Materialflusskopplung in realen Flächen- und Raumstrukturen. Ein Reallayout ist stets ein Kompromiss, wodurch Varianten notwendig werden. Nach der Bewertung der Lösungsvarianten erfolgt schließlich die Auswahl und Feinplanung der Vorzugsvariante.

Die letzte Layoutplanungsphase ist dann die *Detaillierung*. Hier erfolgt der Wechsel der Planungsobjekte vom bisherigen Blocklayout hin zu tatsächlichen Objekten wie Maschinen, Anlagen und Arbeitsplätzen. Das Ziel der Detaillierung ist vor allem die Feinanordnung der Arbeitsplätze unter Berücksichtigung der Sicherheitsabstände, ergonomischer und wirtschaftlicher Arbeitsplatzgestaltung und der Materialanstellung. Weiteres Ziel ist die Feinanordnung von Förder- und Lagertechniken inkl. maßlicher Einordnung (Hub- und Stapelhöhen), Transportwegbreiten, Lagerflächen und ebenfalls der Materialanstellung. Auch die Ver- und Entsorgungstechnik sowie die Informationstechnik gilt es feinzuplanen. Bild 22.13 zeigt ein einfaches Feinlayout auf Basis des vorgehenden Ideallayouts.

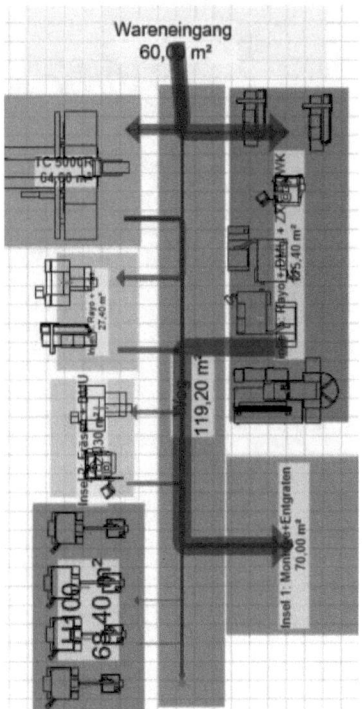

Bild 22.13 Einfaches Feinlayout

Nach der Vorstellung wesentlicher Fabrikplanungsinstrumente wird im Folgenden noch auf das Projektmanagement von Fabrikplanungsvorhaben eingegangen.

Was nehmen Sie als Planer aus diesem Kapitel mit?

Seien Sie sich bewusst, dass die klassische Fabrikplanung nicht Lean-kompatibel ist und tendenziell zu einer Werkstattfertigung führt.

Zur Komplexitätsbewältigung empfehlen wir eine Segmentierung in vollständige Teilsysteme meist auf Basis von Produktfamilien. Eine Zerlegung und Planung der Teilsysteme der Fertigung, der Montage und der Logistik wird zu lokalen Suboptima führen.

Beherzigen Sie bei der Planung die Gestaltungsprinzipien, die Wertstromleitlinien und die Planungsregeln.

Visualisieren Sie unbedingt Ihre Planungsergebnisse in Form von Layouts und Sankey-Diagrammen.

■ 22.3 Das System Bottom-up planen – Arbeitsplatzgestaltung mit Cardboard Engineering

Unsere Erfahrung zeigt, dass der Versuch Arbeitsabläufe am „Reißbrett" zentral zu planen, meist an der Komplexität der Aufgabe scheitert. Was fehlt, ist eine Möglichkeit, sich schrittweise an eine Lösung heranzutasten. Etwas ausprobieren zu können, ohne sofort hohe Ausgaben für Umbauten oder die Beschaffung von Betriebsmitteln zu generieren.

Der Lean-Ansatz hat für genau diesen Problemfall das sogenannte *„Cardboard Engineering"* entwickelt. Synonym wird auch häufig der Begriff „3P-Workshop" gebraucht, wobei die 3P's für „Production –Preparation – Process" stehen. Ein derartiger Workshop bietet sich an, wenn die Produktion für ein Produkt neu anläuft, ein neuer Montageprozess für die Serienfertigung zu gestalten ist oder ein bestehender Montageprozess optimiert werden soll. 3P-Workshops zählen zu den sogenannten *kollaborativen Planungsmethoden* innerhalb der Fabrikplanung. Vor der Durchführung eines 3P-Workshops ist daher ein interdisziplinäres Team zu definieren. Die Einbindung unterschiedlicher Fachbereiche – Produktion, Logistik, Einkauf, Qualität und Entwicklung – ermöglicht eine hohe Planungssicherheit sowie die Vermeidung von Verschwendung, z. B. durch Fehlplanungen. Dies ist sicherlich ein Grund, wieso sich dieses Vorgehen auch heute noch neben digitalen Methoden bewährt (Wenzel et al. 2016, S. 63).

Die zu planenden Arbeitssysteme werden, zumindest ausschnittsweise, im *1:1-Modell* aus einfachen Materialien, wie Holz, Kartonagen (daher der Name) und Klebeband aufgebaut. Dies ermöglicht ein „echtes Ausprobieren", wodurch das gemeinsame Verständnis und die Akzeptanz bei den Mitarbeitern erheblich gefördert werden. Durch das einfache und kostengünstige Equipment schreckt man nicht vor Änderungen zurück. Jede Optimierungsidee kann unmittelbar ausprobiert werden. Durch die mehrmaligen Optimierungsschleifen vor der Umsetzung in industriellen Maßstäben werden *Fehlinvestitionen und Änderungskosten vermieden*.

22.3.1 Die Vorgehensweise – das Prinzip „flache Stückliste" und die Demontage

REFA schlägt für die Gestaltung von Montagereihenfolgen das *„strukturierte Stücklistenprinzip"* vor. Man nimmt die Stückliste und sucht nach Baugruppen. Diese Baugruppen werden dann vormontiert, zwischengelagert und in der Montage endmontiert.

Dieses Vorgehen erzeugt aus unserer Sicht eine Reihe von Problemen. Man startet die Arbeit mit dem in die Einzelteile zerlegten Produkt, also am Punkt der höchsten „Desintegration". Für die Montagereihenfolge eines hinreichend komplexen Produkts, ist damit der Lösungsraum nahezu unbegrenzt. Einen guten Prozess zu gestalten, ist allein der Genialität des Planers überlassen. Des Weiteren führt dieser Ansatz zu vielen Baugruppen und Vormontagen, die aus Lean-Sicht unerwünscht sind, da diese viele Lager- und Steuerungsaufwände erfordern und die Durchlaufzeiten massiv nach oben treiben. Ein weiterer erheblicher Nachteil ist, dass es mit dieser Vorgehensweise kaum möglich ist, das ständige „Drehen des Produkts" zu vermeiden. Die meisten Werker halten das Produkt in der einen Hand und montieren mit der anderen Hand. Aus Lean-Sicht ist das Verschwendung. Beidhandarbeit setzt aber geeignete Werkstückaufnahmen voraus, die in den beschriebenen Abläufen nicht einsetzbar sind.

Das Prinzip in der Lean-Montagereihenfolgebildung nennt sich *„flache Stückliste"*. Das Ziel ist, so wenige Baugruppen als möglich zu erzeugen und das Produkt in eine nicht unterbrochene Fließfertigung zu bringen. Dafür starten wir mit dem fertigen Produkt, also dem Punkt der höchsten „Integration" und *demontieren das Produkt*. Dahinter steckt zum einen die Erkenntnis, dass ein Produkt nicht schneller montiert, als demontiert werden kann. Man hat also eine Benchmark-Zeit für die Montage.

Aus unserer Erfahrung haben die meisten Menschen die Tendenz, ein Montagesystem in viele Einzelsysteme zu zerlegen. Es werden Vormontagen geplant, Fertigungsschritte werden in eigene Abteilungen und Bereiche ausgegliedert. Wir tendieren zum Aufbau von Werkstattfertigungen. Der Start mit dem fertigen Produkt, dem Punkt der höchsten Integration, fördert zumindest tendenziell die Denkweise, so viel als möglich einen Fluss zu integrieren. Der große, kaum zu unterschätzende Vorteil ist, dass all die integrierten Schritte (vgl. Leitlinien des Wertstromdesigns) nicht mehr separat, mit eigenen Teilenummern, geplant und gesteuert werden müssen.

Ein weiterer Vorteil des Zerlegens ist, dass das „Drehen des Produkts" durch diese Vorgehensweise weitgehend vermieden wird. Somit wird der Einsatz von Werkstückaufnahmen möglich. Dies ist die Voraussetzung für Beidhandarbeit.

22.3.2 In vier Schritten zur Optimierung

1. Schritt: Definition des Zielzustands

Zu Beginn eines Cardboard Engineering Workshops wird ein Zielzustand für den zu planenden oder zu optimierenden Bereich definiert. Dies kann eine einzelne Montageinsel oder ein gesamter Wertstrom für ein Produkt sein. In jedem Fall wird als erster Schritt eine Wertstromanalyse durchgeführt. Es wird dabei der gesamte Ist-

Prozess visualisiert und Verschwendungen aufgezeigt. Daran beteiligt sind hauptsächlich Personen aus der Produktion und der Logistik, also die direkten Mitarbeiter im Prozess, sowie die für die Prozessgestaltung verantwortlichen Personen. Bei der Analyse sind die sieben Arten der Verschwendung eine gute Orientierung.

Außerdem werden für den betrachteten Bereich relevante Daten gesammelt. Dies sind u. a. die Jahresproduktionsmenge, das Schichtmodell sowie die Anzahl an Mitarbeitern und Maschinen. Darüber hinaus ist die vom Kunden geforderte Volumenflexibilität zahlenmäßig zu berücksichtigen. Volumenflexibilität meint die Stückzahlenschwankungen, die in der Produktion abgefangen werden

Der Kundentakt spielt eine zentrale Rolle, stellt er doch den beabsichtigten Zielzustand, die Erreichung einer am Kundenbedarf ausgerichteten Produktion, dar (vgl. Erlach 2010, S. 46). Dieser Kundentakt errechnet sich aus dem Kundenbedarf und der verfügbaren Betriebszeit pro Jahr (vgl. Erlach 2010, S. 48):

$$\text{Kundentakt} = \frac{\text{Fabriktage}\left[\dfrac{d}{a}\right] \times \text{tägliche Arbeitszeit}\left[\dfrac{\text{Zeiteinheit}}{d}\right]}{\text{Jahresstückzahl}\left[\dfrac{\text{Stück}}{a}\right]}$$

Mit weiteren Fragen wird ermittelt, ob ein kapazitativer und/oder ein qualitätskritischer Engpass vorhanden ist. Der kapazitative Engpass ist der Prozessschritt mit der größten Zykluszeit. Der qualitätskritische Engpass ist dagegen der Schritt, an dem die größte Gefahr für Qualitätsmängel und somit Nacharbeit besteht.

Ein weiteres Ergebnis von diesem ersten Schritt des Demontageworkshops kann bereits eine Maßnahmenliste mit Ideen für Optimierungen sein.

2. Schritt: Demontage des Produkts

Bei der Vorbereitung auf diesen zweiten Schritt des Demontageworkshops sind besonders die Größe des Produkts sowie dessen gesamte Montagezeit zu berücksichtigen. Die tatsächliche Zerlegung des Produkts im Rahmen des Workshops kann gegebenenfalls nicht zu 100 % unter realen Bedingungen ablaufen. Ist das Produkt sehr groß, kann man sich mit einem Modell behelfen, welches beispielsweise mit Lego® oder Fischer Technik® vorab erstellt wird und die wichtigsten Baugruppen enthält. Wir haben für eine 12 m · 4 m große Maschine auch schon auf Basis von ausgedruckten CAD-Zeichnungen einen Demontageworkshop durchgeführt und die demontierten Teile einfach mit einer Schere ausgeschnitten. Dies verkürzt die Workshop-Zeit enorm, bedarf allerdings einer gewissen Fähigkeit zur Abstraktion bei den Teilnehmern.

Als Umgebung für die Demontage kann je nach Verfügbarkeit entweder der tatsächliche Montageplatz dienen, ein Seminarraum oder ein anderer Bereich in der

Fabrik. Passen die Einzelteile des Produkts auf Tische, so sind diese in ausreichender Anzahl vorzubereiten inklusive ausreichend Klebeband.

Das Projektteam demontiert anschließend das Produkt. Dabei ist besonders darauf zu achten, dass nicht einfach der bisherige Montageprozess in umgekehrter Reihenfolge durchlaufen wird. Die jeweils benötigte Zeit wird z. B. auf einem Klebeband erfasst und auf den Tisch geklebt (Bild 22.14).

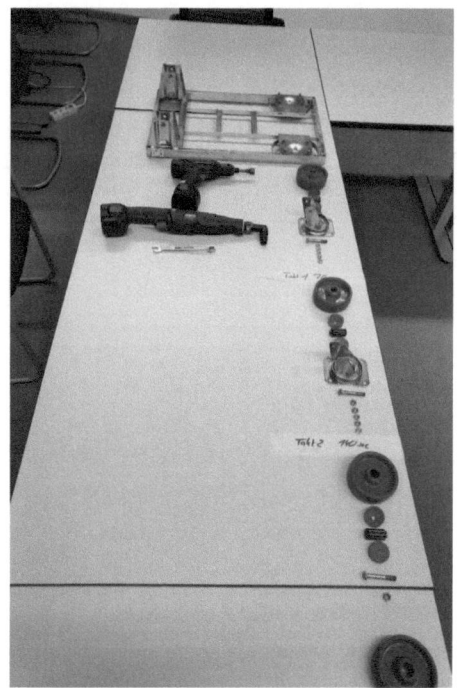

Bild 22.14 Beispiel: Demontage eines Bodenrollers

In der Praxis hat sich die Begleitung durch einen erfahrenen Moderator als äußerst zielführend herausgestellt. Die Vorgehensweise und die Ergebnisse müssen immer wieder hinterfragt werden. Eine wichtige Frage ist: „Was lässt sich als erstes am einfachsten demontieren?". Dieses Bauteil wird dann entfernt auf dem Tisch abgelegt. Nun wird wieder geschaut, was sich als Nächstes am einfachsten bzw. logischsten demontieren lässt. Man wiederholt diesen Vorgang so lange, bis das komplette Produkt demontiert ist.

Parallel zum reinen Demontieren können z. B. in einer MS-Excel-Tabelle pro Demontage Schritt bzw. Bauteil weitere Informationen erhoben werden. Dies kann z. B. die Montagezeit, die Anliefermethode, die Behältergröße, die Lagerart oder auch die Quelle des Bauteils sein. Somit erfolgt nicht nur eine kritische Betrachtung des Montageprozesses, sondern auch der Montagestückliste bzw. der Baugruppenstruktur. Besonders bei Bauteilen, die aus einer internen Vormontage stammen, kann überlegt werden, die Baugruppe aufzulösen und in den neuen Montageprozess zu integrieren. Durch die Erfassung der Montagezeit pro Bauteil bzw. Baugruppe kann eine Abtaktung des Prozesses durchgeführt werden. Dies bedeutet, dass so viele Arbeitsschritte zu einem Takt zusammengefasst werden, je nach Prozessstabilität, ca. 90–95 % des Kundentaktes erreicht sind. Somit ergibt sich am Schluss die Anzahl an Arbeitsplätzen, die zur Montage des Produkts erforderlich und untereinander ausbalanciert sind.

Die erfassten Zeiten werden dem angestrebten Kundentakt in einem *Taktabstimmungsdiagramm* gegenübergestellt (Bild 22.15).

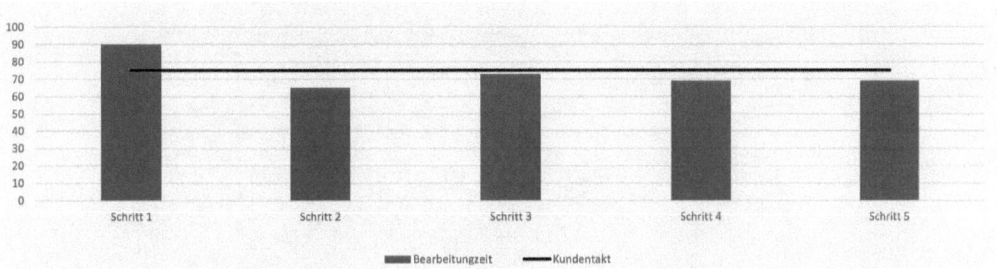

Bild 22.15 Beispiel: Taktabstimmungsdiagramm

Ein Ziel des Workshops ist die Harmonisierung dieses Taktabstimmungsdiagramms. Es sollen die Engpässe und Überkapazitäten innerhalb des gesamten Prozesses beseitigt werden, sodass jeder Bearbeitungsschritt innerhalb des angestrebten Kundentakts erfüllbar ist (Erlach 2010, S. 110).

Dabei besonders relevant ist der Prozessschritt, der den Kundenentkopplungspunkt (KEP) darstellt. Dieser ist so definiert, dass an diesem Punkt der Montage ein Produkt kundenspezifisch wird, z.B. durch die Montage einer vom Kunden konfigurierten Produktoption. Ab diesem Montageschritt kann das Produkt nur noch an diesen Kunden verkauft werden.

Mithilfe des Demontageworkshops bekommen alle Teilnehmer ein besseres Verständnis über das vorliegende Produkt. Anschließend wird es schrittweise wieder montiert. Hierbei wird versucht, die Montage durch unterschiedliche Möglichkeiten zu optimieren. Beispiele hierzu sind die Reduzierung

- der Durchlaufzeit durch die Realisierung einer „Beidhand-Montage",
- der Griffweite durch verbesserte Behälteranordnung,
- oder von unnötigen Bewegungen, wie das „Drehen des Bauteils".
- Grundsätzlich wird wie bei der Wertstromanalyse auch jetzt auf die Vermeidung der sieben Verschwendungsarten geachtet.

3. Schritt: Optimierung des Montagesystems

Im nächsten Schritt werden die unterschiedlichen Lösungsalternativen mithilfe von einfachen Mitteln, wie Kartonage und Holz simuliert bzw. vom Projektteam durchgespielt (Bild 22.16). Die Diskussion zur Lösungsfindung wird durch die Simulation der möglichen Prozessvarianten unterstützt. Sofern es die Einrichtung und Räumlichkeiten zulassen, kann der Montageprozess auch sofort probeweise umgestellt werden. Neben der Betrachtung der Montage des Produkts, werden weitere für die Wertschöpfung notwendigen Anlagen bzw. Prozessschritte betrachtet und über deren optimale Anordnung bzw. Abfolge diskutiert. In der Praxis hat sich gezeigt, dass auf diese Weise auch anfängliche Gegner der Veränderungen sehr gut von den neuen Ideen überzeugt werden können.

Bild 22.16 Beispiel: Optimierung eines Montagesystems für Bodenroller

Die Erarbeitung des neuen Prozesses orientiert sich grundsätzlich am kurzzyklischen PDCA-Zyklus. Es wird auf Basis des erfassten Ist-Zustands zunächst eine Verbesserung geplant (Plan). Anschließend wird die Verbesserung sofort anhand der Simulation probeweise ausgeführt (Do) und deren Wirkung geprüft (Check). Falls mithilfe dieser Optimierungsvariante keine markante Verbesserung erzielt werden konnte, wird eine neue Möglichkeit geplant und getestet. Sobald eine Verbesserung das gewünschte Ergebnis erzielt, wird der Prozess als neuer Best Practice bzw. Standard eingeführt (Act) (Schmelzer et al. 2013, S. 416 – 417).

4. Schritt: Aufbau des Montagesystems und der Materialversorgung

Der finale Schritt des Demontageworkshops ist der Aufbau eines neuen Montagesystems inklusive der Arbeitsplätze und der Materialversorgung (Bild 22.17). Dafür sollten u. a. Personen aus der Produktion, der Logistik, dem Einkauf sowie der Qualitätssicherung im Projektteam sein.

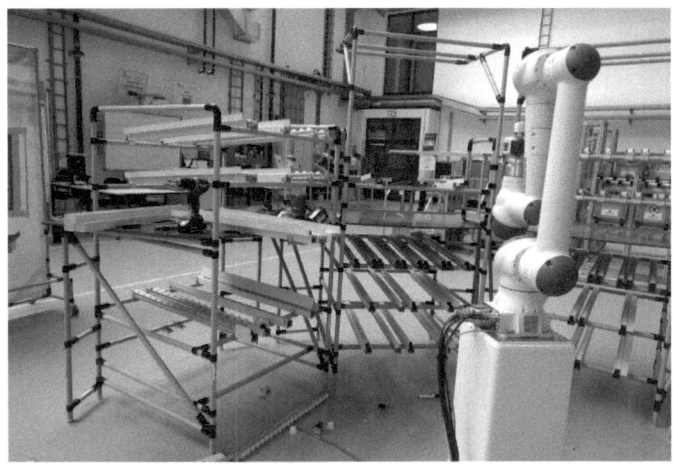

Bild 22.17 Beispiel: Aufbau eines Montagesystems für Bodenroller

Die Arbeitsplätze müssen so gestaltet werden, dass die dafür geplanten Arbeitsinhalte in der erforderlichen Zeit montiert werden können. Dafür sind die notwendigen Teilebehälter, Werkzeuge, Anlagen oder auch Hilfsstoffe möglichst optimal anzuordnen.

Für die Gestaltung der Materialversorgung empfiehlt sich die Orientierung am sogenannten „Chirurgen-Krankenschwester-Prinzip". Gemäß diesem Lean-Prinzip soll der Ort der höchsten Wertschöpfung möglichst frei von allen nicht wertschöpfenden Tätigkeiten sein, um möglichst kurze Durchlaufzeiten bzw. Montagezeiten zu gewährleisten. Die Anlieferung von Vollgutbehältern oder die Abholung von Leergut an der Montagelinie erfolgt daher von außen. Dies kann beispielsweise für KLT-Behälter über Durchlaufregale realisiert werden (Erlach 2010, S. 291 – 293).

Die Versorgung der Montagelinie kann z.B. durch einen bandnahen Supermarkt sichergestellt werden. Diese Entkopplung von den externen Anlieferprozessen wirkt Prozessinstabilitäten entgegen. Gleichzeitig wird der Materialumschlag erhöht und der Materialfluss beschleunigt.

Die Materialversorgung zwischen der Montage, dem bandnahen Supermarkt sowie dem Lager kann z.B. durch zwei Kanban-Regelkreise gesteuert werden. Für jede der beiden Schleifen wird mithilfe der Kanban-Formel die Anzahl der notwendigen Behälter ermittelt (siehe Teil IV).

Um das Verständnis für den Ablauf der Materialversorgung bei den Workshop-Teilnehmern zu erhöhen, wird auch der Supermarkt sowie der Ablauf der Kanban-Kreisläufe simuliert. Hierzu wird der Supermarkt, sowohl der Voll- als auch der Leergutbereich, mit Kartonage und entsprechenden Behältern an der möglichen neuen Fläche aufgebaut. Auch Bodenmarkierungen können für die Supermarkt-Simulation genutzt werden, sodass sich ein sehr realitätsnahes Bild ergibt. Zudem wird für jeden Kreislauf beispielhaft eine Kanban-Karte mit allen notwendigen Informationen erstellt, sodass der Ablauf einmal realitätsnah durchgespielt werden kann.

Bei der Simulation der Materialversorgung sollen im Weiteren auch konkrete Umsetzungsideen gesammelt und diskutiert werden, wie z.B. zukünftig einzusetzende Betriebsmittel für die Materialversorgung (Routenzüge, Stapler etc.).

Das Ergebnis des 3P-Workshops, der neue Prozess, wird abschließend mittels des Wertstromdesigns dargestellt. Zudem kann eine detaillierte, dreidimensionale Ausarbeitung in einer CAD-Software erfolgen. Diese Visualisierungen stellen die Basis für die Umsetzung des neuen Prozesses und den Aufbau der realen Arbeitsplätze dar. Darüber hinaus wird während des Workshops eine Maßnahmenliste erstellt. Diese enthält die wichtigsten Aufgaben, die vor der eigentlichen Umsetzung noch geklärt oder gelöst werden müssen, z.B. die Beschaffung von Durchlaufregalen oder neuen Anlagen.

Was nehmen Sie als Planer aus diesem Kapitel mit?

Durch den Start der Arbeiten mit dem fertigen Produkt und das Prinzip „flache Stückliste", hilft Ihnen die Lean-Vorgehensweise bereits bei den ersten Planungsschritten *eine integrierte und durchlaufzeitoptimierte Produktion* aufzubauen.

Durch das Demontagevorgehen wird eine sehr *gute Montagereihenfolge* erzeugt und zusätzlich das ansonsten kaum zu vermeidende „Drehen des Produktes" auf ein Minimum reduziert. Dies ist wiederum die Voraussetzung für viele weitere Optimierungsmöglichkeiten, wie Beidhandarbeit und Automatisierungen.

Verabschieden Sie sich trotz aller Möglichkeiten von CAD, Virtual/Augmented Reality von dem Gedanken, einen Produktionsprozess am Schreibtisch optimal entwickeln zu können. Nutzen Sie die Möglichkeit mit dem Cardboard Engineering zusammen mit einem Team Arbeitsprozesse *realitätsnah simulieren und kostengünstig variieren* zu können.

■ 22.4 Das System automatisieren – prozessorientierte Technologieauswahl

„Das neue Medium ist höchst gefährlich, weil es das Gedächtnis schwächt, Unbefugten den Zugang zu weitreichenden Informationen erlaubt, zu läppischen Spielchen verführt, die von der Realität ablenken und dazu verführt, Realität und ihr mediales Abbild zu verwechseln."
Platon (ca. 390 v. Chr.) über die Erfindung der Schrift

22.4.1 Das Technologie-Dilemma der Planer

Das Thema Industrie 4.0 prägt vor allem in produzierenden Unternehmen die Ausgestaltung strategischer Überlegungen und langfristiger Investitionen in Produktion und Logistik. Insbesondere aus technologischer Sicht bietet die Digitalisierung und Vernetzung der Elemente eines Produktionssystems Chancen zur Reduzierung von Verschwendung und Wertsteigerung aus Sicht des Kunden (Schenk et al. 2014).

Um Prozesse jedoch nicht nur zu automatisieren, sondern radikal neu zu denken und so maximale Wirtschaftlichkeit zu generieren, ist ein Überblickswissen über die Potenziale aktueller Technologien erforderlich. Automatisierung bestehender Abläufe allein kann nicht die Lösung sein. Dieser Fehler, den viele bereits aus Erfahrungen der CIM (Computer Integrated Manufacturing)-Vergangenheit erkannt haben, soll nicht wiederholt werden (Schenk et al. 2018).

In der Praxis zeigt sich bei Industrie-4.0-Projekten jedoch, dass den jeweiligen Prozessplanern das nötige Know-how bezüglich der Anwendungs- und Einsatzmöglichkeiten von Industrie-4.0-Technologien fehlt (Blöchl et al. 2018). Die Ursachen liegen in einem kaum überblickbaren Technologieangebot, einem unklaren Reife- sowie Flexibilitätsgrad der Lösung und in der Komplexität der Integration neuer Technologien in bestehende organisatorische Strukturen. Für die Prozessplaner der Industrie ergibt sich ein gewisses Spannungsfeld:

Einerseits lauten die Zielstellungen des Managements für Industrie-4.0-Projekte meist Erhöhung der Produktivität, Verbesserung der Qualität oder Steigerung der Flexibilität. Die Erwartungen bezüglich der Gestaltung radikal neuer Prozesse mit reduzierter Verschwendung unter Verwendung neuer Technologien ist meist groß.

Andererseits fehlt es Ihnen an methodischer Unterstützung zur Realisierung dieser Anforderungen. Experten beklagen folgende Punkte:

■ Das Thema Industrie 4.0 ist aktuell stark technologiegetrieben. Es befinden sich unzählige Anbieter mit unterschiedlichsten Produkten auf dem Markt. Dabei wird nicht selten eine „alte" Automatisierungslösung als Industrie-4.0-Technologie verkauft.

- Die Gestaltungs- und Anwendungsbereiche der Technologien sind oft intranspa-
  rent. Es fehlt eine Verknüpfung der (logistischen) Prozesse mit den Technologien, um die Einsetzbarkeit nachvollziehbar darzustellen.
- Der zeitliche Planungsaufwand ist enorm und beginnt bereits bei der Informa-
  tionsbeschaffung. Typische Informationsquellen für technologische Innovationen, wie Messen oder Veröffentlichungen in Fachzeitschriften und Internet, erweisen sich bei einem nahezu unüberschaubaren Angebot an Technologien als
  immer weniger geeignet. Es fällt Planern schwer in relativ kurzer Zeit zu durch-
  dringen, wie eine Technologie eingesetzt werden kann. Eine weitere Herausforderung liegt darin, den potenziellen Nutzen auf die Problemstellung in der Produktionslogistik der eigenen Fabrik zu übertragen.

Zusammenfassend lässt sich feststellen, dass eine methodische Lücke zur radika-
len Neugestaltung von Logistikprozessen im Hinblick auf Industrie 4.0 besteht.
Häufig werden mit den neuen Technologien „nur" die bestehenden Prozesse verbessert. Zwischen den Dimensionen „Technik" und „Prozess" eines Produktionssystems bestehen erhebliche Wechselwirkungen. Prozesse erfordern bestimmte
Technologien oder aber bestimmte Technologien ermöglichen erst ganz neue Prozesse. Dieses Handlungsdilemma führt in vielen Fällen lediglich zur Fortführung
bestehender Prozesse mit neuen Technologien (inkrementelle Verbesserung) anstatt radikale Innovationssprünge zu erreichen.

22.4.2 Technologieauswahl für Lean-Unternehmen

22.4.2.1 Der Technologiekatalog für die Produktionslogistik

Um den genannten Herausforderungen zu begegnen, empfiehlt es sich ein Technologiescouting, eingebettet in eine Workshopserie, durchzuführen.

Unter Technologiescouting versteht man die strukturierte Beobachtung und das
frühzeitige Erkennen von Veränderungen, Potenzialen und relevantem Wissen
technologischer Entwicklungen und Prozesse. Im Rahmen von Technologiescouting wird in der Regel nach Experten oder deren implizitem Wissen gesucht, die
Lösungen für eine konkrete Fragestellung bieten (vgl. Rohrbeck 2007).

Die Sammlung und Strukturierung des notwendigen Wissens zu den Technologien
ist dabei die Kernherausforderung. Die Identifikation der innovativen Technologien und Best-Practice-Ansätze werden von Technologiescouts durchgeführt. Von
der PuLL Beratung GmbH wurde ein Technologiekatalog zur Dokumentation rele-
vanter Technologien entwickelt. Quellen der Information sind dabei:

- einschlägige Logistik- und Produktions-Messen,
- einschlägige Fachtagungen und Kongresse,

- eine laufende Internetrecherche und Webinare bei führenden Technologieanbietern,
- eine laufende Internetrecherche zu Best-Practice-Projekten in Produktion und Logistik,
- ein Netzwerk an Fabrikausrüsterunternehmen mit Zugang zu unveröffentlichten Innovationen und Trends sowie
- ein Netzwerk an Forschungspartnern, z. B. Fraunhofer-Institute.

Technologiescouts beurteilen die Ergebnisse der laufenden Recherchen bzgl. der Relevanz und des Potenzials der Technologie. In der zweiten Stufe entscheidet dann ein Expertengremium aus prozessorientierter Sicht über die Aufnahme der Technologie in den gesamten Katalog.

Damit die Technologie für den Praxiseinsatz in Planungsprojekten geprüft werden kann, müssen die wesentlichen Informationen in Form eines Steckbriefes dokumentiert werden. Ein Steckbrief beinhaltet dabei vordergründig eine Technologie, stellt aber keinen vollumfänglichen Marktüberblick der Technologieanbieter dar. Bild 22.18 zeigt exemplarisch einen Technologiesteckbrief. Wesentliche Komponenten dabei sind:

- *Bilder und Videos*: Damit die Anwendungsmöglichkeiten für die Prozessplaner schnell klar werden, helfen Bilder und kurze Videos mehr als ein langer Text. Diese sind in den Katalog eingebettet, um ohne mühsame Online-Recherche sofort den Nutzen zu verstehen.
- *Reifegrad*: Zur Beurteilung der Einsatzmöglichkeit ist eine Betrachtung des Reifegrades der Technologie wichtig. Der Reifegrad ergibt sich wesentlich aus der Anzahl konkreter Anwendungen in der Industrie.
- *Erklärung und Nutzen*: Stichpunktartig und in kurzen Sätzen wird die Technologie beschrieben und auf Vorteile eingegangen.
- *Schlagworte*: Für die leichtere Suche im Katalog empfehlen sich Stichworte zur Technologie.
- *Anwendungsfälle*: Ergeben die Recherchen konkrete Anwendungsfälle der Technologie in einem Unternehmen, so wird das kurz beschrieben und entsprechend verlinkt.

Die so gesammelten Technologien allein sind jedoch nicht ausreichend. Damit sie für den jeweiligen Anwendungs- bzw. Problemfall auch identifiziert werden, ist eine sinnvolle Strukturierung notwendig.

Bild 22.18 Steckbrief einer Technologie

22.4.2.2 Der Ordnungsrahmen für Technologien

Die Gliederung des Technologiekatalogs nach Technologien, wie es beispielsweise auf Messen üblich ist, erweist sich für den Prozessplaner in der Praxis zur ganzheitlichen Betrachtung als ungeeignet. Stattdessen findet die Dokumentation und Aktualisierung des Wissens in Form eines prozessorientierten Technologie- und Innovationshauses statt. Die zentrale Kette eines kompletten Materialflusses von „Rampe zu Rampe" besteht dabei aus folgenden Haupt- und Teilprozessen:

- externe Logistik (Entladung, Verladung, Ladungssicherung),
- interne Logistik (Lagertechnik, Kommissionierung, Transport, Leergutmanagement),
- Produktionsbereich & Arbeitsplatz (Assistenzsysteme, Ergonomie, Materialbereitstellung),
- Versandbereich (Verpackung, Abtransport).

Relevante, übergreifende Supportfunktionen stellen die Infrastruktur (z.B. Wartung und Instandhaltung) und den Informationsfluss in Produktion und Logistik (z.B. PPS-Systeme, Echtzeitdatenverfügbarkeit) dar.

Bild 22.19 zeigt das prozessorientierte Technologiehaus im Überblick sowie die entsprechende Verortung eines Steckbriefs.

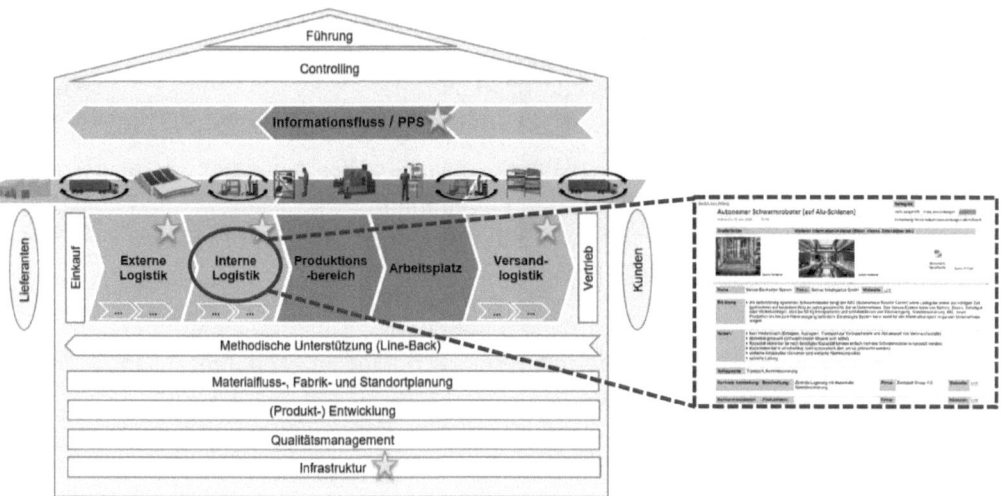

Bild 22.19 Prozessorientiertes Technologiehaus

Die prozessorientierte Segmentierung ist für den Planer in der Praxis entscheidend, denn die jeweilige Planungsaufgabe umfasst in der Regel eine Prozessgestaltung und nicht vordergründig die Technologieauswahl. So gilt es beispielsweise die Materialversorgung eines Neuanlaufes zu planen. Die sich daraus zu planende Prozesskette wird unter Berücksichtigung der realen Gegebenheiten (Layout, aktuelle Technologien etc.) mehrere Technologien umfassen. Und genau aus dieser ganzheitlichen Gestaltung der Prozesskette mithilfe unterschiedlicher Technologien an den jeweiligen Stellen entstehen radikale Prozessinnovationen und eine erheblich bessere Effizienz.

22.4.2.3 Vermittlung des Technologiewissens

Der beste Technologiekatalog nutzt nichts, wenn das dort dokumentierte Wissen in den Planungsfällen nicht zum Einsatz kommt. Um den Transfer der Technologien auf die Situation des jeweiligen Unternehmens zu leisten, empfiehlt sich die Durchführung eines Technologie- und Innovationsworkshops. Das Ziel dabei ist das „Matching" der Anforderungen des Planungsfalls mit den Gestaltungsmöglichkeiten der Technologien aus dem Katalog. Folgendes ist bei der Gestaltung einer Technologieworkshop-Reihe von Bedeutung:

Teilnehmerkreis für das Technologiescouting: Für die Synchronisation von Bedarf und Nachfrage sind in den jeweiligen Workshops externe Moderatoren, Prozessspezialisten, Technologiescouts und Lean Manager im Team von hoher Bedeutung. Nur durch die Mitwirkung von Spezialisten und Generalisten sowie Externer ist es möglich, Prozesse radikal neu zu denken. Das Team sollte acht Personen nicht überschreiten, da sonst die Kreativität gehemmt ist.

Vorbereitung: In einem vorbereitenden Gespräch findet zunächst die Aufnahme aller relevanten Daten zu Prozesscharakteristika, Produktspezifika und den räumlichen sowie planungsseitigen Restriktionen statt.

Workshop 1 „Technology Push": Der erste Workshop dient der Öffnung des Lösungsraums nach einem „Technology Push"-Ansatz: Im Rahmen eines Rundgangs durch die Muster- und Lernfabrik können einige intelligente Lösungen zur Produktionslogistik direkt vor Ort getestet werden. Die Durchführung in der Musterfabrik des TZ PULS bietet dabei mehrere Vorteile:

- konkreter, live erlebbarer Anwendungsfall,
- durchgängige Verknüpfung mehrerer Technologien, wodurch Zusammenhänge ersichtlich werden,
- innovative und neue Räumlichkeiten, die helfen eingefahrene Denkweisen zu durchbrechen.

Bild 22.20 Technologiescouting in der Musterfabrik

Zusätzlich werden an den entsprechenden Prozessschritten mehr als 240 Innovationen, Technologien und Best-Practice-Beispiele in mehreren Stationen entlang der Standardprozesskette dargestellt und diskutiert (siehe Bild 22.20). Für den jeweiligen Planungsfall in Frage kommende Technologien werden markiert und können im Anschluss beispielsweise mit Videos vertieft werden. Die zunächst lösungsoffene Diskussion der Technologien erweitert den Vorstellungsraum für neue Prozessgestaltungen erheblich. Insbesondere durch die prozessorientierte Kombination unterschiedlicher Technologien in Zusammenhang mit der Erfahrung des jeweiligen Planers ergibt sich die Chance für ein komplettes Umdenken und radikale Veränderungen.

Workshop 2 „Market Pull": Der zweite Workshop folgt nach einem „Market Pull"-Ansatz. Das Ziel liegt in der Einschränkung des zunächst weit aufgespannten Lösungsraums auf den jeweiligen Planungsfall. Die vorher ausgewählten Technologien werden kritisch im Gesamtzusammenhang diskutiert. Anhand eines Fabrikstrukturplans sowie der Wertstrommethodik 4.0 werden die relevanten Technologien in deren Anwendung und geplanter Nutzung beschrieben:

- Der Fabrikstrukturplan umfasst die physische Planung des Materialflusses. Er dokumentiert die anfassbaren Technologien des Materialtransportes, Materialumschlages und der Lagerung. Dabei können auch den Kernprozess unterstützende Technologien und Best Practices festgehalten werden.
- Die Wertstrommethodik 4.0 dient der Beschreibung des Informationsflusses. Hierbei können moderne Datenerfassungstools, Speichermedien, Übertragungsmöglichkeiten sowie Auswerte- und Analysetools dargestellt werden. Hier sei auf Schneider (2019): „Lean und Industrie 4.0" verwiesen.

Sowohl der Fabrikstrukturplan als auch das Wertstromdesign 4.0 werden in mehreren Varianten diskutiert, um diese am Ende für einen finalen Technologie- und Investitionsentscheid gegenüberzustellen.

Was nehmen Sie als Planer aus diesem Kapitel mit?

Das Technologiescouting ist essenzieller Bestandteil, um radikale Prozessinnovationen zu ermöglichen. Ein prozessorientierter Technologiekatalog gibt einen Technologieüberblick und öffnet zunächst den Lösungsraum. Sie sind up to date, was Industrie 4.0 und andere Technologien angeht.

Technologien, die Sie nicht kennen, werden Sie logischerweise auch nie in Ihrem Unternehmen zum Einsatz bringen.

Die Technologieauswahl erfolgt anhand Ihrer Prozessanforderungen und vollkommen herstellerneutral.

23 Schlusswort

Unsere Mission ist, mit unserem Wissen rund um die Produktionslogistik, einen Beitrag zur Wettbewerbsfähigkeit der Unternehmen der Region zu leisten und so Wertschöpfung und damit Arbeitsplätze in einem Hochlohnstandort zu sichern. Dieses Wissen haben wir mithilfe des *Landshuter Produktionssystems* strukturiert. Sie erhalten damit nicht nur ein weit entwickeltes Referenzsystem, das als Vorbild für Ihr eigenes Produktionssystem dienen kann, sondern auch einen durchdachten und ausgereiften Ordnungsrahmen für Ihr Wissensmanagementsystem. Mit *Lean Factory Design* bekommen Sie ein einzigartiges, ganzheitliches Optimierungskonzept für Ihr Unternehmen.

Lean Factory Design basiert auf 20 Jahren Erfahrung in der Prozessoptimierung, davon 13 Jahre in der Beratung und Forschung. Für unsere Forschungsprojekte konnten wir am „Technologiezentrum Produktions- und Logistiksysteme" in meinem Team bisher 7,1 Mio. € Drittmittel einwerben und zehn Dissertationen (vier bereits abgeschlossen) rund um Themen wie Lean, Industrie 4.0, IIoT und Machine Learning durchführen (Stand: April 2021). Der Aufbau und Betrieb unserer 900 m² großen Lean-Musterfabrik (Fokus Produktionslogistik) ist ein Beweis für unsere Kompetenz in Sachen Lean, Produktionslogistik, Fabrikplanung, Technologie und effizientem Projektmanagement.

Den Nachweis der Praxistauglichkeit von „Lean Factory Design" haben wir über die PuLL Beratung GmbH mit Lean-Schulungen für über 4500 Teilnehmer und über 170 erfolgreichen Praxisprojekten bei 80 verschiedenen Unternehmen erbracht.

Wir haben zur ersten Auflage viele sehr positive Rückmeldungen erhalten. Gerne können Sie mit uns Kontakt aufnehmen, entweder über info@pull-beratung.de oder mit mir persönlich über LinkedIn. Gerne diskutiere ich Ihr Anliegen.

Wir würden uns freuen, wenn wir mit Lean Factory Design einen Beitrag leisten könnten, Ihre Prozesse, Strukturen und Ressourcen nachhaltig besser zu gestalten, damit Sie weiterhin in Deutschland wettbewerbsfähig produzieren.

„Das Erreichen deiner Ziele hängt davon ab, was du JETZT tust."

Teil VII

Anhang

24 Abbildungsverzeichnis

25 Literaturverzeichnis

Aggteleky, B. (1987): Fabrikplanung: Werksentwicklung und Betriebsrationalisierung. Hanser Verlag, München, Wien.

Aulinger, G.; Rother, M. (2017): KATA-Managementkultur – So macht Ihr Unternehmen Unmögliches möglich. Campus Verlag, Frankfurt, New York.

Becker, W. (1998): Kosten-, Erlös- und Ergebnisrechnung. Bamberger Betriebswirtschaftliche Beiträge, Bamberg.

Bicheno, J. (2019): Die Service System Toolbox – Lean Thinking, Systems Thinking und Design Thinking. Ingenieurbüro Dr. Ralf Gerke-Cantow, Schmallenberg.

Blöchl, S.J.; Schneider, M.; Binder, A. (2018): Industrie 4.0 in der Produktionslogistik. Eine qualitative Inhaltsanalyse zur Identifizierung von Erfolgsmerkmalen bei der Prozessplanung. In: ZWF – Zeitschrift für wirtschaftlichen Fabrikbetrieb 113 (3), S. 178–181.

Bokranz, R.; Landau, K. (2006): Produktivitätsmanagement von Arbeitssystemen. Schäffer-Poeschel Verlag, Stuttgart.

Bullinger, H.-J.; Korge A.; Lentes, H.-P. (1999): Problemfelder und Lösungsansätze Zur Situation der Produktionssysteme in der deutschen Automobilindustrie. In: Forum Automobilindustrie (1/1999), S. 339–358, Fraunhofer IRB Verlag, Stuttgart.

Deutsche Bundesbank (2012): Monatsbericht Dezember 2012.

Deutsche MTM-Vereinigung e.V. (Hrsg.) (2011): Schulungsunterlage MTM-1. MTM-Institut, Zeuthen.

Dickmann, E. (2009): EDV-Unterstützung in der Produktion und im Materialfluss. In: Dickmann, P. (Hrsg.): Schlanker Materialfluss. Springer-Verlag, Berlin Heidelberg.

Dombrowski, U; Mielke, T. (2015): Ganzheitliche Produktionssysteme. Springer, Berlin, Heidelberg, S. 103–104.

Dyer, J.H.; Hatch, N.W. (2004): Using Supplier Networks to Learn Faster. In: MIT Sloan Management Review, 45. Jg. (2004), Nr. 3, S. 57–63.

Ebbe, G. et al. (2008): Leitfaden zur Arbeitsplatzgestaltung – VON ANFANG AN RICHTIG. Deutsche MTM-Vereinigung e.V.

Erlach, K. (2007): Wertstromdesign – Der Weg zur schlanken Produktion. 2., bearbeitete und erweiterte Auflage, Springer Verlag, Berlin Heidelberg 2007.

Erlach, K. (2010): Wertstromdesign – Der Weg zur schlanken Fabrik. 2., bearbeitete und erweiterte Auflage, Springer Verlag, Berlin Heidelberg.

Erlach, K. (2020): Wertstromdesign. Springer Verlag, Berlin, Heidelberg, S. 166.

Ettl, M. (2015): Echtzeitortungsbasierte Produktionssteuerung. docupoint Verlag, Magdeburg.

Fitsch, H. (2007): Beratung und Veränderung in Organisationen, Metropolis Verlag, Marburg.

Fraunhofer IPA (2008): Schulungsunterlagen.

Friedli, T.; Schuh G. (2012): Wettbewerbsfähigkeit der Produktion an Hochlohnstandorten. Springer Verlag, Berlin, Heidelberg.

Fuchs, R.-M. (2013): Ein Planungsverfahren zur Erkennung und Bewältigung von Material- und Kapazitätsengpässen bei mehrstufiger Linienfertigung. Springer Verlag, Berlin, Heidelberg.

Grundig, C.-G. (2009): Fabrikplanung. Planungssystematik – Methoden – Anwendungen. Hanser Verlag, München.

Gudehus, T. (2010): Logistik – Grundlagen – Strategien – Anwendungen. 4., aktualisierte Auflage, Springer, Berlin, Heidelberg.

Günthner, W; Boppert, J. (2013): Lean Logistics. Springer Verlag, Berlin, Heidelberg, S. 136 – 139.

Haberfellner, R. (2002): Systems Engineering – Methodik und Praxis. 11. Auflage, Verlag Industrielle Organisation, Zürich.

Habicht, C. (2008): Einsatz und Auslegung zeitfensterbasierter Planungssysteme in überbetrieblichen Wertschöpfungsketten. Institut für Werkzeugmaschinen und Betriebswissenschaften.

Hammer, M.; Champy, J. (2001): Reengineering the Corporation. Nicholas Brealey Publishing, London.

Hardes, H.-D.; Uhly, A. (2007): Grundzüge der Volkswirtschaftslehre. 9. Auflage, Oldenbourg Verlag, München.

Harmon, L. D. (1973): The Recognition of Faces. Scientific American (1973 Nov) Band 229, Ausgabe 5, S. 71 – 82.

Häusel, H. G. (2007): Limbic succsess: So beherrschen Sie die unbewussten Regeln des Erfolgs; die besten Strategien für Sieger. Haufe-Mediengruppe, Freiburg.

Helfrich, C. (2002): Praktisches Prozessmanagement – Vom PPS-System zum Supply Chain Management. 2. Auflage, Carl Hanser Verlag, München.

Hellmich, K.-P. (2003): Kundenorientierte Auftragsabwicklung. Engpassorientierte Planung und Steuerung des Ressourceneinsatzes. Deutscher Universitätsverlag.

Hompel, M. ten; Heidenblut, V. (2011): Taschenlexikon Logistik. Springer Verlag, Berlin, Heidelberg, S. 255.

Hompel, M. ten; Schmidt, T; Dregger, J. (2018): Materialflusssysteme. Springer Verlag, Berlin, Heidelberg, S. 29.

Huntzinger, J. (2007): Lean Cost Management – Accounting for Lean By Establishing Flow. Fort Lauderdale.

Imai, M. (2011): Wertstromdesign. 2. Auflage, Carl Hanser Verlag, München.

Jeffrey, K. L. (2006): Der Toyota-Weg: 14 Managementprinzipien des weltweit erfolgreichsten Automobilkonzerns. FinanzBuch Verlag, München.

Jünemann, R.; Beyer, A. (1998): Steuerung von Materialfluß- und Logistiksystemen: Informations- und Steuerungssysteme, Automatisierungstechnik. Springer Verlag, Berlin, Heidelberg.

Kalenberg, F. (2008): Kostenrechnung: Grundlagen und Anwendungen. 2., überarbeitete und erweiterte Auflage. Oldenbourg Wissenschaftsverlag, München.

Kaspar, S.; Schneider, M. (2016): Agile Fabrikplanung mittels iterativ-inkrementeller Vorgehensweise. In: Tagungsband Magdeburger Logistiktage, Magdeburg.

Kettner, H.; Schmidt, J.; Greim, H. (1984): Leitfaden der systematischen Fabrikplanung. München, Wien.

Kiener, S.; Maier-Scheubeck, N.; Obermaier, R.; Wei, M. (2006): Produktionsmanagement Grundlagen der Produktionsplanung und -steuerung. 8. Auflage, Oldenburg Verlag, München, Wien.

Klevers, T. (2007): WERTSTROM-MAPPING und WERTSTROM-DESIGN – Verschwendung erkennen – Wertschöpfung steigern. FinanzBuch Verlag, München.

Klug, F. (2008): Gestaltungsprinzipien einer Schlanken Logistik. In: ZfAW – Zeitschrift für die gesamte Wertschöpfungskette Automobilwirtschaft, Ausgabe 4, S. 56 – 61.

Klug, F. (2010): Logistikmanagement in der Automobilindustrie – Grundlagen der Logistik im Automobilbau. Springer Verlag, Berlin, Heidelberg.

Klug, F. (2018): Logistikmanagement in der Automobilindustrie. Springer, Berlin, Heidelberg, S. 88 – 90.

Kostka, C.; Mönch, A. (2009): Change Management – 7 Methoden für die Gestaltung von Veränderungsprozessen. 4. Auflage, Hanser Verlag, München.

Kostka, C.: Change Management – Wandel gestalten und dadurch Veränderungen führen. Hanser Verlag, München.

Laqua, I. (2012): Lean Administration. LOG_X Verlag, Ludwigsburg.

Lee, H. L. et al. (1997): Information Distortion in a Supply Chain: The Bullwhip Effect. In: Management Science 43 (1997) 4, S. 546 – 558.

Liker, J. K. (2006): The Toyota Way, FinanzBuch Verlag, München.

Liker, J. K.; Meier D. (2006): The Toyota Way Fieldbook – A Practical Guide for Implementing Toyota's 4P's. MCGraw-Hill, New York.

Liker, J. K.; Meier D. (2008): Der Toyota Weg – Praxishandbuch. 2., unveränderte Auflage, FinanzBuch Verlag, München.

Lindemann, H. (2008): Systemisch beobachten – lösungsorientiert handeln. Ökotopia Verlag, Münster.

Lödding, H. (2016): Verfahren der Fertigungssteuerung – Grundlagen, Beschreibung, Konfiguration. Springer Vieweg, Berlin, Heidelberg.

Lorenzen M.: Das große Datenchaos deutscher Unternehmen. In: Wirtschaftswoche, Handelsblatt GmbH. https://www.wiwo.de/technologie/digitale-welt/studie-zu-datenqualitaet-das-grosse-datenchaos-deutscher-unternehmen/8057598.html (zuletzt geprüft am: 20.04.2020).

Lotter, B.; Wiendahl, H.-P. (2012): Montage in der industriellen Produktion. Springer Verlag, Berlin, Heidelberg, S. 196 – 199.

Lunau, S. (Hrsg.) (2007): Design for Six Sigma + Lean Toolset – Innovationen erfolgreich realisieren. Springer Verlag, Berlin, Heidelberg.

Malik, F. (2009): Systemisches Management, Evolution, Selbstorganisation. 5. Auflage, Haupt, Bern.

Matthews, D. M. (2014): Head Strong – How Psychology is Revolutionizing War. Oxford University Press, Oxford.

Michalicki, M. et al. (2015): Stückkostenkonstante Produktion – Die Antwort von Lean auf Skaleneffekte. In: productivity 20 (2015) 4, S. 15 – 18.

Michalicki, M./Schneider, M. (2020): Kostenrechnung in der Lean Produktion – Verschwendung ausweisen, Wertschöpfung ermitteln, Entscheidungen verbessern. Carl Hanser Verlag, München.

Muhr, M. (1996): Zeitsparmodelle in der Industrie – Grundlagen und betriebswirtschaftliche Bedeutung mehrjähriger Arbeitszeitkonten. Wiesbaden.

Neumann, K. (1996): Produktions- und Operations-Management. Springer Verlag, Berlin, Heidelberg.

Ohno, T. (1993): Das Toyota Produktionssystem. Campus Verlag, Frankfurt/Main.

Peemöller, V. (2003): Bilanzanalyse und Bilanzpolitik: Einführung in die Grundlagen. 3. Auflage, Wiesbaden.

Peters, R. (2009): Shopfloormanagement – Führen am Ort der Wertschöpfung. LOG_X Verlag GmbH, Stuttgart.

Pfeiffer, W.; Weiß, E. (1992): Lean Management – Grundlagen der Führung und Organisation industrieller Unternehmen. Erich Schmidt Verlag, Berlin.

REFA (1984): Methodenlehre des Arbeitsstudiums, Teil 2, Datenermittlung. 7. Auflage, Carl Hanser Verlag, München.

Reinhard, G.; Wiedemann, M.; Lau C.; Aull, F. (2007): Kennzahlen für den betrieblichen Erfolg – wie messe ich Lean Management. In: Zäh, M.; Reinhard, G. (Hrsg.): Schlank im Mittelstand – Kundenorientierung durch Produktionssysteme. Herbert Utz Verlag, München, S. 1 – 20.

Remco Peters (2009): Shopfloor-Management: Führen am Ort der Wertschöpfung. Stuttgart.

Rohrbeck, R. (2007): Technology Scouting – a case study on the Deutsche Telekom Laboratories. In: ISPIM-Asia Conference 2007, New Delhi, India.

Rother, M.; Harris, R. (2006): Kontinuierliche Fließfertigung organisieren – Praxisleitfaden zur Einzel-stück-Fließfertigung für Manager, Ingenieure und Meister in der Produktion. Lean Management Institute, Aachen.

Rother, M.; Shook, J. (2011): Sehen Lernen – mit Wertstromdesign die Wertschöpfung erhöhen und Verschwendung beseitigen. Deutsche Ausgabe von Dr. Bodo Wiegand. Lean Management Institute, Aachen.

Ruch, F.L.; Zimbardo, P. (1975): Lehrbuch der Psychologie. Springer Verlag, Berlin, Heidelberg.

Sanz, F.J.G.; Semmler, K.; Walther, J. (2007): Die Automobilindustrie auf dem Weg zur globalen Netz-werkkompetenz: Effiziente und flexible Supply Chains erfolgreich gestalten. Springer Verlag, Berlin, Heidelberg.

Schäffer, U.; Weber, J. (2015): Mit den richtigen Kennzahlen steuern (Teil 2). In: Controlling & Management Review 4|2015.

Schäffer, U.; Weber, J. (2011): Einführung in das Controlling. Schäffer Pöschl Verlag, Stuttgart.

Scheer, A.-W. (1997): ARIS – House of Business Engineering: Konzept zur Beschreibung und Ausführung von Referenzmodellen. In: Becker, J.; Rosemann, M.; Schütte, R. (Hrsg.): Entwicklungsstand und Entwicklungsperspektiven der Referenzmodellierung. Institut für Wirtschaftsinformatik, Westfälische Wilhelms-Universität, Münster, S. 3 – 15.

Schenk, M.; Wirth, S.; Müller, E. (2014): Fabrikplanung und Fabrikbetrieb: Methoden für die wandlungsfähige, vernetzte und ressourceneffiziente Fabrik. Berlin.

Schenk, M.; Behrendt, F.; Assmann, T. (2014): Wege zur digitalen Logistik. In: Schenk, M.; Zadek, H.; Müller, G.; Richter, K.; Seidel, H. (Hrsg.): 19. Magdeburger Logistiktage „Sichere und nachhaltige Logistik". 25. – 26. Juni 2014, Magdeburg, im Rahmen der IFF-Wissenschaftstage; Tagungsband, Fraunhofer Verlag, Magdeburg, S. 21 – 29.

Schenk, M.; Schneider, M.; Blöchl, S.J.; Michalicki, M.; Behrendt, F.; Trojahn, S.; Schäfer, U. (2018): Technologiescouting. Technologieauswahl für Lean-Management-Unternehmen. In: unikat Werbeagentur GmbH (Hrsg.): Jahrbuch Logistik 2018. unikat Werbeagentur GmbH, Wuppertal, S. 48 – 52.

Schneider, M. (2019): Lean und Industrie 4.0 – Eine Digitalisierungsstrategie auf Basis des Wertstroms. Carl Hanser Verlag, München.

Schneider, M. (2016): Lean Factory Design – Gestaltungsprinzipien für die perfekte Produktion und Logistik. Carl Hanser Verlag, München.

Schneider, M. (Hrsg.) (2013): Prozessmanagement und Ressourceneffizienz – Der Weg zur nachhaltigen Wertschöpfung. Lean media Verlag, Landshut.

Schneider, M. et al. (2014): Das Injektionsprinzip – Effizienzsteigerung durch Kombination von Lean und innovativer Materialflusstechnik. In: wt Werkstattstechnik online, Jahrgang 104 (2014) H. 6, S. 418 – 422.

Schneider, M.; Ettl, M. (2012): Lean Factory Design – Ganzheitliche Fabrikgestaltung und -betrieb nach Lean-Kriterien. In: ZWF Zeitschrift für wirtschaftlichen Fabrikbetrieb 107, 2012 1/2, S. 61 – 66.

Schneider, M.; Ettl, M. (2013): Referenz-Produktionssystem für die systematische Einführung von Lean Production. In: Industriemanagement 01/2013, S. 33 – 38.

Schneider, M.; Schubel, A. (2015): Methodeneinsatz braucht System – Das Landshuter Produktionssystem (LPS): Clean Production – Teil 4. In: Industrie 4.0 Management 31 (2015) 1, S. 37 – 42.

Schneider, M.; Ettengruber, T.; Büttner, K.; Rittberger, S.: PARTIALLY AUTOMATED MANUFACTURING CELL, EP 20 162 144.8, Hochschule für angewandte Wissenschaften, Deutschland 10.03.2020.

Schubel, A.: Dezentrale und kurzfristige Logistikplanung anhand eines Assistenzsystems. Zugel. Dissertation der Otto-von-Guericke-Universität, Magdeburg, 2017.

Schuh, G.; Stich, V. (2012): Grundlagen der PPS. 4. Auflage, Springer Vieweg, Berlin.

Schuh, G.; Westkämper, E.; Wiendahl, H.-H. (Hrsg.) (2006): Liefertreue im Maschinen- und Anlagenbau. Stand Potenziale Trends, Studie, Aachen.

Schulte, C. (2009): Logistik – Wege zur Optimierung der Supply Chain. 5., überarbeitete und erweiterte Auflage, Verlag Franz Vahlen, München.

Schulte, C. (2017): Logistik. Wege zur Optimierung der Supply Chain. Franz Vahlen Verlag, München.

Shingo, S. (1989): A study of the Toyota production system from an industrial engineering viewpoint. 4. Auflage, Productivity Press, Cambridge.

Spath, D. (2003): Ganzheitlich produzieren – Innovative Organisation und Führung. LOGX_Verlag GmbH, Stuttgart.

Spath, D. (Hrsg.) (2013): Studie Produktionsarbeit der Zukunft – Industrie 4.0. Fraunhofer Verlag, Stuttgart.

Sprenger, R. (2012): Radikal führen. Campus Verlag, Frankfurt, New York.

Stanula, P.; Metternich, J.; Glockeisen, T. (2019): Selbstlernendes, dezentrales Produktionssystem in der Kleinserienfertigung. In: ZWF Zeitschrift für wirtschaftlichen Fabrikbetrieb, 6-2019, doi:10.3139.

Stenzel, J. (2007): Lean Accounting – Best Practices for Sustainable Integration. New Jersey.

Stommel, H.J.; Kunz, D. (1973): Untersuchungen der Durchlaufzeit in Betrieben der metallverarbeitenden Industrie mit Einzel- und Kleinserienfertigung. Forschungsberichte des Landes Nordrhein-Westfalen, Nr. 2355, Opladen.

Suri, R. (1998): Quick response manufacturing – A companywide approach to reducing lead times. Productivity Press.

Suri, R. (2017): Erfolgsfaktor Zeit. 2. Auflage. Hrsg. v. Markus Menner. Books on Demand, Norderstedt.

Suri, R. (2018): The practitioner's guide to POLCA. The production control system for high-mix, low-volume and custom products. CRC Press.

Takeda, H. (2006): Das synchrone Produktionssystem – Just in time für das ganze Unternehmen. 5. Auflage. mi-Fachverlag, Redline GmbH, Landsberg am Lech.

Takeda, H. (2009): Das System der Mixed Production, Personal-Order-Prinzip für kundenorientierte Produktion. mi-Wirtschaftsbuch, München.

Taleb, N.N. (2012): Antifragilität – Anleitung für eine Welt, die wir nicht verstehen. Knaus Verlag, München.

Techt U. (2010): Goldratt und die Theory of Constraints – Der Quantensprung im Management. Editions La Combe Verlag.

Teich, T. (2015): Optimierende Verfahren in der Produktion. Abgerufen von http://www.prozesse-mittel-stand.digital/images/PDF/Leitfaden_Optimierende_Verfahren_in_der_Produktion.pdf

VDA 5010 (2008): VDA-Empfehlung 5010 – Standardbelieferungsformen der Logistik in der Automobilindustrie. Verband der Automobilindustrie, Frankfurt am Main.

Vester, F. (1999): Die Kunst vernetzt zu denken – Ideen und Werkzeuge für einen neuen Umgang mit Komplexität. Deutsche Verlagsanstalt, Stuttgart.

Wiegand, B./Franck, P. (2004): Lean Administration I. So werden Geschäftsprozesse transparent. Lean Management Institute, Aachen.

Wiendahl, H.-P. (1997): Fertigungsregelung – Logistische Beherrschung von Fertigungsabläufen auf Basis des Trichtermodells. Fachbuchverlag, Leipzig.

Wiendahl, H.-P; Reichardt, J.; Nyhuis, P. (2014): Handbuch Fabrikplanung. Konzept, Gestaltung und Umsetzung wandlungsfähiger Produktionsstätten. Carl Hanser Verlag, München, S. 9 – 15, S. 192.

Wienecke, K. (2003): Jenseits von MRP II ist die Luft noch dünn. Abgerufen von https://www.computerwoche.de/a/jenseits-von-mrp-ii-ist-die-luft-noch-duenn,1056435.

Wildemann, H. (1993): Lean Management: Strategien zur Realisierung schlanker Strukturen in der Produktion. In: Wildemann, H. (Hrsg.): Lean-Management in kleinen und mittleren Unternehmen, S. 1 – 40. o. V., o. A.

Wöhe, G.; Döring, U. (2013): Einführung in die Allgemeine Betriebswirtschaftslehre. 25., überarbeitete und aktualisierte Auflage. Vahlen, München.

Womack, J. P.; Jones, D. T.; Roos, D.; Carpenter, D. S. (1991): The machine that changed the world – The story of lean production. Harper Collins Publishers, New York.

Yagyu, S. (2009): Das synchrone Managementsystem. Wegweiser zur Neugestaltung der Produktion auf Grundlage des synchronen Produktionssystems. mi-Wirtschaftsbuch, München.

Zaepfel, G. (1989): Strategisches Produktionsmanagement. Walter De Gruyter, Berlin, New York.

Zelweski, S.; Hohmann, S.; Hügens, T. (2010): Produktionsplanungs- und -steuerungssysteme: Konzepte und exemplarische Implementierungen mithilfe von SAP® R/3®. Oldenbourg Verlag.

Zsifkovits, H. E.; Altendorfer, S. (2013): Logistics Systems Engineering. Rainer Hampp Verlag.

26 Stichwortverzeichnis

X

Z